JN185128

ブット・グラフ・カペル
界面の物理と化学

鈴木祥仁・深尾浩次 共訳

Hans-Jürgen Butt, Karlheinz Graf, Michael Kappl
Physics and Chemistry of Interfaces
Third, Revised and Enlarged Edition

丸善出版

PHYSICS AND CHEMISTRY OF INTERFACES,

3rd Edition

by

Hans-Jürgen Butt, Karlheinz Graf and Michael Kappl

© 2013 WILEY-VCH Verlag GmbH & Co. KGaA, Boschstr. 12, 69469 Weinheim, Germany

All rights reserved. Authorised translation from the German language edition published by Wiley-VCH Verlag GmbH. & Co. KGaA. Responsibility for the accuracy of the translation rests solely with Maruzen Publishing Co., Ltd. and is not the responsibility of Wiley. No part of this book may be reproduced in any form without the written permission of the original publisher.

Japanese translation rights arranged with John Wiley & Sons Limited through Japan UNI Agency, Inc., Tokyo

Japanese edition © 2016 by Maruzen Publishing Co., Ltd., Tokyo

Printed in Japan

はじめに

　本書は，表面・界面科学に関する一般的な入門書である．本書を書くにあたって，多くの事実を学ぶよりも本質を理解することを目標として，細かい事象を並べるのではなく基礎的な概念を説明するように心がけた．実験手法についても，最重要のものを取り上げている．界面科学は，総合的な学問であり，物理学，化学，工学など複数の分野にまたがっており，基礎的な分野に加え，濡れ，摩擦，潤滑などの応用の分野を含んでいる．超高真空技術や古典的な濡れのコロイド化学など，表面科学の特定の分野に特化した教科書は多数出版されている．本書では，界面をさまざまな分野の視点から理解することを目指している．これは，界面のよりよい理解のためには，包括的な入門書が有用であると考えているからである．

　本書は，ドイツのジーゲン大学とマインツ大学で行った講義録がもとになっている．対象としている読者は，大学の工学，化学，物理，生物および関連分野の学部3・4回生・大学院生，大学または企業の研究者で，界面科学の専門家ではないが，その分野の確固たる基礎知識の習得を望んでいるものである．本書は，自然科学と数学の基礎知識をもつ研究者・技術者にとって入門書となるレベルであり，高度な数学は必要としない．

　本書を眺めると，数式が多いと思うかもしれないが，怖がらないこと！「簡単に示されるように」と書いて，結果のみを与えるのではなく，数式変形を省略せず，明示的に記述している．ただし，3章は例外であり，この章を理解するためには，熱力学の基礎的な知識が必要である．しかし，3章を読み飛ばしても，他のほとんどの部分が理解できるように配慮されている．その場合でも，少なくとも3.2節の表面余剰と3.5.2項のギブズ吸着等温式に関しては，直感的な理解を得るために，当該箇所を読んでいただきたい．

はじめに

　自習を手助けするために，多くの問題を章末につけた．とくに何も書かれていない場合の温度は25℃である．章末には，最重要の方程式，事実，現象についてのまとめをつけた．

　教科書を書く難しさは，記述する内容を制限する必要があることである．本書の場合は，大学での週2回で，15週の講義を想定して作成した．そのために，どうしても書ききれなかった分野がある．統計力学，不均一触媒，表面上の高分子の分野については，もう少し書き足したいところがあった．

　本書に間違いが含まれているのは，疑いのないことである．多くの人が何度も推敲を重ねたとしても，これは避けられない．もし間違いを見つけた場合は，普通郵便 (Max-Planck institute for Polymer Research, Ackermannweg, 55128 Mainz, Germany) または，電子メール (butt@mpip-mainz.mpg.de) でお知らせいただきたい．そうすれば，間違いは修正され，多くの読者が混乱せずに済むでしょう．

　本書は多くの方々に協力を得て書き上げた．とくに，以下の方々に感謝を申し上げる．

E. Backus, K. Beneke, T. Blake, J. Blum, M. Böhm, E. Bonaccurso, P. Broekmann, R. de Hoogh, M. Deserno, W. Drenckhan, J. Elliott, G. Ertl, R. Förch, S. Geiter, G. Glasser, G. Gompper, M. Grunze, J. Gutmann, L. Heim, M. Hietschold, M. Hillebrand, T. Jenkins, X. Jiang, U. Jonas, J. Krägel, R. Jordan, Krüss GmbH, J. Laven, I. Lieberwirth, G. Liger-Belair, C. Lorenz, M. Lösche, S. Luding, E. Meyer, R. Miller, A. Müller, P. Müller-Buschbaum, T. Nagel, D. Quéré, J. Rabe, H. Schäfer, J. Schreiber, M. Stamm, M. Steinhart, C. Stubenrauch, G. Subklew, F. Thielmann, J. Tomas, K. Vasilev, D. Vollmer, R. Von Klitzing, K. Wandelt, B. Wenclawiak, R. Wepf, R. Wiesendanger, J. Wintterlein, G. De With, J. Wölk, D. Y. Yoon, M. Zharnikov, and U. Zimmermann.

Mainz，2012年6月

　　　　Hans-Jürgen Butt, Karlheinz Graf, Michael Kappl

日本語版序

親愛なる日本の読者へ

　私たちの界面に関する教科書の日本語訳が出版されることを嬉しく，かつ光栄に存じます．日本人研究者とは，長年に渡って共同研究を行い，幾度とない双方間での行き来を通して，信頼関係を築いております．これらの共同研究を通して，本質的な理解を求める永続的な欲求により駆動されている（と私たちには感じられる），日本での科学と研究に対して，多大な敬意を払うようになりました．

　また，私たちの教科書の第3版が翻訳された点も嬉しく思います．初版出版時には，教科書の完成度にやや満足できないところがありました．分野に偏りがあり，重要な部分が抜けていたり，ミスもありました．その後，第2版，第3版と徐々に教科書の質を高めることができました．常に質を高めてきたことによって，満足できるレベルの表面科学の入門書を完成させることができたと考えています．ちなみに，本書の質を高めるように常に努力し続け，研究の進展にも対応するようにしてきたことは，日本固有の概念である「改善(kaizen)」に通じるものがあると思います．

　今日では，ほとんどの研究が応用を目指しています．実際，研究資金を獲得するときに重要な基準となります．そのような観点からも，表面科学は，決して応用から遠く離れているわけではないので，よい分野といえます．しかし，その一方で，私たちは科学の文化的側面も忘れるべきではないと感じています．技術を進展させ，生活をより豊かで安全にすることに価値があるのはもちろんですが，私たちの周りの世界を理解すること，それ自体もすばらしいことだと思います．そのような意味で，本書によって，みなさんが理解することの喜びを感じてくれることを願っています．

本書の翻訳を企画し，400ページを超える分量を細部に気を配りながら着実な翻訳を行った深尾浩次教授と鈴木祥仁博士に感謝いたします．また，この機会に，日本および日本のソフトマター科学を私たちに紹介し，そして，友情を示してくれた，東谷公教授，栗原和枝教授，一ノ瀬泉教授，池田太一博士，森康維教授，藤井秀司博士，遊佐真一博士，Dr. Cathy McNamee，山本徹也博士，そして多くの日本の友人に感謝いたします．

Mainz，2016 年 8 月

Hans-Jürgen Butt, Karlheinz Graf, Michael Kappl

目 次

1 全体の緒言 —————————————————————————— 1
2 液体表面 ————————————————————————————— 5
  2.1 液体表面の微視的描像 5
  2.2 表面張力 6
  2.3 ヤング・ラプラス方程式 11
    2.3.1 曲がった液体表面 11
    2.3.2 ヤング・ラプラス方程式の導出 13
    2.3.3 ヤング・ラプラス方程式の応用 14
  2.4 表面張力をはかる手法 16
  2.5 ケルビン方程式 20
  2.6 毛管凝縮 23
  2.7 核形成理論 27
  2.8 まとめ 31
  2.9 演習問題 32

3 界面の熱力学 ———————————————————————————— 33
  3.1 バルク系の熱力学的関数 33
  3.2 表面余剰 34
  3.3 界面をもつ系に対する熱力学的関係式 37
    3.3.1 内部エネルギーとヘルムホルツ自由エネルギー 37
    3.3.2 平衡条件 39
    3.3.3 界面の場所 40
    3.3.4 ギブズ自由エネルギーとエンタルピー 41
    3.3.5 界面余剰エネルギー 41
  3.4 純粋な液体 43
  3.5 ギブズ吸着等温線 46
    3.5.1 導出 46
    3.5.2 二つの組成からなる系 46

  3.5.3　実験的観点　48
  3.5.4　マランゴニ効果　50
 3.6　まとめ　51
 3.7　演習問題　52

4　電荷をもった表面と電気二重層 ——————————— 53
 4.1　緒言　53
 4.2　拡散二重層のポアソン・ボルツマン理論　54
  4.2.1　ポアソン・ボルツマン理論　54
  4.2.2　平坦表面　55
  4.2.3　一次元の場合の完全解　58
  4.2.4　球の周りの電気二重層　60
  4.2.5　グラハム方程式　60
  4.2.6　拡散電気二重層の電気容量　62
 4.3　ポアソン・ボルツマン方程式を越えて　62
  4.3.1　ポアソン・ボルツマン方程式の限界　62
  4.3.2　シュテルン層　64
 4.4　電気二重層のギブズ自由エネルギー　66
 4.5　電気毛管現象　68
  4.5.1　理論　68
  4.5.2　電気毛管現象の測定　70
 4.6　電荷をもった表面の具体例　71
 4.7　表面電荷密度の計測　78
  4.7.1　コロイド電位差滴定測定　78
  4.7.2　電気容量　80
 4.8　電気速度論的現象：ゼータ電位　82
  4.8.1　ナビエ・ストークス方程式　82
  4.8.2　電気浸透と流動電位　84
  4.8.3　電気泳動と沈降電位　87
 4.9　電位の種類　89
 4.10　まとめ　91
 4.11　演習問題　92

5　表面力 ——————————————————————— 93
 5.1　分子間のファンデルワールス力　93
 5.2　巨視的固体に対するファンデルワールス力　98
  5.2.1　微視的な方法　98
  5.2.2　巨視的な方法——リフシッツ理論　101

       5.2.3　遅延したファンデルワールス力　105
       5.2.4　表面エネルギーとハマカー定数　106
　 5.3　表面力を記述するための概念　107
       5.3.1　デルヤキン近似　107
       5.3.2　分離圧　110
　 5.4　表面力の計測　110
　 5.5　電気二重層による静電力　113
       5.5.1　2枚の同種表面間にはたらく静電相互作用　113
       5.5.2　DLVO理論　117
　 5.6　DLVO理論を越えて　119
       5.6.1　溶媒和力と束縛液体　119
       5.6.2　水中における非DLVO力　120
　 5.7　立体相互作用と枯渇効果　122
       5.7.1　高分子の性質　122
       5.7.2　高分子修飾された表面間の力　124
       5.7.3　枯渇力　126
　 5.8　接触している球状粒子　127
　 5.9　まとめ　131
　 5.10　演習問題　132

6　接触角現象と濡れ　135
　 6.1　ヤング方程式　135
       6.1.1　接触角　135
       6.1.2　導　出　137
       6.1.3　線張力　139
       6.1.4　完全な濡れと濡れ転移　140
       6.1.5　接触角の理論的側面　142
　 6.2　重要な濡れの幾何配置　144
       6.2.1　毛管上昇　144
       6.2.2　界面の粒子　146
       6.2.3　繊維ネットワーク　147
　 6.3　接触角の計測　148
       6.3.1　実験手法　148
       6.3.2　接触角測定での履歴　150
       6.3.3　表面の粗さと不純物　151
       6.3.4　超疎水表面　153
　 6.4　濡れと脱濡れのダイナミクス　154
       6.4.1　自発的広がり　155

6.4.2　動的接触角　156
　6.4.3　コーティングと脱濡れ　160
6.5　応　用　161
　6.5.1　浮遊選鉱　161
　6.5.2　洗浄力　163
　6.5.3　マイクロ流体工学　164
　6.5.4　電気濡れ　165
6.6　厚い膜：ある液体上での他の液体の広がり　166
6.7　まとめ　168
6.8　演習問題　169

7　固 体 表 面 ──────────────────────171
7.1　緒　言　171
7.2　結晶性表面の記述　172
　7.2.1　基板構造　172
　7.2.2　表面緩和と表面再構築　174
　7.2.3　吸着基板の記述　176
7.3　清浄表面の準備　177
　7.3.1　熱処理　177
　7.3.2　プラズマまたはスパッタクリーニング　178
　7.3.3　へき開　179
　7.3.4　薄膜の堆積　180
7.4　固体表面の熱力学　180
　7.4.1　表面エネルギー，表面張力，表面応力　180
　7.4.2　表面エネルギーの決定　183
　7.4.3　表面ステップと欠陥　186
7.5　表面拡散　188
　7.5.1　表面拡散の理論的記述　189
　7.5.2　表面拡散の計測　192
7.6　固固界面　195
7.7　固体表面の顕微鏡法　197
　7.7.1　光学顕微鏡法　198
　7.7.2　電子顕微鏡　198
　7.7.3　走査プローブ顕微鏡　200
7.8　回折手法　204
　7.8.1　二次元周期構造からの回折パターン　204
　7.8.2　電子，X 線，原子の回折　205
7.9　分光法　207

7.9.1　表面の光学分光　207
　　　7.9.2　内殻電子をおもに使用した分光法　211
　　　7.9.3　外殻電子を用いた分光法　213
　　　7.9.4　二次イオン質量分析　213
　7.10　まとめ　215
　7.11　演習問題　216

8　吸　着 ────────────────────── 217
　8.1　緒　言　217
　　　8.1.1　定　義　217
　　　8.1.2　吸着時間　219
　　　8.1.3　吸着等温線の分類　220
　　　8.1.4　吸着等温線の表記　222
　8.2　吸着の熱力学　223
　　　8.2.1　吸着熱　223
　　　8.2.2　吸着の微分量と実験結果　224
　8.3　吸着モデル　226
　　　8.3.1　ラングミュア吸着等温線　226
　　　8.3.2　ラングミュア定数と吸着ギブズ自由エネルギー　229
　　　8.3.3　側方相互作用があるときのラングミュア吸着　230
　　　8.3.4　BET 吸着等温線　231
　　　8.3.5　不均一基板への吸着　233
　　　8.3.6　Polanyi のポテンシャル理論　234
　8.4　気相からの吸着に関する実験的な観点　237
　　　8.4.1　平面表面への吸着の測定　237
　　　8.4.2　粉体や繊維材料への吸着の計測　239
　　　8.4.3　多孔質物質への吸着　240
　　　8.4.4　化学吸着に関する特別な考え方　247
　8.5　溶液からの吸着　248
　8.6　まとめ　250
　8.7　演習問題　251

9　表　面　修　飾 ────────────────── 253
　9.1　緒　言　253
　9.2　物理気相成長と化学気相成長　254
　　　9.2.1　物理気相成長　254
　　　9.2.2　化学気相成長　257
　9.3　ソフトマター蒸着　261

x　目　次

　　9.3.1　自己組織化単分子膜　261
　　9.3.2　高分子の物理吸着　266
　　9.3.3　表面での高分子重合　268
　　9.3.4　プラズマ重合　271
　9.4　エッチング手法　274
　9.5　リソグラフィー　279
　9.6　まとめ　282
　9.7　演習問題　283

10　摩擦，潤滑，磨耗 ―――――――――――――――――― 285

　10.1　摩擦　285
　　10.1.1　緒言　285
　　10.1.2　アモントン・クーロン法則　286
　　10.1.3　静的，動的，スティックスリップ摩擦　288
　　10.1.4　転がり摩擦　289
　　10.1.5　摩擦と粘着　291
　　10.1.6　摩擦を計測する手法　292
　　10.1.7　巨視的摩擦　294
　　10.1.8　微視的摩擦　295
　10.2　潤滑　298
　　10.2.1　流体潤滑　298
　　10.2.2　境界潤滑　301
　　10.2.3　薄膜潤滑　302
　　10.2.4　超潤滑　303
　　10.2.5　潤滑剤　305
　10.3　磨耗　307
　10.4　まとめ　309
　10.5　演習問題　310

11　界面活性剤，ミセル，エマルション，泡 ―――――――――― 311

　11.1　界面活性剤　311
　11.2　球状ミセル，シリンダー，二重膜　316
　　11.2.1　臨界ミセル濃度　316
　　11.2.2　温度の影響　318
　　11.2.3　ミセル化の熱力学　319
　　11.2.4　界面活性剤集合体の構造　321
　　11.2.5　生体膜　324
　11.3　マクロエマルション　325

11.3.1　一般的な性質　325
　11.3.2　形　成　329
　11.3.3　安定化　330
　11.3.4　成長とエイジング　334
　11.3.5　合体と解乳化　336
11.4　ミクロエマルション　337
　11.4.1　滴の大きさ　337
　11.4.2　界面活性剤膜の弾性特性　338
　11.4.3　ミクロエマルションの構造に影響を与える因子　340
11.5　泡　342
　11.5.1　分類，応用，形成　342
　11.5.2　泡の構造　343
　11.5.3　セッケン膜　344
　11.5.4　膜の成長　347
11.6　まとめ　348
11.7　演習問題　349

12　液体表面上の薄膜 ——— 351
12.1　緒　言　351
12.2　単分子膜の相　354
12.3　単分子層を研究する実験手法　357
　12.3.1　光学顕微鏡　357
　12.3.2　赤外分光と和周波発生分光　359
　12.3.3　X線反射と回折　360
　12.3.4　表面電位　363
　12.3.5　液体表面のレオロジー的性質　366
12.4　ラングミュア・ブロジェット膜転写　371
12.5　まとめ　373
12.6　演習問題　374

13　回折パターンの解析 ——— 375
13.1　三次元結晶での回折　375
　13.1.1　ブラッグ条件　375
　13.1.2　ラウエ条件　376
　13.1.3　逆格子　377
　13.1.4　エバルト作図　379
13.2　表面からの回折　379
13.3　回折ピーク強度　381

付　録	385
文　献	391
訳者あとがき	411
索　引	413
原著者について	423

本書の演習問題解答は丸善出版のWebサイトよりダウンロードすることができます．
http://pub.maruzen.co.jp/space/kaimen/index.html
上記URLより次のユーザー名，パスワードをすべて半角小文字で入力してください．
ユーザー名　interface
パスワード　buttkaimen

1
全体の緒言

　界面とは，2種の相を隔てている面のことである．固体，液体，気体を考えると，固体—液体，液体—気体，固体—気体の3種類の界面がある．これらの界面は，単に表面ともよばれるが，2凝縮相間の境界で，2相が明確な名前をもっている場合は，界面が好んで用いられる．たとえば，固体—気体「界面」と固体「表面」のように使い分けがなされる．「表面」は気体または真空と接触している凝縮相に対して用いられる．「界面」は水と油のように非相溶な液体間に形成され，この場合，液液界面とよばれる．1状態内での異なる2相間にも界面が存在する．液晶では，秩序相が等方相と共存する．固体と固体の場合は，固固界面であり，コンクリートなどの固体の力学的特性に大きな影響を与える．一般に，気体の場合は混ざり合ってしまうため，気気界面というのは存在しない．

　しばしば，界面とコロイドは同時に議論される．コロイドとは，コロイド分散系の略称であり，一つの相の大きさが，1 nmから1 μmの分散系のことである（図1.1）．「コロイド」の語源はギリシア語で，糊を意味する．1861年にトーマス・グラハム[1]は，アルブミン，デンプン，デキストリンなど，水に溶解するようにみえるにもかかわらず，半透膜を透過しない物質に対して，初めてコロイドという言葉を用いた．コロイド分散系とは，巨視的には一様なものであるが，微視的には不均一なものである．一つの相（マトリックス）の中に，もう一つの相の粒子が存在する系である．

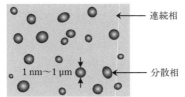

図1.1　分散系の概念図

1　Thomas Graham, 1805〜1869, 英国の化学者，グラスゴー大学とロンドン大学で教授を務めた．

表 1.1 分散系の種類

連続相	分散相	用　語	具体例
気体	液体	エアロゾル	雲，霧，スモッグ，整髪剤
	固体	エアロゾル	煙，ほこり，花粉
液体	気体	泡	セッケンの泡，ホイップクリーム，ビールの泡
	液体	エマルション	牛乳
	固体	懸濁液，サスペンション	インク，泥水，分散塗料
固体	気体	多孔性固体 泡	発泡スチレン，スフレ（フランス料理）
	液体	固体エマルション	バター
	固体	固体サスペンション	コンクリート

　分散系にはいくつかの種類が存在し，そのほとんどは，重要な応用があるため，それぞれに専門用語が名づけられている（表 1.1）．界面は 5 種類しか存在しないのに対して，分散系では，分散相と連続相の区別のため，10 種類存在する．たとえば，霧と水中の泡はどちらも，液相と気相の組み合わせであるが，混同するものはいないだろう．一方で，エマルションのように，共連続相とよばれる両方の相が織り合わさったネットワークを形成し，違いが明らかでない場合もある．

　コロイド分散系と界面は，その莫大な表面積という共通項により，密接に関係している．厳密には，表面積と体積の比が非常に大きく，その振る舞いが，表面物性により大きな影響を受ける．コロイド分散系では，多くの場合，重力と慣性の影響は無視できるので，バルク[2] の効果よりも界面の効果が重要な影響を与える．これは表面科学がナノ科学・ナノテクノロジーに基礎を与え，この分野の多くの発明が表面科学から生じる理由となっている．

　コロイド分散系における運動の原因は熱揺らぎであり，コロイド粒子はブラウン運動をする．この点が，コロイド分散系と粉体の違いである．粉体は，巨視的な物質からなる．粉体は，熱揺らぎの影響を受けないほどの大きさである必要がある．一般に，粉体は，非平衡状態であり，履歴が重要な役割を果たす．また，重力の影響もある．

〈具体例 1.1〉

　表面効果が支配的な粉体系を図 1.2 に示す．SEM 像は，SiO_2 微粒子（直径 0.9 μm）の凝集体である．これらの粒子はチャンバーからガスで吹きつけたもので，ファンデルワールス力により，沈殿する際にフラクタル構造をもつ凝集体をつくる．沈殿したものを基板に集めたのがこの写真である．これらの構造は 1 週間あるいは 1 カ月という単位で安定であり，多少

---

[2] 訳注：界面化学では表面の影響が及ばない部分をバルク（bulk）とよぶ．

の振動を与えた程度では壊れない．熱揺らぎは完全に無視できるため，ある種の粉体ともいえる．一方で，重力や慣性という巨視的な世界を支配する力でも，形成された粒子の鎖を破壊することができないため，その点では，一般的な粉体とも異なる．この大きさスケールでは，表面力のほうが，重力や慣性力よりも圧倒的に強いのである．

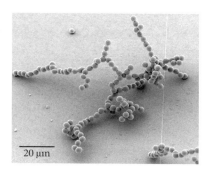

図 1.2 酸化ケイ素微粒子の凝集体

近年では，コロイド，コロイド分散系に対応する専門用語として，ナノ粒子，ナノシステムという言葉も文献中でよく使われる．接頭語のナノは一般的に 1〜100 nm の範囲であり，原子スケールよりは大きく，光学顕微鏡の分解能よりは小さい．

より厳密な定義のために，多くの系では，直感的に与えられる系の特性長を用いるのが有用である．たとえば，球状粒子の場合は，球の半径を使用するのがよい．系が複雑になってくると，直感的に求めることが難しくなるので，その場合は，特性長 λ_c を系の体積 V と表面積 A の比 $\lambda_c = V/A$ として定義する．半径 R_p の球の特性長は，$\lambda_c = R_p/3$ である．薄膜の特性長は，その膜厚に等しい．球状粒子の分散体の場合は，粒子の体積分率を ϕ とすると，体積と表面積は $V = N 4\pi R_p^3/(3\phi)$ および $A = N 4\pi R_p^2$ と書けるので，その特性長は，$\lambda_c = R_p/(3\phi)$ となる．ただし，N は粒子数である．

なぜ，界面やコロイドといったものが重要なのであろうか？ 第一の理由としては，それらが，自然現象と密接に関わっていることである．生物学で，細胞膜の脂質二重膜が形成されるのは，水の表面張力のおかげである．そもそも，生物が生まれるためには，外界と生物を区切るものが必要であり，生命の起源にも関わってくる．地質学では，粘土や土の水による膨張が非常に重要な役割をもつ．小さな埃のまわりでの，水の核形成による雲や雨の生成には表面効果が支配的である．多くの食べ物，たとえば，バター，牛乳，マヨネーズは乳濁液である．これらの特性は，液体と液体の界面効果で決まる．

第二の理由としては，工学的応用がある．たとえば，表面の性質による鉱物の選別や使用済紙のインク抜きなどである．洗剤による洗い物は，日常生活で経験する例である．

一般に新規材料，とくに，複合材料の生産には，界面での多くの工程が必要になる．薄膜では，表面効果がとくに大きくなる．たとえば，ラテックス膜，コーティング，ペインティングなどの分野である．粉体の流れの性質は，表面力によって決まり，摩擦が潤滑油によって軽減されるのも，また表面力の効果である．

これらの工業的な例では，プロセスが非常に改善・改良されている．一方で，科学的になぜそのような振る舞いをするのかという本質的な部分の多くは，まだわかっていない．将来的に，工業プロセスを効率化したり，環境への負荷を軽減するために，表面力へのより深い理解が必要とされる．

この分野の入門書は文献[1～3]であり，さらに深く勉強したい場合はリクレマ(Lyklema)による文献[4～8]がある．

2
液 体 表 面

2.1 液体表面の微視的描像

　液体表面にはその垂直方向に無限に鋭い境界が存在するのではなく，ある厚さをもつ境界が存在する．たとえば，図2.1のように，表面に垂直な方向の密度 ρ を考えると，数分子以内のスケールで，バルクな液体の密度から気体の密度へと変化する様子が観測される[9]．

　密度は界面の厚さを定義する一つの基準にすぎない．界面の厚さを定義するその他の方法としては，分子の配向を考えることができる．たとえば，表面にある水分子は，水素原子を気体側に向けて，配向する性質がある．この配向は，表面から離れることで消えていく．この場合配向は約1 nmほどの深さのところまで続き，それ以降の水分子の配向は完全にランダムになる．

　表面として，どの厚さを採用すべきであろうか？　それは注目する物理量に依存する．水表面の密度に興味がある場合は，界面の厚みは1 nmのオーダーとなる．しかし，

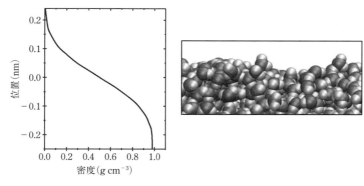

図 2.1　コンピュータシミュレーションで得られた表面に垂直方向の位置に対する水密度および，水分子の構造のスナップショット[10]．25℃での水の飽和蒸気圧の密度は 0.02 g cm^{-3} でしかない．それゆえ，図のスケールでは無視できる．(D. Horinek 氏提供)

塩が溶けている水溶液の場合，イオン濃度はデバイ長で特徴づけられるずっと長い距離にわたって変化する（4.2.2項）．したがって，イオン濃度に関しては，界面はずっと厚いものになる．塩の濃度などが定かではない場合は，やや厚めに見積もっておくとよいだろう．

液体表面は，とても乱れのある場所であり，液相から気相への蒸発および，その逆の凝集が絶えず起こっている．表面にある分子とバルク中の分子間での拡散も起こっている．

〈具体例 2.1〉

1秒間に液体表面にぶつかる気体分子の数を見積もる．理想気体の速度論を考えると，物理化学の教科書にあるように，小さな穴からの，理想気体の流出速度は，

$$\frac{PA}{\sqrt{2\pi m k_B T}} \tag{2.1}$$

で表される[11, 12]．ここで，A は穴の断面積，m は分子の質量である．穴の代わりに断面積 A の表面を考えると，この式は1秒間にその表面に衝突する分子数を表すと解釈することができる．25℃の水は，$P = 3168$ Pa の蒸気圧をもつ．水分子の質量 m は 0.018 kg mol^{-1} ÷ $(6.02 \times 10^{23}$ mol$^{-1}) \approx 3 \times 10^{-26}$ kg であるので，10 Å^2 の面積あたり，1秒間に約 10^7 個の水分子がぶつかる．平衡条件下では，同数の分子が液体表面から逃げ出す．1分子の水の面積は約 10 Å^2 程度であるので，ある水分子が表面にとどまる平均時間は，約 0.1 μs となる．(1 Å = 0.1 nm)

2.2 表面張力

表面科学においてもっとも基礎になる物理量，表面張力を定義するために，以下の実験が有用である．図2.2のように，スライドする棒とフレームの間に液体の膜を張る．上下の表面領域の重なりを回避できるように，膜厚は比較的大きく，たとえば，1 μm 以上とする．この実験は，たとえ，重力の存在を無視できたとしても，やや難しい．だが，いかなる物理的法則も破ってはいないので，原理的には実現可能である．スライド

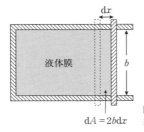

図 2.2 式(2.2)を確かめ，表面張力を定義する実験

2.2 表面張力

表 2.1 さまざまな液体の表面張力 γ および $\partial\gamma/\partial T$ の表. そのときの温度 T も示している[13]. PDMS は，ポリジメチルシロキサン $(Si(CH_3)_3(OSi(CH_3)_2)_n Si(CH_3)_3)$. 高分子溶融体の表面張力は，分子鎖の長さに応じて，やや大きくなり，ある程度の長鎖になるとほぼ一定値となる[14]. $1-C_4H_9-3-\text{methylimidazolium}^+ (\text{bmin}^+)$ と PF_6^- または BF_4^- の組み合わせは，イオン液体である．

物 質	化学式	$T(℃)$	$\gamma(\text{mN m}^{-1})$	$\partial\gamma/\partial T(\text{N m}^{-1}\text{K}^{-1})$
水	H_2O	25	71.99	-15.6×10^{-5}
メタノール	CH_3OH	25	22.07	-7.73
エタノール	C_2H_5OH	10	21.97	-8.33
1-プロパノール	C_3H_7OH	25	23.32	-7.75
1-ブタノール	C_4H_9OH	25	24.93	-8.98
2-ブタノール	$CH_3CHOHC_2H_5$	25	22.54	-7.95
フェノール	C_6H_5OH	50	38.20	-10.7
グリセロール	$C_3H_5(OH)_3$	25	63.70	-5.98
シクロヘキサン	C_6H_{12}	25	24.65	-11.9
ベンゼン	C_6H_6	25	28.22	-12.9
トルエン	$C_6H_5CH_3$	25	27.93	-11.8
n-ペンタン	C_5H_{12}	25	15.49	-11.1
n-ヘキサン	C_6H_{14}	25	17.89	-10.2
n-ヘプタン	C_7H_{16}	25	19.65	-9.80
n-オクタン	C_8H_{18}	25	21.14	-9.51
n-ノナン	C_9H_{20}	25	22.38	-9.36
n-デカン	$C_{10}H_{22}$	25	23.37	-9.20
アセトン	$CO(CH_3)_2$	25	23.46	-11.2
ホルムアミド	$CHONH_2$	25	57.03	-8.44
ジクロロメタン	CCl_2H_2	25	27.20	-12.8
クロロホルム	CCl_3H	25	26.67	-12.9
デカリン	$C_{10}H_{18}$	25	31.0	-10.3
PDMS		25	$19.0\sim20.4$	-3.65
ヘキサメチルジシロキサン	$C_6H_{18}OSi_2$	25	15.70	-8.77
オクタメチルシクロテトラシロキサン	$C_8H_{24}O_4Si_4$	25	17.61	-6.60
ペルフルオロヘキサン	C_6F_{14}	25	12.03	-10.5
ペルフルオロヘプタン	C_7F_{16}	25	12.70	-9.51
ペルフルオロオクタン	C_8F_{18}	25	13.83	-8.94
$\text{bmin}^+ PF_6^-$		25	45.9	-7.83
$\text{bmin}^+ BF_4^-$		25	40.6	-5.72
塩化ナトリウム	$NaCl$	801	192	-7.2
塩化カリウム	KCl	771	176	-7.4
塩化カルシウム	$CaCl_2$	775	196	-4.5
アルゴン	Ar	-186	11.90	-25.1
窒素	N_2	-196	8.85	-22.5
水銀	Hg	25	485.48	-20.5
ガリウム	Ga	29.8	715.3	-9.0
銀	Ag	961	966	-24.5
金	Au	1064	1120	-14

する棒を右方向へ dx だけ動かし，液膜の表面積を増やした場合，外部から仕事を行う必要がある．この仕事 dW は，表面積の増加量 dA に比例する．この表面積は，膜には上下の表面があるので，bdx の2倍だけ増加する．比例定数を γ とおくと，

$$dW = \gamma dA \tag{2.2}$$

と書ける．この定数 γ が表面張力とよばれている．

式(2.2)は，経験則であると同時に，表面張力の定義式でもある．この経験則が意味するのは，仕事が表面積変化に比例するということである．これは，無限小の表面積変化だけでなく，かなり大きな表面積変化に対しても成り立つ($\Delta W = \gamma \Delta A$)．一般に，この比例定数は，液体および気体の成分，温度，圧力に依存するが，面積には独立であり，これを表面張力と定義する．

表面張力はスライドする棒を保持し，表面張力とのつり合いを保つ力としても定義できる．

$$|F| = 2\gamma b \tag{2.3}$$

どちらの式も，可逆変化のもとでは等価であるので，

$$F = -\frac{dW}{dx} = -2\gamma b \tag{2.4}$$

と書ける．x が右方向に増えると，力は左方向へ大きくなるので，式は負の符号を含む．

表面張力の単位は，$J\,m^{-2}$ もしくは，$N\,m^{-1}$ である．通常，液体の表面張力は，$0.02 \sim 0.08\,N\,m^{-1}$(表2.1)である．便宜上，単位としてはm(ミリ)$N\,m^{-1}$ がよく使用される．

経験的には，表面張力は，温度の上昇に比例して減少することが知られている．そのため，ある温度 T_0 での表面張力の値がわかれば，任意の温度 T での表面張力は

$$\gamma(T) = \gamma(T_0) + \left.\frac{\partial \gamma}{\partial T}\right|_{T=T_0}(T - T_0) \tag{2.5}$$

によって見積もることができる．ここで，比例係数 $\partial \gamma / \partial T$ は負の値である．3章で示すように，$-\partial \gamma / \partial T$ は表面エンタルピーに等しい．

〈具体例2.2〉

長さ1cmのスライド棒でフレーム上に水の液膜を作成する場合，この膜はスライド棒を $2 \times 0.01\,m \times 0.072\,J\,m^{-2} = 1.44 \times 10^{-3}\,N$ の大きさの力で引っ張ることがわかる．これは，おおよそ0.15gのおもりを支えるのに必要な力と同等である．

〈具体例2.3〉

50℃の水の表面張力を求めよ．表2.1より，25℃の表面張力は $\gamma = 0.07199\,N\,m^{-1}$ であり，$\partial \gamma / \partial T = -15.6 \times 10^{-5}\,N\,(K\,m)^{-1}$ であるので，これを，式(2.5)に代入すると，

2.2 表面張力

$$\gamma(50℃) = 0.07199 \frac{\text{N}}{\text{m}} - 15.6 \times 10^{-5} \frac{\text{N}}{\text{K m}} \times 25\,\text{K} = 0.0681 \frac{\text{N}}{\text{m}}$$

となり，実験値の $67.9\,\text{mN m}^{-1}$ とよい一致を示す．

　表面張力という用語は，文字どおり，表面が張力を受けることを意味する．ゴム風船を膨らませるときに，張力に逆らった力が必要なことと似ている．しかし，表面張力とゴム風船の例の間には違いもある．液体表面の膨張は塑性変形であり，表面張力は常に一定であるが，ゴム風船の膨張は，通常，弾性変形であり，表面積の増加とともに張力は増大する．

　表面張力は，分子レベルではどのように理解できるだろうか？ 分子は，他の分子に囲まれた状態のほうがエネルギー的に安定である．ファンデルワールス力や水素結合（詳しくは5章）などの引力によって，互いに引きつけ合う．この引力がなければ，凝集相は存在せずに気体状態のみしか存在できない．逆にいえば，凝集相が存在していることが，分子間に引力がはたらいていることの証拠となる．さて，表面の分子を考えると，分子は部分的にしか他の分子に囲まれていない．そして，図2.3に表すように，隣接分子の数はバルク状態に比べて少ない．これは，エネルギー的に不安定である．それゆえ，バルクから分子を表面にもってくるためには，仕事を必要とする．この視点に立てば，γ は，分子を液体内部から表面に移動させ，新たな表面をつくるのに必要なエネルギーと考えることができる．それゆえ，γ のことを表面エネルギーともよぶ．しかし，次章に出てくる用語との混乱を避けるために，本書では表面張力で統一する．

　上述の表面張力の解釈に留意すると，γ は正でなければならないことが直ちにわかる．もしそうでなければ，分子間相互作用のギブズ自由エネルギーが反発力を示すことになり，分子は気相へと蒸発してしまうはずである．

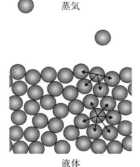

図 2.3　気液界面での分子構造

〈具体例 2.4〉

蒸発熱 $\Delta_{vap}U = 30.5 \text{ kJ mol}^{-1}$ (25℃) を用いて，シクロヘキサンの表面張力を評価せよ．シクロヘキサンの密度は $\rho = 773 \text{ kg m}^{-3}$ であり，分子量は $M = 84.16 \text{ g mol}^{-1}$ である．計算の単純化のため，シクロヘキサンの液体は，立方構造をとり6個の最近接分子があるとする．一つの結合による寄与は，$\Delta_{vap}U/6 = 5.08 \text{ kJ mol}^{-1}$ と計算でき，表面では一つの最近接分子，一つの結合が欠けているので，"モルあたりの表面張力" は 5.08 kJ mol^{-1} となる．

表面張力を評価するためには，1分子によって占められる表面積を知る必要がある．上記と同様に立方構造を考えると，最近接距離を a_M として，単位格子の体積が a_M^3 となる．この長さは，密度より以下のように計算できる．

$$a_M^3 = \frac{M}{\rho N_A} = \frac{0.08416 \text{ kg mol}^{-1}}{773 \text{ kg m}^{-3} \times 6.02 \times 10^{23} \text{ mol}^{-1}} = 1.81 \times 10^{-28} \text{ m}^3$$

よって，

$$a_M = 0.565 \text{ nm}$$

1分子あたりの面積は，a_M^2 であるため，表面張力は以下のように計算できる．

$$\gamma = \frac{\Delta_{vap}U}{6 N_A a_M^2} = \frac{5080 \text{ J mol}^{-1}}{6.02 \times 10^{23} \text{ mol}^{-1} \times (0.565 \times 10^{-9} \text{ m})^2} = 0.0264 \frac{\text{J}}{\text{m}^2}$$

このように，かなり粗い評価ではあるが，驚くほど実験値 0.0247 J m^{-2} と近い値が得られる．

表面張力の概念は，より一般化して，液液界面にも適用できる．たとえば，n-オクタンと水は混じり合わず，液液界面を形成する．この界面の，25℃での界面張力は，51.2 N m^{-1} で，オクタンの表面張力よりも大きい．

〈具体例 2.5〉

表面張力，界面張力の最大値，最小値はどのくらいの値であろうか？ 室温(25℃)での表面張力の最大値は，水銀での 485.48 mN m^{-1} である．29.8℃以上ではガリウムの溶融体が 708 mN m^{-1} の大きさをもつ．高温では，金属の溶融体が大きな値をもち，ニッケルでは，1780 mN m^{-1} ($T_m = 1455$℃)，鉄では 1940 mN m^{-1} ($T_m = 1538$℃) である[15]．

低い値の例としては，液晶の異なった相の間での界面張力がある．4-オクチル-4′-シアノビフェニル(8CB, $H_{17}C_8(C_6H_4)_2CN$)は，高温で等方性液体であり，徐冷により40.5℃で，分子の選択的な配向が起こり，ネマチック相が現れる．等方性液体とネマチック相の間の界面張力は 9.5 μN m^{-1} と非常に低い値となる[16]．知られている中の最小値は，相分離した高分子混合状態間の界面張力である．たとえば，水性ゼラチンとデキストランの混合溶液の界面張力は，0.5 μN m^{-1} である[17]．

2.3 ヤング・ラプラス方程式

2.3.1 曲がった液体表面

平衡状態で液体表面が曲率をもつ場合,液体の内側と外側の間に圧力差がある.ここでは,まず球状の表面を考える.表面張力は表面積を最小化するように作用するので,圧力差がなければ平らな表面となる.逆にいえば,表面に曲率をもたせるためには,曲面片側の圧力が他方よりも大きい必要がある.この状況は,図2.4に示すようにパイプにゴムの膜を張ったときと似ている.図のようにゴムの膜を張ると,その張力によって平面が形成される.パイプの口が開いた状態で内部と外部の圧力が同じである限り,平面が保たれる.パイプの内部に空気を入れると,内部の圧力によって膜は外側に膨らむ.同様に,内部の空気を吸い出し,内部の圧力を外側よりも低くした場合,ゴムの膜は内側に曲がる.

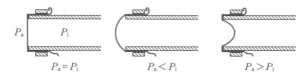

図 2.4 円筒に張ったゴム膜.外圧 P_a と異なった内圧 P_i にすることができる.

ヤング[1]・ラプラス[2]方程式は,2相間の圧力差と表面の曲率を関連づけるものであり,

$$\Delta P = \gamma \left(\frac{1}{R_1} + \frac{1}{R_2} \right) \tag{2.6}$$

と書ける[18~20].ここで,R_1 および R_2 は曲面の二つの曲率半径である.ΔP はラプラス圧もしくは毛管圧とよばれる.式(2.6)は単にラプラス方程式ともよばれている.この式は重力の影響が無視できる状況で有効である.

任意の曲面上のある点での平均曲率 $1/R_1 + 1/R_2$ は以下のように求められる.興味ある点で表面へ垂直な法線を描き,この法線を含む面をとる.この面は任意に選ぶことができる(法線ベクトルを軸に,回転させてよい).このようにして得られる交線は,一般に曲率をもつ.曲面上の注目する点近傍での,この交線の近似円の半径を曲率半径 R_1,この垂線を含み,はじめの平面に垂直な第二の平面と表面との交線から得られる近似円の半径を第二の曲率半径 R_2 とする.このように曲率半径を定義する面は互いに直交

---

1 Thomas Young, 1773~1829, 英国の医師であり科学者,ケンブリッジ大学で教授を務めた.
2 Pierre-Simon Laplace, Marquis de Laplace, 1749~1827, フランスの自然科学者.

し，表面での法線を含んでいるが，それ以外は任意である．微分幾何学によると，二つの曲率半径が互いに直交する面に対して決定される限りは，$1/R_1 + 1/R_2$ の値が一定値であることが証明されている．

ここで，曲率の具体例を考える．半径 r のシリンダーの場合，曲率半径は $R_1 = r$ および $R_2 = \infty$ であるので，平均曲率は $1/r + 1/\infty = 1/r$ となる．一方，半径 R の球の場合，$R_1 = R_2 = R$ であるので，平均曲率は $1/R + 1/R = 2/R$ と計算できる（図2.5）．

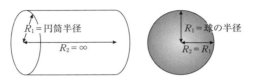

図 2.5　シリンダーと球の場合の便利な曲率半径の選び方

〈具体例 2.6〉

水中にできた直径 2 mm と 20 nm の泡を考える．外部の圧力に比べて，内部の圧力はどのくらいの大きさになるだろうか？　水中の泡はほぼ完全な球であるため，$R_1 = R_2 = R$ である．それゆえ，ラプラス圧は

$$\Delta P = \frac{2\gamma}{R} \tag{2.7}$$

で表すことができる．

直径 2 mm の場合，$R = 1$ mm であり，式(2.7)に代入すると，

$$\Delta P = 0.072 \, \frac{\text{J}}{\text{m}^2} \times \frac{2}{1 \times 10^{-3} \, \text{m}} = 144 \, \text{Pa}$$

となる．直径 20 nm の場合，$R = 10$ nm であり，同様に計算すると，$\Delta P = 0.072$ J m^{-2} × $2/10^{-8}$ m $= 1.44 \times 10^7$ Pa となる．泡の中の圧力は，それぞれ上記の値だけ，外側よりも高いということになる．

ヤング・ラプラス方程式には，いくつかの本質的な物理的意味がある．
- 液体表面の形を知れば，曲率がわかり，内部と外部の圧力差の評価が可能である．
- 外場（たとえば，重力）のない状況では，液体中の圧力はどこでも同じである．そうでないなら，圧力の低い領域への液体の流れが生じるであろう．それゆえ，ΔP は定数であり，ヤング・ラプラス方程式から，液体表面の曲率は，どこでも同じである．
- ヤング・ラプラス方程式より，平衡状態の液体表面の形状の計算ができる[20, 21]．圧力差と境界条件（液体の体積，接触線）がわかれば，液体表面の形状がわかる．

実用上は，液体表面形状を求めるために式(2.6)を使用するのは簡単ではない．液体表面の形は，数学的には関数 $z = z(x, y)$ を用いて記述される．表面の z 座標が位置 (x, y) の関数として与えられる．曲率には二階微分が含まれるので，液体表面の形状を求めるには二階偏微分方程式を解く必要がある．これは通常，簡単ではない．

多くの場合，回転対称性をもつ構造を扱う．対称軸が z 軸と等しいと仮定すると，$z = z(r)$ が液体の表面を記述する．ここで，r は z 軸に垂直な極座標成分である z 軸が液滴に垂直で，紙面上に存在するとすると，表面上のある点 (z, r) での二つの曲率は以下のように定義される．まず，R_1 は紙面内の点 (z, r) での曲率半径であり，

$$\frac{1}{R_1} = \frac{z''}{\sqrt{(1+z'^2)^3}} \tag{2.8}$$

で与えられる[20, 22]．もう一つの曲率 R_2 は，点 (z, r) と，その点での曲線 $z(r)$ の法線が z 軸と交わる点との距離に等しい．これは以下の方程式によって表される．

$$\frac{1}{R_2} = \frac{z'}{r\sqrt{1+z'^2}} \tag{2.9}$$

ここで，z' および z'' はそれぞれ z の r に対する一階微分と二階微分である．数学的に曲率が一定となる表面は，球，シリンダーおよびノドイトとアンジュロイドの一部である[21]．

2.3.2 ヤング・ラプラス方程式の導出

ヤング・ラプラス方程式を導出するために，液体表面の微小部分を考え，曲率はほとんど変化しないとする．まず，図2.6のように点 X をとり，X から距離 d だけ離れた場所を結ぶように線を描く．この線は，対象とする表面と X を中心とする半径 d の球との交線である．液体表面が平らであれば，この面は平らな円になる．この線に互いに直交するような二つの面をとる(図中の AXB および CXD)．B点で，この交線に沿って微小線素 dl を考える．この線素にかかる表面張力は $\gamma \cdot dl$ である．この力を分解する

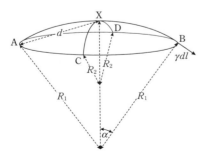

図 2.6 ヤング・ラプラス方程式を導くのに使用した図形

と，垂直方向への力は $\gamma \cdot dl \cdot \sin\alpha$ となる．微小面積 ($d \ll R_1, R_2$)，微小角 α のもとで，$\sin\alpha \approx d/R_1$ の近似が使える．ここで，R_1 は AXB に沿っての曲率を与える円の半径である．よって，垂直方向の力は，

$$\gamma dl \frac{d}{R_1} \tag{2.10}$$

と書ける．点 A, B, C, D での微小線素にはたらく力の四つ垂直成分の和は，

$$\gamma dl \left(\frac{2d}{R_1} + \frac{2d}{R_2}\right) = 2d\gamma dl \left(\frac{1}{R_1} + \frac{1}{R_2}\right) \tag{2.11}$$

となる．ここで，$1/R_1 + 1/R_2$ は，方位のとり方には独立である．つまり，式(2.11)は点 X での面法線を含み，互いに直交する2平面である限りは，どのような方位をもつ2平面に対しても成り立つ．そこで，交線に沿って積分すれば(この場合，四つの微小線素をそれぞれ 90° だけ回転させる)，表面張力による下向きの力が，

$$\pi d^2 \gamma \left(\frac{1}{R_1} + \frac{1}{R_2}\right) \tag{2.12}$$

と求まる．平衡状態では，この下向きの力が上向きで大きさの等しい力と打ち消し合う．この上向きの力は内部と外部の圧力差 ΔP によるもので，$\pi d^2 \Delta P$ となる．以上より，

$$\Delta P \pi d^2 = \pi d^2 \gamma \left(\frac{1}{R_1} + \frac{1}{R_2}\right) \quad \Rightarrow \quad \Delta P = \gamma \left(\frac{1}{R_1} + \frac{1}{R_2}\right) \tag{2.13}$$

の関係が得られる．この議論は，液体表面の任意の微小部分で有効である．つまり，ヤング・ラプラス方程式は液体表面のどの部分でも成り立つのである．

2.3.3 ヤング・ラプラス方程式の応用

単純な幾何形状の液体表面にヤング・ラプラス方程式を適用する場合，どちら側の圧力が高いかは明らかである．たとえば，図 2.7(a) の場合は泡と液滴の内部はいずれも外部よりも圧力が高い．しかし，内部と外部のどちらの圧力が高いのかが自明でない場合もある．図 2.7(b) のように二つの円筒端面間に水滴がブリッジしている場合である．この場合，

$$C_1 = \frac{1}{R_1} \quad \text{および} \quad C_2 = \frac{1}{R_2} \tag{2.14}$$

で定義される二つの曲率半径が異なる符号をもつ．液体が気相に向かって凸の場合(凸形)，その曲率を正とする．逆の場合を負とする．この表記法では，圧力差，つまりラプラス圧を $\Delta P = P_{\text{liquid}} - P_{\text{gas}}$ と定義する．

2.3 ヤング・ラプラス方程式

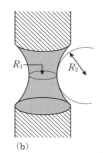

図 2.7 (a) 液相中の泡と気相中の液滴.
(b) 二つの固体円筒の間にある曲率が反対の符号をもつ液体のメニスカス.

〈具体例 2.7〉

図 2.7 の二つの場合について考える．気体中の液滴では，二つの曲率は正の値であり，$C_1 = C_2 = 1/R$ となる．よって，圧力差は正であり，液体内部の圧力が外部よりも高い．

液体中にある泡の場合，二つの曲率は負の値であり，$C_1 = C_2 = -1/R$ となる．よって，圧力差は負の値になる．つまり，液体の圧力は泡の中の圧力よりも低くなる．

図 2.7(b) のように，二つの円筒端面間に形成された液体のブリッジの場合，曲率は $C_1 = 1/R_1$ および $C_2 = -1/R_2$ となる．つまり，二つの曲率の符号が異なり，液体内部と外部のどちらの圧力が高いかは R_1 と R_2 によって決まる．

小さな形状で重力が無視できる場合は，液体表面の形状はヤング・ラプラス方程式(式(2.6))によって決定される．一方で，ある程度以上の大きさになると重力による静水圧の影響も考慮する必要がある．その場合のヤング・ラプラス方程式は重力による項を加え，

$$\Delta P = \gamma \left(\frac{1}{R_1} + \frac{1}{R_2} \right) + \rho g h \tag{2.15}$$

となる．ここで，g は重力加速度，h は高さである．

では，この場合の小さいサイズ，大きいサイズとは，どの程度の大きさなのだろうか？ どのような条件の下で，重力の項を無視して，より単純な方程式を使用できるのかは，重要な問題である．この特徴的な長さスケールの尺度として，

$$\kappa = \sqrt{\frac{\gamma}{g\rho}} \tag{2.16}$$

により，毛管定数を導入する．この値は毛管長ともよばれる．曲率の値が，この毛管定数と比べて十分に小さいときに重力の影響は無視できる．具体的な数値として，25℃の水の場合で 2.71 mm，25℃のヘキサンの場合で 1.67 mm となる．

毛管定数は物理的に重要な意味をもつ．式(2.15)を $g\rho$ で割れば，重力存在下で，液体表面の形状を決めるパラメータは $\gamma/g\rho$ となる．次章でみるように，表面張力の測定

では毛管定数が実際に計測される．そして，既知の密度を用いて表面張力が評価される．文献によっては，この毛管定数として $\sqrt{2\gamma/g\rho}$ が用いられることもある．

2.4 表面張力をはかる手法

この節では毛管現象と表面張力をはかる実験手法を議論するが，そのためには，接触角 Θ の概念を理解する必要がある．固体基板上の液滴は，通常，固体基板との境界線である角度をとる(図2.8)．この角度は，液体と固体基板の性質によって決まり，接触角とよばれる．ここでは接触角の定義が理解できれば十分であるので，詳細な議論は6章で行う．完全に液体が広がる表面(濡れ性の表面)では，接触角は，$\Theta = 0°$ である．

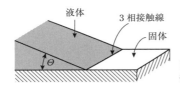

図 2.8 平面固体基板の上で，接触角 Θ をもつ液滴の縁の部分

接触角をはかる手法はいくつかある[1]．もっとも頻繁に用いられるのは，液滴法とよばれ，光学顕微鏡で横から基板上の液滴の輪郭をはかる手法である．液滴の形は，液滴の大きさに依存し，少量の液体の場合は図2.9(a)のような半球状となる．これは，ある体積と接触角に対して球面帽子の形が最小表面積を与えるからである．この性質は，表面張力や液体の種類によらず一般的に成り立つ．液滴のサイズが大きくなると，静水

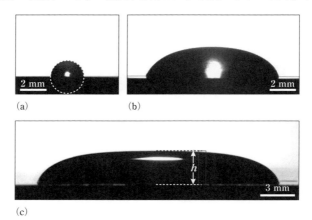

図 2.9 平面基板上の水滴の形状．水滴の量が，それぞれ(a) 0.5 μL，(b) 34 μL，(c) 1 mL

2.4 表面張力をはかる手法

圧の影響が出てくる(図2.9(b)). 液滴の幅が高さよりも大きくなると, 重力と表面張力の両方の効果で形が決まる. 密度が既知であれば, 表面張力を計算することができる. コンピュータが普及するまでは, ヤング・ラプラス方程式(2.15)を数値的に計算した表より, たとえば赤道面上の半径と赤道面から頂点までの高さをパラメータとして, 表面張力を求めていた[23]. 現在では, 測定された液滴形状を垂直軸まわりの回転対称性の仮定の下で液体の密度を唯一のパラメータとしてフィッティングし, 表面張力を得る[24].

さらに液滴の量を増やしていくと, 液滴の幅と高さが大きくなり, 平らな形状になる. 最終的には, 高さ一定の平らな形状になる(図2.9(c)). 結果として得られる高さ

$$h = 2\kappa \sin \frac{\Theta}{2} \qquad (2.17)$$

は表面張力と重力の効果で決まる[25].

液滴法が液滴形状より表面張力を求める唯一の手法ではない. その他の手法として,
- ペンダント・ドロップ法:固体(通常は針の先端)から, 涙の形状として馴染みのある, ぶら下がっている液滴の形状をはかる[26].
- ペンダント・バブル法:液体中の針の先端からの泡の形状をはかる.
- セシル・バブル法:泡を基板の上に接触させ, その形状をはかる[27].

がある. いずれの手法でも, 液滴や泡の形状をヤング・ラプラス方程式の解でフィッティングすることにより表面張力を求める. 前提条件として, 液滴や泡は静止しており, 粘性や慣性の影響は無視できることである. すでに議論したように, 表面張力と重力だけが液滴の形状を決める力である. 泡を使用する利点としては, 蒸気圧が100%で, 熱力学的平衡状態と考えられる点である. また, 不純物の影響も小さくすることができる.

最大泡圧法では, 毛管からラプラス圧に逆らって気泡を押出すのに必要な圧力から表面張力を計算できる[28,29]. 図2.10のように, 内径 r_c の毛管を液中に入れ, 気泡が生成するように圧力を上げる. 気泡は圧力が上がると, 毛管から押出され, 次々と新たな気

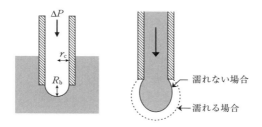

図 2.10 液体の表面張力を計測する最大泡圧法と液滴重量法

泡が生成される．このように，気液界面の曲率はヤング・ラプラス方程式に従って増大する．気泡がちょうど半径 $R_b = r_c$ の半球を生成したときに，$\gamma = r_c \cdot \Delta P / 2$ を満たす最大圧 ΔP となる．気泡の体積がさらに大きくなれば，気泡の半径も大きくなり，圧力が小さくなったといえる．そのため，気泡は不安定な状態となり，毛管から離れていく．最大泡圧法の利点としては，気泡中の蒸気が飽和状態にあり，蒸発効果を無視できることである[30]．

コンピュータが一般的になる前は，毛管上昇法と液滴重量法がよく用いられた．毛管上昇については6章で詳しく触れる．液滴重量法では，毛管の底から液体を流し，液滴を形成させる．その液滴は臨界サイズを超えると落下する．この毛管から落下する液滴の重さを測定する．通常，正確な値を求めるため，多くの液滴の合計の重さを液滴数で割って求める（総説は文献[31]）．

液滴が，毛管から落ちてこない限り，液滴の重さは，表面張力によって支えられている．重力による力が表面張力による力をちょうど超えたところで液滴が落ちるので，表面張力による力は，表面張力と液滴の境界線の長さをかけることにより，

$$mg = 2\pi r_c \gamma \tag{2.18}$$

となる．つまり，液滴の質量は毛管の半径によって決まる．ここで，厳密な議論のためには内径と外径を区別する必要がある．毛管の材質が測定したい液体で濡れない場合，式(2.18)では内径を使用するべきである．一方で，その材質が濡れ性を示す場合，外径を式(2.18)に代入する必要がある．完全に脱濡れ性の材質の場合（接触角が90℃以上），毛管の内径のみで重さが決まる[19]．実験的には，1864年に，テート(Tate)が「他の条件が同一ならば，液滴の重さは液滴が形成される毛管の直径に比例する」ことを見出している[32]．

実際は，式(2.18)は近似的にしか成り立たず，計算値よりも小さな値が計測される[33,34]．この理由は，図2.11のように液滴落下の様子をより詳細に観測すると明らかである．図2.11の連続写真からわかるように，臨界サイズを超えると液滴は縦方向に引き伸ばされ，液滴の一部が細長くなり，やがて細長い部分が切れる形で液滴が落下する．そのため，大部分の液滴は落下するが，一部の液滴は毛管側に残る．また，主要な

図 2.11 内径2mmの毛管からの液滴落下を高速カメラで捉えた写真

2.4 表面張力をはかる手法

液滴に加え,そのまわりに小さな液滴が観測されることも多い.そこで,補正因子 f を導入して,式(2.18)を $mg = 2\pi f r_c \gamma$ と書くこともある.

表面張力の計測には,円形張力計(ring tensiometer)(デュ・ニュイ[3]円形張力計ともよばれる)がよく使用される[35].この装置では,図2.12のように,円形のリングを液体表面からもち上げるのに必要な力を計測する.この力は,図2.12中の記号を用いて,

$$F = 2\pi(r_i + r_a)\gamma \qquad (2.19)$$

と書ける.必要条件はリングの表面が完全に濡れることであり,通常は,焼きなましにより表面の不純物を取り除いた白金線が用いられる.これまでの測定により,式(2.19)は一般に重大な欠点を含み,経験的な補正関数が必要であることがわかっている[36,37].

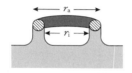
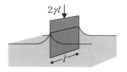

デュ・ニュイ円形張力計　　　　ウィルヘルミープレート法

図 2.12　デュ・ニュイ円形張力計とウィルヘルミープレート法

汎用的に使用される手法としてはウィルヘルミー[4]プレート法がある.薄いガラス板,白金板,あるいは,ろ紙を垂直に液体中に半分沈める.ここで,液体に濡れる材料であれば,材料自体は重要ではない.3相接触線付近では液体表面はほぼ垂直になり(接触角が $0°$ と仮定),表面張力による力は垂直方向に下向きとなる.ここで,板が液中に引き込まれないために必要な力を計測する.重力を引いた後に残る力は,板の長さを l として,$2l\gamma$ である.ここで,板はとても薄いため,ふちの効果はないものと仮定している.ウィルヘルミーが板にかかる力の詳細を研究したため,この手法はウィルヘルミープレート法とよばれている.この手法は,単純で,しかも補正項を必要としない[38].ただし,板をきれいな状態に保ち,空気中の不純物の影響や3相接触線での液体の蒸発を回避するなどの注意が必要である[30].

最後に,表面張力を動的に計測する手法を紹介する.レイリー卿[5]は,図2.13に示すように,楕円形断面をもつノズルからの液体流を計測した.流れの形状が円形に戻るまでの時間は表面張力に依存する.この手法の利点は,表面張力の時間変化の計測が可

3　Pierre Lecomte du Noüy,1883～1974,フランスの科学者,ニューヨークとパリで研究を行った.
4　Ludwig Ferdinand Wilhelmy,1812～1864,ドイツの物理化学者.
5　John William Strutt, Lord Rayleigh,1842～1919,英国の物理学者,ケンブリッジ大学で教授を務めた.1904年ノーベル物理学賞受賞.

図 2.13　楕円形の開口部から放出された水流

能である点であり，界面活性剤の拡散の影響などを調べることができる．もう一つの手法は，空中の液滴の振動を計測する方法である[41]．第一振動モードの共鳴角振動数から，

$$\omega = \sqrt{\frac{8\gamma}{\rho r_\mathrm{d}^3}}$$

に従って表面張力が求められる．ここで，液体の粘度が小さいと仮定している[39,40]．必要となるのは，液体の密度 ρ と液滴の半径 r_d のみである．この手法は，溶融状態の金属など，融点の高い物質の表面張力の計測によく用いられる[15,42]．

2.5　ケルビン方程式

この節では，表面科学で 2 番目に重要なケルビン[6]方程式について考える．この方程式は，ヤング・ラプラス方程式と同様に熱力学の原理に基礎をおき，物質や特別な条件によらず成り立つ[43]，液体の蒸気圧に関連した方程式である．物理化学の教科書やデータ集をみれば，多くの液体のさまざまな温度での蒸気圧が載っている．これらの値は，平坦平面の液体と熱力学的平衡状態にある蒸気に対する値である．液体表面が曲率をもっていれば蒸気圧の値も変わる．液滴の蒸気圧は平坦表面の蒸気圧より高く，気泡の蒸気圧は平面表面の蒸気圧より低い．ケルビン方程式は蒸気圧がどのように曲率に依存するかを示すものである．

蒸気圧変化の原因となるのはラプラス圧である．液滴内圧のラプラス圧による上昇により，液滴からの分子の蒸発は促進される．一方で，液体中に気泡ができた場合，気泡内部に対しての液体の圧力が小さくなり，気泡中への蒸発はより困難になる．定量的には，曲率をもった液体表面に対する蒸気圧の変化はケルビン方程式

$$RT \ln \frac{P_0^\mathrm{K}}{P_0} = \gamma V_\mathrm{m} \left(\frac{1}{R_1} + \frac{1}{R_2} \right) \tag{2.20}$$

で表すことができる．ここで，P_0^K は曲率をもった表面の蒸気圧であり，P_0 は平坦表面からの蒸気圧である．添え字の 0 は熱力学的な平衡状態のみで成り立つことを示してい

6　William Thomson，後に Lord Kelvin，1824〜1907，グラスゴー大学で物理学教授を務めた．

2.5 ケルビン方程式

る．すでに議論したように，平衡状態では，曲率は表面上で一定である．V_mは，液体の体積を表す．半径rの球形の液滴では，ケルビン方程式は，

$$RT \ln \frac{P_0^\mathrm{K}}{P_0} = \frac{2\gamma V_\mathrm{m}}{r} \quad \text{または} \quad P_0^\mathrm{K} = P_0 e^{\frac{2\gamma V_\mathrm{m}}{RTr}} \tag{2.21}$$

と単純化される．ここで，定数$2\gamma V_\mathrm{m}/(RT)$は蒸気圧が$e$倍になる曲率の逆数であり，

$$\lambda_\mathrm{K} = \frac{\gamma V_\mathrm{m}}{RT} \tag{2.22}$$

は，慣例としてケルビン長とよばれる．

〈具体例 2.8〉

25℃でのケルビン長を水，エタノール，1,2-プロパンジオール($C_3H_8O_2$)に関して計算せよ．分子量はそれぞれ，$M = 18.02,\ 46.07,\ 76.09\ \mathrm{g\ mol^{-1}}$である．また密度はそれぞれ，$\rho = 997,\ 789,\ 1036\ \mathrm{kg\ m^{-3}}$である．これらの値を式(2.22)に代入する．水の場合は，

$$\lambda_\mathrm{K} = \frac{0.072\ \mathrm{N\ m^{-1}} \cdot 0.018\ \mathrm{kg\ mol^{-1}}}{997\ \mathrm{kg\ m^{-3}} \cdot 2476\ \mathrm{J\ mol^{-1}}} = 0.53\ \mathrm{nm} \tag{2.23}$$

であり，エタノール，1,2-プロパンジオール($C_3H_8O_2$)では，それぞれ0.52, 1.19 nmとなる．

ケルビン方程式を導くために，液体のギブズ自由エネルギーを考える．表面が曲率をもつことでラプラス圧により内部の圧力が変化し，モルあたりのギブズ自由エネルギーも変化する．一般的に，ギブズ自由エネルギーの変化は，$\mathrm{d}G = V\mathrm{d}P - S\mathrm{d}T$で与えられる．ここで，重力，電磁気力などによる外力は無視している．等温条件の下で，曲率の変化によるモルあたりのギブズ自由エネルギーの変化は，

$$\Delta G_\mathrm{m} = \int_0^{\Delta P} V_\mathrm{m} \mathrm{d}P = \gamma V_\mathrm{m} \left(\frac{1}{R_1} + \frac{1}{R_2} \right) \tag{2.24}$$

で与えられる．ここで，モル体積は一定と仮定している．実用上，ほとんどの液体はここで考える圧力範囲では非圧縮であるため，この仮定は有用である．球状の液滴では，この式は$\Delta G_\mathrm{m} = 2\gamma V_\mathrm{m}/r$と単純化できる．モルあたりのギブズ自由エネルギーは，蒸気圧と式

$$G_\mathrm{m} = G_\mathrm{m}^0 + RT \ln P_0 \tag{2.25}$$

により関連づけられる．ここで，気体が理想気体と同様に振る舞うと仮定している．液体表面が曲率をもつ場合は，

$$G_\mathrm{m}^\mathrm{K} = G_\mathrm{m}^0 + RT \ln P_0^\mathrm{K} \tag{2.26}$$

となる．それゆえ，曲率によるモルあたりのギブズ自由エネルギーの変化は，

$$\Delta G_\mathrm{m} = G_\mathrm{m}^\mathrm{K} - G_\mathrm{m} = RT \ln \frac{P_0^\mathrm{K}}{P_0} \tag{2.27}$$

と求まる．液体と蒸気は平衡状態にあるため，二つの式が等しい必要がある．以上より，ケルビン方程式が導かれる．

ケルビン方程式を用いる際に，気相中の液滴（一般的には，正の曲率をもつ液滴）と液体中の気泡（負の曲率をもつ気泡）の二つの場合の違いを認識しておくことは重要である．

気相中の液滴：気相中の液滴の蒸気圧は，平面表面の液体よりも高い．具体例として，霧の液滴は不安定になるはずである．ここで，箱の中の蒸気中に大きさの異なる多くの液滴が存在する状況を考える．曲率による蒸気圧の影響で，小さな液滴ほど大きな圧力をもち，蒸発しやすい．それゆえ，より多くの分子が表面から蒸発し，小さな液滴から蒸発した分子が，より大きな液滴上に凝集することになる．このプロセスは，オストワルト熟成[7]とよばれる．ある程度以上の大きさの液体は，重力により落下し，最終的にはバルクの液体が箱の底に残ることになる．

ある蒸気圧に対して，液滴の臨界サイズが存在する．このサイズよりも大きければ液滴はさらに大きくなり，小さければ蒸発してなくなる．本来であれば，蒸気を冷却し，過飽和状態にしたとしても小さな液滴はすぐに蒸発してしまうため，液滴は生じないはずである．しかし，現実には核形成サイト[8]があるため，液滴が形成されるのである．

液中の気泡：この場合は，表面が負の曲率をもつため，式(2.24)の符号も負になる．結果として，球形の場合，

$$RT \ln \frac{P_0^K}{P_0} = -\frac{2\gamma V_\mathrm{m}}{r} \quad (2.28)$$

が成り立つ．ここで，rは気泡の半径である．これより気泡中の蒸気圧は減少するといえる．このことは液体の過加熱が可能である理由となっている．ある外部気圧下での液体では，沸点以上になると，たいていの場合，液体中に小さな気泡が生じる．しかし，小さな気泡ほど蒸気圧は低いため，蒸気が凝縮して気泡は消滅する．臨界サイズより大きな気泡だけが崩壊せずに大きくなる．具体例として水滴と水中の気泡の蒸気圧力を表2.2に示す．

この時点で，いくつかの紛らわしいポイントについて整理をしておこう．蒸気と気体の二つの用語はどのように使い分ければよいだろうか？　一般に，蒸気という用語は，

7　一般的に，オストワルト熟成は，大きな物体が小さなものを吸収しながら成長していくことを示す．Friedrich Wilhelm Ostwald, 1853～1932, ドイツの物理化学者，ライプツィヒ大学で教授を務めた．1909年にノーベル化学賞受賞．

8　訳注：気相中にも，ほこりなどの不純物が存在する．これらの不純物は，場合によっては凝集の活性化エネルギーを減少させ，液滴形成の核の役割を果たす．このような核形成は不均一核形成（heterogeneous nucleation）とよばれる．本書では，何らかのメカニズムによりエネルギー的に好ましい状態をつくる"場所"のことをサイトとよぶ．

表 2.2 半径 r の球形の水滴または泡に対する,曲率をもった水表面の 25℃ での相対平衡蒸気圧

r(nm)	P_0^K/P_0 液滴	P_0^K/P_0 泡
1000	1.001	0.999
100	1.011	0.989
10	1.114	0.898
1	2.950	0.339

気体中に液体が存在し,液体からの蒸発と気相からの凝結が起こるときに使用される.やや紛らわしい場合として,気体からの物質吸着では,吸着と脱離を議論するが(8 章),この場合は蒸気ではなく気体を用いる.他気体との混合気体では,蒸気の性質はどのように変わるだろうか? たとえば,純粋な水蒸気と空気中の水蒸気(窒素や酸素との混合気体)は,分圧さえ等しければ,同じように振る舞うのであろうか? 第一近似の解答としては,熱力学的平衡にある限り,その二つは同様に振る舞うといえる.第一近似の意味は,蒸気の分子と他気体分子の相互作用が無視できるということである.しかしながら,蒸発や凝結のような時間依存のプロセスや速度論的な現象は,完全に異なったものとなる可能性があり,他気体に依存する.これは,真空中での乾燥速度のほうが空気中(水蒸気分圧がほぼゼロの場合)での乾燥速度よりも圧倒的に速い理由である.

2.6 毛 管 凝 縮

ケルビン方程式の重要な応用の一つは毛管凝縮の記述である.毛管凝縮とは,P_0 以下の蒸気圧で毛管や細孔中に凝結が生じることである.ここで,P_0 は平衡状態での平坦な液体表面からの蒸気圧である[44,45].ケルビン卿が初めて,液体の蒸気圧が表面の曲率に依存することに気づいた.彼の述べている"凝結点よりも十分高い温度であるにもかかわらず,木綿,オートミール,ビスケットなどの植物由来の材料の中には水分が保たれる"[46]という現象が毛管凝縮で理解される.8.4.3 項でもまた,毛管凝縮について議論する.

図 2.14(a)のように,毛管凝縮は完全に濡れた表面をもつ円錐形の細孔をモデルとして考えることができる.蒸気圧 P_0 で,液体は円錐形細孔の先端に凝結し,ケルビン方程式で与えられる曲率となるまで凝結は続く.液体表面は球形であるので,気泡と同様の議論ができ,

$$RT \ln \frac{P_0^K}{P_0} = -\frac{2\gamma V_m}{r} \tag{2.29}$$

24   2 液体表面

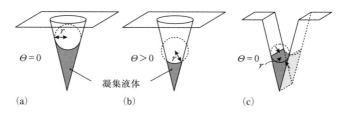

図 2.14 蒸気圧 P_0 での(a, b) 小さな円錐孔と，(c) スリット細孔への毛管凝縮．(a, c) 完全に濡れる場合と，(b) 有限の接触角をもつ場合．

という式が書かれる．円錐形細孔内の蒸気圧は P_0^K に下がる．r はメニスカスが平衡状態になる場所の半径である．液体表面の曲率は $-2/r$ である．吸着の影響も含めた詳細な議論については 8.4.3 項で行う．

現実には多くの表面は完全濡れではなく，ある有限な接触角をとる．この場合は，曲率半径は大きくなり，円錐形空間の半径ではなく，$r/\cos\Theta$ となる（図 2.14(b)）．

〈具体例 2.9〉
　さまざまなサイズの細孔をもつ多孔質固体を考える．湿度が 90％，温度は 20℃ とする．表面が完全に濡れ性の場合，どのサイズの細孔までが水で満たされるか？
$$r_\mathrm{c} = -\frac{2\gamma V_\mathrm{m}}{RT \ln 0.9} = -\frac{2 \cdot 0.072\,\mathrm{J\,m^{-2}} \cdot 18 \times 10^{-6}\,\mathrm{m^3}}{8.31\,\mathrm{J\,K^{-1}} \cdot 293\,\mathrm{K} \cdot \ln 0.9} = 10\,\mathrm{nm}$$

ケルビン方程式において，どの値を半径とするかは，注意が必要である．半径 r_c の円錐形細孔の場合，曲率は $2/r_\mathrm{c}$ である．回転対称ではない場合，$2/r_\mathrm{c}$ の代わりに，$1/R_1 + 1/R_2$ を使用する．裂け目やクラックの場合は，曲率半径の一方は無限大であり（図 2.14(c)），$2/r$ ではなく $1/r$ となる．ここで，r は裂け目に垂直な方向の曲率半径である．

毛管凝縮は，多くの手法で確かめられており，多数の液体で，曲率半径が数 nm まで，今までの議論が成り立つことが示されている[47~51]．

毛管凝縮による重要な結果は毛管力の存在である．この力はメニスカス力ともよばれる（総説は文献[52]）．毛管凝縮は細かい粒子間の吸着力を強くし，多くの場合，粉体の流動現象を支配する[53]．二つの親水性の粒子が接触すると，液体（通常は水）が接触部まわりのギャップに凝結し，外部の圧力に比べて液体内部の圧力が小さくなるようにメニスカスが形成される．このラプラス圧の符号を負とすると，負のラプラス圧が粒子間引力としてはたらくといえる．メニスカス表面の表面張力も二つの粒子をより近づける力としてはたらく[54~56]．

2.6 毛管凝縮

通常の場合，液体のメニスカスの形状と，液体と粒子がどのように接触しているかを知ることは困難なため，毛管力を計算することは簡単ではない．特別で重要な場合は，図 2.15 のように，完全に同じ半径 R_p をもつ二つの粒子の接触である．毛管力を求めるために，表面は完全に平滑であり，液体は表面を完全に濡らすと仮定する．ミネラル成分と水の場合，この仮定がよく当てはまる．さらに，メニスカスは小さく，重力の影響は無視できるとする．ここでのメニスカスの大きさは，毛管長よりも十分に小さい．

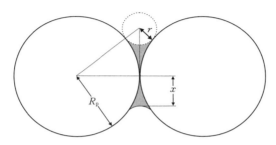

図 2.15　液体のメニスカスを挟んだ二つの球粒子

毛管力は，圧力項と表面張力による直接効果の和として，

$$F = \pi x^2 \Delta P + 2\pi x \gamma \tag{2.30}$$

と書ける．ΔP を求めるために液体表面の曲率を知る必要がある．曲率の和は

$$\frac{1}{x} - \frac{1}{r} \approx -\frac{1}{r} \tag{2.31}$$

と近似できる．実用上のほとんどのケースで $x \gg r$ が成り立つため，上の近似が可能である．それゆえ，圧力差は $\Delta P = \gamma/r$ となり，液体内部の圧力が外部の気相よりも低い．この圧力差が断面積 πx^2 にはたらき，引力は $\pi x^2 \Delta P$ となる．x^2 を r で表すためにピタゴラスの三平方の定理を使用する．

$$(R_p + r)^2 = (x+r)^2 + R_p^2 \Rightarrow R_p^2 + 2rR_p + r^2 = x^2 + 2xr + r^2 + R_p^2$$
$$\Rightarrow 2rR_p = x^2 + 2xr \approx x^2 \tag{2.32}$$

最後の式変形では，$x \gg 2r$ を仮定し，$x^2 = 2rR_p$ を得ている．よって，毛管力は引力で，

$$F = 2\pi \gamma R_p + 2\pi x \gamma \tag{2.33}$$

となる．巨視的な球形で，蒸気圧がそれほど高くない場合 ($R_p \gg x$)，第二項は無視でき，

$$F = 2\pi \gamma R_p \tag{2.34}$$

が得られる[21,57,58]．この力は粒子の半径と液体の表面張力のみに依存する．言い換え

ると，曲率半径と蒸気圧には依存しない．蒸気圧の低下とともに曲率半径およびxの値は小さくなるので，直感的にはこれは驚くべきことである．しかし，同時にラプラス圧は$1/r$の増加とともに同じだけ上昇するので，二つの粒子が接触せずにある程度の距離をおいて存在する場合は，毛管力による引力は小さくなる[57,59,60]．

〈具体例 2.10〉

水晶球が他の水晶球にぶら下がっている．室内には水蒸気が存在し，毛管力が生じている．小さな球は毛管力で保持され，大きな球は重力により落下する．重力と毛管力がつり合うときの球の半径はいくらであろうか？　水晶の密度は$\rho = 3000 \text{ kg m}^{-3}$とする．球の重力は，

$$\frac{4}{3}\pi R_\text{p}^3 \rho g = 1.23 \times 10^5 \frac{\text{kg}}{\text{m}^2 \text{s}^2} \cdot R_\text{p}^3$$

であり，毛管力は，

$$2\pi \cdot 0.072 \frac{\text{J}}{\text{m}^2} \cdot R_\text{p} = 0.45 \frac{\text{kg}}{\text{s}^2} \cdot R_\text{p}$$

となる．両方の力が等しいとすると，R_pの値は，以下のようになる．

$$R_\text{p} = \sqrt{\frac{0.45}{1.23 \times 10^5} \text{m}^2} = 1.9 \text{ mm}$$

巨視的な完全球体は非常に特別な場合であり，実際の毛管力はしばしばこの値よりも小さくなる．一般的に，毛管力は相対的蒸気圧に依存する[52]．加えて，図2.16に示すように，粗い表面では完全な接触ではなく，いくつかの点のみで接触が生じ[53,61]，蒸気圧があまり高くない場合は接触部分のみで毛管凝縮が起こる．表面粗さが大きくなるとメニスカスが大きくなり，新たなメニスカスが生成される．相対的蒸気圧が1近傍でのみ，複数のメニスカスが合体し，巨視的な接触状態となる．問題となるスケールはケルビン長程度であり，1 nm以下の粗さでさえも影響を与え[62]，毛管力を予測すること

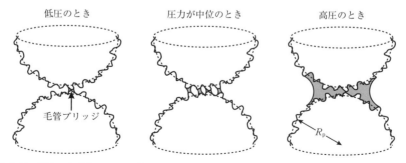

図2.16　異なった蒸気圧Pの凝集液体により接触している二つの粒子．どちらの粒子も，巨視的には球形でみかけの有効半径R_pで記述できるとする．ナノスケールでは，球面は粗さをもつ．

はきわめて困難となる．

ここで，しばしば"毛管圧は負になるのか"が問われる．圧力とは表面に分子がぶつかり，運動量が移動することで生まれる．この描像での最低圧力は，分子が存在しない状態(真空)に対応する．このとき，運動量の移動がないので，力ははたらかない．それに対して，毛管圧では分子が内側に集まり，真空中よりも低い圧力，負の圧力になりうる(具体例 6.5)．

2.7 核形成理論

蒸気圧が液体表面の曲率によって変化することは凝集に大きな影響を与える．一般に，表面が存在しないところに新たな相が形成される現象は均一核形成とよばれ，そこでは，まず小さな分子クラスターが形成される．このクラスターは分子が凝集することにより成長する．さらに，クラスター同士が凝集し，より大きなクラスターをつくり，最終的に巨視的な液滴となる．この現象は蒸気圧が飽和蒸気圧よりも十分に大きいときに起こる．また，沸点以上でバブルが発生するのも，この核形成メカニズムによるものである．

ただし，実際には，ほとんどの場合の核形成は，ほこりなどの不純物の表面上に凝集することで起こる不均一核形成である．たとえば，大気中での雲の形成は，ちりやほこりに水が凝集することで起こる．そのほかのよく知られている例としては，ビールや炭酸水をグラスに注いだときにできる泡がある．グラス表面で泡が形成されて成長し，上に浮かんでくる．

ここでは，過飽和蒸気からの液滴形成の均一核生成のみについて議論する．実際には身のまわりの例で，均一核生成を観測する例は少ないが，概念と数学的な扱いは重要である．古典的な均一核生成理論は 1920〜1940 年の間に発展した[63〜65]．

圧力 P，温度 T での蒸気を考える．また，この章での圧力は全圧ではなく，分圧を意味するものとする．他の気体がまわりにある場合，蒸気圧よりも全圧のほうが高いケースもある．実際の蒸気圧は飽和蒸気圧よりも高いと想定できるので($P > P_0$)，最終的には気相からの凝集が生じる．この場合，分子間の引力が熱揺らぎを凌駕するので，液相が形成される．この過程は自発的に起こり，凝集のギブズ自由エネルギーは負の値でなければならない．通常，この過程は蒸発の逆過程であり，蒸発のギブズ自由エネルギーに関しては教科書やハンドブックに載っている．蒸発のモルあたりのギブズ自由エネルギーは，

$$\Delta_\mathrm{v} G_\mathrm{m} = RT \ln \frac{P}{P_0} \tag{2.35}$$

で与えられる．ここで，$\Delta_v G_m$ は，蒸気圧と温度に依存する量である．実際の蒸気圧が飽和蒸気圧と等しければ $(P = P_0)$，蒸発のギブズ自由エネルギーはゼロである．蒸気圧が飽和蒸気圧よりも大きければ，蒸発のギブズ自由エネルギーは正の値となり，凝集によりギブズ自由エネルギーは得をする(低くなる)．逆に，実際の蒸気圧が飽和蒸気圧よりも低ければ，蒸発のギブズ自由エネルギーが負となり，液体の蒸発が自発的に進む．たとえば，25℃の水は飽和蒸気圧 $P_0 = 3169\,\mathrm{Pa}$ である．$6338\,\mathrm{Pa}$ の過飽和蒸気があるとすると，$P/P_0 = 2$ であり，$\Delta_v G_m = RT \ln(P/P_0) = 1.72\,\mathrm{kJ\,mol^{-1}}$ となる．凝集は蒸発の逆過程であるため，$\Delta_v G_{con} = -\Delta_v G_m = -1.72\,\mathrm{kJ\,mol^{-1}}$ だけ，ギブズ自由エネルギーは得をする．

式(2.35)を導くために，蒸気と平衡状態にあるビーカーの中の水を考える．ここで，液体表面は完全な平面である．蒸気のモルあたりのギブズ自由エネルギー(化学ポテンシャルと同じ)は，蒸気が理想気体と同様に振る舞うと仮定すると，

$$G_m = G^0 + RT \ln P_0 \tag{2.36}$$

となる．G^0 は標準状態の化学ポテンシャルである．平衡状態では蒸気と液体の化学ポテンシャルが等しい．ここで，蒸気の蒸気圧を上げ，短い時間スケールで蒸気が飽和蒸気圧よりも大きな蒸気圧をもつとすると $(P > P_0)$，モルあたりのギブズ自由エネルギーは，

$$G_m = G^0 + RT \ln P \tag{2.37}$$

と書ける．液体のモルあたりのギブズ自由エネルギーは，式(2.36)のままである[9]．それゆえ，過飽和の圧力 P をもつ蒸気と液体のモルあたりのギブズ自由エネルギーの差は，

$$\Delta_v G_m = RT \ln P - RT \ln P_0 \tag{2.38}$$

となる．これは，式(2.35)と同値である．

核形成の議論のために，n モルの蒸気が液滴に凝集するときのギブズ自由エネルギー変化を考える．n は1よりもずっと小さな値である[10]．ここで，二つの寄与を考慮する必要がある．一つ目は凝集によるギブズ自由エネルギー変化であり，二つ目は表面積 A の液滴表面を形成するのに必要な仕事である．球状の液滴に対してギブズ自由エネルギーの全変化は，

9　ここで，より高い圧力となっているため，液体のモルあたりのギブズ自由エネルギーに $V_m(P - P_0)$ を加えるべきだと考えるかもしれない．しかし，この効果は小さい．たとえば，25℃の水で，$P_0 = 3169\,\mathrm{Pa}$，$P = 2P_0$ を考えると，$V_m(P - P_0) = 0.057\,\mathrm{J\,mol^{-1}}$ を得る．この値は，$RT \ln(P/P_0) = 1720\,\mathrm{J\,mol^{-1}}$ と比べると，無視することができる．

10　訳注：核形成は，1 mol よりもかなり少ない分子数で起きるため．

2.7 核形成理論

$$\Delta G = -n\Delta_v G_m + \gamma A \quad (2.39)$$

と書ける．液滴を半径 r の完全な球と考え，V_m をモル体積とすると，分子数は $n = 4\pi r^3/(3V_m)$，表面積は $4\pi r^2$ である．これらを式(2.35)に代入すると，式(2.39)は，

$$\Delta G = -\frac{4\pi R T r^3}{3V_m}\ln\frac{P}{P_0} + 4\pi\gamma r^2 \quad (2.40)$$

と変形でき，分圧 P の気相から液滴が凝集する際のギブズ自由エネルギー変化となる．

式(2.40)を詳しく考えてみる．$P < P_0$ の場合，はじめの項も正の値になるため，ギブズ自由エネルギー全体が正になる．そのため，偶然分子がクラスターをつくり，液滴を形成してもすぐに蒸発し，凝集は起こらない．$P > P_0$ の場合は，臨界サイズまではギブズ自由エネルギーが上昇し，それ以上の大きさになればギブズ自由エネルギーが減少する．臨界サイズでは式(2.40)を微分した値がゼロになる．そのため，臨界サイズは，

$$r^* = \frac{2V_m\gamma}{RT\ln(P/P_0)} \quad (2.41)$$

と書くことができる．一目みて驚くのは，この式がケルビン方程式(式(2.21))と同じである点である．ケルビン方程式は熱力学的平衡にある系に当てはまるものであった．$d\Delta G/dr = 0$ の条件を考えているため，系は確かに熱力学的平衡にあるのである．

図 2.17 に種々の過飽和度に対する液滴の半径とギブズ自由エネルギーの関係を図示した．ここで，過飽和度は，実際の蒸気圧 P を平坦表面をもつ液体と平衡状態にある気相の蒸気圧 P_0 で割った値である．

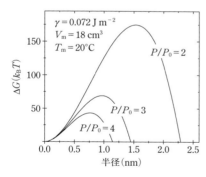

図 2.17 水蒸気がある半径の滴へ凝集する際のギブズ自由エネルギーの変化 $k_B T$．$3k_B T/2$ が一つの気体分子の平均並進運動エネルギーである．

〈具体例 2.11〉

0℃の水で，過飽和度 $P/P_0 = 4$ の場合を考えると，臨界半径は，$r^* = 8$ Å となる．これは，約 70 分子の水に相当する．このようなクラスターをつくる最大ギブズ自由エネルギーは，$\Delta G_{max} = 1.9 \times 10^{-19}$ J である．

30   2 液体表面

では，核形成はどのように進むのであろうか？　蒸気中にはつねにある程度のクラスターが存在する．そのほとんどは非常に小さく，少数の分子からなる．ごく稀にやや大きなものも存在する．分圧 P が平衡蒸気圧 P_0 を超えると，大きなクラスターの形成確率が高くなる．熱揺らぎにより，臨界サイズを超えたクラスターは無限に大きくなり，液体として凝縮する．

核形成に関する理論が目指すのは，基本的に，臨界サイズのクラスターが形成される速度 J を求めることである．この速度は，ボルツマン因子 $\exp(-\Delta G_{max}/k_BT)$ に比例する．古典核形成理論の完全な記述は本書の範囲では不可能であるが，結果のみを示すと，

$$J = \sqrt{\frac{2\gamma}{\pi m}} v_m \left(\frac{P}{k_BT}\right)^2 \exp\left[-\frac{16\pi v_m^2 \gamma^3}{3(k_BT)^3 \ln^2(P/P_0)}\right] \quad (2.42)$$

が得られる．ここで，m は質量，$v_m = V_m/N_A$ で，1分子あたりの体積を表す．

古典核形成理論が凝集を理解するための最も基本的な考え方であり，定性的には現象をうまく説明する．ただし，残念ながら，定量的には実験値と異なることがしばしばある[66,67]．古典理論では，低温で実験値よりも低い速度を予測し，また高温では，逆に高すぎる理論値を与える．そこで，経験的な補正項を使用し，実験値をうまく再現している[68]．文献[69]は実験についての総説である．一般的な総説は文献[70～72]である．

実験的には，膨張型チャンバーを使用して，核形成速度を決めることができる[73]．その中で，蒸気を速く，ほぼ断熱的に膨張させ，そして蒸気を冷やす．低温では平衡蒸気圧がかなり低いため，過飽和状態をつくることができる．この影響は部分的に膨張による圧力減少で相殺され，温度の影響が支配的となる．光散乱により核形成密度の測定が可能である．

⟨具体例 2.12⟩

膨張型チャンバーを用いて水の核形成を調べる．初期条件 2330 Pa，303 K の蒸気を膨張させ，圧力を 1575 Pa まで下げる．この過程で温度は 260 K まで下がる．260 K での平衡蒸気圧は 219 Pa であり，過飽和度は $P/P_0 = 7.2$ となる．この場合の核形成速度はいくらか．

260 K での水の表面張力は，0℃以上での値を外挿することで，$\gamma \approx 77$ mN m^{-1} と求められる．分子体積は，$v_m = m/\rho = 2.99 \times 10^{-29}$ kg/1000 kg m^{-1} $= 2.99 \times 10^{-29}$ m^3 と計算できる．ここで，m は水分子の質量である．これらの値を式 (2.42) に代入すると，

$$J = \sqrt{\frac{20.077 \text{ N m}^{-1}}{\pi \cdot 2.99 \times 10^{-26} \text{ kg}}} \, 2.99 \times 10^{-29} \text{ m}^3 \left(\frac{1575 \text{ Pa}}{3.59 \times 10^{-21} \text{ J}}\right)^2$$

$$\times \exp\left\{-\frac{16\pi(2.99 \times 10^{-29} \text{ m}^3)^2 \cdot (0.077 \text{ N m}^{-1})^3}{3(3.59 \times 10^{-21} \text{ J})^3 \cdot \ln^2 7.2}\right\}$$

$$= 1.28 \times 10^{12} \text{ s}^{-1} \cdot 2.99 \times 10^{-29} \text{ m}^3 \cdot 1.92 \times 10^{47} \text{ m}^{-6} \cdot e^{-37.9}$$

$$= 2.54 \times 10^{14} \text{ s}^{-1} \text{ m}^{-3}$$

の値が得られる．

2.8 まとめ　31

　現実的には，核形成は核形成サイトから起こる[74]．一つの例として，シャンパンの泡の形成が挙げられる[75]．発酵プロセスによりつくられたシャンパン中の二酸化炭素濃度は約 6 atm である．シャンパンのボトルを開けると，気体の圧力が一気に下がり，二酸化炭素の過飽和度が約 5 となる．シャンパンをグラスに注ぐと，溶けていた二酸化炭素分子が泡をつくり逃げていく（表面から拡散して逃げていく二酸化炭素は泡の量に比べてごくわずかである）．グラスの表面にはさまざまな種類の小さな粒子が残っていて，シャンパンが注がれたときに，粒子のまわりに空気ポケットができる．これらの粒子から連続的に泡が形成される（図 2.18）．このような粒子の大部分はセルロース繊維であり，空気中や食器を拭くときにグラスについてくる．

図 2.18　グラスの底で核形成されるシャンパンの二酸化炭素の泡．ここでは，セルロース粒子の中の気孔が核形成サイトとしてはたらく．写真は，高速カメラ顕微鏡で撮影されたものである．(G. Liger-Belair 氏提供[75])

2.8　まとめ

- 液体の表面張力は，単位面積あたりに新たな表面をつくるのに必要な仕事として，$dW = \gamma dA$ で定義される．
- 通常の液体は $20 \sim 80$ mN m^{-1} の範囲の表面張力をもつ．
- 平衡状態で重力を無視できる場合，液体の曲率はどの部分でも等しく，ヤング・ラプラス方程式 $\Delta P = \gamma \left(\dfrac{1}{R_1} + \dfrac{1}{R_2} \right)$ で与えられる．液体表面が曲率をもつと，外部と内部で圧力差が生じる．曲面で囲まれている側の圧力のほうが高い．
- 表面張力をはかる重要な手法として，液滴法，ペンダントもしくはセシル・バブル法，デュ・ニュイ円形張力計，ウィルヘルミープレート法が挙げられる．
- 液体の蒸気圧は表面の曲率に依存する．液滴の場合，液体中の圧力は平坦表面の場合に比べて高くなり，泡の場合は逆に低くなる．定量的にはケルビン方程式によって表される．
- 曲率による蒸気圧変化が毛管凝縮を引き起こす．これは細孔や毛管に液体が自発的に

凝集する現象である．毛管凝縮は細孔材料や粉体の液体吸着に大きな影響を与え，粒子同士の接着力にもなる．凝集液体が二つの粒子の接触面にメニスカスをつくり，毛管引力の起源となる．

2.9 演 習 問 題

問題 2.1 清浄な固体表面を考えよう．超高真空(UHV)のチャンバーの中に，固体試料を準備したとする．1時間観測し，その間に10%の表面に単分子層の汚れがつくことを許容範囲とする．チャンバーの中の圧力はどこまで下げることができるか？　ここで，清浄表面にぶつかった気体分子は必ず吸着するものと仮定する．

問題 2.2 半径が $R_d = 1, 10, 100$ nm の球状の液滴を考える．1) 何分子の液体分子が一つの液滴の中に存在するか？　2) 全分子のうちの何%が表面に存在するか？　簡単のため，分子は均一に分布し，表面近傍で特別な配向をしないものと仮定する．

問題 2.3 プラスチックタンクの中に，水が1mの高さまで入っている．底面に半径0.1mmの穴を開ける．このとき，すべての水が流れ出るか？　プラスチックは脱濡れ性であるとする．

問題 2.4 図 2.9(c)は大きく広がった水滴である．この図より，25℃での水の表面張力を見積もれ．

問題 2.5 ウィルヘルミープレート法に関する問題．1cmの幅の板で接触角が45°であるときの力を求めよ．

問題 2.6 液滴の重さを使用した方法に関する問題．ヘキサデカン($C_{16}H_{34}$)の表面張力を求めるために，内径40 μm，外径4mmの毛管から，ヘキサデカンの液滴を落とす．ヘキサデカンは毛管を完全に濡らす．密度は773 kg m^{-3} である．液滴100個の合計の重さが2.2gであった．これより，ヘキサデカンの表面張力を計算せよ．よい精度で，補正因子 f はパラメータ $\phi = r_c / V^{\frac{1}{3}}$ の関数である．ここで，V は液滴の体積である．実験データ[33,34]より，$\phi < 1.22$ では，$f = 1 - 1.3482\phi + 1.8587\phi^2 - 1.3602\phi^3 + 0.4576\phi^4$，$\phi \geq 1.22$ では，$f = 1.08689 - 0.3457\phi$ と記述される．

問題 2.7 半径5 μmの親水性の粒子が親水性の平面基板の上にある．この隙間に大気中からの水が凝集する．この凝集した液滴のメニスカスの円周はどうなるか？　円周の半径 x と湿度の値をプロットしたグラフを書け．平衡状態での湿度は，P_0^g/P_0 と書ける．

問題 2.8 半径0.3mm，長さ4cmの白金線でリングをつくる．これを注意深く1-ブタノールの中に入れる．リングは液面に対して常に平行である．このリングを濡れている液体表面から引き上げる力は2.08 mNであった．この液体の表面張力を求めよ．ブタノールの密度は $\rho_{Bu} = 810$ kg m^{-3} である．

3

界面の熱力学

　この章では界面の基本的な熱力学を導入する．広く基礎的な理解を深めるとともに，界面特有の難しさを理解することが目的である．さらに学びたい場合は文献[4, 76]を参照せよ．

3.1　バルク系の熱力学的関数

　この章で必要になる通常の熱力学について述べる．内部エネルギー U は，系内の分子運動および分子間相互作用によって生じるエネルギーの総和である．均一な 1 相の系における内部エネルギーの変化量は熱力学の第一法則と第二法則によって，

$$dU = TdS - PdV + \sum \mu_i dN_i + dW \tag{3.1}$$

と書ける．ここで，TdS はエントロピー変化による内部エネルギー変化，たとえば熱流である．N_i は i 番目の物質の分子数である．μ_i が化学ポテンシャルなので，$\mu_i dN_i$ は組成の変化によるエネルギー変化を表す．dW は膨張による仕事 PdV 以外の系になされた仕事である．エンタルピー変化 dH，ヘルムホルツ自由エネルギー変化 dF，ギブズ自由エネルギー変化 dG はそれぞれ以下のように表すことができる．

$$dH = TdS + VdP + \sum \mu_i dN_i + dW \tag{3.2}$$

$$dF = -SdT - PdV + \sum \mu_i dN_i + dW \tag{3.3}$$

$$dG = -SdT + VdP + \sum \mu_i dN_i + dW \tag{3.4}$$

示量変数は，系を大きくすると，それに伴い値が大きくなる変数である．たとえば，体積 V や N_i，質量などである．一方で，温度 T，圧力 P，密度など，系を大きくしても不変な変数を示強変数という．均一な系では，すべての示量変数の値が系のサイズ変化に比例して変化する．均一なバルク系に対しては，重要な熱力学的関数を以下のように書ける．

$$U = TS - PV + \sum \mu_i N_i \tag{3.5}$$

$$H = U + PV = TS + \sum \mu_i N_i \tag{3.6}$$

$$F = U - TS = -PV + \sum \mu_i N_i \tag{3.7}$$

$$G = U + PV - TS = \sum \mu_i N_i \tag{3.8}$$

3.2 表面余剰

　界面の存在は通常，系のすべての熱力学量に影響を与える．界面のある系の熱力学を考えるために，体積 V_α と体積 V_β の二つのバルク相と，界面 σ の三つの部分に系を分割する．たとえば，ある物質の液相と気相，あるいは水と油のような非相溶な系を考える．

　ここでは，ギブズ[1] 規約[77] を用いて議論する．この慣習では，二つの相 α と β が無限小の厚さをもつ界面によって隔てられている．この界面をギブズ分離面とよぶ．これは理想化した考え方であり，実際にギブズ分離面は理想界面ともよばれる．これに代わるモデルも存在する．たとえば，グッゲンハイム (Guggenheim) モデル (図 3.1) では，ある明確な体積をもつ界面領域を考える[78,79]．大部分の応用例ではギブズ規約がより実用的であるため，ギブズ規約のもとで議論をする．

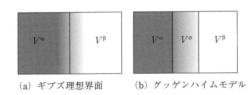

(a) ギブズ理想界面　　(b) グッゲンハイムモデル

図 3.1　(a) ギブズ規約では，α 相と β 相が，厚さをもたない界面 σ によって分離されている．(b) グッゲンハイムは，界面が厚さをもつ場合に拡張した．

　ギブズモデルでは界面は理想的に体積ゼロ ($V^\sigma = 0$) と考え，系の全体積は，

$$V = V^\alpha + V^\beta \tag{3.9}$$

となる．他のすべての示量変数はバルク相 α，バルク相 β，界面領域 σ の 3 成分の和で表される．たとえば，内部エネルギー，i 番目の物質の分子数，エントロピーである．

$$U = U^\alpha + U^\beta + U^\sigma \tag{3.10}$$

$$N_i = N_i^\alpha + N_i^\beta + N_i^\sigma \tag{3.11}$$

$$S = S^\alpha + S^\beta + S^\sigma \tag{3.12}$$

ここで，バルクな 2 相からの寄与と界面からの寄与は，以下のように評価される．まず，

---

[1] Josiah Willard Gibbs, 1839〜1903, 米国の数学者，物理学者．イェール大学で教授を務めた．

3.2 表面余剰

単位体積あたりの α 相, β 相の単位あたりの内部エネルギーをそれぞれ, u^α, u^β とする. この内部エネルギー密度 u^α, u^β は, 均一なバルク α 相, β 相から求められる. 界面付近ではこれが違った値になる可能性があるが, そのバルク相への影響は考えない. そのため, バルク部分の内部エネルギーは $u^\alpha V^\alpha + u^\beta V^\beta$ となる. 界面のもつ内部エネルギーは全体の内部エネルギーからバルク部分の内部エネルギーを引いたものとして,

$$U^\sigma = U - u^\alpha V^\alpha - u^\beta V^\beta \tag{3.13}$$

と定義される. 界面では物質の組成も変わる. バルクの α 相, β 相に存在する i 種の物質の濃度をそれぞれ c_i^α, c_i^β と書く. これにより, 全体の分子数からバルクの α 相, β 相に存在する分子数を差し引くと, 界面の存在に起因して系に付加的に存在する分子数が

$$N_i^\sigma = N_i - c_i^\alpha V^\alpha - c_i^\beta V^\beta \tag{3.14}$$

と計算される. これより, 界面に存在する分子濃度 (のようなもの) が

$$\Gamma_i = \frac{N_i^\sigma}{A} \tag{3.15}$$

で定義される. これがいわゆる界面余剰である. A は界面の面積である. 界面余剰は単位面積あたりの分子数 (m^{-2}) またはモル数 ($\mathrm{mol\ m}^{-2}$) で与えられる.

ギブズの理想界面モデルには, "理想界面が正確にどこにあると考えればよいのか"という問題がある. そこで, 純粋な液体とその蒸気の場合をもとに, 気液界面をより注意深く考えてみる. 図 3.2 に示すように, 液体の高密度から気体の低密度へと密度が連続的に減少する. 液体によっては, 界面付近で分子の密度が最大となってから気体の密度へと減少するものもある. 理想界面を界面領域の中点にとるのが自然であり, その場合, 界面余剰は $\Gamma = 0$ となる. この場合は, 理想界面による図の斜線部分の面積が左側と右側で等しくなる. 理想界面を中心よりも気体側に考えた場合, 計算上の全分子数が実際の分子数よりも大きくなる ($N < c_i^\alpha V^\alpha + c_i^\beta V^\beta$). この場合, Γ は負となる. 逆に, 理想界面を中心よりも液体側にあると計算上の全分子量が実際の分子より小さくなり ($N > c_i^\alpha V^\alpha + c_i^\beta V^\beta$), Γ は正となる.

ここで, 液相が二つ以上の物質からなる場合を考える. たとえば, 溶媒中に何らかの物質が溶解している場合である. 式 (3.14) をもとに, 1 番目の物質について考える. 1 番目の物質を溶媒とする. $V^\alpha = V - V^\beta$ を代入して,

$$N_1^\sigma = N_1 - c_1^\alpha V + (c_1^\alpha - c_1^\beta) V^\beta \tag{3.16}$$

を得る. 他の i 番目の物質についても同様に,

$$N_i^\sigma = N_i - c_i^\alpha V + (c_i^\alpha - c_i^\beta) V^\beta \tag{3.17}$$

が成り立つ. 式 (3.16) および (3.17) の中で理想界面の位置に依存する変数は, V^β のみ

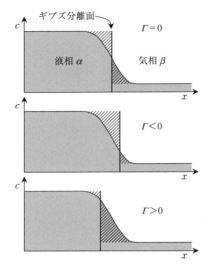

図 3.2 表面に垂直な方向の座標に対する液体密度の模式図．三つの異なった位置のギブス分離面に対して，二つのバルク相の寄与を外挿し，斜線で示している．界面余剰 Γ はギブズ分離面の位置に依存する．

である．また，式(3.16)および(3.17)の定数はすべて測定可能な値である．そこで V^β を消去する．式(3.16)に $(c_i^\alpha - c_i^\beta)/(c_1^\alpha - c_1^\beta)$ をかけて，それを式(3.17)から引く．

$$N_i^o - N_1^o \frac{c_i^\alpha - c_i^\beta}{c_1^\alpha - c_1^\beta} = N_i - c_i^\alpha V - (N_1 - c_1^\alpha V)\frac{c_i^\alpha - c_i^\beta}{c_1^\alpha - c_1^\beta} \tag{3.18}$$

このように書くことにより，右辺は理想界面の位置と独立な値となる．それゆえ，左辺の値も不変量である．この量を界面の面積で割り，以下の不変量が得られる．

$$\Gamma_i^{(1)} \equiv \Gamma_i^o - \Gamma_1^o \frac{c_i^\alpha - c_i^\beta}{c_1^\alpha - c_1^\beta} \tag{3.19}$$

これは物質 1 に対する i 番目の物質の相対的吸着とよばれ，実験的に決定できる重要な物理量であり，後に示すように，溶質の濃度と表面張力の関係から計測することができる．

〈具体例 3.1〉

理想界面の場所によって，表面余剰の値がどのように変わるかの具体例をみる．エタノールと水の等モル混合液体を考える[80, p.25]．理想界面を $\Gamma_{H_2O} = 0$ の場所にとれば，$\Gamma_{ethanol} = 9.5 \times 10^{-7}$ mol m^{-2} である．理想界面を 1 nm 気体側にずらすと，$\Gamma_{ethanol} = -130 \times 10^{-7}$ mol m^{-2} となる．

物質 1 が溶媒で残りの物質が溶質である場合，溶質の分子数は溶媒の分子数に比べて非常に小さい．そこで，理想界面の位置として，$\Gamma_1^o = 0$ の場所を選ぶと，式(3.19)から，

3.3 界面をもつ系に対する熱力学的関係式

$$\Gamma_i^{(1)} = \Gamma_i^\sigma \quad (3.20)$$

が得られる．図 3.3(a) は，液体 1 に溶解した溶質 2 の界面付近の濃度変化の概念図を示す．ここでは，溶質濃度が界面付近で高いとしている．実際の実験データの例を図 3.3(b) に示した．Anderson らは，Bu_4PBr をホルムアミド ($CHONH_2$) に溶解させ，中性子直衝突イオン散乱分光法 (neutral impact collision scattering spectroscopy : NICISS) を用いて，界面付近の濃度変化を調べた[81]．Bu_4PBr はホルムアミドの表面近傍に集まりやすい．この実験手法は，ある程度の真空度が必要であり，蒸気圧の低いホルムアミドが溶媒として使用された．

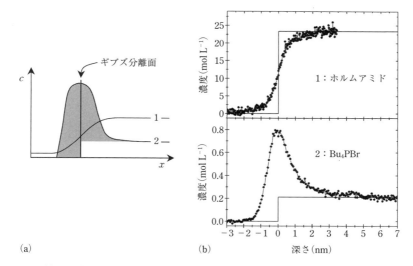

図 3.3 (a) ある液体 1 に溶質 2 が溶けている場合の両者の濃度分布の模式図．灰色の部分が，表面余剰 $\Gamma_2^{(1)}$ に対応する．(b) 溶媒ホルムアミドと溶質 Bu_4PBr (バルクでの濃度が $0.2\,mol\,L^{-2}$) の 6℃ での濃度分布[81]．実線は，バルクでの濃度をギブズ分割面に外挿したものである．

3.3 界面をもつ系に対する熱力学的関係式

3.3.1 内部エネルギーとヘルムホルツ自由エネルギー

α 相，β 相の二つのバルク相の間に界面が存在する系を考える．この系に対して仕事をすると，内部エネルギー，エントロピーなどの状態関数は変化する．ここでは通常のバルクの熱力学に加えて，界面の影響を考える必要がある．これら状態関数はどのよう

に変化し，数学的にどのように記述することができるだろうか？

まず，内部エネルギーの議論から始める．エンタルピーやヘルムホルツ自由エネルギー，あるいはギブズ自由エネルギーではなく，内部エネルギーから始める理由は，内部エネルギーのみが示量変数 S, V, N_i, A を変数にもつからである．熱力学の第一および第二法則から，2相からなる系の内部エネルギー変化は

$$dU = TdS - PdV + \sum \mu_i dN_i + \gamma dA + dW' \qquad (3.21)$$

と書ける．式(3.1)の力学的仕事 dW を界面に関係する仕事 γdA と dW' の2項に分ける．dW' は，全体の力学的仕事から界面に関する仕事と膨張による仕事 PdV を除いた分である．簡単のために，以下では dW' の影響を無視する．$\sum$ 記号はすべての化学的に異なる物質の合計を表す．また，PdV の項と $\sum \mu_i dN_i$ の項を二つのバルク項と界面項に分割する．

$$dU = TdS - P^\alpha dV^\alpha - P^\beta dV^\beta + \sum \mu_i^\alpha dN_i^\alpha + \sum \mu_i^\beta dN_i^\beta + \sum \mu_i^\sigma dN_i^\sigma + \gamma dA \qquad (3.22)$$

界面は無限に薄いので，体積変化による仕事はしない．次に，$dV = dV^\alpha + dV^\beta \Rightarrow dV^\alpha = dV - dV^\beta$ の関係式を利用して，式は，

$$dU = TdS - P^\alpha dV - (P^\beta - P^\alpha)dV^\beta + \sum \mu_i^\alpha dN_i^\alpha + \sum \mu_i^\beta dN_i^\beta + \sum \mu_i^\sigma dN_i^\sigma + \gamma dA \qquad (3.23)$$

と簡単化される．この式により，表面張力を熱力学的に以下のように定義できる．

$$\left.\frac{\partial U}{\partial A}\right|_{S, V, V^\beta, N_i} \equiv \gamma \qquad (3.24)$$

これより，表面張力とはエントロピー，全体の体積，β 相の体積，各成分の全分子数が一定のもとで，表面積の変化に対する内部エネルギー変化と理解することができる．

孤立系[2]では，平衡状態でエントロピーが一定であり，式(3.24)は便利である．全体積と組成も一定にすることは可能である．ただし，V^β は一定に保つのが難しいこともある．後に示すように，平坦表面では(曲率が小さい場合)，V^β が一定の条件は除くことができる．

実際の応用では，ほとんどの系が孤立系ではない．熱が系と外部の間で自由にやりとりされ，エントロピーではなく温度が一定であることが多い．その場合はヘルムホルツ自由エネルギーを考えたほうが有用である．一般的に，ヘルムホルツ自由エネルギー変化は，

$$dF = -SdT - PdV + \sum \mu_i dN_i + \gamma dA \qquad (3.25)$$

---

[2] 孤立系(isolated system)では，熱と分子のやりとりがない．閉鎖系(closed system)では，熱のやりとりはあるが，分子数が一定である．開放系(open system)では，熱と分子の両方のやりとりがある．

3.3 界面をもつ系に対する熱力学的関係式

と書ける（dW' の項は省略）．また，界面に隔てられた2相系の場合は，

$$dF = -SdT - P^\alpha dV - (P^\beta - P^\alpha)dV^\beta + \sum \mu_i^\alpha dN_i^\alpha + \sum \mu_i^\beta dN_i^\beta + \sum \mu_i^\sigma dN_i^\sigma + \gamma dA \tag{3.26}$$

となる．温度と体積が一定の場合，はじめの二つの項がゼロになる．先ほどと同様に，

$$\left.\frac{\partial F}{\partial A}\right|_{T,V,V^\beta,N_i} \equiv \gamma \tag{3.27}$$

という表面張力の定義が式(3.26)から可能となる．つまり，表面張力は，温度，全体の体積，β相の体積，各成分の全分子数が一定のもとで，表面積変化によるヘルムホルツ自由エネルギーの変化とも考えられる．

3.3.2 平衡条件

平衡状態ではすべての化学ポテンシャルが等しいため，式(3.26)はさらに単純化できる．これは簡単に示せる．ここで，閉鎖系を考え，系の内部と外部の間で物質の移動がないものとする（$dN_i = 0$）．その場合，$N_i^\alpha + N_i^\beta + N_i^\sigma = N_i$（一定値）より，変数のうち二つが独立となる．$N_i^\alpha$ と N_i^β を独立変数とすると，N_i^σ の値は，$dN_i^\sigma = -dN_i^\alpha - dN_i^\beta$ の関係式によって決まる．よって，ヘルムホルツ自由エネルギーは以下のように書き換えられる．

$$dF = -(P^\beta - P^\alpha)dV^\beta + \gamma dA + \sum(\mu_i^\alpha - \mu_i^\sigma)dN_i^\alpha + \sum(\mu_i^\beta - \mu_i^\sigma)dN_i^\beta \tag{3.28}$$

体積，温度，物質量が一定で，系が平衡状態にあるとき，ヘルムホルツ自由エネルギーは最小値となる．最小値をとる状態では，すべての独立変数についての微分係数がゼロとなる．

$$\frac{dF}{dN_i^\alpha} = \mu_i^\alpha - \mu_i^\sigma = 0, \qquad \frac{dF}{dN_i^\beta} = \mu_i^\beta - \mu_i^\sigma = 0 \tag{3.29}$$

よって，以下の等式が成り立つ．

$$\mu_i^\alpha = \mu_i^\sigma = \mu_i^\beta = \mu_i \tag{3.30}$$

それゆえ，平衡状態においては，系のどの場所でも化学ポテンシャルが等しい値となる．これを用いて，式(3.28)をさらに単純化することができる．

$$dF = -(P^\beta - P^\alpha)dV^\beta + \gamma dA \tag{3.31}$$

ここで，問題："同様の議論を使用し，$dF/dA = 0$ として，平衡状態の表面張力 γ はゼロである"と結論することはできない．なぜできないのだろうか？
解答：表面積 A は独立変数ではない．表面積 A は体積 V^β と関連している．もしも体積が変化すれば，一般に表面積 A も変化する．それゆえ，表面積 A は体積 V^β に依存した関数である．実際，微分幾何学によると，$\partial V/\partial A = (1/R_1 + 1/R_2)^{-1}$ が成り立つ．

ここでヤング・ラプラス方程式の簡単な導出を紹介する．平衡状態では $dF/dA = 0$ であり，

$$\frac{dF}{dA} = \frac{\partial F}{\partial A} + \frac{\partial F}{\partial V^\beta}\frac{\partial V^\beta}{\partial A} = \gamma - (P^\beta - P^\alpha)\frac{\partial V^\beta}{\partial A} = 0 \quad (3.32)$$

が成り立つ．この式に，$\partial V^\beta/\partial A = (1/R_1 + 1/R_2)^{-1}$ と $\Delta P = P^\beta - P^\alpha$ を代入すると，ヤング・ラプラス方程式が得られる．

3.3.3 界面の場所

ここで，曲率一定の条件下での界面位置の定義に関して述べる．理想界面の選び方の一つは，ヤング・ラプラス方程式による定義である．別の方法で界面を選ぶ場合は，それに伴って表面張力も変える必要がある．さもなければヤング・ラプラス方程式は成立しない．

球状の液滴(図3.4)を具体例にして議論する[82]．液滴の半径を r として，液滴からの蒸発と，液滴への凝集を考える．その場合，以下の等式が成り立つ．

$$V^\beta = \frac{4\pi}{3}r^3, \quad A = 4\pi r^2 \Rightarrow V^\beta = \frac{4\pi}{3}\left(\frac{A}{4\pi}\right)^{3/2} \Rightarrow \frac{\partial V^\beta}{\partial A} = \frac{r}{2} \quad (3.33)$$

界面が半径 r' の位置に存在するならば，対応する $\partial V^\beta/\partial A$ は，$r'/2$ となる．圧力差 $P^\beta - P^\alpha$ の値は，原理的には計測することが可能である．よって，$P^\beta - P^\alpha = 2\gamma/r$ と $P^\beta - P^\alpha = 2\gamma'/r'$ の両式が同時に成立する必要がある．このことは半径 r に応じて表面張力が変化する場合にのみ可能である．そのため，第2式では，γ' を使用している．つまり，曲率をもった界面では，界面張力は界面位置によって変化するのである．一方で，平坦表面の場合，このようなことは起きず，界面の場所にかかわらず表面張力は一定である．

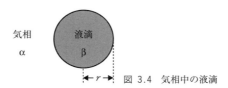

図 3.4 気相中の液滴

上記に対して，以下のような反論が可能である．"表面張力は計測可能な量であるため，一つの値に決まるはずである．よって，この値をもとにラプラス方程式を用いると，理想界面の位置が決定されるはずである．"しかし，この考え方は間違いである．計測可能な量は力学的仕事とはたらいている力である．曲率のある表面では，バルクへの仕事と表面への仕事を分けることはできない．そのため，表面張力だけを直接計測するこ

3.3.4 ギブズ自由エネルギーとエンタルピー

第三の境界条件として，温度，圧力が一定の条件を考える．この場合，表面張力のギブズ自由エネルギーによる定義は有用である．一つの界面を有する系のギブズ自由エネルギーは，

$$dG = -SdT + VdP + \sum \mu_i dN_i + \gamma dA = -SdT + V^\alpha dP^\alpha + V^\beta dP^\beta + \sum \mu_i dN_i + \gamma dA \tag{3.34}$$

と書ける（dW' の項は省略）．表面張力は以下のように定義される．

$$\left.\frac{\partial G}{\partial A}\right|_{T, P^\alpha, P^\beta, N_i} \equiv \gamma \tag{3.35}$$

ここで，この定義は式(3.24)および(3.27)と等価である．平坦界面の場合は，どの場所でも圧力が一定である（$P^\alpha = P^\beta = P$）．そのため，以下のように簡略化することができる．

$$\left.\frac{\partial G}{\partial A}\right|_{T, P, N_i} \equiv \gamma \tag{3.36}$$

つまり，界面張力とは，温度，圧力，各成分の全分子数が一定のもとで，表面積の変化によるギブズ自由エネルギーの変化に対応するものである．

最後に，界面の存在する系のエンタルピー変化について議論する．式(3.2)に界面による項を加えると，以下のようになる（dW' の項は省略）．

$$H = TdS + VdP + \sum \mu_i dN_i + \gamma dA = TdS + V^\alpha dP^\alpha + V^\beta dP^\beta + \sum \mu_i dN_i + \gamma dA \tag{3.37}$$

3.3.5 界面余剰エネルギー

これまでは系全体のエネルギー量 $U, F, G, H,$ を考えてきた．この項では界面による余剰量 U^o, F^o, G^o, H^o を考える．たとえば，F^o は正確には界面余剰ヘルムホルツ自由エネルギーであるが，余剰を省いて界面ヘルムホルツ自由エネルギーとよばれる．まず，界面内部エネルギー

$$dU^o = TdS^o + \sum \mu_i dN_i^o + \gamma dA \tag{3.38}$$

から考えよう．ここで，理想界面は体積をもたないので，PdV^o の項はない．

式(3.38)で，U^o は示量変数 S^o, A, N_i^o の同次線形関数である．そのため，示強変数 T, γ, μ_i を定数としたままの積分が可能である．物理的には，系の中の物質組成 dN_1^o : dN_2^o : dN_3^o : ……を一定に保ったまま，界面に物質を加えて界面の面積を増やし，系を

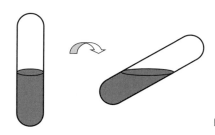

図 3.5 試験管を傾けることによる表面積の増加

大きくすることが可能ということである．たとえば，図 3.5 に示すような思考実験を行ってみる．試験管に液体を半分ほど入れる．この試験管を傾けることで，界面の面積を増やすことができる．数学的には，オイラーの定理が適用され，積分可能である．オイラーの定理により，式 $f(x, y)$ が変数 x, y の同次線形関数であれば，$f = x\partial f/\partial x|_y + y\partial f/\partial y|_x$ が成り立つ．この定理を S^o, N_i^o, A を変数として式 (3.38) に適用すると，積分形の界面内部エネルギー式として，

$$U^o = TS^o + \sum \mu_i N_i^o + \gamma A \tag{3.39}$$

を得る．界面ヘルムホルツ自由エネルギーは，$F^o = U^o - TS^o$ と書けるため，積分形の界面ヘルムホルツ自由エネルギーは，

$$F^o = \gamma A + \sum \mu_i N_i^o \tag{3.40}$$

と書ける．表面積 A で割ることにより，

$$\frac{F^o}{A} = \gamma + \sum \mu_i \Gamma_i \tag{3.41}$$

を得る．以下では，単位表面積あたりの界面ヘルムホルツ自由エネルギーとして $f^o \equiv F^o/A$ を使用する．また，微分形の界面ヘルムホルツ自由エネルギーは式 (3.25) を界面に適用し，以下となる．

$$dF^o = -S^o dT + \sum \mu_i dN_i^o + \gamma dA \tag{3.42}$$

式 (3.42) から，界面エントロピーと界面張力の重要な関係が得られる．界面ヘルムホルツ自由エネルギーは状態関数であるので，最初に T，次に A で偏微分する場合と，最初に A，次に T で偏微分する場合は同じ結果を与える．式 (3.42) を T あるいは A で偏微分すると，

$$\left.\frac{\partial F^o}{\partial T}\right|_{A, N_i^o} = -S^o \quad \text{および} \quad \left.\frac{\partial F^o}{\partial A}\right|_{T, N_i^o} = \gamma \tag{3.43}$$

となる．次に，T を固定で A についての第 1 式の微分は，A を固定で T についての第 2 式の微分に等しくなければならない．それゆえ，界面エントロピーに関して重要な式

$$-\frac{\partial S^\sigma}{\partial A}\bigg|_{T, N_i^\sigma} = \frac{\partial \gamma}{\partial T}\bigg|_{A, N_i^\sigma} \tag{3.44}$$

が得られる．式(3.44)はマクスウェル(Maxwell)関係式の一つである．

ここで，界面エンタルピーについて議論しよう．エンタルピーは内部エネルギーから力学的仕事 $-PV$ を引いた量で定義される．界面エンタルピーを考える際に問題となるのは，界面項 γdA を力学的仕事に加えるか否かという問題である．実際，以下の二つの定義がある．一つ目として，エンタルピーは内部エネルギーからすべての力学的仕事 $(\gamma A - PV^\sigma)$ を引いたものと考える．ギブズ規約により $PV^\sigma = 0$ であるため，界面エンタルピーは，

$$H^\sigma \equiv U^\sigma - \gamma A \tag{3.45}$$

と定義できる．式(3.45)は国際純正・応用化学連合(IUPAC)に推奨されている定義である[4,83]．これにより，2相系では $H = H^\alpha + H^\beta + H^\sigma + \gamma A$ と書ける．微分形では，

$$dH^\sigma = TdS^\sigma + \sum \mu_i dN_i^\sigma - Ad\gamma \tag{3.46}$$

と書ける．もう一つの方法では，界面エンタルピーは界面内部エネルギーから界面の膨張による仕事 $-(PV^\sigma)$ を引いたものと定義する．この場合，ギブズ規約により $PV^\sigma = 0$ となり，

$$H'^\sigma \equiv U^\sigma \tag{3.47}$$

となる．

最後に，界面ギブズ自由エネルギーの定義をする．熱力学の関係式より，$U^\sigma - F^\sigma = H^\sigma - G^\sigma$ となる．よって，以下のように界面ギブズ自由エネルギーを定義することができる(一つ目のエンタルピーの定義を使用している)．

$$G^\sigma \equiv H^\sigma - TS^\sigma = F^\sigma - \gamma A = \sum \mu_i N_i^\sigma \tag{3.48}$$

この定義より，$G = G^\alpha + G^\beta + G^\sigma + \gamma A$ となり，微分形は，

$$dG^\sigma = -S^\sigma dT + \sum \mu_i N_i^\sigma - Ad\gamma \tag{3.49}$$

となる．もう一つのエンタルピーの定義(H'^σ)を使用した場合は，

$$G'^\sigma \equiv H'^\sigma - TS^\sigma = F^\sigma \tag{3.50}$$

が得られ，さらに，$G = G^\alpha + G^\beta + G'^\sigma$ が成立する．

3.4 純粋な液体

純粋な液体の場合，数式での記述はより単純になる．まず，表面張力がどのように表面余剰量，とくに表面内部エネルギーおよび表面エントロピーと関係しているかを考える．

重要な関係式が式(3.41)から直接導かれる．純粋液体ではギブズ分割界面を$\Gamma=0$により決めると，表面張力は単位面積あたりの界面ヘルムホルツ自由エネルギーと等しくなる．

$$f^\sigma = \frac{F^\sigma}{A} = \gamma \tag{3.51}$$

次に，エントロピーについて考える．純粋液体では界面の位置を$N^\sigma=0$となるようにとる．系が均一な場合，$S^\sigma/A = \partial S^\sigma/\partial A$である．単位面積あたりのエントロピーを$s^\sigma \equiv S^\sigma/A$と定義し，式(3.44)と組み合わせると，

$$s^\sigma = -\left.\frac{\partial \gamma}{\partial T}\right|_{P,A} \tag{3.52}$$

が成り立つ．つまり，単位面積あたりの表面エントロピーは，表面張力の温度変化により与えられる．表面エントロピーを求めるには，表面張力の温度依存性を知る必要がある．

問題：理想界面の体積はゼロと仮定しているのに，なぜ圧力一定の条件が重要なのか？
解答：圧力変化による界面構造変化の可能性があるからである．ギブズ理論では界面構造は理想平面とみなしているので，たとえ界面の体積がゼロであるとしても，そのエントロピーは変わりうる．ちなみに，式(3.52)はギブズ理想界面状態だけでなく，一般に成立する．

ほとんどの液体は，温度が上がるにつれ，表面張力の値は小さくなる(図3.6)．これは，19世紀の終わり頃には，エトヴェシュ(Eötvös)，ラムゼイ(Ramsay)，シールズ(Shields)らによって明らかにされた[84,85]．これにより，表面でのエントロピーはバル

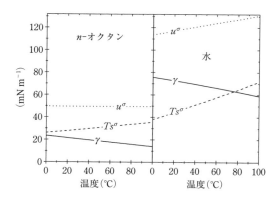

図 3.6　n-オクタンと水の場合に対する，表面張力 γ，単位面積あたりの表面エントロピーと温度の積 Ts^σ，および単位面積あたりの表面内部エネルギー u^σ の温度依存性

3.4 純粋な液体

クでの値より大きいことがわかる．表面の分子は，最近接分子数がバルクよりも少ないため，より動きやすくなると考えると，このことは理にかなっている．

純粋液体の表面内部エネルギーは $U^o = TS^o + \gamma A$ である．系が均一として，A で割ると，

$$u^o \equiv \frac{U^o}{A} = Ts^o + \gamma \tag{3.53}$$

となる．さらに，式(3.53)に式(3.52)を代入して，

$$u^o = \gamma - T\frac{\partial \gamma}{\partial T}\bigg|_{P,A} \tag{3.54}$$

を得る．つまり，表面張力の温度変化を計測により，表面内部エネルギーが決定される．

表面積が増えるときの熱流量はどうだろう？　可逆プロセスにおいては，TdS が系の吸収する熱量 δQ である．吸熱量は表面積の増大に比例するため，$\delta Q = qdA$ となる．ここで，q は単位面積あたりの吸熱量である．$dS = s^o dA$ および $s^o = -\partial \gamma/\partial T$ より，

$$qdA = \delta Q = TdS = Ts^o dA = -T\frac{\partial \gamma}{\partial T}dA \tag{3.55}$$

を得る．さらに，dA を消去し，

表 3.1　25℃でのさまざまな液体の表面張力 γ，表面エントロピー s^o および表面内部エネルギー $u^{o[13,42]}$．表面エントロピーは，式(3.52)と表 2.1 のデータを使用して計算した．

	$\gamma = f^o$ (mN m^{-1})	Ts^o (mN m^{-1})	u^o (mN m^{-1})
水	71.99	46.4	118.4
n-ヘキサン	17.89	30.5	48.4
n-ヘプタン	19.65	29.2	48.9
n-オクタン	21.14	28.3	49.5
n-ノナン	22.38	27.9	50.3
n-デカン	23.37	27.4	50.8
メタノール	22.07	23	45.1
エタノール	21.97	24.8	46.8
1-プロパノール	23.32	23.1	46.4
1-ブタノール	24.93	26.8	51.7
1-ヘキサノール	25.81	23.9	49.7
ベンゼン	28.22	38.4	66.6
トルエン	27.93	35.3	63.1
アセトン	23.46	33.4	56.9
クロロホルム	26.67	38.5	65.2
水銀	485.48	61	546.5
金(1064℃)	1120	150	1270

46   3 界面の熱力学

$$q = -T\frac{\partial \gamma}{\partial T} \tag{3.56}$$

となる．これは等温での表面積増加に伴い，単位面積あたりで吸収される熱量である．通常，$\partial \gamma/\partial T$の値が負であるため，表面積の増大により系は熱を吸収する．表3.1にいくつかの液体の25℃での表面張力，表面エントロピー，表面内部エネルギーの値を示す．

3.5 ギブズ吸着等温線

洗剤などの界面活性剤を加えると水の表面張力が大幅に小さくなることはよく知られている．界面活性剤は，表面領域に集中し，水の表面張力を下げる．表面・界面に物質が吸着することで，表面張力が変化する現象はギブズ吸着等温線によって記述される．

3.5.1 導出

ギブズ吸着等温線は表面張力と表面余剰濃度の関係式である．式(3.39)を微分すると，

$$dU^\sigma = TdS^\sigma + S^\sigma dT + \sum \mu_i dN_i^\sigma + \sum N_i^\sigma d\mu_i + \gamma dA + Ad\gamma \tag{3.57}$$

となる．これよりギブズ吸着等温線を求めよう．まず，この式と式(3.38)を比較して，

$$0 = S^\sigma dT + \sum N_i^\sigma d\mu_i + Ad\gamma \tag{3.58}$$

を得る．等温条件下では，

$$d\gamma = -\sum \Gamma_i d\mu_i \tag{3.59}$$

と単純化できる．式(3.58)および(3.59)はギブズ吸着等温線とよばれる．一般的に，等温線とは，温度一定状態で，圧力，濃度などを変数とする状態関数のことである．

注意：上述のギブズ吸着等温線は，可逆な塑性変形をする表面，つまり液体表面に対してのみ成り立つ．固体の場合，通常表面の変形は弾性過程を伴う[76, 86]．弾性張力を考えるには，式(3.58)に新たな項を導入する必要がある．詳しくは，7.4.1項で議論する．

3.5.2 二つの組成からなる系

ギブズ吸着等温線のもっとも単純な応用は溶媒1と溶質2からなる2成分系である．このとき，

$$d\gamma = -\Gamma_1 d\mu_1 - \Gamma_2 d\mu_2 \tag{3.60}$$

となる．界面の位置を$\Gamma_1 = 0$となるようにとると，以下の式が得られる．

3.5 ギブズ吸着等温線

$$d\gamma = -\Gamma_2^{(1)} d\mu_2 \tag{3.61}$$

ここで，上つき(1)は界面の位置の特別な選び方を表す．溶質の化学ポテンシャルは，

$$\mu_2 = \mu_2^0 + RT \ln \frac{a}{a_0} \tag{3.62}$$

と書ける．ここで，a は活量であり，a_0 は標準活量を表す（たとえば，1 mol L^{-1}）．温度一定で，a/a_0 に対して式(3.62)を微分すると，

$$d\mu_2 = RT \frac{d(a/a_0)}{a/a_0} = RT \frac{da}{a} \tag{3.63}$$

となる．この式を式(3.61)に代入すると，

$$\Gamma_2^{(1)} = -\frac{a}{RT} \frac{\partial \gamma}{\partial a}\bigg|_T \tag{3.64}$$

が得られる．ここで，$\partial\gamma/\partial a = (\partial\gamma/\partial \ln a)\cdot(\partial \ln a/\partial a) = (\partial\gamma/\partial \ln a)\cdot(1/a)$ であるので，

$$\Gamma_2^{(1)} = -\frac{1}{RT} \frac{\partial \gamma}{\partial \ln a}\bigg|_T \tag{3.65}$$

となる．これは非常に重要な方程式である．溶質が表面に集中する場合（$\Gamma_2^{(1)} > 0$），溶液濃度の上昇によって表面張力が下がることがこの式よりわかる．このような物質は界面活性剤とよばれる．逆に，溶質が表面を避けるような場合（$\Gamma_2^{(1)} < 0$），溶液濃度の上昇によって表面張力が上がる．実験的には，式(3.64)は表面張力と濃度の関係の測定値から表面余剰を求めるために使われる．溶質添加により表面張力の低下が観測される場合は，溶質が界面に集まり，逆に表面張力の上昇が観測される場合は，溶質が界面で欠乏することを意味する．

〈具体例 3.2〉

アルキルエチレングリコール $C_{10}E_4$ [$C_{10}H_{21}(OCH_2CH_2)_4OH$] は，水に対して比較的強い界面活性を示す．25℃の水に，1.33 μM のアルキルエチレングリコールを加えると，表面張力が 72.0 mJ m^{-2} から 68.6 mJ m^{-2} に減少する．アルキルエチレングリコールの表面余剰はいくらか？

このような低活量の場合は，濃度と活量が等しいと近似でき，

$$\frac{\partial \gamma}{\partial a} \approx \frac{\Delta \gamma}{\Delta c} = \frac{(0.0686 - 0.0720) \text{N m}^{-1}}{(1.33 \times 10^{-6} - 0) \text{mol L}^{-1}} = -2550 \frac{\text{N L}}{\text{mol m}} \tag{3.66}$$

と計算できる．これを式(3.64)に代入すると，

$$\Gamma = -\frac{a}{RT}\frac{\partial \gamma}{\partial a} = \frac{1.33 \times 10^{-6} \text{mol L}^{-1}}{8.31 \cdot 298 \text{ J mol}^{-1}} \cdot 2550 \frac{\text{N L}}{\text{mol m}} = 1.37 \times 10^{-6} \frac{\text{mol}}{\text{m}^2} \tag{3.67}$$

を得る．表面積 1.21 nm^2 あたり一つのアルキルエチレングリコールが存在することになる．

48　　3　界面の熱力学

　2成分系に対する式(3.64)のギブズ吸着等温線では理想界面の選択は任意である．このことは二つの理由で便利である．第一に，右辺の量 (a, γ, T) はすべて計測可能であり，界面余剰とは簡単な関係で結ばれている．いかなる他の界面の選択をしても，より複雑な式になる．第二に，少なくとも $c_1 \gg c_2$ では界面の選び方は直感的に明らかである．注意が必要なのは，溶質の異なる空間分布に対して同じ $\Gamma_2^{(1)}$ となる可能性がある点である．図3.7はその具体例である．左図では，物質2の分布が界面を越えて気体側まで広がっているが，濃度の極大はみられない．一方で，右図は界面に物質2が集中している．

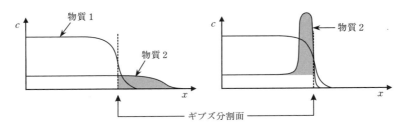

図 3.7　同じ界面余剰濃度 $\Gamma_2^{(1)}$ を与える二つの異なった濃度分布の具体例

3.5.3　実 験 的 観 点

　式(3.64)を検証するには，濃度と表面張力を独立に決める必要がある．一つの方法としては，放射性元素でラベルをした物質の使用がある．通常，表面近傍での放射線を検出する．この目的には β 崩壊する元素 (^{3}H, ^{14}C, ^{35}S) が適している．β 崩壊では電子が放出され，その飛程はきわめて短い．そのため，表面近傍で検出される放射線は表面または表面直下から放出されたものと考えられる[87,88]．水溶液に吸着された界面活性剤量の測定には，中性子反射率測定が使用され[89,90]，全濃度プロファイルは中性子直衝突イオン散乱分光法により測定される[81]．どの方法にしても，ギブズ吸着等温線を用いて表面張力から計算される量と非常によい一致を示している．

　図3.8にいくつかの物質の常温，水中での表面張力と濃度の関係を示す．$C_{10}E_4$ および SDS は両親媒性の分子である．両親媒性分子とは，疎水性(親液性)の部分と親水性の部分の両方をもつ物質である．非極性である炭化水素鎖の存在により，両親媒性分子は水と空気の境界領域に集まる．11章で示すように，これらの分子はある濃度(臨界ミセル濃度 CMC)を超えるとミセルを形成する．この臨界ミセル濃度は，$C_{10}E_4$ の場合は 0.79 mM，SDS の場合は 8.9 mM である (25℃での値)．臨界ミセル濃度以上ではミセルが形成され，両親媒性分子がバルク中に存在し，表面張力はあまり変化しなくなる．ペンタノールは溶液内に留まることを好まない疎液性物質の例であり，弱い両親媒性も

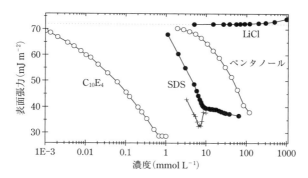

図 3.8 表面張力を濃度に対してプロットした図．25℃での $C_{10}E_4$[91]，SDS と精製前の SDS(+)[92]，n-ペンタノール[95] および LiCl[96] の水溶液

もつ．このような物質は表面に集まり，表面張力を下げる．水が溶媒であるときは，ほとんどの有機物質がこのような性質を示す．最後に，LiCl は親液性物質の例である．バルク中を好むため表面張力への影響は小さい．ほとんどのイオンがこのような性質を示す．

〈具体例3.3〉

電荷をもった界面活性剤　　歴史的に電荷をもった界面活性剤，とくに SDS の表面張力の測定に対してギブズ吸着等温線との関係で議論がなされてきた．ギブズ吸着等温線によれば，濃度の増大に伴って表面張力は単調減少するはずである．しかし，図3.8 の十字印で示すように，表面張力と濃度のグラフには 7 mM あたりに極小値がしばしば観測された．マイルズ(Miles)とシェドロブスキー(Shedlovsky)[92] はこの極小が不純物によることを示した(総説は文献[93])．彼らは完全に不純物を除くことで，表面張力が単調減少することを示した．ただし，SDS からは加水分解によってドデカノールが生成するため，不純物のない状態を保つことは難しい．

電荷をもった界面活性剤の場合，ギブズ吸着等温線に補正因子 $m = 2$ を含める必要がある．

$$\Gamma_2^{(1)} = -\frac{a}{mRT}\frac{\partial \gamma}{\partial a} \tag{3.68}$$

この理由は，表面に存在し，電荷をもつ界面活性剤に対しては，対イオン効果を考える必要があるからである(4章)．そのゆえ2倍となる．しかし，実験的には当初2よりも小さい値が得られていた．後の実験により，この食い違いは Cu^{2+} や Mg^{2+} などの二価対イオンが不純物として存在することが原因であると判明した[88]．二価の対イオンを完全にとり除くと，$m = 2$ が確認されたのである[90,94]．

物質の表面張力への影響を示すために，等温線の $c \to 0$ での勾配を用いることができ

表 3.2 25℃でのさまざまな溶液の $c \to 0$ としたときの吸着等温線の勾配

溶質	$\mathrm{d}(\Delta\gamma)/\mathrm{d}c\,(10^{-3}\,\mathrm{N\,m^{-1}\,M^{-1}})$
HCl	-0.28
LiCl	1.81
NaCl	1.82
CsCl	1.54
$\mathrm{CH_3COOH}$	-38

る.いくつかの物質の水に対する勾配の室温での値を表3.2に示した.

〈具体例3.4〉

水に1 mM の NaCl を加えた場合を考える.$\Delta\gamma = 1.82 \times 10^{-3}\,\mathrm{N/(m \cdot M)} \cdot 0.001\,\mathrm{M} = 1.82 \times 10^{-6}\,\mathrm{N\,m^{-1}}$と計算することができ,表面張力が若干上昇する.一方で,1 mM の $\mathrm{CH_3COOH}$ を加えた場合は,同様の計算から $3.8 \times 10^{-5}\,\mathrm{N\,m^{-1}}$ だけ表面張力が減少する.

3.5.4 マランゴニ効果

1855年にジェームス・トムソン(ケルビン卿の兄)は以下の現象[97]を報告している.「グラスの中の水面にアルコールをゆっくりと一滴たらすと,その場所からグラスの淵に向かってアルコールが瞬時に広がっていくのが観測される.この現象は,粉を水面に浮かべておくとさらに明らかである.」また,カルロ・マランゴニ[3]は,スポンジに油をしみこませて池に放り投げると,油の薄膜が瞬時に池全体に広がることを観察した[98].薄膜の広がるスピードが非常に速かったため,マランゴニはパリのチュイルリー庭園にある直径70 m の池で実験を行い,油の広がる速度を見積もった.これらの現象は,現在ではマランゴニ効果とよばれている.これは,表面張力の局所変化により液体界面が動く現象のことである.はじめの実験では,エタノールによる表面張力の局所的な低下が表面張力の水平方向の勾配を引き起こし,液体の流れを発生させる.エタノールは,まわりの液体の表面張力を下げるように広がっていく.

定常状態では,流体力学的流れと表面張力の勾配が以下の式で関連づけられる.

$$\eta \frac{\mathrm{d}v_x}{\mathrm{d}z} = \frac{\mathrm{d}\gamma_L}{\mathrm{d}x} \tag{3.69}$$

ここで,$\mathrm{d}v_x/\mathrm{d}z$ は流速の水平成分の垂直方向への勾配である(図3.9).粘性抵抗と表面張力の勾配がつり合う.逆にいうと表面張力の勾配が液体の流れと粘性抵抗を引き起

---

[3] Carlo Marangoni, 1840〜1925, イタリア人物理学者.フィレンツェにある高等教育学校(Lyceum)で教授を務めた.

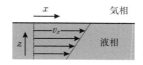

図 3.9　x 方向への表面張力の勾配が液体の流れを起こす．

こすのである．表面張力の勾配は温度[99]や組成の局所的変化[100,101]によって引き起こされる．マランゴニ効果は，しばしば蒸発に関係して生じる．蒸発により局所的な冷却が生じ，沸点の異なる液体の混合系では，局所的に組成が変わるからである[102]．たとえば，液体のフィルムを下から熱した場合，あるいは上から冷やした場合(たとえば蒸発によって)，対流が起きる[99,101]．この効果は，ベナール(Bénard)によって最初に報告された[103]．この効果も温度変化による表面張力の変化が原因である[99,104]．現在では，ベナール・マランゴニ対流とよばれている．温度変化によるベナール・マランゴニ対流は，たとえば液滴の蒸発[105]，ペンキの乾燥，濡れのダイナミクス[106]，伝熱，物質移動[104]などに影響を与える．

〈具体例 3.5〉

「ワインの涙」とよばれる現象がある．きれいなグラスにワインを注ぎ，ゆっくりとグラスをまわして，グラスの内壁でワインが満たされている位置よりも上の部分をワインで濡らす．そうすると，ワインの液滴は，ある規則正しい形をグラスの内壁に生成する[97,107]．この現象に対する古典的な説明は以下のとおりである．ワインをグラスに注ぐと，毛管上昇(6.2.1項)のようにワインがグラスの表面を這い上がり，濡らす．このようにしてできた薄膜から液体が蒸発する．このとき，水よりもエタノールの蒸気圧が低いため，エタノールが優先的に蒸発する．この薄膜の上に行くほど，エタノールの濃度が低くなる．ここで，水の表面張力がエタノールの表面張力よりも大きいので，表面張力の勾配ができる．薄膜下部の表面張力が上部の表面張力よりも小さくなる．その結果，薄膜上部が下部を引っ張り上げ，薄膜上部が不安定になる．蒸発と上向きの流れに加えて，水平方向の対流も起きる．これらの効果により液滴が生成され，ワインの涙となって落ちるのである．

近年，Tadmor[108]がこの古典的な説明に疑問を投げかけた．彼は，むしろエタノールの吸着による固液界面での界面張力の勾配が薄膜を引き上げていると主張している．

3.6　まとめ

- 熱力学的定式化の表面・界面へ適用のために，ギブズは無限小の厚さの理想的な分割界面を定義した．余剰量がギブズ分割界面の場所に応じて定義される．もっとも重要な量は表面余剰であり，それは，界面単位面積あたりで過剰な，あるいは欠乏している物質量を表す．

- 純粋な液体の場合は，便宜的に，表面余剰がゼロになるようにギブズ分割面をとる．その場合は，表面張力は界面ヘルムホルツ自由エネルギーおよび界面ギブズ自由エネルギーと等しくなる．

$$\gamma = f^o = g^o$$

- 溶液の場合は，溶媒の表面余剰がゼロとなるように分割面をとる．この場合は，ギブズ吸着等温線（式(3.64)）によって表面張力と界面に存在する物質量の関係が記述される．

$$\Gamma = -\frac{a}{RT}\frac{\partial \gamma}{\partial a}$$

溶質が表面に集まる傾向がある場合は，溶質の濃度上昇に伴って表面張力が下がる．一方，溶質が表面を避ける場合は，溶質の濃度上昇に伴って表面張力が上がる．

3.7 演習問題

問題 3.1 表面張力の界面ヘルムホルツ自由エネルギーとの関係式はどのように書けるか？

問題 3.2 酢酸エチル（$C_2H_5OCOCH_3$）の25℃での表面エントロピーと表面内部エネルギーを計算するとどのような値になるか[13]？ 10℃，25℃，50℃での表面張力はそれぞれ，25.13，25.39，20.49 mN m^{-1} であるとする．

問題 3.3 以下の値および仮定の下で，水，エタノール，トルエンの配向エントロピーを見積もれ．モル体積はそれぞれ，水（18 cm^3 mol^{-1}），エタノール（58 cm^3 mol^{-1}），トルエン（107 cm^3 mol^{-1}）である．グッドの仮定[109]に従って，"バルクから表面に分子を移動させると，可能な配向の半分を失う"と考える．さらに，配向した表面は1分子分の深さと仮定する．見積もった値は実験データ（表3.1）と比較せよ．

問題 3.4 モル分率 0.001, 0.002, 0.003, 0.004, 0.005, 0.006, 0.007 の n-プロパノール水溶液の25℃での表面張力は，それぞれ 67.4, 64.4, 61.9, 59.7, 57.7, 55.8, 54.1 mN m^{-1} である．モル分率が 0.002, 0.004, 0.006 のときの表面余剰を見積もれ．表面余剰はモル分率に比例して増えているか？

問題 3.5 セッケンの泡に関する問題．通常，セッケンの泡を安定化させるために，界面活性剤を加える．2 mM の濃度の界面活性剤を加えたとする．この濃度では正の表面余剰をもつ．平均して一つの界面活性剤分子が 0.7 nm^2 の面積を占める．ここで半径 1 cm の泡を考える．純粋な水からできる泡と界面活性剤存在下での泡の内圧の差を見積もれ．

問題 3.6 式(3.65)は気体分子の表面吸着を記述することができる．その場合，以下のように書き換えることができる．

$$\Gamma = -\frac{1}{RT}\frac{d\gamma}{d\ln P} \tag{3.70}$$

ここで，P は吸着する気体分子の分圧である．式(3.70)を式(3.65)から導出せよ．

4
電荷をもった表面と電気二重層

4.1 緒 言

　この章では液体中の電荷をもつ固体表面を扱う．もっとも重要な液体は水である．水は高い誘電率をもち，イオンにとって良溶媒である．そのため，水中ではほとんどの表面は電荷をもつ．その理由はいくつかあるが，イオンが表面に吸着したり，表面から溶け出したりすることが挙げられる．たとえば，タンパク質は固体表面に吸着し，アミノ基を外側に向ける．このアミノ基は水素化され，正の電荷をもつ($\sim NH_2 + H^+ \rightleftharpoons \sim NH_3^+$)．酸化物の場合，しばしばヒドロキシ基からプロトンが水中に溶け出し，負の電荷をもつ($\sim OH \rightleftharpoons \sim O^- + H^+$)．

　表面の電荷は電場をつくり，対イオン(反対符号に荷電したイオン)が表面に引きつけられる．表面電荷と対イオンの層は，電気二重層とよばれる．もっとも簡単な電気二重層のモデルでは，平面コンデンサのように，対イオンが直接固体表面に結合し，表面電荷を中性化する．ルートヴィヒ・ヘルムホルツ[1]のコンデンサ研究に敬意を表して，これはヘルムホルツ層とよばれている．表面電荷による電場は分子層の厚さの領域に限定して存在する．ヘルムホルツモデルでは，電荷をもった表面の基本的な性質のいくつかを説明することができるが，重要な測定可能量である電気二重層の電気容量を説明することができない．

　1910年から1917年にかけて，グイ[2]とチャップマン[3]はさらに進んだモデルを提唱した．彼らは熱揺らぎの効果を電気二重層のモデルに組み込んだ．熱揺らぎは対イオンを表面から遠ざけるようにはたらく．そのため，単分子層よりも広がった拡散層が形成される．図4.1に負に帯電した平面の例を示す．グイとチャップマンは彼らの理論を平坦

1　Hermann Ludwig Ferdinand von Helmholtz, 1821〜1894, ドイツの物理学者，生理学者．ケーニヒスベルク大学，ボン大学，ハイデルベルク大学，ベルリン大学で教授を務めた．
2　Louis Georges Gouy, 1854〜1926, フランスの物理学者．リヨン大学で教授を務めた．
3　David Leonard Chapman, 1869〜1958, 英国の化学者．マンチェスター大学とオックスフォード大学で教授を務めた．

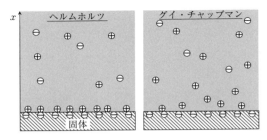

図 4.1 電気二重層のヘルムホルツモデルとグイ・チャップマンモデル

表面の電気二重層に適用した[110~112]. 後に, デバイ[4]とヒュッケル[5]が球形表面まわりの電位とイオン分布について計算した[113].

デバイ・ヒュッケルおよびグイ・チャップマン理論は, 連続モデルである. 彼らは, 溶媒をある誘電率をもつ連続した媒質として扱い, 溶媒の分子性は無視している. また, イオンも個々の点電荷ではなく, 連続した電荷分布として扱っている. 多くの場合, これらの近似は有効で実験データともよく一致する.

4.2 拡散二重層のポアソン・ボルツマン理論

4.2.1 ポアソン・ボルツマン理論

電荷をもつ界面付近での電位分布 $\phi(x, y, z)$ を計算するために, ポアソン[6]方程式から始める. 通常, 電荷密度と電位はポアソン方程式によって記述される.

$$\nabla^2 \phi = \frac{\partial^2 \phi}{\partial x^2} + \frac{\partial^2 \phi}{\partial y^2} + \frac{\partial^2 \phi}{\partial z^2} = -\frac{\rho_e}{\varepsilon \varepsilon_0} \tag{4.1}$$

ここで, ρ_e は局所電荷密度 $(\mathrm{C\,m^{-3}})$ である. 電荷分布がわかれば, ポアソン方程式により, 電位分布が計算できる. 拡散二重層では溶液中のイオンの自由な移動が問題となる. そのため, ポアソン方程式を用いる際にイオンの空間分布のより深い情報が必要となる. これはボルツマン[7]統計によって与えられる. この場合, 局所的なイオン密度は,

$$c_i = c_i^0 e^{-W_i/(k_B T)} \tag{4.2}$$

---

[4] Peter Debye, 1884~1966, オランダ出身の米国の物理学者. チューリヒ大学, ユトレヒト大学, ゲッティンゲン大学, ライプチヒ大学, ベルリン大学, イサカ(コーネル大学)で教授を務めた. 1936年にノーベル化学賞を受賞.
[5] Erich A. A. J. Hückel, 1886~1980, ドイツの物理学者, 化学者. マールブルク大学で教授を務めた.
[6] Denis Poisson, 1781~1840, フランスの数学者, 物理学者. パリ大学で教授を務めた.
[7] Ludwig Boltzmann, 1844~1906, オーストリアの物理学者. ウィーン大学で教授を務めた.

と書ける．ここで，W_iはイオンを無限遠から表面近くまで運ぶのに必要な仕事である．
式(4.2)はi番目の物質の局所濃度c_iがある場所でどのように静電電位に依存するかを
示す．たとえば，ある場所の電位が正であれば，その場所で陰イオンを見つける確率が
高くなり，逆に陽イオンを見つける確率は減少する．

ここで，電気的な仕事のみを考える．たとえば，イオンの移動にはまわりの分子の移
動も必要だが，それは無視する．さらに，溶解している塩の陽イオンと陰イオンは1：
1の割合であるとし，表面から溶け出すイオンの効果は無視する（さもなければ，陰イ
オンと陽イオンの数が等しくなくなる）．陽イオンを電位ϕの場所まで運ぶのに必要な
仕事は，$W^+ = e\phi$である．陰イオンの場合は，$W^- = -e\phi$である．局所的な陰イオン
濃度c^-と陽イオン濃度c^+は，ボルツマン因子により，電位を用いて$c^- = c_0 e^{e\phi/(k_\mathrm{B}T)}$お
よび$c^+ = c_0 e^{-e\phi/(k_\mathrm{B}T)}$と書ける．ここで，$c_0$はバルク中での塩濃度である．局所的電荷
密度は，

$$\rho_\mathrm{e} = e(c^+ - c^-) = c_0 e(e^{-e\phi(x,y,z)/(k_\mathrm{B}T)} - e^{e\phi(x,y,z)/(k_\mathrm{B}T)}) \tag{4.3}$$

と書ける．ここでは，電位が場所に依存することを強調するために$\phi(x,y,z)$と書いた．
この電荷密度をポアソン方程式(4.1)に代入し，

$$\nabla^2 \psi = \frac{c_0 e}{\varepsilon \varepsilon_0}(e^{e\phi(x,y,z)/(k_\mathrm{B}T)} - e^{-e\phi(x,y,z)/(k_\mathrm{B}T)}) \tag{4.4}$$

を得る．この式はしばしばポアソン・ボルツマン方程式とよばれる．これは，二階偏微
分方程式であり，ほとんどの場合，数値的に解く必要がある．いくつかの単純な場合の
み，解析的に解くことが可能である．解析的に解ける一つの例は，平坦表面の場合であ
る．

4.2.2 平坦表面

この項では，均一に帯電した無限平坦表面近傍での電位を計算する．表面での電荷密
度をσとする．表面電荷が表面電位$\phi_0 = \phi(x=0)$をつくる．この電位は表面からの距
離xに依存する．平坦表面の場合，対称性から電位はy,z方向には変化しない．つま
り，y,zについての微分係数はゼロである．そのため，距離xのみに依存するポアソ
ン・ボルツマン方程式

$$\frac{\mathrm{d}^2 \psi}{\mathrm{d}x^2} = \frac{c_0 e}{\varepsilon \varepsilon_0}(e^{e\phi(x)/(k_\mathrm{B}T)} - e^{-e\phi(x)/(k_\mathrm{B}T)}) \tag{4.5}$$

が残る．この式の一般解を考える前に，電位が低い特別な場合について考えることは有
用で，多くの場合，十分な近似である．ここで，「電位が低い」とは，厳密には$e|\phi| \ll k_\mathrm{B}T$である．室温の場合は，$|\phi| \ll 25\,\mathrm{mV}$となる．幸運にも多くの場合，電位が50～80

mV 程度までの場合，以下の結果は有効である．

電位が低い場合，指数関数を級数展開して，一次の項を除いて無視をする．

$$\frac{d^2\phi}{dx^2} = \frac{c_0 e}{\varepsilon\varepsilon_0}\left(1 + \frac{e\phi}{k_B T} - 1 + \frac{e\phi}{k_B T} \pm \cdots\right) \approx \frac{2c_0 e^2}{\varepsilon\varepsilon_0 k_B T}\phi \tag{4.6}$$

これは線形化ポアソン・ボルツマン方程式[8]とよばれることもある．この一般解は，

$$\phi(x) = C_1 e^{-\kappa x} + C_2 e^{\kappa x} \tag{4.7}$$

となる．ここで κ は，

$$\kappa = \sqrt{\frac{2c_0 e^2}{\varepsilon\varepsilon_0 k_B T}} \tag{4.8}$$

である．C_1 と C_2 は，境界条件によって決まる定数である．この場合の境界条件として，電位が表面で表面電位と一致し（$\phi(x=0) = \phi_0$），さらに無限遠でゼロになる（$\phi(x=\infty) = 0$）ことを要請する．第二の境界条件が，電位が無限遠で発散しないことを保障し，$C_2 = 0$ となる．第一の境界条件から，$C_1 = \phi_0$ となる．それゆえ，

$$\phi = \phi_0 e^{-\kappa x} \tag{4.9}$$

により，電位が与えられる．これより，指数関数的に減衰することがわかる．ここで，減衰の特性長は，$\lambda_D = \kappa^{-1}$ となり，一般にデバイ長とよばれる．

デバイ長は，塩濃度を増大させると減少する．これは直感的に理解しやすい．溶液中の塩濃度が高いほど，より効率的な表面電荷の遮蔽が可能であるためである．25℃の水を考えると，一価の塩のデバイ長は，塩濃度 $c_0 (\text{mol L}^{-1})$ を用いて，

$$\lambda_D = \frac{3.04 \text{ Å}}{\sqrt{c_0}} \tag{4.10}$$

と書ける．これより，たとえば25℃で 0.1 M の NaCl 水溶液のデバイ長は 0.96 nm となる．

水中でのデバイ長は 680 nm 以上にはならない．これは水の電離（$2H_2O \rightleftharpoons H_3O^+ + OH^-$）によって，イオンの濃度が 2×10^{-7} mol L^{-1} 以下にはならないからである．実用上は蒸留水でも，不純物効果や pH の 7 からのずれのため，デバイ長は数百 nm 程度にしかならない．

ここまで一価のイオンについて考えてきた．多価のイオンが存在する場合のデバイ長は，

$$\kappa = \sqrt{\frac{e^2}{\varepsilon\varepsilon_0 k_B T}\sum_i c_i^0 Z_i^2} \tag{4.11}$$

---

[8] 物理系の学界では，この線形化のことをデバイ・ヒュッケル近似とよぶこともある．デバイとヒュッケルがこの近似を用いて球のまわりの電位を記述したためである（4.8.3項）．

となる。ここで、Z_i は i 番目のイオン価数である。濃度の単位は、1 m³ あたりのイオン数である。

〈具体例4.1〉

ヒト血漿は、血液から赤血球、白血球、血小板を除いたものであり、143 mM Na⁺、5 mM K⁺、2.5 mM Ca²⁺、1 mM Mg²⁺、103 mM Cl⁻、27 mM HCO₃⁻、1 mM HPO₄²⁻、0.5 mM SO₄²⁻ のイオンが含まれる。ヒト血漿のデバイ長はどのくらいの長さになるか？

以下の値を式(4.11)に代入する。

$c^0_{Na} = 861 \times 10^{23}$ m⁻³ $Z_{Na} = 1$ $c^0_K = 30 \times 10^{23}$ m⁻³ $Z_K = 1$
$c^0_{Ca} = 15 \times 10^{23}$ m⁻³ $Z_{Ca} = 2$ $c^0_{Mg} = 6 \times 10^{23}$ m⁻³ $Z_{Mg} = 2$
$c^0_{Cl} = 620 \times 10^{23}$ m⁻³ $Z_{Cl} = -1$ $c^0_{HCO_3} = 163 \times 10^{23}$ m⁻³ $Z_{HCO_3} = -1$
$c^0_{HPO_4} = 6 \times 10^{23}$ m⁻³ $Z_{HPO_4} = -2$ $c^0_{SO_4} = 3 \times 10^{23}$ m⁻³ $Z_{SO_4} = -2$

36℃での水の誘電定数が $\varepsilon = 74.5$ であるので、デバイ長が 0.78 nm と求まる。すべてのイオンが塩の電解 (AB → A⁻ + B⁺) に由来するならば、全体で正の電荷数と負の電荷数がつり合う。しかし、上述の電荷数をみると、正の電荷が 22 mM だけ多い。これらの陽イオンは、有機酸 (6 mM) とタンパク質 (16 mM) 由来である。

図 4.2 は拡散電気二重層の特徴を表している。電位は、距離の増大とともに指数関数的に減少する。また、塩濃度が増えるとより急激に減少する。表面近傍では対イオン濃度が急激に増大し、表面での全イオン濃度が高くなり、浸透圧も高くなる。

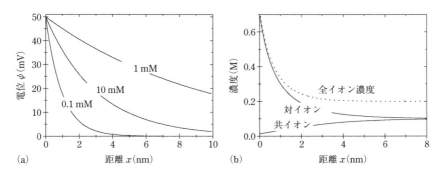

図 4.2 (a) 電位の距離依存性。表面電位は、$\psi_0 = 50$ mV で、異なった一価の塩濃度について示している。(b) バルク中濃度が 0.1 M、表面電位が 50 mV の一価の塩の場合について表面近傍での共イオンと対イオン濃度の距離依存性。加えて、共イオンと対イオンの和に相当する全イオン濃度の距離依存性もプロットしている。

4.2.3 一次元の場合の完全解

多くの場合は，前項の低ポテンシャル近似から得られる解を実用的に用いることができる．また，その近似解により塩濃度依存性が明確になっている．一方で，電位が高く，線形化ポアソン・ボルツマン方程式を使用できない場合も存在する．ここでは，低ポテンシャル近似を使わず，一次元ポアソン・ボルツマン方程式の一般解を求める．無次元量のポテンシャル $y \equiv e\phi/(k_{\rm B}T)$ を定義し，y についてポアソン・ボルツマン方程式を求める（この項では，y はこの無次元量に対してのみ用い，座標には用いないので，混同しないこと）．一価の塩に対するボルツマン方程式は，以下のように書ける．

$$\frac{{\rm d}^2 y}{{\rm d}x^2} = \frac{c_0 e^2}{\varepsilon\varepsilon_0 k_{\rm B}T}({\rm e}^y - {\rm e}^{-y}) = \frac{2c_0 e^2}{\varepsilon\varepsilon_0 k_{\rm B}T}\frac{1}{2}({\rm e}^y - {\rm e}^{-y}) = \kappa^2 \sinh y \quad (4.12)$$

ここで，$\sinh y = ({\rm e}^y - {\rm e}^{-y})/2$ である．また，κ は式(4.8)で定義した値である．この微分方程式を解くために，両辺に，$2({\rm d}y/{\rm d}x)$ をかけると，

$$2\frac{{\rm d}y}{{\rm d}x}\frac{{\rm d}^2 y}{{\rm d}x^2} = 2\frac{{\rm d}y}{{\rm d}x}\kappa^2 \sinh y \quad (4.13)$$

が得られる．左辺は $({\rm d}/{\rm d}x)({\rm d}y/{\rm d}x)^2$ と等しい．これを代入して，式(4.13)を積分すると，

$$\int \frac{{\rm d}}{{\rm d}x'}\left(\frac{{\rm d}y}{{\rm d}x'}\right)^2 {\rm d}x' = 2\kappa^2 \int \frac{{\rm d}y}{{\rm d}x'}\sinh y\, {\rm d}x' \quad \Leftrightarrow$$

$$\left(\frac{{\rm d}y}{{\rm d}x}\right)^2 = 2\kappa^2 \int \sinh y'\, {\rm d}y' = 2\kappa^2 \cosh y + C_1 \quad (4.14)$$

となる．C_1 は積分定数であり，境界条件により決まる．無限遠では y はゼロであり，微分 ${\rm d}y/{\rm d}x$ もゼロである．$y=0$ のとき，$\cosh y = 1$ であるから，$C_1 = -2\kappa^2$ となる．これより，

$$\left(\frac{{\rm d}y}{{\rm d}x}\right)^2 = 2\kappa^2(\cosh y - 1) \quad \Rightarrow \quad \frac{{\rm d}y}{{\rm d}x} = -\kappa\sqrt{2\cosh y - 2} \quad (4.15)$$

が得られる．正電位の場合，y は距離の減少関数であるので（$y>0 \Rightarrow {\rm d}y/{\rm d}x<0$），マイナスの符号を選択する．ここで，$\sinh(y/2) = \sqrt{(1/2)(\cosh y - 1)}$ を用い，

$$\frac{{\rm d}y}{{\rm d}x} = -2\kappa \sinh \frac{y}{2} \quad (4.16)$$

を得る．変数分離法を用いて計算をすると，

$$\frac{{\rm d}y}{\sinh \frac{y}{2}} = -2\kappa {\rm d}x \quad \Rightarrow \quad \int \frac{{\rm d}y'}{\sinh \frac{y'}{2}} = -2\kappa \int {\rm d}x' \quad \Rightarrow$$

$$2\ln\left(\tanh \frac{y}{4}\right) = -2\kappa x + 2C_2 \quad (4.17)$$

となる．C_2 は二つ目の積分定数である．式(4.17)を書き直すと，

$$\ln\left(\frac{e^{y/4} - e^{-y/4}}{e^{y/4} + e^{-y/4}}\right) = -\kappa x + C_2 \tag{4.18}$$

となる．分母と分子に $e^{y/4}$ をかけて整理すると，

$$\ln\left(\frac{e^{y/2} - 1}{e^{y/2} + 1}\right) = -\kappa x + C_2 \tag{4.19}$$

と書ける．ここで，初期条件を $y_0 = y(x=0) = e\phi_0/(k_B T)$ とすると，積分定数は，

$$\ln\left(\frac{e^{y_0/2} - 1}{e^{y_0/2} + 1}\right) = C_2 \tag{4.20}$$

と書ける．この積分定数を式(4.19)に代入すると，

$$\ln\left(\frac{e^{y/2}-1}{e^{y/2}+1}\right) - \ln\left(\frac{e^{y_0/2}-1}{e^{y_0/2}+1}\right) = \ln\left[\frac{(e^{y/2}-1)(e^{y_0/2}+1)}{(e^{y/2}+1)(e^{y_0/2}-1)}\right] = -\kappa x$$

$$\Rightarrow \quad e^{-\kappa x} = \frac{(e^{y/2}-1)(e^{y_0/2}+1)}{(e^{y/2}+1)(e^{y_0/2}-1)} \tag{4.21}$$

が得られる．あるいは $e^{y/2}$ について式を解き，以下のように解を記述することもある．

$$e^{y/2} = \frac{e^{y_0/2} + 1 + (e^{y_0/2}-1)e^{-\kappa x}}{e^{y_0/2} + 1 - (e^{y_0/2}-1)e^{-\kappa x}} \tag{4.22}$$

ここで，式(4.22)と線形化ポアソン・ボルツマン方程式の解を比較する．図 4.3 に 20 mM の一価塩溶液での電位を示す．デバイ長は 2.15 nm である．表面電位が 50 mV のとき，両方の解は非常によく一致する．表面電位が 100 mV を超えると，完全解のほうが線形化解よりも低い値となる．表面近傍($\approx \lambda_D/2$)での電位減衰が指数関数的減衰よりも速いということである．この表面での減衰は表面電位が高くなるほど急激にな

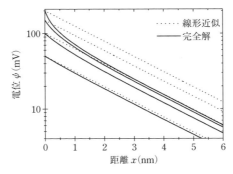

図 4.3 さまざまな表面電位(50, 100, 150, 200 mV)に対する 25℃ での 20 mM の一価の塩の表面近傍での電位の距離依存性．式(4.22)に対応する完全解と式(4.9)に対応する線形化したポアソン・ボルツマン方程式の解を示した．

り，あるところで飽和する．たとえば，デバイ長ほど離れた場所での電位は，表面電位にかかわらず決して40 mVを超えない．これは実験的にも観測されている[114]．

4.2.4 球のまわりの電気二重層

応用の重要性から，球形粒子まわりの電気二重層の研究は多く行われてきた．球の半径 R_p がデバイ長よりも十分に大きいならば，平坦表面の電気二重層の結果を用いることができる．それ以外の場合は，球対称なポアソン・ボルツマン方程式

$$\frac{\mathrm{d}^2\psi}{\mathrm{d}r^2} + \frac{2}{r}\frac{\mathrm{d}\psi}{\mathrm{d}r} = \frac{c_0 e}{\varepsilon\varepsilon_0}(\mathrm{e}^{e\phi(r)/(k_\mathrm{B}T)} - \mathrm{e}^{-e\phi(r)/(k_\mathrm{B}T)}) \tag{4.23}$$

を考える必要がある．ここで，r は球座標である．表面電位が小さい場合は，

$$\frac{\mathrm{d}^2\psi}{\mathrm{d}r^2} + \frac{2}{r}\frac{\mathrm{d}\psi}{\mathrm{d}r} = \kappa^2\psi \tag{4.24}$$

が線形化近似により得られる．この線形化ポアソン・ボルツマン方程式の一般解は，

$$\psi = \frac{C_1}{r}\mathrm{e}^{-\kappa r} + \frac{C_2}{r}\mathrm{e}^{\kappa r} \tag{4.25}$$

となる．定数 C_1 と C_2 は境界条件により決まる．無限遠で電位がゼロとなるので，C_2 はゼロである．境界条件 $\phi(r=R_\mathrm{p}) = \phi_0$ より，$C_1 = \phi_0 R_\mathrm{p} \mathrm{e}^{\kappa R_\mathrm{p}}$ となり，最終的に，

$$\phi(r) = \phi_0 \frac{R_\mathrm{p}}{r}\mathrm{e}^{-\kappa(r-R_\mathrm{p})} \tag{4.26}$$

を得る[113,115]．表面電位が高い場合は，極座標での完全なポアソン・ボルツマン方程式を数値的に，または近似によって解く必要がある[116,117]．

4.2.5 グラハム方程式

ここで，平坦表面の場合に戻る．多くの場合，表面上の電荷数を見積もることができれば，次は表面電位を知りたいであろう．ここで，表面電荷 σ と表面電位 ϕ_0 はどのように関係するのだろうか．$\sigma(\phi_0)$ がわかれば，$\mathrm{d}\sigma/\mathrm{d}\phi_0$ が計算できるので，この問いは重要である．これは二重層の電気容量であり，実験的に計測できる．つまり，電気容量の測定値を理論値と比較することにより，理論全体の検証が可能となるのである．

グイ・チャップマン理論をもとに，グラハム (Grahame) は σ と ϕ_0 の関係式を導いた．この式は電荷中性条件より，簡単に得ることができる．この条件では，表面電荷と電気二重層中のイオンの電荷を足した全電荷がゼロとなる．二重層中の電荷は，$\int_0^\infty \rho_\mathrm{e}\mathrm{d}x$ で計算でき，

$$\sigma = -\int_0^\infty \rho_\mathrm{e}\mathrm{d}x \tag{4.27}$$

を得る[118]．一次元のポアソン方程式を用い，さらに無限遠では電位，およびその勾配もゼロ$(d\psi/dx|_{z=\infty}=0)$であるので，

$$\sigma = \varepsilon\varepsilon_0 \int_0^\infty \frac{d^2\psi}{dx^2} dx = -\varepsilon\varepsilon_0 \left.\frac{d\psi}{dx}\right|_{x=0} \tag{4.28}$$

が導かれる．関係式 $dy/dx = -2\kappa \sinh(y/2)$ および

$$\frac{dy}{dx} = \frac{d(e\psi/(k_B T))}{dx} = \frac{e}{k_B T}\frac{d\psi}{dx} \tag{4.29}$$

を用いると，グラハム方程式

$$\sigma = \sqrt{8c_0 \varepsilon\varepsilon_0 (k_B T)} \sinh\left(\frac{e\psi_0}{2k_B T}\right) \tag{4.30}$$

が得られる．電位が低い場合は，sinh を級数展開して$(\sinh x = x + x^3/3! + \cdots)$，初項以外を無視することができる．その場合は以下の簡単な関係式が得られる．

$$\sigma = \frac{\varepsilon\varepsilon_0 \psi_0}{\lambda_D} \tag{4.31}$$

> 〈具体例 4.2〉
>
> $(4\,\text{nm})^2$ あたりに一つのイオン化官能基が存在する表面を考える．10 mM NaCl 水溶液と接しているとき，表面電位はどうなるか．デバイ長は 25℃で 3.04 nm である．SI 単位系での表面電荷密度は，$\sigma = 1.6 \times 10^{-19}\,\text{C}/16 \times 10^{-18}\,\text{m}^2 = 0.01\,\text{A s m}^{-2}$ である．以上より，
>
> $$\psi_0 = \frac{\sigma \lambda_D}{\varepsilon\varepsilon_0} = \frac{0.01\,\text{A s m}^{-2} \cdot 3.04 \times 10^{-9}\,\text{m}}{78.4 \cdot 8.85 \times 10^{-12}\,\text{A s V}^{-1}\,\text{m}^{-1}} = 0.0438\,\text{V} \tag{4.32}$$
>
> となる．一方，グラハム方程式(4.30)を用いた表面電位は 39.7 mV である．

図 4.4 に，計算によって求めた表面電位と表面電荷の関係を示す．図中の濃度は，一価

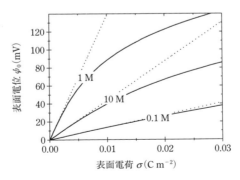

図 4.4 グラハム方程式(4.30，実線)と線形化したグラハム方程式(4.31，点線)による表面電位と表面電荷の関係

塩濃度である．電位が小さいときは表面電荷と表面電位が比例関係にある．塩濃度に応じて，線形近似は $\psi_0 \approx 40 \sim 80$ mV あたりまで有効である．濃度が高くなると，表面電位を上げるのにより多くの表面電荷が必要になる．

4.2.6 拡散電気二重層の電気容量

分離した電荷の二つの領域間の微分電気容量は dQ/dU で定義される．ここで，Q は各電極での電荷であり，U は電圧である．それゆえ，電気二重層の単位面積あたりの電気容量は，

$$C_{GC}^A = \frac{d\sigma}{d\psi_0} = \sqrt{\frac{2e^2 c_0 \varepsilon \varepsilon_0}{k_B T}} \cosh\left(\frac{e\psi_0}{2k_B T}\right) = \frac{\varepsilon \varepsilon_0}{\lambda_D} \cosh\left(\frac{e\psi_0}{2k_B T}\right) \tag{4.33}$$

と計算できる．添え字 GC は，グイ・チャップマンモデルに基づいて電気容量を計算したことを示す．表面電位が十分に小さい場合は，cosh を級数展開することができ ($\cosh x = 1 + x^2/2! + x^4/4! + \cdots$)，高次項を無視すると以下のように式を単純化できる．

$$C_{GC}^A = \frac{\varepsilon \varepsilon_0}{\lambda_D} \tag{4.34}$$

この結果を平板コンデンサの単位面積あたりの電気容量 $\varepsilon \varepsilon_0 / d$ と比較するのは教育的である．ここで，d は平板間の距離である．これより，電気二重層は極板間距離がデバイ長である平板コンデンサと同じように振る舞うことがわかる．塩濃度を上げるほどデバイ長が減少するので，電気二重層の電気容量(電荷をためる能力)は上昇する．

混乱を避けるために，上述の C_{GC}^A は微分電気容量であることを指摘しておく．単位面積あたりの積分形の電気容量は σ/ψ_0 で定義される．実験的には，微分電気容量のほうが簡単に測定できる．

4.3 ポアソン・ボルツマン方程式を越えて

4.3.1 ポアソン・ボルツマン方程式の限界

拡散電気二重層の議論の中で，いくつかの仮定がなされていた[119~124]．

- イオンの有限サイズを無視している[120,125,126]．とくに表面近傍ではイオン濃度が非常に高くなるため，これは大胆な仮定である．たとえば，表面電位が 100 mV の場合，対イオンの濃度は約 50 倍になる．つまり，バルクの塩濃度が 0.1 M のときに，ポアソン・ボルツマン理論によると表面近傍での塩濃度は 5 M となり，イオン間平均距離は 1 nm 以下となる．イオンの水和殻も考慮したときの直径が 3〜6 Å であるので，詳細な分子構造が重要となるのである．一般に，イオンと壁とのファンデルワールス力などの，非クーロン相互作用およびイオンに固有の効果はすべて無

視されている.

- ポアソン・ボルツマン理論は平均場理論である. 各イオンが個々のイオンとではなく, 系の平均静電場と相互作用すると考えている. しかし, ある条件下ではイオンは自由エネルギーをさらに下げるように相互の配置を調整する. また, 有限サイズ効果によりイオン間に短距離斥力相互作用が生じ, ポアソン・ボルツマン理論では記述できないイオン間の相関が生まれる[121,127,128].
- 溶液中のイオンは連続的な電荷分布をもつと考えている. イオンの離散性, つまり各イオンのもつ電荷が素電荷の整数倍であるという性質は無視している. 特に, 二価または三価のイオンでは理論とのずれが大きくなる[126,129,130]. また, 表面電荷については均一性を仮定したが, 実際には, 個々の吸着イオンまたは官能基表面電荷が生じている[124,131,132].
- 一般的に, 液体と固体の誘電定数は異なる値である. つまり, 界面での電場は不連続となる. そのため, イオンは鏡像電荷の影響を受ける[124,127]. この鏡像効果はポアソン・ボルツマン理論では無視されている.
- 溶媒は連続体とし, 媒質中の誘電率は一定と仮定している. 表面では強い電場のため, 極性分子の自由な回転が妨げられるので, この仮定は粗いものである. さらに, 表面近傍の高い対イオン濃度が誘電率を劇的に変えてしまうこともある.
- 表面は分子レベルで平坦と仮定している. だが, 多くの場合これは正しくない. たとえば, 生理学的緩衝溶液中の細胞膜ではイオン濃度は約 150 mM であり, デバイ長は 0.8 nm である. つまり, リン脂質中の電荷は深さ 8 Å まで分布する. さらに, 分子の熱運動を考慮すると, 電荷分布は約 1 nm の深さにまで達するといえる.

このような大胆な仮定にもかかわらず, ポアソン・ボルツマン理論は電気二重層を驚くほどよく説明する. これはエラー同士が部分的に打ち消し合うためである. 水溶液では, 一価のイオンで濃度が 0.2 M 以下, ポテンシャルが 50〜80 mV 以下であれば, ポアソン・ボルツマン理論による予測が実験と比較的よく一致する. 通常の場合, 表面電荷の離散的分布の影響は二価または三価のイオンでのみ観測される. 生体膜の場合など, 表面電荷が厳密には平面内に存在しないことがしばしば起こる. この場合, 理論と実験のずれは大きくなる.

イオン種固有の効果については, ポアソン・ボルツマン理論で説明できない. たとえば, 二価陽イオンのイオン種固有の効果は研究が盛んな分野である(訳注:Ca^{2+} や Mg^{2+} のような陽イオンと負に帯電した基板との間の相互作用が活発に研究されている). 1888 年の時点である陰イオンが特有の効果を示すことはすでに知られていた. レウス(Lewith)とホフマイスター(Hofmeister)はタンパク質の沈殿に必要な最低塩濃度が, 陰イオンの種類によって大きく異なることを発見した[133,134]. 彼らはこの沈殿能力

に従って陰イオンの整理を行った．これはホフマイスター系列とよばれている．後になって，特定の陰イオンが同様のタンパク質沈殿能力を示すことが，まったく異なる効果で見出された（総説は文献[135]）．この効果はいまだに完全には解明されていない．二つの重要な点として，陰イオンによって，そのまわりでの水和の仕方とそれにはたらくファンデルワールス力が異なることが挙げられる[136,137]．陰イオンは余分な電子をもつので，陽イオンよりも強いファンデルワールス力をもち，その結果，より強い分極率をもつ[138]．

どのようにポアソン・ボルツマン理論を改良することができるだろうか？ 前述の理論の欠陥のいくつかを改良することは簡単である．しかし，それでは本質的な改良にはならず，特別な場合にしか成り立たないものになる．実際，いくつかの欠陥は互いに打ち消し合うので，欠陥の除去がより非現実な結果をもたらすこともある．もっとも厳密なアプローチとしては，バルク電解質と不均一流体に対して，統計力学の第一原理を当てはめることである．電気二重層の統計力学に関する非常にすばらしい総説がある[120,139]．また，コンピュータシミュレーションも電気二重層に関する理解を深めるのに大きく貢献している[119,121,140,141]．しかし，統計力学的な改良もコンピュータシミュレーションも，簡単に使える単純な解析的公式を与えるわけではないため，その重要性は学問的な領域を出ない．

幸運にも，比較的簡単に半経験的な手法でグイ・チャップマンモデルを改良した理論が存在する．これはシュテルン[9]により提案された．

4.3.2　シュテルン層

シュテルンはヘルムホルツのアイディアに拡散層を取り入れた[142]．シュテルンの理論では，実用的でいささか人工的でもあるが，電気二重層を二つの部分に分ける．表面近傍の内側をシュテルン層とよび，外側を拡散層またはグイ・チャップマン層とよぶ．シュテルン層は表面に吸着したイオンの層であり，イオンは動けない．拡散層のイオンは動くことができ，ポアソン・ボルツマン方程式に従う．シュテルン層と拡散層の境界部分での電位をゼータ電位（ζ電位）とよぶ．ゼータ電位については4.8節で詳しく議論する．

シュテルン層は簡単なものから複雑なものまでさまざまである．もっとも簡単なモデルは，図4.5に示すように，対イオンの有限サイズのみを考慮したものである．イオン自体の大きさと，そのまわりの水和のために，イオンはどこまでも表面に近づけるわけではなく，表面からある距離を空けて存在する．表面と対イオンの中心間のこの距離δが外部ヘルムホルツ面を決める．この面によりシュテルン層と拡散層が隔てられている．

9　Otto Stern, 1888〜1969, ドイツの物理学者．ハンブルク大学で教授を務めた．1943年ノーベル物理学賞受賞．

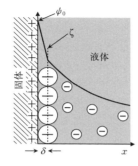

図 4.5 正に帯電した固体表面におけるシュテルン層の単純なモデル

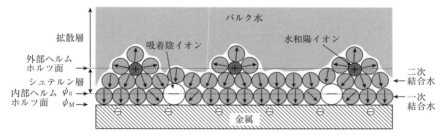

図 4.6 金属表面でのシュテルン層．電気伝導率が高いため，金属内の電位 ψ_M は表面のところまで一定である．内部ヘルムホルツ面と外部ヘルムホルツ面を示している．一次結合水の誘電率は，通常 $\varepsilon \approx 6$ である．二次結合水の誘電率は，$\varepsilon \approx 30$ である．

次のモデルとして，イオンの特異吸着を考慮したものがある．特異吸着したイオンは表面近くに強く固定される．この距離は内部ヘルムホルツ面を特徴づける．実際は，これらのモデルは電気二重層のある側面しか記述することができない．図 4.6 は水溶液中の金属表面に対する非常によいモデルを示す．このモデル金属は負に帯電している．これは電位差印加による金属陽イオンの溶け出し，または陰イオンの吸着のためである．表面近くの水は明らかな配向性を示し，誘電率が大きく下がる．この部分が内部ヘルムホルツ面である．

この外側に非特異吸着の対イオンと水和層が存在する．この周辺でも，水分子はまだ自由に回転できず，低い誘電率をもつ．この層を外部ヘルムホルツ面とよぶ．最後に拡散層がくる．金属表面の電気二重層に関する詳細な議論は文献[143]である．

実験的な検証に重要なのは，電気二重層全体の微分電気容量である．シュテルン理論によると，シュテルン層の電気容量 C_{St}^A とグイ・チャップマン層の電気容量 C_{GC}^A が直列につながっていると考えられる．それゆえ，単位面積あたりの全電気容量は，

$$\frac{1}{C^A} = \frac{1}{C_{St}^A} + \frac{1}{C_{GC}^A} \tag{4.35}$$

と書ける．ここで，平面コンデンサの簡単な式を用いて C_{St}^A を評価しよう．界面と吸着したイオンにより二つの面が形成される．水和イオンの半径 R_{ion} は約 $2\,\text{Å}$ である．ここで，シュテルン層の単位面積あたりの電気容量は $C_{St}^A = \varepsilon_{St}\varepsilon_0/R_{ion}$ となる．表面近傍での水の誘電率は低下し，$\varepsilon_{St} \approx 6\sim32$ 程度となる．$\varepsilon_{St} = 10$ とすると，シュテルン層の電気容量は $C_{St}^A = 0.44\,\text{F m}^{-2} = 44\,\mu\text{F cm}^{-2}$ となる．実験で得られる値は，$10\sim100\,\mu\text{F cm}^{-2}$ である．

4.4 電気二重層のギブズ自由エネルギー

コロイド科学において，たとえば荷電高分子（高分子電解質）の性質やコロイド粒子間の相互作用の記述に際して，電気二重層のエネルギーは中心的な役割を果たす．ここでは，拡散層のギブズ自由エネルギーについて計算する．単純であり，ほとんどの応用において拡散層のみが重要であるためである．ただし，この定式化は他の二重層にも適用可能である．

グイ・チャップマン層のギブズ自由エネルギーを計算するために，3段階にわけて定式化する[144,145]．実際には，各段階を別々には実行できないが，物理の原理に反せず，思考実験を行うことは可能である．

まず，電荷をもたない一つのコロイド粒子を無限に広がる溶液中に入れる．溶液の誘電率が水のように高ければ，表面が電荷をもつ．この理由の一つは電荷の溶出である．たとえば，表面がカルボキシル基をもつ場合は H^+ が溶け出し，表面が負に帯電する．逆に，溶液中のイオンが表面に吸着することもある．たとえば，金の表面に Cl^- が吸着して負に帯電する．ここで，重要な点は，表面の帯電は化学的な力により自発的に起こり，系のギブズ自由エネルギーが減少するということである．化学的なエネルギー計算のため，イオンの表面からの溶解（表面への吸着）は永遠には続かない点に注意しよう．より多くのイオンが溶解するほど電気的なポテンシャルは上がり，これにより表面からのイオン溶解が妨げられる．溶解プロセスは，化学エネルギーと静電エネルギーが等しくなると止まる．電荷 Q のイオンの静電エネルギーは単純に $Q\psi_0$ と書け，このイオンの化学エネルギーは $-Q\psi_0$ となる．それゆえ，電気二重層形成のための単位面積あたりのギブズ自由エネルギーは $-\sigma\psi_0$ である．

次に，対イオンを直接，表面 ($x=0$) まで移動させる．対イオン数は拡散二重層内のイオン数と等しい．はじめの対イオンは，依然として全表面ポテンシャルにより引きつけられている．この対イオンの存在によって，次の対イオンが感じるポテンシャルはも

4.4 電気二重層のギブズ自由エネルギー

との表面ポテンシャルよりも小さいものとなる．対イオンを表面まで運ぶのに必要な仕事は，$dG = \psi_0' d\sigma$ である．ここで，ψ_0' は電荷が増加(減少)過程のある時間での表面ポテンシャルである．全エネルギー利得(二重層が失うエネルギー)は，以下のように計算できる．

$$\int_0^\sigma \psi_0' d\sigma' \tag{4.36}$$

最後は，対イオンの表面からの解放である．熱揺らぎにより対イオンの一部は拡散し，拡散層を形成する．ギブズ自由エネルギーはエントロピーの増大で減少し，エネルギーの増大で増加する．これらは打ち消し合い，この過程はギブズ自由エネルギーに影響を与えない．

これらをまとめて，拡散層の単位面積あたりのギブズ自由エネルギーは，

$$g = -\sigma\psi_0 + \int_0^\sigma \psi_0' d\sigma' \tag{4.37}$$

と書ける．数学的には，

$$d(\psi_0'\sigma') = \sigma' d\psi_0' + \psi_0' d\sigma' \Rightarrow \int d(\psi_0'\sigma') = \int \sigma' d\psi_0' + \int \psi_0' d\sigma' \tag{4.38}$$

が成立する．これより，

$$g = -\sigma\psi_0 + \int_0^{\sigma\psi_0} d(\sigma'\psi_0') - \int_0^{\psi_0} \sigma' d\psi_0' = -\int_0^{\psi_0} \sigma' d\psi_0' \tag{4.39}$$

となる．ここで，式(4.30)のグラハム方程式を用いると，積分が以下のように計算できる．

$$\begin{aligned} g &= -\int_0^{\psi_0} \sigma d\psi_0' = -\int_0^{\psi_0} \sqrt{8c_0\varepsilon\varepsilon_0 k_B T} \sinh\left(\frac{e\psi_0'}{2k_B T}\right) d\psi_0' \\ &= -\sqrt{8c_0\varepsilon\varepsilon_0 k_B T} \frac{2k_B T}{e} \left[\cosh\left(\frac{e\psi_0'}{2k_B T}\right)\right]_0^{\psi_0} \\ &= -8c_0 k_B T \lambda_D \left[\cosh\left(\frac{e\psi_0}{2k_B T}\right) - 1\right] \end{aligned} \tag{4.40}$$

電位が低い場合は，さらに簡単な関係式(4.31)を用いて，

$$g = -\kappa\varepsilon\varepsilon_0 \int_0^{\psi_0} \psi_0' d\psi_0' = -\frac{\kappa\varepsilon\varepsilon_0}{2}\psi_0^2 = -\frac{1}{2}\sigma\psi_0 \tag{4.41}$$

を得る．電気二重層は自発的に形成されるので，ギブズ自由エネルギーは負である．荒っぽくいえば，ギブズ自由エネルギーが表面電位の二乗に比例することがわかる．

〈具体例 4.3〉
表面電位が 40 mV で，0.01 M の一価イオンの水溶液中での，電気二重層の単位面積あた

りのギブズ自由エネルギーを評価せよ．
式 (4.41)

$$g = -\frac{\kappa\varepsilon\varepsilon_0}{2}\phi_0^2 = -\frac{\varepsilon\varepsilon_0}{2\lambda_\mathrm{D}}\phi_0^2$$

とデバイ長 3.04 nm を用いると，

$$g = -\frac{78.4 \cdot 8.85\times 10^{-12}\,\mathrm{A\,s\,V^{-1}\,m^{-1}}}{2 \cdot 3.04\times 10^{-9}\,\mathrm{m}} \cdot (0.04\,\mathrm{V})^2 = -0.183\times 10^{-3}\,\frac{\mathrm{J}}{\mathrm{m}^2}$$

と計算できる．通常の表面張力に比べると，これは小さな値である．

4.5　電気毛管現象

この節では，金属電解質の界面張力がどのように外部電気電位に依存するかを考える（図 4.7）．電極に接触している水銀の液滴形状が外部電気電位に依存することは長い間知られていた．リップマン[10]が 1875 年に初めてこの現象を考察した[146]．彼は理論的に表面張力の外部電位依存性を計算し，水銀を用いた実験によって確かめた．

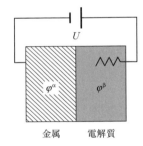

図 4.7　ある印加電圧に対する金属—電解質界面の模式図

4.5.1　理　論

電位が存在する場合も，界面張力の変化はギブズ吸着等温式(3.59)により計算できる．そのためには，存在する分子の種類を知る必要がある．明らかに，自由に動く分子だけが対象となる．たとえば，電解質中の溶解イオンや金属中の電子などである．

化学ポテンシャル μ_i に加えて，電気電位 φ も電荷に影響するため，電気化学ポテンシャル μ_i^* を使用する必要がある．この電位はガルバニ電位(4.9節)であるので，記号として ϕ ではなく，φ を使用する．ギブズ吸着等温式(3.59)は，

$$\mathrm{d}\gamma = -\sum_{i=1}^{n}\varGamma_i\mathrm{d}\mu_i^* - \varGamma_\mathrm{e}\mathrm{d}\mu_\mathrm{e}^* \tag{4.42}$$

10　Gabriel Lippmann, 1845〜1921, フランスの物理学者. 1908 年ノーベル物理学賞受賞.

のように，等温変化に対して書くことができる．ここで，
$$d\mu_i^* = d\mu_i + Z_i F_A d\varphi \quad \text{および} \quad d\mu_e^* = d\mu_e - F_A d\varphi$$
である．はじめの項が電解質によるものであり，電解質中の全イオンについて足し合わせる．第2項は金属中の電子による．Γ_i および Γ_e は，それぞれ溶液中のイオンおよび金属中の電子の界面余剰濃度である．μ_i は，i 番目の粒子の化学ポテンシャルであり，F_A はファラデー定数である．μ_e^* は電気化学ポテンシャルである．代入すると，

$$d\gamma = -\sum_{i=1}^{n} \Gamma_i d\mu_i - F_A \sum_{i=1}^{n} \Gamma_i Z_i d\varphi^\beta - \Gamma_e d\mu_e + F_A \Gamma_e d\varphi^\alpha \tag{4.43}$$

を得る．ここで，φ^α と φ^β は二つの相の電気(ガルバニ)電位である．

どれが電位として正しい値だろうか？ 金属の場合，どの場所でも電位は一定値であり，φ^α は明確に定義される．電解質中の場合，表面近傍でのポテンシャルは距離に依存する．表面での電位は，表面からデバイ長だけ離れた場所での値とは異なる．表面から十分に離れてはじめて電位は一定となる．一方で，電気電位と異なり，電気化学ポテンシャルは系の平衡状態では液体中のどこも同じ値をもつ．そのため，表面から遠く離れた場所での電気電位と化学ポテンシャルを使用する．

イオンと電子の濃度は独立した変数ではない．系全体での電気的な中性を仮定すると（電気的中性則)，自由度が一つなくなる．金属中の電子を従属変数と考えると，この後の計算が便利である．電気中性則 $\sum \Gamma_i Z_i = \Gamma_e$ を使用すると，式(4.43)の最終項は，$F_A \sum \Gamma_i Z_i d\varphi^\alpha$ と書ける．よって，式(4.43)の第2項と第4項をまとめて，

$$d\gamma = -\sum_{i=1}^{n} \Gamma_i d\mu_i - F_A \sum_{i=1}^{n} \Gamma_i Z_i d\varphi^\beta - \Gamma_e d\mu_e + F_A \sum_{i=1}^{n} \Gamma_i Z_i d\varphi^\alpha$$
$$= -\sum_{i=1}^{n} \Gamma_i d\mu_i - \Gamma_e d\mu_e - \sigma d(\varphi^\alpha - \varphi^\beta) \tag{4.44}$$

が導かれる．この式が電気毛管現象を記述するための基礎方程式である．このように，$\sigma = -F_A \sum \Gamma_i Z_i$ は，金属中の電子により生成され，溶液中のイオンにより打ち消される表面電荷密度として定義される．表面余剰 Γ_i が界面位置に依存するので，この定義は一般には明確ではない．ただし，電極が完全に分極している場合(金属と電解質間での電子交換がない)，界面の場所は物理的境界となり，σ が実際の表面電荷密度を表すこととなる．

ここでの表記法では電位差 $\varphi^\alpha - \varphi^\beta$ は表面電位 ψ_0 に等しい．通常は，$\varphi^\alpha - \varphi^\beta$ は外部からの電圧 U とは一致せず，その差を U_0 として，$U - U_0 = \psi_0$ と書ける．電極—電解質界面での電圧降下および電源と金属間の電圧差の影響も考慮する必要がある．$\varphi^\alpha - \varphi^\beta$ と U の差は定数であり，$d(\varphi^\alpha - \varphi^\beta) = dU$ が成り立つので，式(4.44)は有効である．この関係式から以下の式が直接導かれる．リップマン方程式

$$\frac{\partial \gamma}{\partial U} = -\sigma \qquad (4.45)$$

が得られ,電気二重層の単位面積あたりの微分電気容量として,以下の式が直接導かれる.

$$-\frac{\partial^2 \gamma}{\partial U^2} = \frac{\partial \sigma}{\partial U} = C^{\mathrm{A}} \qquad (4.46)$$

この式の導出では,電極は完全に分極し電気化学反応は起こらないとしている.電気化学的な反応も考慮した一般的な定式化は,電気化学の教科書や文献[118,147]にある.

もっとも簡単な電気毛管現象曲線は,C^{A} が定数であるとの仮定により導かれる(図4.8).ここで,印加電圧が U_0 で,表面電位がゼロの場合から式(4.46)を積分すると,

$$\sigma = \int_{U_0}^{U} C^{\mathrm{A}} \mathrm{d}U' = C^{\mathrm{A}}(U - U_0) \qquad (4.47)$$

が得られる.これを式(4.45)に代入して,もう一度積分すると,

$$\gamma - \gamma_0 = -C^{\mathrm{A}} \int_{U_0}^{U} (U' - U_0) \mathrm{d}U' = -\frac{C^{\mathrm{A}}}{2}(U - U_0)^2 \qquad (4.48)$$

となる.ここで,γ_0 は界面に電荷がなく,表面電位がない場合の界面張力である.

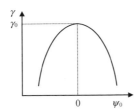

図 4.8 電気毛管曲線の模式図

界面張力は表面電位の増大につれて減少する.その理由は電気二重層に存在する対イオンの界面余剰の増大である.ギブズ吸着等温線によれば,界面余剰の増大により界面張力は減少する.帯電した表面では,イオンが液体表面の界面活性剤と同じ役割を果たす.

4.5.2 電気毛管現象の測定

帯電した表面の基本的な性質は水銀を用いた実験により明らかになった.水銀の電気毛管現象はどのように計測できるだろうか? 図4.9に典型的な計測装置,滴下水銀電極の模式図を示す[148].水銀で満たされた毛管と対電極が電解質溶液の中に入っている.両電極間に電圧をかけ,水銀の表面張力を最大泡圧法により求められる.この際,水銀を一定圧力 P で電解質溶液中に圧入し,外部電圧に対する単位時間あたりの液滴

4.6 電荷をもった表面の具体例   71

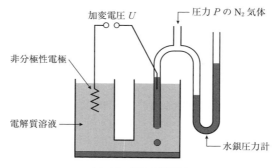

図 4.9 滴下水銀電極

数を計測する．

　固体金属の電気毛管現象を計測する他の方法もある．たとえば，片面を金属でコートしたカンチレバー[11]のずれを計測する方法である[149,150]．外部電圧の変化により金属でコートした側の表面張力が変わり，カンチレバーがたわむ．表面張力が減少すれば，カンチレバーは金属コートされていないほうにたわむ．その他の方法としては，金属が蒸着されたワイヤーの膨張や圧縮を計測するものがある[151]．最後に，電位変化に伴った接触角の変化も計測することができる(6.5.4項)．接触角は固体の表面張力の情報を含む[152〜154]．

　残念ながら，どの方法を使っても水銀ほど簡潔かつ正確に計測することはできない．本質的な困難さは，固体中の分子は動けず，新たな界面の形成が液体の場合とは異なることにある．それゆえ，理論的な取扱いも本質的により難しい[155〜157]．

4.6　電荷をもった表面の具体例

　この節では，五つの代表的な物質の表面での荷電現象について議論する．水銀，ヨウ化銀，酸化物，マイカ(雲母)，半導体である．ここで，重要なのは電解質中での表面帯電過程の自発性である．つまり，表面が溶液からイオンを取り込んだり，表面の官能基が解離し表面に逆電荷を残す過程は，エネルギー的に好ましいものである．

　ここで述べた帯電過程が唯一のものではない．たとえば，空気の泡や油滴は負に帯電

11　訳注：カンチレバー(cantilever)：片側が固定され，他方は動くことのできる構造体のこと．原子間力顕微鏡(AFM)のカンチレバーは通常シリコンで作成され，先端に極細の針がついている．図7.19参照．

しており[158],その詳細はいまだに議論の余地がある.一つの可能性は水酸化物イオンの吸着である.多くの高分子表面は水溶液中で負電荷をもつ.これは,陰イオンの拡張電子殻間のファンデルワールス力が陽イオンの場合より強いことによる.さらに,陽イオンはより強く水和しているため,高分子表面への吸着のためには,水和殻を壊す必要がある.

水銀 電気的表面特性に関しては,水銀がもっとも研究されている物質であろう.水銀が室温で液体である数少ない金属であるという理由による.金属であるため電圧の印加が容易で,また,液体であるため表面張力の簡単で厳密な計測が可能である.リップマン方程式の使用により,表面電荷の計算も可能である.さらには,不純物のないきれいな表面が形成され続ける.

KF,NaF,CsFを含む水溶液中で水銀の電気毛管曲線を計測すると,最大値をとる電位(ゼロ電荷点,pcz)が一定値をとる,すなわち,陽イオンもフッ化物イオンも水銀表面に強く結合してはいないことがわかる.一方で,KOH,KSCN,KIの溶液中では異なった挙動を示す(図4.10).KIのゼロ電荷点はKOH,KSCNに比べて大きく負の値となる.これは陰イオンが特異的に水銀に吸着し,ゼロ電荷点を負の方向にずらすためである.陰イオンの吸着力の強さは,$I^- > CNS^- > OH^-$となる.陰イオンを表面から取り除くには,負の電位が必要になる.

陰イオンは,金,白金,銀など他の金属にも吸着する[151,159]のに対して,陽イオンではそうではない.陽イオンでは,強い水和が存在するので,金属に結合するには水和層を壊す必要があり,これはエネルギー的に好ましくないからである.一方,陰イオンはほとんど水和されないため,より簡単に金属に結合できる[160].また,陰イオンのほう

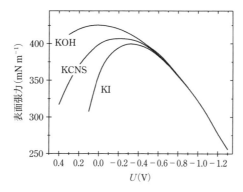

図4.10 18℃でのさまざまな電解質水溶液中における水銀の電気毛管曲線.印加電位のゼロ点は,水銀と強くは吸着しないNaF,Na_2SO_4,KNO_3などの電解質に対する電気毛管曲線の最大値を与える電位を選んだ.文献[118]より再掲.

4.6 電荷をもった表面の具体例　73

が金属との間のファンデルワールス力が強いことも，金属への吸着が起こる理由である．ただ，イオンの金属表面への吸着はよくわかっていない．陽イオンが金属表面に直接に結合しないという実験結果にさえ，分子動力学シミュレーションにより疑問が投げかけられている[161]．

ヨウ化銀(AgI)　AgI または AgCl を水中に入れると，一部の分子が溶解する（総説は文献[162]）．以下の化学式により，結晶とイオンの平衡状態に達する．

$$AgI \rightleftharpoons Ag^+ + I^- \tag{4.49}$$

ヨウ化銀の溶解度積は $K = [Ag^+][I^-] \approx 10^{-16} M^2$ で，非常に小さく，溶液中のイオン濃度も低くなる．ここで，$[Ag^+]$, $[I^-]$ はそれぞれのイオンの濃度を表す．ただし，厳密には濃度の代わりに活量を使用するべきである．

ヨウ化銀の表面には Ag^+ と I^- の規則格子の存在が想像される．その場合，同数の Ag^+ と I^- が存在し，表面は電荷をもたない．しかし，溶液中にも同じ濃度でイオンが存在する場合には表面が電荷をもつ．I^- のほうが Ag^+ よりもヨウ化銀表面への親和性が幾分高いので，$[Ag^+] = [I^-] = 10^{-8}$ M である場合，ヨウ化銀の表面は負に帯電している．この場合，たとえば $AgNO_3$ を加え，溶液中の Ag^+ 濃度を増加させることで表面を中性化できる．$10^{-5.5}$ M の非常に低濃度の $AgNO_3$ を加えるだけで，AgI のゼロ電位点に到達する．そのときのヨウ化物イオン濃度は $10^{-10.5}$ M となり，銀イオンに比べて100000分の1以下であることがわかる．この基準点から Ag^+ または，I^- の濃度を変化させ，表面電荷を正または負にできる．そのため，Ag^+, I^- は AgI の電位決定イオンとよばれている．

証明は省略するが，表面電位と活量の定量的な関係式を以下に示す．この式はネルンスト方程式とよばれている．

$$\phi_0 = \frac{RT}{F_A} \cdot \ln \frac{[Ag^+]}{[Ag^+]_{pzc}} \tag{4.50}$$

Ag^+ の濃度（または I^- の濃度）が表面電位を決める．Ag^+ の濃度が $[Ag^+]_{pzc}$ と等しくなるとき，表面電荷と表面電位がゼロ（pzc）になる．濃度が10倍になると，表面電位は，25℃で $\phi_0 = RT/F_A \cdot \ln 10 = 59$ mV となる．

〈具体例4.4〉

ヨウ化銀(AgI)の電気的に中性な完全結晶表面では，Ag^+ 間距離は約 0.4 nm である．そのため，Ag^+ の表面積は 0.16 nm^2 であり，1 nm^2 あたりに 6.25 個の Ag^+ が存在する．ここで，この結晶を25℃で1 mM の KNO_3 水溶液の中に入れ，電位差を 100 mV かける．表面の Ag^+ 濃度は，どれだけ上昇するか？

表面電荷を見積もるために，式(4.30)のグラハム方程式 $\sigma = \sqrt{8c_0\varepsilon\varepsilon_0(k_BT)} \cdot \sinh(e\phi_0/$

$2(k_B T))$ を使用する．ここで，以下の値

$$\frac{e\phi_0}{2(k_B T)} = \frac{1.60 \times 10^{-19}\,\text{As} \cdot 0.1\,\text{V}}{2 \cdot 1.38 \times 10^{-23}\,\text{JK}^{-1} \cdot 298\,\text{K}} = 1.95 \tag{4.51}$$

および，$c_0 = 6.02 \times 10^{20}\,\text{L}^{-1} = 6.02 \times 10^{23}\,\text{m}^{-3}$ を用いると，

$$\sigma = \sqrt{8 \cdot 6.02 \times 10^{23}\,\text{m}^{-3} \cdot 78.4 \cdot 8.85 \times 10^{-12}\,\frac{\text{C}^2}{\text{Jm}} \cdot 1.38 \times 10^{23}\,\text{J} \cdot 298} \cdot \sinh 1.95$$

$$= 0.0128\,\frac{\text{C}}{\text{m}^2} \tag{4.52}$$

となる．これを単位電荷で割ると，$1\,\text{nm}^2$ あたり $0.080\,\text{Ag}^+$ の増加となる．つまり，表面での Ag^+ の濃度は 1.3% しか変化しない．

前節では水銀表面を扱った．溶液中に還元対（たとえば，Fe^{2+} と Fe^{3+}）が存在せず，気体反応が起こらない場合，水銀電極は完全な分極が可能である．ここで，分極可能とは電位差を印加しても電気二重層が形成されるまでしか電流が流れないことを意味する．つまり，水銀から溶液中の分子への電子の移動が起こらない．一方で，本節で扱ったヨウ化銀の場合は完全に可逆的な電極である．ヨウ化銀電極の電位を変化させるたびに電流が流れる．Ag^+ と I^- 濃度からネルンスト方程式によって平衡電位が決まるからである．

酸化物　3番目として，酸化物（たとえば，SiO_2，TiO_2，Al_2O_3[163]），タンパク質，そして多くの水溶性高分子の帯電機構を考える．これらの表面には電離可能な官能基が存在する．ヒドロキシ基，カルボキシル基，硫酸塩，アミノ基などの官能基は pH に応じて水素イオンを受けとったり，放出したりする．ここで，電位決定イオンは，OH^- と H^+ である．

表面電位を計算するために，電離する官能基が一つのもっとも単純な具体例を考える．以下の化学式に従って，電離により表面が負に帯電する．

$$\sim\text{AH} \rightleftharpoons \sim\text{A}^- + \text{H}^+ \quad \text{ここで，} K_A = \frac{[\text{A}^-][\text{H}^+]_{\text{local}}}{[\text{AH}]} \tag{4.53}$$

電離により負に帯電した官能基と電離していない官能基の濃度は，どちらも単位面積あたりのモルとして与えられている．単位体積あたりではない．

$[\text{H}^+]_{\text{local}}$ は表面での局所プロトン濃度であり，バルクの濃度とは異なる値となりうる．表面が電荷をもつ場合，プロトンを引きつけるか（表面負電荷の場合），遠ざける（表面正電荷の場合）ためである．局所濃度とバルク濃度の間には，ボルツマン因子を用いて，

$$[\text{H}^+]_{\text{local}} = [\text{H}^+]\,\text{e}^{-\frac{e\phi_0}{k_B T}} \tag{4.54}$$

の関係がある．式(4.54)を式(4.53)に代入して対数をとると，

4.6 電荷をもった表面の具体例

$$\log K_A = \log \frac{[A^-]}{[AH]} + \log[H^+] - \frac{e\psi_0 \log e}{k_B T} \tag{4.55}$$

が導かれる．電離定数の対数にマイナスをつけた pK を用いると，

$$-pK_A = \log \frac{[A^-]}{[AH]} - pH - 0.434 \frac{e\psi_0}{k_B T} \tag{4.56}$$

あるいは，

$$\psi_0 = 2.30 \frac{RT}{F_A}(pK_A - pH) + 2.30 \frac{RT}{F_A} \log \frac{[A^-]}{[AH]} \tag{4.57}$$

が得られる．ここで，25℃での式は以下のようになる．

$$\psi_0 = 59 \text{ mV} \left(pK_A - pH + \log \frac{[A^-]}{[AH]}\right) \tag{4.58}$$

pH が低いときは，酸化物表面は正に帯電している．これは，少なくとも部分的には，

$$\sim AOH_2^+ \rightleftharpoons \sim AOH + H^+ \tag{4.59}$$

の化学過程で説明できる．このモデルの拡張版で他のイオンの特異吸着効果を考慮したものもある[164~168]．これら他のイオンの吸着は H^+，OH^- の吸着と競合的な関係にある．

表4.1に，代表的な酸化物のゼロ電荷点を文献[5]からの引用で示す．ゼロ電荷点とは，表面電荷がゼロになる pH である．数値に範囲がついているのは，酸化物がさまざまな構造をとることに加えて，異なる種類と濃度の電解質を用いて測定が行われたためである[169]．多くの酸化物のゼロ電荷点の包括的なリストは文献[169]にある．

例として，図4.11に窒化ケイ素の pH による表面電荷の変化を示す．窒化ケイ素の表面は酸化されており，変化のおもな原因は $\sim SiOH_2^+ \rightleftharpoons \sim SiOH + H^+$ および $\sim SiOH \rightleftharpoons \sim SiO^- + H^+$ による H^+ のやりとりである．そのため，pH の増加により表面電荷がより負となる．

マイカ(雲母) 粘土鉱物は二つの構成要素からなる[171]．Si^{4+} を中心にした酸素の四面体と，Al^{3+} または Mg^{2+} を中心とした酸素の八面体である．四面体は酸素を共有し，

表 4.1 各酸化物のゼロ電荷点

試料	ゼロ電荷点
SiO_2	1.8~3.4
TiO_2	2.9~6.4
Al_2O_3	8.1~9.7
MnO_2	1.8~7.3
Fe_3O_4	6.0~6.9
$\alpha\text{-}Fe_2O_3$	7.2~9.5

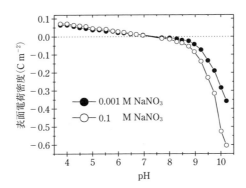

図 4.11 商用窒化ケイ素の $NaNO_3$ 水溶液中での表面電荷密度の pH 依存性.文献[170]より再掲.

六角形のリングをつくる.とくに粘土の中を Ca^{2+} が満たしているときは,酸素原子がヒドロキシ基として存在する.このパターンが半無限に続き,平坦な四面体層を形成する.同様に,八面体は八面体層をつくる.平坦な四面体層と八面体層はさまざまな形で相互積層が可能であり,種々の粘土が形成される.

マイカの場合は,図 4.12 に示したように 3 層の繰返し単位をもつ.上と下の層は Si^{4+} で満たされた六面体からなる.中間層は八面体であり,Al^{3+} または Mg^{2+} で満たされている.これら層構造は陽イオンにより保持されている.この力は比較的弱いた

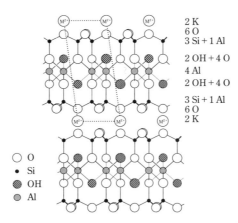

図 4.12 白雲母 (muscovite mica:$KAl_2Si_3AlO_{10}(OH)_2$) の側面からみた分子構造.単位格子は,点線で示している.ある層内の二つの単位格子に存在する特定の原子の数を右上に示した.平均として上から 3 番目の分子層内において,一つのシリコン原子がアルミニウム原子で置換されている.

め，マイカは容易にへき開し，広範囲にわたって原子レベルで平らな面を得ることができる．そのため，マイカはしばしば顕微鏡や表面力の実験などの基板として用いられる．

では，マイカ表面は液体中で，どのように帯電するだろうか？　まず，平面部分の帯電と端の帯電を分けて考える．端では，酸化物のようにヒドロキシ基が帯電の原因である．溶媒が水の場合は，この帯電はpHに敏感に依存する．ただ，マイカは簡単にへき開できるため，ほとんどの部分は平面である．平面部では，マイカ中の陽イオンが溶け出すことによって帯電する．Si^{4+}，Al^{3+}，Mg^{2+}といったマイカ中のイオンが溶け出し，表面がマイナスに帯電する．溶液中の陽イオンがマイカ中の陽イオンと入れ替わることもある．全体の電荷は粘土のイオン交換能力によって決まり，表面の影響は小さい．実際は，マイカ内での陽イオンの欠乏がより重要である．水中では表面電荷がほぼ一定となり，pHにほとんど依存しない[172〜175]．

半導体　ここまで金属と絶縁体について議論してきた．金属では，自由電子が外部電圧に応答するため，高い電気伝導率を示す．一つの金属原子あたり，一つか二つの電子を自由電子として供給すると考えると，電荷担体濃度は非常に高くなることがわかる．通常，電荷担体濃度は$10^{29}\,m^{-3}$程度である．高い電荷担体濃度と移動度のため，電気伝導率も非常に高い値(10^6〜$10^8\,S\,m^{-1}$程度)をとる．一方で，絶縁体では，電子が強く固定されており，逆に，非常に低い電気伝導率をもつ．通常の絶縁体の電気伝導率は$10^{-6}\,S\,m^{-1}$よりも低い．

シリコンやゲルマニウムなどの半導体は，金属と絶縁体の中間の性質をもつ．半導体では，電子は絶縁体ほど強く束縛されていないため，常に多少の電荷担体をもつ．たとえば，25℃のゲルマニウム完全結晶の場合，約$3\times10^{19}\,m^{-3}$の自由電子密度をもつ．モル濃度では，$5\times10^{-8}\,M$もしくは，$50\,nM$に対応する．この値は，水溶性電解質中のイオン(陰イオン，陽イオン)濃度と比べるとかなり小さい．しかし，溶液中のイオンよりも半導体中の電子のほうが10^8倍ほど高い移動度をもつため，半導体中の電子と溶液中のイオンが同程度の電気伝導率をもつことになる．

半導体には，電子に加えて正孔(電子がなくなった後の空孔)も存在する．正孔は正に帯電していて，電子のように移動できる．そのため，この状況は陽イオンと陰イオンが存在する溶液に似ている．半導体に少量のP，As，Sbを加えることで，電子密度が劇的に増加する．正孔密度は，B，Al，Gaを添加で増加する．このプロセスをドーピングとよぶ．

では，半導体が水溶性電解質中にあるとき，界面からの距離に応じてどのように電気電位が変化するのだろうか？　溶液側では，すでに述べたように電位が減少し，シュテルン層と拡散層が存在する．半導体の場合，固体側の電気電位がどうなるかは興味深い

問題である．やはり，半導体の側でも電位は減衰し，拡散層での電位の減衰と同様に記述できる．そのため，塩濃度の代わりに電子濃度 c_e と正孔濃度 c_h を用い，適切な誘電率の値を代入すれば，電位が得られる．

〈具体例 4.5〉
ゲルマニウムの 25℃ でのデバイ長を評価せよ．誘電率は $\varepsilon = 16$ とする．

$$\lambda_D = \sqrt{\frac{\varepsilon \varepsilon_0 k_B T}{2 c_e e^2}}$$

$$= \sqrt{\frac{16 \cdot 8.85 \times 10^{-12} \, \mathrm{AsV^{-12}\,m^{-1}} \cdot 4.12 \times 10^{-21} \, \mathrm{J}}{2 \cdot 5 \times 10^{-5} \, \mathrm{mol\,m^{-3}} \cdot 6.02 \times 10^{23} \, \mathrm{mol^{-1}} \cdot (1.60 \times 10^{-19} \, \mathrm{As})^2}}$$

$$= 615 \, \mathrm{nm}$$

図 4.13 に半導体—電解質の界面近傍での電位を示す．この効果を理解するには，もう二つの効果を考慮する必要がある．まず，通常の液体は表面付近で配向性をもつことである．その双極子モーメントによって，電位のジャンプが生じる．もう一つは，固体表面での電子の表面状態の占有である．この余剰電子が電位へ寄与する．

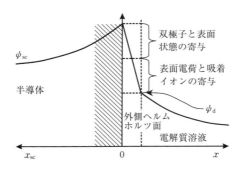

図 4.13 半導体—電解質界面での電位．添え字"sc"は，半導体を意味する．

4.7 表面電荷密度の計測

4.7.1 コロイド電位差滴定測定

多くの応用において，分散系の電荷密度を知ることが重要である．分散粒子の表面電荷を求めるには，滴定法が用いられる．定量分析には，比表面積，すなわち分散粒子の単位グラムあたりの表面積および電位決定イオンを知る必要がある．粒子の大きさと形が既知であれば，比表面積の計算は可能である．粒子形状が一定でない場合や，表面が荒れている場合は，BET(Brunauer, Emmet, Teller による)吸着法により求める(8.3.4

項).電位決定イオンは,他の実験結果または物理化学的な理由により決定できる.

この手法を説明するために,酸化物の水溶液での滴定を考える.ここで,電位決定イオンは,H^+ および OH^- である.ある量の分散系試料を pH 電極が入ったセルに入れる.高 pH でイオン強度が低いほうから滴定を始める.溶液は,たとえば 1 mM の KNO_3 を含むとする.イオンの特異吸着の影響を避けるために,同組成の塩を使用する.少量の KOH を加えて pH を上げる(図 4.14 の点 A).次に,少量の HNO_3 を均一量で徐々に加える.HNO_3 は完全に電離するため,加えたプロトンの量は加えた HNO_3 の量に等しい.一方で,pH 測定により溶液中のプロトンの量がわかる.この差が酸化物表面に結合したプロトン量になる.求めた量を表面の全面積で割り,単位電荷をかければ,表面電荷濃度が求まる(図 4.14 の点 B).このプロセスを繰返すことで低 pH の点 C まで行く.pH 範囲は,加えた HNO_3 がイオン強度にほとんど影響を与えなくなるところが限界である.加えて,粒子は安定でその特性を変化させないことが滴定の条件である.これは,KOH を加えて pH を高い値に戻し,滴定を繰返すことで確かめられる.履歴はないはずである.

次に,塩濃度をたとえば 10 mM KNO_3 まで上昇させる(点 D).電気二重層の電気容量が増大するため,表面電荷も上昇する.そのため,ある表面電位に対して,電荷が増える.HNO_3(点 E まで)と KOH(点 D に戻ってくる)を使用した滴定をもう一度行う.さらに濃度をたとえば 0.1 M に上昇させ(点 F),滴定を繰返す.イオン(この場合は,K^+ と NO_3^-)の特異吸着の影響がなければ,3 回の滴定曲線が,ゼロ電荷点(pzc)で 1 点に交わる[176].一つの滴定曲線からは,滴定曲線の形状がわかるものの,絶対値はわからないため,3 回の滴定が必要である.3 回の滴定の交点から電荷軸上の位置が決定される.

イオンの特異吸着の影響を排除するには,別な塩を使用して滴定を繰返せばよい.別な塩で同じイオン強度のときの滴定曲線が同じであれば,特異吸着がないといえる.

コロイド電位差滴定では,電位決定イオンの量は適切な電極を用いて計測する.酸化物の場合,pH により電位が変わるため,ガラス電極が適している.ヨウ化銀溶液の場

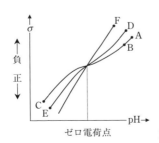

図 4.14 電位差滴定実験の模式図

合は，ヨウ化銀の電極を使うことができる．

イオン強度が低い場合は，溶液中のイオンを求めるのに電気伝導度滴定を代わりに用いることができる．これは電位決定イオンを加えながら電気伝導率の変化を測る手法である．具体例を図4.15に示した．ラテックス粒子の分散系に，5 mMのNaOHを徐々に加える．NaOHを加える前のpHは3.3，電気伝導率は$7.1 \times 10^{-3} \Omega^{-1} m^{-1}$であった．はじめはNaOHの増加によるpH変化が穏やかで，2.1 mL以上で変化が急になる．また，3 mL以上加えてもpHはあまり変化しない．これより，ラテックス粒子はpHが6程度で，溶け出す表面基をもつことがわかる．比伝導率の変化はpH変化と相関がある．NaOHを加えた場合，電荷担体が増えるため電気伝導率が高くなる．実際，後半ではNaOHの濃度増大に応じて電気伝導率は直線的に上昇している．一方，滴定の前半ではNaOH濃度が増大とともに電気伝導率は減少している．これはプロトンがラテックス粒子の表面に結合することにより，移動度の高いプロトンが減少し，移動度の低いNa^+が増大するためである．

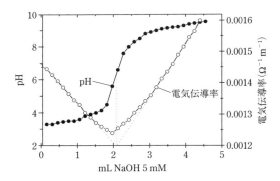

図 4.15 水溶性媒体に分散したラテックス粒子の電気伝導度滴定，電位差滴定．
文献[177]より再掲．

4.7.2 電気容量

伝導性，または完全分極表面の電気容量は，非常に高い精度で直接計測することができる．クロノアンペロメトリーとよばれるもっとも簡単な電気容量計測法では，階段的な電位差ΔUを電極にかける（図4.16）．電気化学的な反応が起こらないならば，拡散電気二重層に電荷が蓄積され，完全に充電されるまで電流が流れる．電流の時間変化を計測し，得られた曲線を積分すると，電荷Qが得られる．全電気容量Cは$C = C^A A = Q/\Delta U$から計算できる．

4.7 表面電荷密度の計測

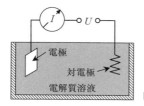

図 4.16 静電容量の計測装置の模式図

〈具体例 4.6〉

直径 0.5 mm の白金線が 0.1 M KCl 溶液中に電極として挿入されており，Ag/AgCl が対電極である．この線に 0.1 V から 0.3 V に階段的な電位変化 ΔU を与える．白金線に比べて Ag/AgCl は広い表面積をもち，可逆電極である．白金にとって，印加電圧は非常に小さいため，電気化学的な反応は起こらず，ファラデー電流は流れない．図 4.17 に計測された電流を示す．この曲線の積分により電荷が $Q = 59.9$ nC と求まる．ΔU で割ると，全電気容量は $C = 0.299$ μF となる．電極の表面積が 0.00196 cm^2 であるので，単位面積あたりの電気容量は，$C^A = 153$ μF cm^{-2} となる．これはグイ・チャップマン理論からの予想値よりも大きい．表面粗さにより実際の表面積が大きくなることが一つの理由だが，一番の大きな理由は，とくに高塩濃度ではグイ・チャップマン理論が二重層の電気容量を十分に記述しておらず，シュテルン層の考慮が必要なことである（この例は，親切にも T. Jenkins により提供された）．

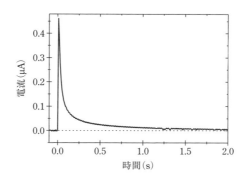

図 4.17 具体例 4.6 で説明したクロノアンペロメトリー測定．

電気容量を求める標準的な手法はサイクリックボルタンメトリーである（導入文献として [178]）．計測したい物質でできた電極（表面積が既知）と対電極を電解質溶液中に入れる．加えて，参照電極を使用してもよい．三角波電位を印加し，電流を計測する．これより電気容量が電流から求められる．

可逆（非分極性）の電極で，電子が電極表面と溶液中のイオン間で移動する場合はどう

すればよいだろうか？　この場合は，異なる過程は異なった時間スケールで起こることに注目する．サイクリックボルタンメトリーのようなゆっくりとした電圧変化ではなく，さまざまな周波数の交流電圧を印加し，電流を計測する．この手法はインピーダンススペクトロスコピー法とよばれている[179,180]．これにより，半導体[181]や絶縁体も金属電極上にコートすることで計測が可能となる．

4.8　電気速度論的現象：ゼータ電位

　この節では電荷をもった固体表面上を流れる液体を考える．多くの場合，固体表面には，1層，2層，もしくは数層の液体分子やイオンが比較的強く結合している．結果として，せん断面が正確には界面の位置ではなく，界面からの距離がδの位置で初めて分子が動き始めることがしばしば生じる．この距離での電位のことをゼータ電位とよぶ．

　ゼータ電位がゼロとなる電位決定イオンの濃度を等電点(iep)とよぶ．等電点は電気速度論的計測によって決定できる．ここで，ゼロ電荷点(pzc)と等電点(iep)を区別しよう．ゼロ電荷点では，表面電荷がゼロである．ゼータ電位は流体力学的境界での電位であり，表面電荷は固液界面として定義される．

　液体が帯電した界面の接線方向に移動すれば，電気速度論的現象が起きる[182]．これは電気泳動，電気浸透，流動電位，沈殿電位の四つに分類される．すべての現象において，ゼータ電位が重要な役割を果たす．電気速度論的効果の古典理論はスモルコフスキー[12]により提案された[183]．

4.8.1　ナビエ・ストークス方程式

　二つの平行の板の間に流体が満たされているとする．そして，片方の板をスライドさせる(図 4.18)．その際，必要なせん断力は，実験的に以下の式で表される．

$$\frac{F}{A} = \eta \frac{\Delta v}{\Delta z} \quad (4.60)$$

ここで，Aは板の面積，Δvは板の表面に沿う流れの垂直方向の速度差，Δzは板間の距離を表している．式(4.60)は厳密には，流れが乱流ではなく層流であるときのみに成立する．F/Aは速度差と距離の比と，動粘度または粘度[13]とよばれる定数ηの積に比例する．25℃の水の粘度は，0.89×10^{-3} Pa s である．速度勾配$\Delta v / \Delta z$は，せん断率とよばれ，単位はs^{-1}である．粘度がせん断率に依存しない流体は，ニュートン[14]流体と

12　Marian von Smoluchowski，1872〜1917，ポーランドの物理学者．リヴィウ大学とヤギュウォ大学で教授を務めた．

13　$\eta_k = \eta/\rho$にて定義される動粘性率($m^2 s^{-1}$)が使用されることもある．

図 4.18 面積 A の板をそれと平行で,粘度 η の流体を介して距離 Δz だけ離れているもう一つの板に対してスライドさせるときに必要な粘性力の模式図.この力は,$F = \eta A \cdot \Delta v / \Delta z$ と書ける.

よばれる.

連続体力学では,ニュートン流体はナビエ・ストークス方程式によって記述される.この式を理解するために,微小体積 $dV = dxdydz$ で質量 dm をもつ液体を考える.この無限小の液体に対して,ニュートンの方程式を書き下すには,さまざまな力を考える必要がある.

第一の寄与は粘性力である.この力は流体のせん断応力の勾配に由来する.流速度は $\boldsymbol{v} = (v_x, v_y, v_z)$ によって記述される.粘性力を定式化するために,流れの方向を x 軸方向とし(図 4.19),速度勾配が z 軸方向にできるとする.つまり,せん断率 $(\partial v_x / \partial z)$ がゼロでない.このことは,微小体積素の上面に対して,x 方向に接線力 F_x'' がかかることを意味する.この力は下面にはたらく接線力 F_x' とは異なる.したがって,x 方向にはたらく正味の力は $F_x'' - F_x'$ となる.体積素は無限小なので,この力の差も無限小となり,$dF_x = F_x'' - F_x'$ と書かれる.式 (4.60) を微小体積素に適用することで,以下の式が導かれる.

$$dF_x = \eta dxdy \frac{\partial v_x}{\partial z} = \eta \frac{\partial^2 v_x}{\partial z^2} dxdydz$$

三次元ではせん断率勾配による粘性力はすべての方向成分をもつベクトルであり,$\eta \nabla^2 \boldsymbol{v} dV$ となる.ここで,∇^2 はラプラス演算子であり,$\nabla^2 \boldsymbol{v}$ は式 (4.63) で与えられるベクトルである.

微小体積素 dV にかかる二つ目の力は圧力勾配によって生じる.左の面にはたらく圧力 P' と右の面にはたらく圧力 P'' は異なる.結果として,x 方向へ以下の力が生じる.

$$dF_x = (P'' - P')dydz = -\frac{\partial P}{\partial x} dxdydz$$

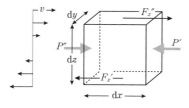

図 4.19 流れ場中での流体の体積素.この場合,流れは x 軸方向であり z 方向にその勾配がある.結果として,上下の表面要素間にせん断力がかかる.右側面にかかる圧力 P' と左側面にかかる圧力 P'' が異なったものになる.

---

14 Sir Isaac Newton, 1643〜1727, 英国の数学者,物理学者,天文学者.力学と幾何光学の創始者.

三次元では，圧力勾配による力は $-(\nabla P)\mathrm{d}V$ と定式化される．ここで，∇ はナブラ演算子で，∇P はベクトル $(\partial P/\partial x,\ \partial P/\partial y,\ \partial P/\partial z)$ である．

　三つ目の力として，外力が影響を与える場合もある．たとえば，重力による静水圧である．電気速度論的現象を記述するには，溶液中のイオンにはたらく電場効果による静電力を考える必要がある．静電力は $\rho_\mathrm{e}\boldsymbol{E}\mathrm{d}V$ であり，ここで ρ_e は電荷密度で，$\boldsymbol{E}$ は電場である．

　ニュートンの法則より，力の和は，質量 $\mathrm{d}m$ と加速度の積に等しい．

$$\mathrm{d}m\frac{\mathrm{d}\boldsymbol{v}}{\mathrm{d}t} = (\eta\nabla^2\boldsymbol{v} - \nabla P + \rho_\mathrm{e}\boldsymbol{E})\mathrm{d}V \tag{4.61}$$

定常状態を考え，流体速度が一定 $(\mathrm{d}\boldsymbol{v}/\mathrm{d}t=0)$ とすると，ナビエ・ストークス方程式

$$\eta\nabla^2\boldsymbol{v} - \nabla P + \rho_\mathrm{e}\boldsymbol{E} = 0 \tag{4.62}$$

がベクトル方程式として導かれる．直交座標系を用いると，以下のように書ける．

$$\eta\left(\frac{\partial^2 v_x}{\partial x^2} + \frac{\partial^2 v_x}{\partial y^2} + \frac{\partial^2 v_x}{\partial z^2}\right) - \frac{\partial P}{\partial x} + \rho_\mathrm{e}E_x = 0$$

$$\eta\left(\frac{\partial^2 v_y}{\partial x^2} + \frac{\partial^2 v_y}{\partial y^2} + \frac{\partial^2 v_y}{\partial z^2}\right) - \frac{\partial P}{\partial y} + \rho_\mathrm{e}E_y = 0$$

$$\eta\left(\frac{\partial^2 v_z}{\partial x^2} + \frac{\partial^2 v_z}{\partial y^2} + \frac{\partial^2 v_z}{\partial z^2}\right) - \frac{\partial P}{\partial z} + \rho_\mathrm{e}E_z = 0 \tag{4.63}$$

　もう一つの重要な方程式を導出する．まず，質量は消滅したり，生成したりすることはないということから始める．このことは，質量保存則を表す方程式

$$\frac{\partial \rho}{\partial t} + \nabla\cdot(\rho\boldsymbol{v}) = 0 \tag{4.64}$$

として表現される．多くの液体は，実用上，非圧縮性である．そのため，質量密度 ρ は時間と場所によらず一定である．よって，連続の式として以下が得られる．

$$\nabla\cdot\boldsymbol{v} = \frac{\partial v_x}{\partial x} + \frac{\partial v_y}{\partial y} + \frac{\partial v_z}{\partial z} = 0 \tag{4.65}$$

この式はある体積素に液体が流れ込むと，同量が流れ出し，つり合いが保たれることを意味する．ナビエ・ストークス方程式と連続の式が非圧縮性液体の流れを記述する基本的方程式である．

4.8.2 電気浸透と流動電位

　帯電した平面基板上に液体がある状況を考える．表面に平行に電場をかけると，液体が動き出す(図4.20)．このような現象を電気浸透とよぶ．なぜ液体に流れが生じるのであろうか？　基板の電荷により，基板近くで対イオンの濃度が高くなる．この過剰な

4.8 電気速度論的現象：ゼータ電位

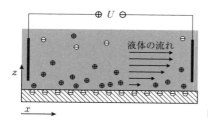

図 4.20 負に帯電した固体表面での電気浸透

対イオンは電場により逆符号の電極へと動く．この際，まわりの溶媒分子も引きずられ，流れが生じる．

電気浸透現象を数学的に扱うとき，すぐに気がつくのは，対称性により y 依存性はなく，y 微分はすべてゼロとなり，ナビエ・ストークス方程式の y 成分が打ち消されることである．ここで，液体の流れは x 方向（電場方向）に平行と仮定する．この場合，$v_z = 0$ および $v_y = 0$ となる．結果として，v_z および v_y のすべての微分がゼロになる．連続の式から $\partial v_x/\partial x = 0$ が導かれる．x 方向への流速は場所によって変化しない．これより $\partial^2 v_x/\partial x^2 = 0$ となる．よって，ナビエ・ストークス方程式の中で残るのは，以下の2式である．

$$\eta \frac{\partial^2 v_x}{\partial z^2} - \frac{\partial P}{\partial x} + \rho_e E_x = 0 \quad \text{および} \quad -\frac{\partial P}{\partial z} + \rho_e E_z = 0 \tag{4.66}$$

x 方向の電場は外部から印加され，z 方向の電場は表面電荷により生じる．ここで，x 方向の圧力勾配はないと仮定すると，$\partial P/\partial x$ が消える．よって式(4.66)の第1式より，

$$\rho_e E_x = -\eta \frac{\partial^2 v_x}{\partial z^2} \tag{4.67}$$

が導かれる．ここで，電荷密度にポアソン方程式(4.1) $\partial^2 \psi/\partial z^2 = -\rho_e/\varepsilon\varepsilon_0$ を用いると，

$$E_x \varepsilon\varepsilon_0 \frac{\partial^2 \psi}{\partial z^2} = \eta \frac{\partial^2 v_x}{\partial z^2} \tag{4.68}$$

となる．これを z に対して2回積分する．積分は表面から遠く離れた点（$\psi = 0$ で，v_x は定数 v_0）から，表面から δ だけ離れたせん断面（$v_x = 0$ および $\psi = \zeta$）まで行う．また，面から遠く離れた場所では，$\partial \psi/\partial z = 0$ および $\partial v_x/\partial z = 0$ である．1回目の積分により，

$$E_x \varepsilon\varepsilon_0 \int_\infty^z \frac{\partial^2 \psi}{\partial z'^2} \, dz' = E_x \varepsilon\varepsilon_0 \frac{\partial \psi}{\partial z} = \eta \int_\infty^z \frac{\partial^2 v_x}{\partial z'^2} \, dz' = \eta \frac{\partial v_x}{\partial z} \tag{4.69}$$

となり，2回目の積分により，

$$E_x \varepsilon\varepsilon_0 \int_\infty^\delta \frac{\partial \psi}{\partial z'} \, dz' = E_x \varepsilon\varepsilon_0 \zeta = \eta \int_\infty^\delta \frac{\partial v_x}{\partial z'} \, dz' = -\eta v_0 \tag{4.70}$$

となる．これより，

$$v_0 = -\varepsilon\varepsilon_0 \frac{\zeta E_x}{\eta} \tag{4.71}$$

が導かれる．流速はゼータ電位と印加電場に比例する．

微粒子をマーカーとして含む液体の光学顕微鏡観察により，電気浸透の直接観察が可能である．通常，実験は毛管の中で行い，電場を接線方向にかけ単位時間に移動する液体量を計測する（図4.21）．毛管の直径は $10\,\mu m$ から $1\,mm$ であり，デバイ長よりも十分に大きい．そのため，固液界面近傍のみで流速が変化し，数デバイ長離れると，流れは一定である．電気二重層の厚さを無視すると，単位時間あたりに移動する液体の体積は，

$$\frac{dV}{dt} = \pi r_c^2 v_0 = -\pi r_c^2 \varepsilon\varepsilon_0 \frac{E\zeta}{\eta} \tag{4.72}$$

となる．電気浸透は微視的流体において狭い水路に水媒体を流すために広く用いられる．

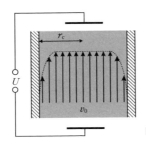

図 4.21　毛管中での電気浸透流のプロファイル

〈具体例 4.7〉

長さ $1\,cm$，直径 $100\,\mu m$ の毛管に沿って電圧 $1\,V$ を印加する．電場は均一で，$\boldsymbol{E} = 100\,V\,m^{-1}$ となる．毛管は水で満たされ，ゼータ電位は $0.05\,V$ である．単位時間あたりに流れる電解質の量はいくらか？

$$\frac{dV}{dt} = \pi (50 \times 10^{-6}\,m)^2 \cdot 78.5 \cdot 8.85 \times 10^{-12} \frac{C}{Vm} \frac{100\,V\,m^{-1} \cdot 0.05\,V}{0.001\,kg\,s^{-1}\,m^{-1}}$$

$$= 2.73 \times 10^{-14} \frac{m^3}{s}$$

毛管の体積が $\pi(50\times 10^{-6}\,m)^2 \cdot 0.01\,m = 7.85\times 10^{-11}\,m^3$ であるので，毛管内の水は48分で入れ替わる．

電気浸透の逆の効果が，流動電位の形成である．液体が毛管中に（より一般的には帯電壁に沿って）押し出されると，流れと同時に電気二重層の電荷を引きずる．結果として，毛管の末端に対イオンが蓄積し，毛管の末端間に流動電位 ΔU が生み出される．半径

がデバイ長よりも十分に大きい場合は，毛管の末端間の流動電位は容易に計算でき[2,p.379]，

$$\Delta U = \frac{\varepsilon_0 \varepsilon \zeta}{\eta \kappa_e} \Delta P \tag{4.73}$$

となる．ここで，ΔP は印加圧力，κ_e は電解質の電気伝導率($\Omega^{-1} \mathrm{m}^{-1}$)である．流動電位測定は表面の電気的物性の測定として，標準的に用いられているものである[たとえば184]．

4.8.3 電気泳動と沈降電位

ここで，電気泳動として，電荷をもった粒子の電場中の運動を考える(注：電気化学において，イオンの電場中の運動は"イオン伝導率"で扱われる)．電気泳動は，実用上，非常に重要である．コロイド粒子の電荷量を比較的簡単に評価することができる．生化学の分野では，タンパク質を分離するために用いられる．

例として球形粒子の運動を考える．印加電場，それに伴う運動はポアソン・ボルツマン方程式で与えられる粒子のまわりの電気二重層に影響を与えない，また，印加電場は粒子の存在下でも均一であるとする．この仮定は完全には正しくないが，非常によい近似を与える．

粒子の流体力学的半径は $R+\delta$ である(図4.22)．表面から δ の距離に，結合イオンと液体分子がせん断面をつくる．ζ は距離 δ 離れた場所の電位である．半径 $R+\delta$ の粒子中にある全電荷を Q とする．これは半径 $R+\delta$ の仮想的球面の表面電荷密度 σ_δ と表面積の積に等しい．つまり，Q と σ_δ には，$Q = 4\pi(R+\delta)^2 \cdot \sigma_\delta \approx 4\pi R^2 \cdot \sigma_\delta$ の関係式が成り立つ．

電場 E は粒子と局所電荷がゼロでない液体部分($|\rho_e|>0$)に対して力をかける．ここで，電気二重層の全電荷が半径 $R+\lambda_D$ の位置に存在すると近似する．電気二重層の全電荷は，$-Q$ である．そのため，電場は電荷 Q，半径 R の内球および，電荷 $-Q$，半径 $R+\lambda_D$ の外球に対してはたらく．それぞれの球がストークス則に従ったドリフト速

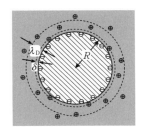

図 4.22 液体中で，負の電荷表面をもつ球状粒子．δ だけ離れた位置のせん断面とデバイ長 λ_D を示している．電気2重層の対イオンのみを記述している．背景の塩によるイオンは，省略している．

度で移動する．ストークス則により，液中をドリフト速度 v で移動する球の摩擦力は，層流を仮定すると，

$$F = 6\pi\eta R v \tag{4.74}$$

となる．平衡状態では，摩擦力は印加電場による力とつり合う．印加された力は内球と外球でそれぞれ，QE と $-QE$ である．よって，ドリフト速度は，

$$v_i = \frac{QE}{6\pi\eta R} \quad \text{および} \quad v_0 = -\frac{QE}{6\pi\eta(R+\lambda_D)} \tag{4.75}$$

となる．ストークス則では線形方程式のみを含むので，正味の粒子速度は，

$$v = v_i + v_0 = \frac{QE}{6\pi\eta R}\left(1 - \frac{1}{1+\lambda_D/R}\right) = \frac{QE\lambda_D}{6\pi\eta R^2}\left(1+\frac{\lambda_D}{R}\right)^{-1} \tag{4.76}$$

であり，二つの寄与の和になる．数学的には，ドリフト速度 v_0 で運動する外部液体球の中を粒子が速度 v_i で運動すると考えられる．$\lambda_D/R \ll 1$ の場合，この式は，

$$v = \frac{QE\lambda_D}{6\pi\eta R^2} = \frac{2}{3}\frac{\sigma_\delta E \lambda_D}{\eta} \tag{4.77}$$

となる．最後に，Q に $4\pi R^2 \sigma_\delta$ を代入し，ζ が小さいとして，グラハム方程式（$\sigma_\delta = \varepsilon\varepsilon_0\zeta/\lambda_D$）を代入し，デバイ長への依存性を消す．

$$v = \frac{2}{3}\frac{\varepsilon\varepsilon_0\zeta E}{\eta} \tag{4.78}$$

この結果は係数 2/3 を除いて厳密な導出による結果と同じである．この係数は一様電場の仮定が正しくないことによる．実際には，薄い電気二重層の場合，イオン濃度の増大により，電場が乱され，球のまわりに沿うようになる（図 4.23）．電気二重層が厚い場合は，電場は影響を受けない．この際の厳密な取扱いでは，対イオンの分布を球のまわりの同心円状の帯電した輪の集まりとしてモデル化し，電気泳動効果を積分する．この厳密解は，薄い電気二重層での近似計算結果と一致する．電気泳動の厳密解はまとめる

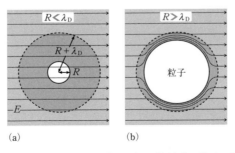

図 4.23 (a) 厚い電気二重層と (b) 薄い電気二重層をもつ粒子のまわりの電場

と，

$$\lambda_\mathrm{D} \ll R \text{ の場合,} \quad v = \frac{\varepsilon\varepsilon_0 \zeta E}{\eta} \tag{4.79}$$

$$\lambda_\mathrm{D} \ll R \text{ の場合,} \quad v = \frac{2}{3}\frac{\varepsilon\varepsilon_0 \zeta E}{\eta} \tag{4.80}$$

となる．電気二重層の厚さが中間の場合は，係数が1と2/3の間で徐々に変化する．その場合は，この係数を単調関数 $f(R/\lambda_\mathrm{D})$ に置き換えることができる[185,186]．ここで，電気二重層が薄い場合の厳密解は電気浸透の式(4.71)と同じであることに注意せよ．電気泳動は，とくにやわらかい粒子，非球形粒子，近接粒子の影響が無視できない高濃度の場合には，いまだに研究が進んでいる現象である(総説は文献[187])．

電気浸透の反対は沈降電位の生成である．帯電粒子の重力あるいは遠心力による沈降に際して，沈降電位が生じる．粒子が動く一方，液体の流れにより電気二重層のイオンに遅れが生じ，双極子モーメントが生成される．すべての双極子モーメントの和が沈降電位を生み出す．

4.9 電位の種類

この時点で，どのような電気的な電位が現れるかを正確に定義するのは有用である．点Aと点Bでの電位差は単位電荷を点Aから点Bに運ぶときに必要な電気的な仕事と定義され，電位はその仕事を単位電荷で割った値である．熱力学的に安定な相に対しては，内部電位(ガルバニ電位)が定義される．また，内部電位は真空中の無限遠から試験電荷を，相境界を超えて内部まで運ぶのに必要な仕事と定義される．

試験電荷の移動は二つの段階に分けて考える(図4.24)．まず，電荷を界面近く(約1 μm)まで運ぶ．この段階は外部電位(ボルタ(Volta)電位) ψ と等しい．これは試験電荷の正確な場所によって決まる．電気二重層の場合はボルタ電位の記号を使用する．この場合は，参照電位は真空中ではなく，界面($\psi(x=\infty)=0$)から十分に離れたバルク液体内部である．

第二段階では，電荷を界面を通って相の内部まで移動させる．この電位は表面電位

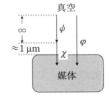

図4.24 ガルバニ電位 φ，ボルタ電位 ψ，表面電位 χ の模式図

ジャンプ χ (表面電位，表面電気電位など)として知られ，表面電荷と表面に並んだ双極子によって決定される．これは，ここまで電気二重層の記述に使用しているボルタ電位差(表面電位)と同じではない．電気二重層の取扱いには双極子は影響を与えない．しかし，とくに水の場合，配列した水分子は表面電位ジャンプに大きな影響を与える．以上のガルバニ電位，ボルタ電位，表面電位ジャンプは，$\varphi = \phi + \chi$ の関係式を満たしている．

個々の相のボルタ電位と，二つの相のボルタ電位差が計測可能である．一方で，個々の相のガルバニ電位と表面電位は計測することができない．計測できない理由は，もしも試験電荷(電子またはイオン)を媒質に近づけると，必ず電気的仕事に加えて，化学的仕事も必要になるからである．これは，ファンデルワールス力，すなわち，鏡像電荷効果のためである．二つの相の化学的環境が異なっている状況では，化学的仕事と力学的仕事を分離することは不可能である．同様の理由で，二つの相間でのガルバニ電位差 $\Delta\varphi$，さらには表面電位差 $\Delta\chi$ は計測することができない．ガルバニ電位差または表面電位差の変化量のみが($\Delta(\Delta\varphi)$ および $\Delta(\Delta\chi)$ だけが)，たとえば電気毛管測定によって実験的に計測可能である．

電気化学電位 $\mu_i^{\alpha*} = \mu_i^{\alpha} + Z_i F_A \varphi$ は，i 番目の粒子を真空中から相 α まで運ぶのに必要な仕事と定義できる．これは電気的電位と化学的電位の和である．実験的にはこれらを分離することはできない．両方の和のみが計測可能量である．

ここで，仕事関数を ϕ とすると，電子を固体のフェルミ準位から，表面から遠く離れた真空中まで運ぶのに必要な仕事は $e\phi$ で表される[188]．この仕事関数は，たとえば紫外光電子分光法によって計測可能である(議論は文献[189])．

たとえば，図 4.25 に示した電気化学電池の電位を考える．簡単のために，電極 A′ の金属と，もう一つの電極につながる接合部の金属は同じ種類だとする．さらに，金属の伝導率は非常に高く，電位はすべての場所で同じと仮定する．計測される電位は，ガルバニ電位の差

$$U = \varphi^{A'} - \varphi^{A} \equiv {}^{A'}\Delta^{A}\varphi \tag{4.81}$$

である．最後の等式はこれ以降使用する表記法の定義である．計測不能であると述べたにもかかわらず，ここではガルバニ電位差が計測できると思えるかもしれない．実際に

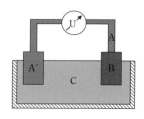

図 4.25 化学電池の模式図．
電圧計は，無限大の抵抗をもつと考える．

は，物質 A と物質 A′ でのガルバニ電位の差は計測できない(ゼロである)．他の材料の存在によるガルバニ電位差の変化量のみが計測できるのである．

キルヒホッフの法則によると，すべての遷移にわたる電位差の和はゼロであるので，

$$U = {}^{A'}\Delta^A\Phi = {}^A\Delta^B\varphi + {}^B\Delta^C\varphi + {}^C\Delta^{A'}\varphi \tag{4.82}$$

が得られる．電子の電気化学的電位によって電圧は表される．

$$U = \frac{\mu_e^{A'} - \mu_e^A}{e} = \frac{\mu_e^{A'} - \mu_e^B}{e} \tag{4.83}$$

金属 A と金属 B が接触していて，電子が境界を越えて自由に流れるため，最後の等号が成り立つ．よって，$\mu_e^A = \mu_e^B$ である．

4.10 まとめ

- 水の高い誘電率によりイオンが簡単に溶解できるので，水中のほとんどの表面は電荷をもっている．これにより形成される電気二重層は，固体表面に直接結合している内部シュテルン層(ヘルムホルツ層)と，グイ・チャップマン層とよばれる拡散層から成り立っている．
- 平面表面の拡散層は，電位が 50〜80 mV の条件下で，近似的には指数関数的に減少する．

$$\phi = \phi_0 e^{-x/\lambda_D}$$

- 一価イオンの 25℃ でのデバイ長は濃度 $c_0 (\text{mol L}^{-1})$ を用いて，$\lambda_D = 3.04/\sqrt{c_0}$ Å で与えられる．
- 電気拡散層の重要な特性は電気毛管実験から得ることができる．電気毛管実験では，金属表面の表面張力と印加電位の関係が計測され，電気容量とゼロ電荷点が得られる．分散系の表面電荷密度は，電位差測定滴定と伝導度測定滴定によって求められる．
- 金属，弱溶解性塩，酸化物，粘土などのさまざまな物質においては，異なった過程が表面電荷形成の機構を担っている．
- ゼータ電位は，まわりの液体のせん断面における固体表面の電位として定義され，界面伝導現象にとって重要な物理量である．電気浸透では，帯電した表面に沿って電位差をかけると液体の流れが生じる．流動電位は，帯電した表面に沿う液体の流れによって引き起こされる．電気泳動は，電場中を荷電粒子が運動する現象である．

4.11 演 習 問 題

問題 4.1 0.1 mM の NaCl 水溶液およびエタノール($\varepsilon = 25.3$)溶液のデバイ長を比較せよ．

問題 4.2 表面電位が 60, 100, 140 mV の表面が 2 mM の KCl 水溶液中に存在する．線形化したポアソン・ボルツマン方程式の解を用いて，電位と距離の関係を図示せよ．

問題 4.3 電気生理学の実験のために，5 cm の白金線(直径 0.4 mm)を曲げ，らせん状の電極をつくる．0.1 M と 0.001 M の一価塩水溶液中での，この電極の拡散電気二重層による全静電容量を計算せよ．表面電位は低いものと仮定せよ．

問題 4.4 酸化ケイ素は，50 mM NaCl 水溶液中では，約 -70 mV の表面電位をもつ．表面近傍での陽イオンの濃度，隣接陽イオン間の平均距離，表面近傍での局所 pH を評価せよ．

問題 4.5 液体電解質中で半径 R_p, 低表面電位 ϕ_0 の球状粒子を考える．粒子の全電荷が $Q = 4\pi\varepsilon\varepsilon_0 R_p \phi_0 (1 + R_p/\lambda_D)$ で与えられることを示せ．

問題 4.6 NaF を含む水溶液中の水銀電極の微分電気容量をゼロ電荷点で計測したところ，濃度 1 mM, 10 mM, 100 mM, 1 M に対して，それぞれ 6.0 μF cm^{-2}, 13.1 μF cm^{-2}, 20.7 μF cm^{-2}, 25.7 μF cm^{-2} の値が計測された．グイ・チャップマン理論とこの結果を比較し，議論せよ．

問題 4.7 表面電荷密度 σ をもつ半径 R の粒子がある．この粒子のまわりの静電二重層のギブズ自由エネルギーの値はいくらか？ 表面電位は低いとして，全電荷 Q(演習問題 4.5)の関数としてギブズ自由エネルギーを示せ．

問題 4.8 微視的流体の応用のために，半径 10 μm, 長さ 5 cm のガラス製毛管を作成した．中性 pH の 0.01 M KCl 水溶液中で，このガラスのゼータ電位は -30 mV であった．毛管に沿って 5 V の電位差をかけたときに，液体の流れる方向とその速度を求めよ．

問題 4.9 液体の流れを観測するために，蛍光ラベルした半径 50 nm のポリスチレン粒子を加える．粒子の分散のために，粒子表面は硫酸基で修飾してある．この際の粒子のゼータ電位は -20 mV である．粒子に流れる方向とその速度を求めよ．よいマーカーは，液体と同じ速度で動く必要がある．どのようにして，この粒子をマーカーとして使用できるか？

5

表　面　力

　界面化学におけるあらゆる現象は，表面力を中心に展開する．コロイド科学の多くの応用例は，粒子間，粒子と表面，あるいは表面間の力の制御の問題に帰着する．そのため，科学者たちは表面力を理解し，制御することに長年取り組んできた．

　まず，表面力が関連するのは流体中の相互作用し合う二つの粒子である．実用的には，この問題はゾルの安定性の問題に直結する．引力が支配的であれば粒子は凝集する．一方で，斥力が支配的であれば，粒子が分散した状態が安定である．しかし，表面力は，より一般的な概念であり，液体薄膜の二つの気液界面間の相互作用も含まれる．これは泡の安定性に関係する問題であり，二つの相対する気液界面が相互作用する．界面間に引力がはたらけば，液体薄膜が不安定になり壊れてしまう．斥力がはたらけば，液体薄膜は安定である．他の例としては，固体表面上の液体薄膜がある．この場合，固液界面と気液界面が相互作用する．斥力相互作用がはたらけば，薄膜は安定となり固体表面を濡らす．引力がはたらけば，薄膜は不安定になる．これらの現象については，6章でも詳しく議論する．表面力の入門書は文献[7, 190, 191]である．ファンデルワールス力については文献[192]でわかりやすく議論されている．

5.1　分子間のファンデルワールス力

　巨視的な物体間にはたらく力は，物体を構成する分子に加え，媒質の分子も含めた複雑な分子間相互作用の和となる．分子間力を理解するために基本となるのはクーロン[1]力である．クーロン力は二つの電荷 Q_1, Q_2 にはたらく静電力

$$F = \frac{Q_1 Q_2}{4\pi\varepsilon\varepsilon_0 D^2} \quad \underset{Q_1}{\bullet}\!\!\leftarrow\!\!D\!\!\rightarrow\!\!\underset{Q_2}{\bullet} \tag{5.1}$$

である．二つの距離 D だけ離れた電荷間のポテンシャルエネルギーは，以下のようになる．

---

[1]　Charles Augustin Coulomb, 1736～1806, フランスの物理学者, 技術者.

$$W = \frac{Q_1 Q_2}{4\pi\varepsilon\varepsilon_0 D} \tag{5.2}$$

電荷の符号が反対の場合,ポテンシャルエネルギーは負になり,互いに近づくことでエネルギーを減らす.電荷が媒質中にある場合,誘電率は1よりも大きく,静電力は小さくなる.

〈具体例5.1〉

Na$^+$ と Cl$^-$ が1nm離れて真空中に存在する場合,ポテンシャルエネルギーはどうなるか?

$$W = -\frac{(1.6 \times 10^{-19}\,\text{C})^2}{4\pi \cdot 8.852 \times 10^{-12}\,\text{A s V}^{-1}\,\text{m}^{-1} \cdot 10^{-9}\,\text{m}} = -2.30 \times 10^{-19}\,\text{J}$$

この値は室温の熱エネルギー($k_\text{B}T = 4.12 \times 10^{-21}$ J)に比べて,約56倍の大きさである.

ほとんどの分子は電荷をもたない.その場合でも,電荷が均一に分散しているわけではない.分子の中に,より負に帯電した部分とより正に帯電した部分をもつことがある.たとえば,一酸化炭素の場合,酸素原子がより負に帯電していて,炭素原子がより正に帯電している.このような分子の電気物性は,一次近似として双極子モーメントで説明される.電荷 $+Q$ と $-Q$ が距離 d だけ離れて存在するもっとも単純な場合,双極子モーメント μ は $\mu = Qd$ で与えられ,その単位はC mである.しばしば古い単位「デバイ(D)」も使用される.1Dは,正の単位電荷と負の単位電荷が距離0.21 Å(訳注:正確には,0.208 23 Åである)だけ離れている場合に等しい.つまり,1D $= 3.336 \times 10^{-30}$ C mである.双極子モーメントは負から正電荷の方向を向いたベクトル量である.二つ以上の電荷が存在するときは,電荷密度 ρ_e をすべての体積について積分する必要がある.そのため,双極子モーメントの一般的な定義式として,

$$\boldsymbol{\mu} = \int \rho_\text{e}(\boldsymbol{r}) \boldsymbol{r} \, dV \tag{5.3}$$

が得られる.ここで分子間力に戻ろう.二つ以上の電荷がある場合,系のポテンシャルエネルギーは他のすべての電荷からの寄与を足し合わせることで計算できる.これは重ね合わせの原理とよばれる.この原理を用いると,双極子と電荷の間のポテンシャルエネルギーは,

$$W = -\frac{Q\mu \cos\vartheta}{4\pi\varepsilon_0 D^2} \tag{5.4}$$

により計算できる.ここで,距離 D は双極子の大きさよりも十分に大きいと仮定している.

実際は,双極子モーメントをもった分子は動くことができる.回転可能な双極子をも

5.1 分子間のファンデルワールス力

つ分子が正電荷の近くにあると,双極子の負の部分が正電荷の方向を向くように回転する.他方で,熱揺らぎにより完全な配向が乱される.平均として,正味の配向が残り,双極子が単極子に引きつけられる.平均のポテンシャルエネルギーは以下の式で表される.

$$W = -\frac{Q^2\mu^2}{6(4\pi\varepsilon_0)^2 k_B T D^4} \tag{5.5}$$

〈具体例 5.2〉

真空中で 1 nm 離れて存在する Na^+ と水分子(双極子モーメント 6.17×10^{-30} C m)の 25℃でのポテンシャルエネルギーを計算せよ.

$$W = -\frac{(1.60\times10^{-19}\text{ C})^2 \cdot (6.17\times10^{-30}\text{ C m})^2}{6\cdot(4\pi\cdot 8.85\times10^{-12}\text{ A s V}^{-1}\text{ m}^{-1})^2 \cdot 4.12\times10^{-21}\text{ J}\cdot(10^{-9}\text{ m})^4} = -3.20\times10^{-21}\text{ J}$$

これは,ほぼ熱エネルギー $k_B T$ に等しい.

反対符号の電荷が互いに向き合う配向が好まれるため,二つの回転可能な双極子間には引力がはたらく.この双極子間相互作用は,しばしばキーソン[2]エネルギーとよばれる.

$$W = -\frac{C_{orient}}{D^6} = -\frac{\mu_1^2 \mu_2^2}{3(4\pi\varepsilon_0)^2 k_B T D^6} \tag{5.6}$$

定数 C_{orient} は距離に依存しない.二つの水分子が 1 nm 離れて存在するときのキーソンエネルギーは -9.5×10^{-24} J である.

ここでの議論は体積一定の条件下であるので,ヘルムホルツ自由エネルギーが関係する.これまでは自由エネルギーと内部エネルギーを区別していないが,ランダム配向した双極子間相互作用の場合,ある双極子が他の双極子のつくる場によって秩序化されるので,エントロピーの寄与が自由エネルギーに含まれる.双極子が他の双極子に近づくと,双極子間の配向が促進され,回転の自由度が下がり,内部エネルギーの半分に相当する自由エネルギーの上昇が生じる.そのため,式(5.6)で与えられる自由エネルギーは,内部エネルギーの半分である.この場合は,ギブズ自由エネルギーがヘルムホルツ自由エネルギーと等しい.

静的双極子モーメントをもたない物質に電荷が近づく場合,ここまで議論してきたエネルギーはすべてゼロである.しかし,単極子により非極性分子内の電荷移動が起こり,誘起された双極子モーメントが電荷と相互作用することにより,引力が生じる.ここで,ヘルムホルツ自由エネルギーは以下のようになる.

$$W = -\frac{Q^2\alpha}{2(4\pi\varepsilon_0)^2 D^4} \tag{5.7}$$

---

[2] Wilhelmus Hendrik Keesom, 1876~1956, オランダの物理学者.ユトレヒト大学とライデン大学で教授を務めた.

ここで，α は分極率で単位は $C^2 m^2 J^{-1}$ である．E を電場強度とすると，分極率は $\mu_{\text{ind}} = \alpha E$ によって定義される．しばしば古い CGS 単位系を用いて，$\alpha/4\pi\varepsilon_0 (\text{Å}^3)$ が使用される．

〈**具体例 5.3**〉

気体状態の水分子の分極率は，$1.65 \times 10^{-40} C^2 m^2 J^{-1}$ である．水分子から 1 nm 離れた単位電荷によって誘起される双極子モーメントと，この際のポテンシャルエネルギーを求めよ．

単位電荷から距離 D だけ離れた場所での電場は，

$$E = \frac{Q}{4\pi\varepsilon_0 D^2} = 1.44 \times 10^9 \frac{V}{m}$$

となる．これより，誘起された双極子モーメントは，

$$\mu_{\text{ind}} = 1.65 \times 10^{-40} C^2 J^{-1} m^2 \cdot 1.44 \times 210^9 V m^{-1} = 2.38 \times 10^{31} C m$$

と計算できる．よって，ポテンシャルエネルギーは $-1.71 \times 10^{-22} J$ となる．

静的双極子モーメントをもつ分子と分極性分子の相互作用も考えることができる．双極子が自由に回転できる場合，ヘルムホルツ自由エネルギーは，それぞれの分子に対して，

$$W = -\frac{C_{\text{ind}}}{D^6} = -\frac{\mu^2 \alpha}{(4\pi\varepsilon_0)^2 D^6} \tag{5.8}$$

で書ける．両分子が同じ静的双極子モーメントをもつ場合は上式に 2 をかければよい．ランダムに配向した誘起双極子の相互作用をデバイ相互作用とよぶ．

ここまでに議論したエネルギーは古典物理により計算しているので，非極性分子間の引力を説明することができない．このような引力の存在は，希ガスも含めたすべての気体がある温度で固体になることからも明らかである．この引力相互作用を担う力はロンドン[3]力または分散力とよばれている．分散力を計算するためには量子力学の摂動論が必要である．直感的に分散力を理解するには，正電荷をもつ原子核のまわりを電子が周波数 $10^{15} \sim 10^{16}$ Hz でまわっているモデルを考えるとよい．非常に短い時間スケールでは，非極性分子でさえも極性をもつ．そして，極性の方位だけが非常に高い周波数で変化している．このような二つの振動子が近づくと相互作用をはじめ，引力がはたらく確率が，斥力のはたらく確率よりも高くなる．よって，平均として，引力がはたらくこととなる．

二つの分子間のヘルムホルツ自由エネルギーは，

$$W = -\frac{C_{\text{disp}}}{D^6} = -\frac{3}{2} \frac{\alpha_1 \alpha_2}{(4\pi\varepsilon_0)^2 D^6} \frac{h\nu_1 \nu_2}{(\nu_1 + \nu_2)} \tag{5.9}$$

---

3 Fritz London，1900～1954，ドイツ出身の米国の物理学者．ダーハム大学で教授を務めた．

と近似できる．ここで，$h\nu_1$ および $h\nu_2$ はイオン化エネルギーである．分散力は二つの分子の分極率とともに上昇する．励起周波数としては光学特性の周波数を代入する．式(5.9)は，多重極展開の双極子項しか考えていない．しかし，ほとんどの場合この項が支配的である．

キーソン，デバイ，ロンドンは分子間力の理解に関して，非常に大きな貢献をした[193~197]．そのため，3種類の双極子相互作用は彼らの名前でよばれる．ファンデルワールス[4]力は，キーソン，デバイ，ロンドン分散相互作用，つまり，双極子相互作用による三項の和，$C_{\text{total}} = C_{\text{orient}} + C_{\text{ind}} + C_{\text{disp}}$ である．すべての項が $1/D^6$ の依存性をもつ．通常は，ロンドンの分散力が支配的である．極性分子にはデバイ力とキーソン力に加えて，分散力もはたらくことに注意する必要がある．表5.1には，気体分子にはたらく力を各項ごとに示す．

表 5.1 類似した分子間にはたらく全ファンデルワールス相互作用に占める，キーソン，デバイ，ロンドンポテンシャルエネルギーの寄与．式(5.6)，(5.8)，(5.9)および $C_{\text{total}} = C_{\text{orient}} + C_{\text{ind}} + C_{\text{disp}}$ を使用して求めた．単位は，10^{-79} J m^6 を使用した．比較のために，気体のファンデルワールス状態方程式 $(P + a/V_m^2)(V_m - b) = RT$ から求めたファンデルワールス係数 C_{exp} も表に示した．実験的に求めた定数 a, b により，ファンデルワールス係数は，$C_{\text{exp}} = 9ab/(4\pi^2 N_A^2)$ によって計算できる[190]．ここで，短距離では，分子が剛体粒子として振る舞うと仮定している．孤立分子の双極子モーメント μ，分極率 α，イオン化エネルギー $h\nu$ も示している．

	μ (D)	$\alpha/4\pi\varepsilon_0$ (10^{-30} m^3)	$h\nu$ (eV)	C_{orient}	C_{ind}	C_{disp}	C_{total}	C_{exp}
He	0.00	0.20	24.6	0.0	0.0	1.2	1.2	0.86
Ne	0.00	0.40	21.6	0.0	0.0	4.1	4.1	3.6
Ar	0.00	1.64	15.8	0.0	0.0	50.9	50.9	45.3
CH$_4$	0.00	2.59	12.5	0.0	0.0	101.1	101.1	103.3
HCl	1.04	2.70	12.8	9.5	5.8	111.7	127.0	156.8
HBr	0.79	3.61	11.7	3.2	4.5	182.6	190.2	207.4
HI	0.45	5.40	10.4	0.3	2.2	364.0	366.5	349.2
CHCl$_3$	1.04	8.80	11.4	9.5	19.0	1058.0	1086.0	1632.0
CH$_3$OH	1.69	3.20	10.9	66.2	18.3	133.5	217.9	651.0
NH$_3$	1.46	2.30	10.2	36.9	9.8	64.6	111.2	163.7
H$_2$O	1.85	1.46	12.6	95.8	10.0	32.3	138.2	176.2
CO	0.11	1.95	14.0	0.0012	0.047	64.0	64.1	60.7
CO$_2$	0.00	2.91	13.8	0.0	0.0	140.1	140.1	163.6
N$_2$	0.00	1.74	15.6	0.0	0.0	56.7	56.7	55.3
O$_2$	0.00	1.58	12.1	0.0	0.0	36.2	36.2	46.0

---

4 Johannes Diderik van der Waals, 1837~1923, オランダの物理学者．アムステルダム大学で教授を務めた．

5.2 巨視的固体に対するファンデルワールス力

ここで，2分子間にはたらく相互作用から巨視的な固体間にはたらく力へと移る．巨視的固体間のファンデルワールス力の計算には，微視的な方法と巨視的な方法の二つがある[198]．

5.2.1 微視的な方法

分子Aと分子Bの間の相互作用によるポテンシャルエネルギーは，以下のように書ける．

$$W_{AB}(D) = -\frac{C_{AB}}{D^6} \tag{5.10}$$

負符号は引力を表す．C_{AB} は C_{total} に等しく，三つの双極子間相互作用の和である．

巨視的固体間の相互作用を求めるために，一つの分子Aと無限に広がる分子Bからなる平坦表面とのファンデルワールスエネルギーを考える．この考え方は，分子Bからなる表面への分子Aの吸着を議論するときにも使える．分子Aとすべての分子Bとの間のファンデルワールスエネルギーの和を計算する．実際には，密度 ρ_B を全体積にわたって積分し，

$$W_{mol/plane} = -C_{AB}\iiint \frac{\rho_B}{D'^6}dV = -C_{AB}\rho_B\int_0^\infty\int_0^\infty \frac{2\pi r dr dx}{[(D+x)^2+r^2]^3} \tag{5.11}$$

により計算を行う．円筒座標系を用い（図5.1），固体中の分子Bの密度は一定とする．$2rdr = d(r^2)$ を使い，以下のように積分を行う．

$$\begin{aligned}
W_{mol/plane} &= -\pi\rho_B C_{AB}\int_0^\infty\int_0^\infty \frac{d(r^2)}{[(D+x)^2+r^2]^3}dx \\
&= -\pi\rho_B C_{AB}\int_0^\infty \left\{-\frac{1}{2[(D+x)^2+r^2]^2}\right\}_0^\infty dx \\
&= -\frac{\pi\rho_B C_{AB}}{2}\int_0^\infty \frac{1}{(D+x)^4}dx \\
&= -\frac{\pi\rho_B C_{AB}}{2}\left[-\frac{1}{3(D+x)^3}\right]_0^\infty \\
&= -\frac{\pi\rho_B C_{AB}}{6D^3} \tag{5.12}
\end{aligned}$$

ここで，分子と巨視的な固体間のエネルギーは2分子間の場合よりも緩やかに減衰するという，ファンデルワールス力の驚くべき性質がわかる．つまり，D^{-6} ではなく，D^{-3} に比例するのである．

5.2 巨視的固体に対するファンデルワールス力

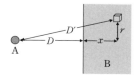

図 5.1 巨視的物体と分子間の
ファンデルワールス力の計算

次に，距離 D だけ離れ，互いに平行な二つの無限に広がる固体間のファンデルワールスエネルギーを計算する．式(5.12)を用い，固体 A のすべての分子に対して積分する．

$$W = -\frac{\pi C_{AB}\rho_B}{6}\iiint \frac{\rho_A}{(D+x)^3}\,dV = -\frac{\pi C_{AB}\rho_B}{6}\int_0^\infty\int_{-\infty}^\infty\int_{-\infty}^\infty \frac{\rho_A\,dz\,dy\,dx}{(D+x)^3} \quad (5.13)$$

ここで，y と z は隙間に平行な座標である．固体が無限に広がり，この積分は無限大になるので，面積で割る必要がある．単位面積あたりのファンデルワールスエネルギーは，

$$w = \frac{W}{A} = -\frac{\pi\rho_A\rho_B C_{AB}}{6}\int_0^\infty \frac{dx}{(D+x)^3}$$

$$= -\frac{\pi\rho_A\rho_B C_{AB}}{6}\left[-\frac{1}{2(D+x)^2}\right]_0^\infty$$

$$= -\frac{\pi\rho_A\rho_B C_{AB}}{12D^2} \quad (5.14)$$

と求まる．ここで，以下で定義されるハマカー定数(Hamaker constant)

$$A_H = \pi^2 C_{AB}\rho_A\rho_B \quad (5.15)$$

を用いると，

$$w = -\frac{A_H}{12\pi D^2} \quad (5.16)$$

を得る．単位面積あたりの力は，w の距離に対する微分に負の符号をつけたものである．

$$f = -\frac{A_H}{6\pi D^3} \quad (5.17)$$

同様に，さまざまな形状の固体間にはたらくファンデルワールスエネルギーの計算が可能である．重要な例として，半径 R_1 と R_2 の球体間にはたらくファンデルワールス相互作用は，

$$W = -\frac{A_H}{6}\left[\frac{2R_1R_2}{d^2-(R_1+R_2)^2} + \frac{2R_1R_2}{d^2-(R_1-R_2)^2} + \ln\left(\frac{d^2-(R_1+R_2)^2}{d^2-(R_1-R_2)^2}\right)\right] \quad (5.18)$$

となる[199]．ここで，d は球の中心間距離であり，表面間距離は $D = d - R_1 - R_2$ である．

式(5.18)では，ファンデルワールス力による引力しか考慮していない．電子軌道が重なり合うほど短距離では，分子は反発する．ヘンダーソン(Henderson)は，短距離反発力も考慮し，式(5.18)を修正した式を報告している[200]．

粒子の半径が粒子間の距離よりも十分に大きい場合($D \ll R_1, R_2$)，式(5.18)は，

$$W = -\frac{A_H}{6D}\frac{R_1 R_2}{R_1 + R_2} \tag{5.19}$$

と単純化される[2, p.543]．ファンデルワールス力は，負の微分係数であり，

$$F = -\frac{A_H}{6D^2}\frac{R_1 R_2}{R_1 + R_2} \tag{5.20}$$

となる．球と平坦表面間にはたらくエネルギーおよび力は，R_2 を無限大とすることで計算できる．

$$W = -\frac{A_H R}{6D} \quad \text{および} \quad F = -\frac{A_H R}{6D^2} \tag{5.21}$$

〈具体例 5.4〉

球状の石英粒子(SiO_2)はファンデルワールス力 $F = A_H R/6D^2$ によって，石英の平坦表面にぶら下がっている．このファンデルワールス力は，球の半径に比例して強くなる．一方で，粒子を下向きに引っ張る力，重力は $4\pi R^3 \rho g / 3$ であり，半径の三乗に比例する．結果として，粒子が小さい場合はファンデルワールス力が支配的で，粒子が大きくなると重力が重要になる．重力により石英粒子が落ちはじめる臨界半径はいくらであろうか？

ハマカー定数は $A_H \approx 6 \times 10^{-20}$ J，密度は $\rho = 3.0$ g cm^{-3} である．接触している二つの固体間距離として 1.7 Å を使用する．これは通常の原子間距離である．ここでは，粒子が落ちる直前でファンデルワールス力と重力が等しくなるという条件を用いる．

$$\frac{A_H R}{6D^2} = \frac{4}{3}\pi R^3 \rho g \Rightarrow R = \sqrt{\frac{A_H}{8\pi D^2 \rho g}}$$

$$\Rightarrow R = \left(\frac{6 \times 10^{-20} \text{ J}}{8\pi \cdot (1.7 \times 10^{-10} \text{ m})^2 \cdot 3000 \text{ kg m}^{-3} \cdot 9.81 \text{ m s}^{-2}}\right)^{1/2} = 1.7 \text{ mm}$$

実際には，表面が粗さや不純物をもつため，より小さなサイズでも落下する．粗さや不純物は有効接触距離を増大させる．

〈具体例 5.5〉

ヤモリは壁を登り降りでき，また天井を，体を下に向けながら歩くこともできる．ヤモリはファンデルワールス力を用いて表面に吸着する非常に効果的な手段をもつように進化した[201, 202]．ヤモリの足は，非常に多くの毛(剛毛)で覆われている．通常，14000 本 mm^{-2} ほどの毛をもつ．剛毛(seta)は，多数のへら(spatulae)からなり，それによって，表面粗さの効果を打ち消し，非常に広い接触面積を得ることができる(図 5.2)．

5.2 巨視的固体に対するファンデルワールス力

図 5.2 (a) ヤモリの足の写真．(b) 剛毛(spatulae)の電子顕微鏡写真．(c) へら(spatulae)の電子顕微鏡写真．(b)と(c)では解像度が異なる．(K. Autumn 氏提供)

5.2.2 巨視的な方法—リフシッツ理論

微視的な計算では，対相加性を仮定し，ある二つの分子の相互作用を考えるときに，まわりの分子による影響は無視していた．実際には，二つの分子間のファンデルワールス力は，第三の分子の存在によって変化する．たとえば分極率が変化する．この相加性による問題点は，リフシッツ(Lifshitz)によって構築された巨視的な理論により回避できる[203,204]．リフシッツ理論では，原子構造の離散性を無視し，固体を誘電率や屈折率などのバルクの特性をもつ連続体として扱う．この理論のもとになるのは，物質間の双極子間相互作用は電荷分布の揺らぎによるという考え方である．揺動散逸定理の帰結として，自発的な電荷の揺らぎは外部からの電磁場による摂動に対する応答と同様の周波数依存性をもつ．物質の電磁気共鳴，すなわち吸収スペクトルのピーク周波数で，もっとも強い揺らぎが起こる．そのため，物質の吸収スペクトルの正確なデータをもとに，ファンデルワールス力の計算が可能である．光学物性をもとにしたファンデルワールス力の計算法に関しては，ペルセジアン(Parsegian)の書籍(文献[192])を挙げておく．

リフシッツによるオリジナルの理論は理解するのが難しく，直接使用するのは実用的でないと考えられてきた．しかし，ペルセジアンとニンハム(Ninham)が後にバルクな物質の既知の誘電特性をもとにファンデルワールス力が計算できることを示した[205]．これ以降，巨視的な物体間にはたらくファンデルワールス力に関するいくつかの総説が出版されている[198,206]．幸運にも，微視的な計算から導出したものと，同様の式を導くことができる．とくに，距離依存性が正しいことが確かめられた．ハマカー定数のみが異なった形式で計算される．微視的な方法では分子分極率とイオン化周波数を使用したが，巨視的な方法では，静的誘電率と周波数依存の誘電率を使用する．ハマカー定数は多くの周波数に対する和となる．和は積分として表される．物質1が物質2と媒体3を通して相互作用する場合のハマカー定数は，

$$A_{\mathrm{H}} = \frac{3}{4} k_{\mathrm{B}} T \left(\frac{\varepsilon_1 - \varepsilon_3}{\varepsilon_1 + \varepsilon_3} \right) \left(\frac{\varepsilon_2 - \varepsilon_3}{\varepsilon_2 + \varepsilon_3} \right) + \frac{3h}{4\pi} \int_{\nu_1}^{\infty} \left(\frac{\varepsilon_1(i\nu) - \varepsilon_3(i\nu)}{\varepsilon_1(i\nu) + \varepsilon_3(i\nu)} \right) \left(\frac{\varepsilon_2(i\nu) - \varepsilon_3(i\nu)}{\varepsilon_2(i\nu) + \varepsilon_3(i\nu)} \right) d\nu \tag{5.22}$$

となる．$\varepsilon_1, \varepsilon_2, \varepsilon_3$ の静的誘電率からなる第1項は，キーソンとデバイエネルギーに対応する．水分子が強い永久双極子をもつため，水中ではこの項が重要な役割を果たす．しかし，通常は，式(5.22)では第2項が支配的である．誘電率は定数ではなく，電場の周波数に依存する．静的誘電率は周波数がゼロのときの値である．$\varepsilon_1(i\nu), \varepsilon_2(i\nu), \varepsilon_3(i\nu)$ は，複素周波数($i\nu$)における誘電率である．積分下限は，25℃では，$\nu_1 = 2\pi k_{\mathrm{B}} T / h = 3.9 \times 10^{13}$ Hz で与えられる．この値は波長760 nm に対応し，光学領域となる．つまり，可視光，紫外(UV)，真空紫外(VUV)の波長領域における誘電応答がハマカー定数の値を決める．式(5.22)は，距離が十分に短く，遅延の影響がない条件の下で成り立つ．遅延の影響は，5.2.3項で議論する[5]．

ハマカー定数を計算するために，必要な周波数領域における二つの物質と媒体のすべての誘電率が必要である．物質のイオン化エネルギーとして，一つの吸収バンドしかないと仮定した単純なモデルを考えると，誘電率は，

$$\varepsilon(i\nu) = 1 + \frac{n^2 - 1}{1 + \nu^2/\nu_e^2} \tag{5.23}$$

と表される．ここで，n は屈折率で，ν_e は物質の平均イオン化周波数である．通常，$\nu_e \approx 3 \times 10^{15}$ Hz である．吸収周波数が考えているすべての物質において同じであると仮定すると，遅延のない場合のハマカー定数の近似式

$$\begin{aligned} A_{\mathrm{H}} &\approx \frac{3}{4} k_{\mathrm{B}} T \left(\frac{\varepsilon_1 - \varepsilon_3}{\varepsilon_1 + \varepsilon_3} \right) \left(\frac{\varepsilon_2 - \varepsilon_3}{\varepsilon_2 + \varepsilon_3} \right) \\ &+ \frac{3h\nu_e}{8\sqrt{2}} \frac{(n_1^2 - n_3^2)(n_2^2 - n_3^2)}{\sqrt{n_1^2 + n_3^2} \sqrt{n_2^2 + n_3^2} (\sqrt{n_1^2 + n_3^2} + \sqrt{n_2^2 + n_3^2})} \end{aligned} \tag{5.24}$$

が得られる．このモデルは実際のスペクトルを単純化しているが，ハマカー定数はおもにUVもしくは，VUV領域の周波数が支配的であることから，この式でも概算を得ることができる．物質の屈折率は，n_1, n_2, n_3 である．代表的な物質の ε, n, ν_e の値を表5.2に示す．

〈具体例 5.6〉

非晶性の酸化ケイ素(SiO_2)同士の20℃水中でのハマカー定数を計算せよ．
表5.2より，水に対しては，$\varepsilon = 78.5$，$n = 1.33$，酸化ケイ素に対しては，$\varepsilon = 3.82$，$n = 1.46$ である．平均吸収周波数は $\nu_e = 3.4 \times 10^{15}$ Hz である．これらを式(5.24)に代入することで，

5　遅延の影響も考慮した完全なファンデルワールス力方程式は，文献[204]にある．

表 5.2 さまざまな固体，液体，高分子の 20℃ での誘電率 ε，屈折率 n および UV 領域でのおもな吸収周波数 ν_e (文献 [190, 214, 215] およびハンドブック，著者自身の測定結果より作成)

物質	ε	n	ν_e (10^{15} Hz)
Al$_2$O$_3$ (アルミナ)	9.3〜11.5	1.75	3.2
C (ダイヤモンド)	5.7	2.40	2.7
CaCO$_3$ (炭酸カルシウム，平均値)	8.2	1.59	3.0
CaF$_2$ (ホタル石)	6.7	1.43	3.8
KAl$_2$Si$_3$Al$_{10}$(OH$_2$) (白雲母)	5.4	1.58	3.1
KCl	4.4	1.48	2.5
NaCl	5.9	1.53	2.5
Si$_3$N$_4$ (窒化ケイ素，非晶性)	7.4	1.99	2.5
SiO$_2$ (クォーツ)	4.3〜4.8	1.54	3.2
SiO$_2$ (シリカ，非晶性)	3.82	1.46	3.2
TiO$_2$ (チタニア，平均値)	114	2.46	1.2
ZnO (酸化亜鉛)	11.8	1.91	1.4
アセトン	20.7	1.359	2.9
クロロホルム	4.81	1.446	3.0
n-ヘキサン	1.89	1.38	4.1
n-オクタン	1.97	1.41	3.0
n-ヘキサデカン	2.05	1.43	2.9
エタノール	25.3	1.361	3.0
1-プロパノール	20.8	1.385	3.1
1-ブタノール	17.8	1.399	3.1
1-オクタノール	10.3	1.43	3.1
トルエン	2.38	1.497	2.7
水	78.5	1.333	3.6
ポリエチレン	2.26〜2.32	1.48〜1.51	2.6
ポリスチレン	2.49〜2.61	1.59	2.3
ポリ塩化ビニル	4.55	1.52〜1.55	2.9
ポリテトラフルオロエチレン	2.1	1.35	4.1
ポリメタクリル酸メチル樹脂	3.12	1.50	2.7
ポリエチレンオキシド		1.45	2.8
ジメチルポリシロキサン	2.6〜2.8	1.4	2.8
ナイロン 6	3.8	1.53	2.7
ウシ血清アルブミン (BSA)	4.0		2.4〜2.8

$$A_H = 3.04 \times 10^{-21}\,\text{J} \cdot \left(\frac{3.82 - 78.5}{3.82 + 78.5}\right)^2 + 59.7 \times 10^{-20}\,\text{J} \cdot \frac{(1.46^2 - 1.33^2)^2}{(1.46^2 + 1.33^2) \cdot (2\sqrt{1.46^2 + 1.33^2})}$$

$$= 2.50 \times 10^{-21}\,\text{J} + 5.10 \times 10^{-21}\,\text{J} = 7.60 \times 10^{-21}\,\text{J}$$

を得る．式 (5.22) と全周波数データを用いると，これよりもやや低い値が求まる (表 5.3)．

式(5.24)はハマカー定数を計算するだけでなく，引力か斥力かの予測にも使用できる．ハマカー定数の符号が正であれば引力，負であれば斥力となる．性質の似た物質間のファンデルワールス力はつねに引力である．これは式(5.24)に $\varepsilon_1 = \varepsilon_2$, $n_1 = n_2$ を代入することで簡単にわかる．異なった性質の物質でも，真空($\varepsilon_3 = n_3 = 1$)または気体を媒体として相互作用する場合は，ファンデルワールス力は引力となる．異なった性質の物質が，凝集相を媒体として相互作用する場合は，ファンデルワールス力が斥力となりうる．媒体3が物質1に対して，物質2よりも強く引きつけられる場合に，斥力が生まれる．具体例としては，窒化ケイ素と酸化ケイ素がジヨードメタン中で相互作用する場合に，斥力が観測される[207]．薄膜を二つの固体で挟んだ場合にも，斥力が観測される．基板上の液体薄膜では，しばしば，固液と気液界面におけるファンデルワールス力が斥力となる[208]．

ファンデルワールス力が斥力となる重要な例は，固体粒子と泡が水中で相互作用する場合である．浮遊選鉱(6.5.1項)が具体例であり，そこでは鉱物粒子を水性分散液から集めるために泡を使用しており，泡と物質の水中での相互作用を考える必要がある．いくつかの物質は固液と気液界面のファンデルワールス力が反発力であるため，水のフィルムが安定化する(たとえば文献[209])．これは浮遊選鉱を妨げる．

ここまでの取扱いは，絶縁物質に対して成り立つ．金属のような導電性物質では静的誘電率が無限大になるが，ドルーデモデルの枠内で，金属の周波数依存誘電率が，

$$\varepsilon(i\nu) = 1 + \frac{\nu_e^2}{\nu^2} \tag{5.25}$$

と計算できる．ここで，ν_e は自由電子気体のプラズマ周波数で，通常は約 5×10^{15} Hz である．式(5.25)を式(5.22)に代入すると，二つの金属が真空中で相互作用する場合，

$$A_H \approx \frac{3}{16\sqrt{2}} h\nu_e \approx 4 \times 10^{-19} \text{ J} \tag{5.26}$$

のようにハマカー定数の近似値が得られる(演習問題5.2)．このように，金属と金属酸化物のハマカー定数は絶縁体と比べて一桁ほど大きい．表5.3にいろいろな組み合わせの，遅延のないハマカー定数値を示した．分光データをもとに計算されたハマカー定数は多くの文献から得られる[210～214]．総説は[215]である．

多くの応用において，水溶液中のハマカー定数に興味がある．そのとき重要な問いは，溶解イオンの影響はどのようになるかという点である．イオンは，その水和層にある水分子の外部電場に対する配向を妨げる．ハマカー定数の式のはじめの項が影響を受ける．加えて，塩濃度はバルク中よりも表面で高い．結果として，バルクよりも誘電率が下がる．

5.2 巨視的固体に対するファンデルワールス力

表 5.3 媒質 1 が媒体 3 を介して媒質 2 と相互作用するときのハマカー定数．計算値の値に幅があるのは，式(5.22)でさまざまな誘電関数を用いたからである．一部のデータは文献[210, 212～216]より引用した．

媒質 1	媒体 3	媒質 2	A_H 計算値 (10^{-20} J)	A_H 実験値 (10^{-20} J)
Au/Ag/Cu	真空	Au/Ag/Cu	20～50	
マイカ	真空	マイカ	7.0	10～13.5
Al_2O_3	真空	Al_2O_3	14.5～15.2	
SiO_2	真空	SiO_2	6.4～6.6	5～6
Si_3N_4	真空	Si_3N_4	16.2～17.4	
TiO_2	真空	TiO_2	14.3～17.3	
ペルフルオロカーボン	真空	ペルフルオロカーボン	3.4～6.0	
炭水化物	真空	炭水化物	2.6～3.0	
Au/Ag/Cu	水	Au/Ag/Cu	10～13	
マイカ	水	マイカ	0.29	2.2
Al_2O_3	水	Al_2O_3	2.8～4.7	6.7
SiO_2	水	SiO_2	0.16～1.51	
Si_3N_4	水	Si_3N_4	4.6～5.9	2～8
TiO_2	水	TiO_2	5.4～6.0	4～8
ペルフルオロカーボン	水	ペルフルオロカーボン	0.36～0.74	
炭水化物	水	炭水化物	0.39～0.44	0.3～0.6
ポリスチレン	水	ポリスチレン	0.9～1.3	
SiO_2	水	空気	−1.0	
ウシ血清アルブミン(BSA)	水	SiO_2	0.7	

〈具体例 5.7〉

脂質二重膜間の水を介した相互作用では，$A_H = 7.5 \times 10^{-21}$ J と計算される．しかし，実験値は 3×10^{-21} J である．イオンの存在による式(5.22)の第 1 項の減少が原因の一つである．

式(5.22)から，有用な近似式が導かれる[217]．

$$A_{132} \approx \sqrt{A_{131} A_{232}} \tag{5.27}$$

つまり，物質 1 間の媒体 3 中でのハマカー定数と，物質 2 間の媒体 3 中でのハマカー定数より，物質 1 と物質 2 の媒体 3 中でのハマカー定数を得られるということである．

5.2.3 遅延したファンデルワールス力

ここまで，暗黙のうちに，二つの表面間距離は十分に近く，電場は瞬時に伝わるものと仮定していた．しかし，この仮定は常に正しいわけではない．このことを理解するために，二つの分子が相互作用するときに何が起こるのかを考える．ある分子が自発的に

ランダムな双極子を生成し、それにより電場が生じ、光速で伝播する。この影響で、もう一つの分子も分極し、もう一つの分子からの電場が光速でもとの分子に戻ってくる。このプロセスが起こり続けるには、もとの分子の双極子が完全に変化する前に、電場が距離 D を往復する必要がある。この時間は $\Delta t = 2D/c$ であり、c は光速である。はじめの双極子が Δt よりも短い時間で変化する場合は、相互作用が弱くなる。双極子が変化する時間は、$1/\nu$ のオーダーである。それゆえ、上述の相互作用が生じるためには、

$$\frac{2D}{c} < \frac{1}{\nu} \tag{5.28}$$

の条件が必要である。適切な周波数は分子のイオン化に対応する周波数で、約 3×10^{15} Hz である。この単純な描像から、$D > c/2\nu \approx 3 \times 10^8/6 \times 10^{15}$ m $= 50$ nm 以上離れると、ファンデルワールス力におけるロンドン力の項が消えることがわかる。この現象は、遅延 (retardation) として知られている。リフシッツ理論は本質的に遅延の効果を含んでいる。リフシッツ理論をより詳細に調べると、距離が 5〜10 nm の地点で遅延の効果が現れることがわかる。距離に依存して、ファンデルワールス力は速く減少する (分子間の場合、$1/D^7$)。数 μm 以上離れると、遅延により分散力の効果が完全に消え、キーソン力とデバイ力が残る。これらも、短距離の場合と同様に $1/D^6$ の距離依存性を示すが、ハマカー定数は小さな値となる。距離が 5〜10 nm 以上になると遅延の影響を考える必要がある。その場合は、ハマカー定数は距離に依存する「ハマカー関数」になる。遅延に関する詳細な議論は文献 [192] にある。

5.2.4 表面エネルギーとハマカー定数

分子結晶の表面エネルギーを計算するために、思考実験を行う。結晶を二つに割り、その間の距離を無限大とする (図 5.3)。単位面積あたりの仕事は $w = A_H/(12\pi D_0^2)$ であり、D_0 は二つの原子間距離である。結晶を割ることで、二つの新たな表面が生成する。表面エネルギーを γ_s とすると、単位面積あたりの仕事は $2\gamma_s$ であり、以下の等式が導かれる。

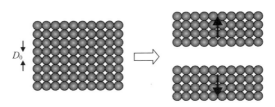

図 5.3 固体の表面エネルギーを計算するための、分子性結晶のへき開の様子

$$\gamma_s = \frac{A_H}{24\pi D_0^2} \tag{5.29}$$

〈具体例 5.8〉

ヘリウムの表面エネルギーを考える[190]. 原子間距離 1.6 Å, ヘリウム—真空—ヘリウムのハマカー定数 5.7×10^{-22} J で, 式(5.29)より表面エネルギーを計算すると 0.29 mJ m^{-2} となる. この値は, 実験値 0.12〜0.35 mJ m^{-2} とよい一致を示す. テフロンの表面エネルギーは原子間距離 1.7 Å, ハマカー定数 $3.4〜6.0 \times 10^{-20}$ J を用いて, 16〜28 mJ m^{-2} と計算される[213].

5.3 表面力を記述するための概念

5.3.1 デルヤキン近似

前節で, 球状粒子間, および, 平坦表面間のファンデルワールス力を計算した. 相互作用する物体の形状が単純ではない場合はどうなるだろうか？ 二つの球状粒子を考えた場合と同様に, 積分により計算することも考えられる. しかし, その場合は計算が複雑になり, 長い表式が必要になるだろう. デルヤキン (Derjaguin)[6] 近似はこの問題を解決する簡単な手法である. この近似では距離 x だけ離れた二つの平坦な表面間の単位面積あたりのエネルギー w を距離 D だけ離れた任意の形状の二つの物体間のエネルギー W に,

$$W(D) = \int_D^\infty w(x) \, dA \tag{5.30}$$

のように関連づける(図 5.4). 積分範囲は固体の全表面であり, A は断面積である. しばしば, 回転対称な配置を考える. そのときは, 円筒座標系を用いるのが有用であり,

$$W(D) = 2\pi \int_0^\infty w(x(r)) r \, dr \tag{5.31}$$

となる. 多くの場合, 以下の表式が使いやすい.

図 5.4 デルヤキン近似の概念図

---

6 Boris Vladimirovich Derjaguin, 1902〜1994, ロシアの物理化学者. モスクワ大学で教授を務めた.

$$W(D) = \int_D^\infty w(x) \frac{dA}{dx} dx \qquad (5.32)$$

この近似は，表面力の特徴的減衰長が表面の曲率半径に比べて，小さい場合のみ成り立つ．式(5.30)はデルヤキンの研究に敬意を表して，デルヤキン近似とよばれることもある．デルヤキンは，この近似式を二つの楕円体間の相互作用に応用した[57]．

〈具体例 5.9〉
　開口角 α の円錐と平坦表面間のファンデルワールス力を計算せよ(図 5.5)．
断面積は，
$$A = \pi[(x - D)\tan \alpha]^2 \quad \text{ただし，} \quad x \geq D$$
で与えられる．x に対する微分は，
$$\frac{dA}{dx} = 2\pi \tan^2 \alpha \cdot (x - D)$$
となる．力に対してもエネルギーと同様の式を使用することができる．
$$F(D) = \int_D^\infty f(x) \frac{dA}{dx} dx = -\int_D^\infty \frac{A_H}{6\pi x^3} 2\pi \tan^2 \alpha \cdot (x - D) dx$$
$$= -\frac{A_H \tan^2 \alpha}{3} \int_D^\infty \frac{x - D}{x^3} dx$$
$$= -\frac{A_H \tan^2 \alpha}{3} \left[-\frac{1}{x} + \frac{D}{2x^2} \right]_D^\infty = \frac{A_H \tan^2 \alpha}{3} \left(-\frac{1}{D} + \frac{1}{2D} \right)$$
$$= -\frac{A_H \tan^2 \alpha}{6D}$$

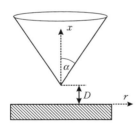

図 5.5　円錐型物体と平面表面の相互作用

特別な場合だが，重要な例として，二つの同種球体間の相互作用がある．これは分散液の安定性を理解するのに重要である．半径 R の二つの球体に対して，パラメータ x と r は，
$$x(r) = D + 2R - 2\sqrt{R^2 - r^2} \quad \Rightarrow \quad dx = \frac{2r}{\sqrt{R^2 - r^2}} dr$$
$$\Rightarrow \quad 2r dr = \sqrt{R^2 - r^2} \cdot dx \qquad (5.33)$$

の関係を満たす(図 5.6)．相互作用の範囲が R と比べて非常に小さい場合，球体外部の

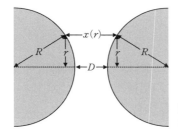

図 5.6 デルヤキン近似での二つの球体間の相互作用の計算

球殻を考慮すればよく，さらに，r が小さい部分の寄与のみが有効となる．それゆえ，上式を，

$$2r\mathrm{d}r = \sqrt{R^2 - r^2} \cdot \mathrm{d}x \approx R\mathrm{d}x \tag{5.34}$$

のように簡素化できる．式(5.32)の積分は，

$$W(D) = \pi R \int_D^\infty w(x)\mathrm{d}x \tag{5.35}$$

となる．ポテンシャルエネルギーをもとに，$w(\infty) = 0$ を用いると，球体間の力として，

$$F = -\frac{\mathrm{d}W}{\mathrm{d}D} = -\pi R \frac{\mathrm{d}}{\mathrm{d}D}\left(\int_D^\infty w(x)\mathrm{d}x\right) = \pi R w(D) \tag{5.36}$$

と計算できる．このように相互作用の範囲が半径 R よりも非常に小さいならば，単位面積あたりのポテンシャルエネルギーと粒子間の力の間に単純な関係式が成り立つ．

例として，二つの同種粒子間のファンデルワールス力を，式(5.16)の単位体積あたりのファンデルワールスエネルギー $w = -A_\mathrm{H}/(12\pi x^2)$ から計算する．デルヤキン近似を用いると，

$$F = -\frac{A_\mathrm{H} R}{12D^2} \tag{5.37}$$

が直接得られる．この式は，式(5.20)に $R_1 = R_2 = R$ を代入したものと一致する．

式(5.36)は二つの球体間相互作用を記述する．球体と距離 D だけ離れた平坦表面間の相互作用は，

$$F = 2\pi R w(D) \tag{5.38}$$

という関係式が満たす．ホワイト(White)はこの式を任意の形状の固体へと拡張した[218]．デルヤキン近似により，基本的な結論が得られる．一般に，二物体間の力とエネルギーは，形状，物性，距離に依存する．ここで，二物体間の力(エネルギー)を純粋な形状依存因子と，物性および距離依存因子 $w(x)$ に分割できる．このように形状とは独立に相互作用を記述できる．同時に，$w(x)$ という共通した参照因子を得る．以下，

110　5　表面力

$w(x)$についてのみ議論する．

5.3.2　分　離　圧

"分離圧"は 1936 年にデルヤキンによって導入され[219]，断面積，温度，圧力一定下での，単位面積あたりのギブズ自由エネルギーの距離による変化と定義される．

$$\Pi = -\frac{1}{A}\frac{\partial G}{\partial x}\bigg|_{A,T,P} \tag{5.39}$$

膜がまわりのバルク相と平衡状態にあるとする．

分離圧 Π は二つの方法で解釈される．第一の解釈では，二界面に挟まれた膜の圧力とバルク相の圧力差と考える(図 5.7)．第二の解釈では，単純に単位面積あたりの表面力と考える．図 5.7 の例では，二平行板間の表面力によって，引力または斥力が生じる．この正味の力(重力は除く)を面積で割ったものが分離圧に等しい．表面力よりも，分離圧を考えたほうがわかりやすい場合もある．たとえば，液体泡膜の安定性の議論では，気液界面による斥力よりも，その斥力により上昇した圧力を考えるほうが適切である．

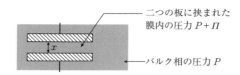

図 5.7　二つの平面板の間にはたらく分離圧

5.4　表面力の計測

ファンデルワールス力の理論が構築され，表面間力計測による理論の検証に興味がもたれるようになった(総説は文献[220])．初期の表面力の計測は研磨ガラスを用いて行われた[221]．片方のガラスは固定され，もう一方のガラスがばねにつながれている．ガラス間距離とばねの変位の関係を計測し，変位にばね定数をかけると力が求まる．このような単純な装置でも，重大な問題点を克服することで，気体中で相互作用するガラスに対する理論的なファンデルワールス力を確認できた[222,223]．また，デルヤキンとラビノヴィチ(Rabinovich)とチュラブ(Churaev)は，薄い金属ワイヤー間の力を計測し，金属間のファンデルワールス力を求めた[224]．

これらの初期の計測で，いくつかの問題が明らかになった．計測可能な最小距離が限られている(～20 nm)点と，液中計測が不可能である点である．表面力計測のすべての方法に共通して内在する問題点の一つは表面粗さである．相互作用する表面が粗さをも

5.4 表面力の計測

つと,距離分解能が下がり,距離がゼロ(接触)の定義が曖昧になる.実用的には,距離ゼロは近づける最小距離である.片方の表面に突出部分があれば,他の表面はそれ以上近づけない.表面粗さの問題を克服するには二つの手法が利用できる.原子レベルでの平坦表面を使用するか,接触面積を小さくすることである.一つ目の手法は表面力測定装置の発達に伴って認識されるようになった.一方で,二つ目の手法は,原子間力顕微鏡の発明によって利用可能となった.

表面力測定装置(surface force apparatus:SFA)[225, 226]の発明は非常に大きな第一歩である.この発明により,直接,液中と気中で表面力をÅの分解能で計測できるようになった[227](近年の発展については,文献[228, 229]参照).SFA は二つの直交した原子レベルで平らなマイカ円筒からなる(図 5.8).その半径は約 1 cm で,この円筒間の相互作用力が計測される.片方のマイカがピエゾ素子に取りつけられており,距離の調整が可能である.もう一方のマイカがばねにつながれており,ばね定数は既知で調整可能である.表面間距離は多光束干渉縞を利用した光学技術によって計測する.円筒間の距離がわかれば,ばねの変位より力を計算することができる.

図 5.8 表面力測定装置に使用される二つの十字型に設置された円筒型マイカの模式図

次に紹介する装置は,図 5.9 に示した原子間力顕微鏡(atomic force microscope:AFM)で,走査型顕微鏡とよばれることもある[230, 231].表面力を直接ほぼ例外なく測定することができる.AFM では,試料表面と微細加工されたチップの間の力を計測する.チップは,長さ 100 μm,厚さ 0.4〜10 μm のカンチレバーの先端に取りつけられている.代わりにコロイド粒子をカンチレバーに取りつけることもできる.この手法はコロイドプローブ法(colloidal probe technique)とよばれている.表面とコロイド粒子間の力を液中で直接計測することができる[232, 233].実用上の利点は,測定が簡単で短時間で行える点である.さらによいのは,相互作用する面積が SFA と比べて非常に小さい点である.それゆえ,表面粗さ,変形,不純物による問題が低減される.そのため,種々の材料の表面力を計測することが可能になる.

ここ 10〜15 年の間に,全反射顕微鏡法(total internal reflection microscopy:TIRM)とよばれる新たな手法が発展した[234].TIRM では液中の微視的粒子と透明板の距離を約 1 nm 分解能で計測できる.距離は板に通したエバネッセント波の粒子による散乱強度から計算できる.ブラウン運動による平衡状態での距離分布から,ポテンシャルエネ

112   5 表 面 力

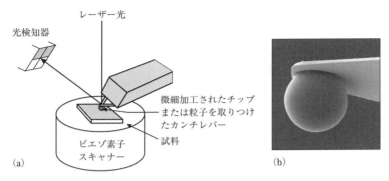

図 5.9 (a) 原子間力顕微鏡の模式図．(b) コロイドプローブの例図．ガラス粒子が AFM カンチレバーの端に焼結されている．粒子の直径は，≈ 10 μm である．

ルギーと距離の関係が求められる．TIRM は弱い力の領域を計測できるため，AFM や SFM による力の測定を補完する．

　光ピンセットでは，高開口数対物レンズで焦点を合わせたレーザー光を使用し，光と物質の相互作用を用いて，μm サイズの粒子を液中でトラップし，操作することができる[235]．レーザートラップの有効ばね定数は，レーザー焦点の強度勾配に依存し，その較正は既知の力を使用して行う．たとえば，粒子のまわりに，ある速度の層流を流し，変位を計測する．粒子の変位は，ビデオ顕微鏡のデータをデジタル画像解析するか，または散乱光の強度パターンを解析により得られる．この手法の詳細は文献[236]にある．光ピンセットはサブ pN の分解能をもつが，適用できる力の最大値が 100 pN 程度である．それゆえ，光ピンセットは生物系に広く適用されている．固体表面や，細胞につながれたビーズをトラップし，力をかけるハンドルとして用いる．また，コロイド相互作用の分野でも用いられている[237]．

　高分子や脂質二重膜の相互作用を計測する手法として，直接的でないが重要なものとして浸透ストレス法がある[238, 239]．ベシクルまたは高分子の分散液が半透膜を隔てた貯蔵槽中の水と溶質低分子からなる溶液と平衡状態にあり，これらは分散液相と自由に入れ替わることができる．この溶液中には分散液には拡散できない高分子も混ざっている．この高分子濃度が分散液にかかる浸透ストレスを決める．高分子またはベシクルの距離は X 線回折によって決定する．このようにして，圧力－距離曲線が得られる．浸透ストレス法は，脂質二重膜，DNA，多糖，タンパク質などの高分子の相互作用計測に用いられる[240]．この手法は，とくに脂質二重膜と生体高分子間の水和力（以下参照）の研究で成功を収めた．

　ここまでの手法は固体表面間の力の研究に用いられている．多くの応用では，泡やエ

マルションの液液または気液界面間の分離圧に興味がもたれている．そのような場合の計測手法は，11.5.3 項で議論する．

5.5 電気二重層による静電力

4章で，水中では，ほとんどの表面が電荷をもつことを学んだ．二つの表面が近づき，電気二重層が重なると，電気二重層による静電力が生じる．この静電力は，さまざまな自然現象や技術の応用において重要な役割をもつ．たとえば，この力が分散液を安定化させる[7]．

5.5.1　2枚の同種表面間にはたらく静電相互作用

重要な例は2枚の無限に広がる同種表面間の相互作用である．これはゾルの凝固を理解するのに重要である．電位の対称性を用いると計算が簡単になる．同種表面では，両表面上の電位 ϕ_0 は等しく，その間で電位が減少する（図 5.10）．対称性により中間点で電位勾配はゼロとなる．つまり，$\xi = x/2$ で，$d\phi/d\xi = 0$ である．簡単のため，一価の塩のみ議論する．

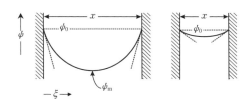

図 5.10　2枚の平行な平坦表面が接近するときの電位分布変化．二枚の表面間の空隙は電解質溶液で満たされている．

単位面積あたりのギブズ自由エネルギー $w(x)$ を求めるために，Verwey と Overbeek[144] に従い，二つの二重層が近づいたときの，ギブズ自由エネルギー変化を考える．一つの孤立した電気二重層の単位面積あたりのギブズ自由エネルギーは式 (4.39) で求めた．

$$-\int_0^{\phi_0} \sigma d\phi'_0 \qquad (5.40)$$

二つの均一な同種表面の電気二重層が無限大の距離だけ離れている場合，単位面積あた

---

[7] 電気二重層力は，クーロン力と本質的に異なる．たとえば，半径 R の二つの同種球形粒子を考えたときに，クーロン力の場合のように単純に基本式に値を代入することはできない．そのおもな理由は，溶液中の自由電荷（イオン）の存在である．それらが，表面から生じる電場をしゃへいする．

りのギブズ自由エネルギーは，上式を2倍したものになる．

$$g^\infty = -2\int_0^{\phi_0} \sigma \mathrm{d}\psi_0' \tag{5.41}$$

この二つの表面が距離 x まで近づくと，ギブズ自由エネルギーが変化する．ここでは，表面電荷と電位は以下のように距離に依存する．

$$g(x) = -2\int_0^{\phi_0} \sigma(x) \mathrm{d}\psi_0' \tag{5.42}$$

単位面積あたりのギブズ相互作用エネルギーは，

$$w(x) = g(x) - g^\infty \tag{5.43}$$

となる．表面電荷と表面電位は，式(4.28)により関連づけられ，

$$\sigma = -\varepsilon\varepsilon_0 \left.\frac{\mathrm{d}\psi}{\mathrm{d}\xi}\right|_{\xi=0} \tag{5.44}$$

となる．表面電荷は(二つの定数を除いて)表面での電位勾配 $|\mathrm{d}\phi/\mathrm{d}\xi|$ に等しい．

式(5.42)から，電気二重層による静電力が直感的に理解できる．二つの表面が近い距離におかれると，電気二重層は完全には形成されない．自由な電気二重層に比べて，表面電荷量は少なくなる．表面電位勾配が小さくなり，表面電荷密度も減少する(図5.10)．たとえば，ヨウ化銀(AgI)粒子同士が近づくと，表面から I^- イオンが除かれ，表面電荷密度が減少する．SiO_2 粒子同士が近づくと，溶け出していた H^+ イオンが再び表面に結合する．中性のヒドロキシ基が形成され，負の表面電荷が弱まる．この表面電荷の減少が表面ギブズ自由エネルギーを上昇させる(さもなくば，電気二重層が形成されない)．結果として，表面同士が反発する．

ここで，記号 D, x, ξ の使用法についてまとめておこう．D は特定形状の有限な巨視的物体間の最短距離を表す．また，無限に広がる固体間の空隙の幅を表すのに x を用いる．たとえば，デルヤギン近似ではこの仮想的な空隙について積分を行う．ξ は二物体間の空隙内での位置を表す座標として用いる．ある空隙 x で電位は ξ の関数として変化する(図5.10)．

電気二重層力を式(5.42)から計算するために，$\phi(\xi)$ を知る必要がある．それゆえ，ポアソン・ボルツマン方程式を解く必要がある．一次元ポアソン・ボルツマン方程式(4.5)は，

$$ec_0(\mathrm{e}^{e\phi/(k_\mathrm{B}T)} - \mathrm{e}^{-e\phi/(k_\mathrm{B}T)}) - \varepsilon\varepsilon_0 \frac{\mathrm{d}^2\psi}{\mathrm{d}\xi^2} = 0 \tag{5.45}$$

と書けた．第1項は $2ec_0\sinh(e\phi/(k_\mathrm{B}T))$ と書かれることもある．式(5.45)を積分すると，

5.5 電気二重層による静電力

$$c_0 k_B T (e^{e\phi/(k_B T)} + e^{-e\phi/(k_B T)}) - \frac{\varepsilon \varepsilon_0}{2}\left(\frac{d\psi}{d\xi}\right)^2 = P \tag{5.46}$$

となる(4.2.3項).

両方の項が直感的な物理的意味をもつ．式(5.46)の第1項は二つの表面間で増大した粒子(イオン)数による浸透圧を表す．第2項はマクスウェル応力項ともよばれ，一方の表面がつくる電場による静電力に対応し，他方の表面電荷に影響を与える．両方の項の和は定数で，Pに等しい．ここまでは，Pは単なる積分定数であるが，境界条件によって決定される．境界条件は二つの表面の中点で電位勾配がゼロとして与える．それゆえ，$\xi = x/2$ で，

$$\phi = \phi_m \quad \text{および} \quad \frac{d\psi}{d\xi} = 0 \tag{5.47}$$

を満たすとする．添え字の m は中間点を示す．この境界条件から，以下の結果を得る．

$$P = c_0 k_B T (e^{e\phi_m/(k_B T)} + e^{-e\phi_m/(k_B T)}) \tag{5.48}$$

よって，Pは中間点での溶液中イオンによる浸透圧と等しくなる．中間点では，電場がゼロであり，電場による直接の力は存在しない．

ここで，分離圧の表式を導出する．無限に広がった空隙内の溶液が無限に大きな貯蔵槽と接している．単位面積あたりの力を Π として，空隙内での圧力と貯蔵槽の圧力の差のみが有効である．それゆえ，貯蔵槽内の浸透圧 $2k_B T c_0$ を P から引くと，分離圧 $\Pi = P - 2k_B T c_0$ が得られる．最終的に，単位面積あたりの力として，

$$\Pi = c_0 k_B T (e^{e\phi/(k_B T)} + e^{-e\phi/(k_B T)} - 2) - \frac{\varepsilon \varepsilon_0}{2}\left(\frac{d\psi}{d\xi}\right)^2 \tag{5.49}$$

を得る．以下の式を用い，単位面積あたりのギブズ自由エネルギーが計算できる．

$$w(x) = -\int_\infty^x \Pi(x') dx' \tag{5.50}$$

分離圧(式(5.49))または単位面積あたりのギブズ自由エネルギー(式(5.42)と(5.43))を求めるために，まず空隙内のポテンシャル分布 $\phi(\xi)$ を求める．このためには，ポアソン・ボルツマン方程式(5.46)を解けばよい．解が第一種楕円積分を含むため，残念ながら数値的にしか解くことができない[144].

式(5.49)により別な解法も可能である．中心部分での分離圧は浸透圧のみで決まる．表面に向かって浸透圧が上昇するが，これはマクスウェル応力項により相殺される．分離圧は ξ に依存しないので，もっとも便利な値として中心点での ξ を選ぶ．$\xi = x/2$ で分離圧は，

$$\Pi = c_0 k_B T (e^{e\phi_m/(k_B T)} + e^{-e\phi_m/(k_B T)} - 2) \tag{5.51}$$

に等しい．中心点での電位 ϕ_m の表面電位 ϕ_0 と距離 x への依存性がわかれば，分離圧を計算できる．ここでも，厳密な関係式を得るためには，ポアソン・ボルツマン方程式を解く必要がある．しかし，いくつかの場合には方程式を解かずに，簡単な近似式を得ることができる．

低電位の場合，式(5.51)は単純化できる．指数関数を展開し，二次以上の高次項を無視し，

$$\Pi = k_B T c_0 \left(1 + \frac{e\phi_m}{k_B T} + \frac{1}{2}\left(\frac{e\phi_m}{k_B T}\right)^2 + \cdots + 1 - \frac{e\phi_m}{k_B T} + \frac{1}{2}\left(\frac{e\phi_m}{k_B T}\right)^2 \pm \cdots - 2 \right)$$

$$\approx \frac{c_0 e^2}{k_B T} \phi_m^2 = \frac{\varepsilon\varepsilon_0}{2\lambda_D^2} \phi_m^2 \tag{5.52}$$

を得る．ϕ_m の評価が残っている．2表面の電気二重層の重なりがわずかな場合($x \gg \lambda_D$)，

$$\phi_m = 2\psi'\left(\frac{x}{2}\right) \tag{5.53}$$

の近似が可能である．ここで，ψ' は孤立した二重層の電位であり，さまざまな厳密関数が使用できる．低電位の場合，$\phi(\xi) = \phi_0 \exp(-\xi/\lambda_D)$ を使用して，単位面積あたりの反発力が，

$$\Pi(x) = \frac{2\varepsilon\varepsilon_0}{\lambda_D^2} \phi_0^2 e^{-x/\lambda_D} \tag{5.54}$$

となる．単位面積あたりのギブズの相互作用自由エネルギーを求めるためには，

$$w(x) = -\int_\infty^x \Pi(x')dx' = -\frac{2\varepsilon\varepsilon_0 \phi_0^2}{\lambda_D^2} \int_\infty^x e^{-x'/\lambda_D} dx' = \frac{2\varepsilon\varepsilon_0 \phi_0^2}{\lambda_D^2} e^{-x/\lambda_D} \tag{5.55}$$

の積分を行う必要がある．ψ' として，電位が高い場合にも有効な式(4.22)を使用すれば，

$$w(x) = 64 c_0 k_B T \lambda_D \left(\frac{e^{e\phi_0/(2k_B T)} - 1}{e^{e\phi_0/(2k_B T)} + 1}\right)^2 e^{-x/\lambda_D} \tag{5.56}$$

が得られる．この式は，以下のように表記されることもある．

$$w(x) = 64 c_0 k_B T \lambda_D \tanh^2\left(\frac{e\phi_0}{4k_B T}\right) e^{-x/\lambda_D} \tag{5.57}$$

両式は同値である．これは，tanh 関数の定義を思い出せば容易に確かめられる．

$$\tanh z = \frac{e^z - e^{-z}}{e^z + e^{-z}}$$

分子と分母に e^z をかければ，以下のようになる．

$$\frac{e^{2z}-1}{e^{2z}+1}$$

ここまでの計算手法は,異なった表面電位をもった場合に一般化できる.表面での境界条件に対しても同様に一般化できる.二つの一般的な境界条件[241, 242]を以下に述べる.

電位一定:2表面が近づくとき,表面電位は一定値 $\psi(\xi=0)=\psi_1$ および $\psi(\xi=x)=\psi_2$ を保つ.

電荷一定:2表面が近づくとき,表面電荷密度 σ_1, σ_2 は一定である.

距離が大きい場合 $(x \gg \lambda_D)$,どちらの境界条件でも同じ力を与える.距離が小さい場合,電荷一定条件のほうが,ポテンシャル一定条件の場合よりも,より強い反発力を与える(図5.11).

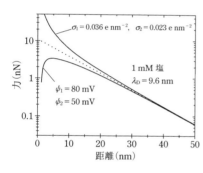

図 5.11 1 mM の一価塩が溶解した水中での,半径 $R=3\,\mu m$ の球と平坦表面間にはたらく電気二重層力.一定電位 ($\psi_1=80\,\mathrm{mV},\psi_2=50\,\mathrm{mV}$),一定表面電荷 $\sigma_1=0.0058\,\mathrm{C\,m^{-2}}=0.036\,\mathrm{e\,nm^{-2}}$,$\sigma_2=0.0036\,\mathrm{C\,m^{-2}}=0.023\,\mathrm{e\,nm^{-2}}$ の場合について,非線形ポアソン・ボルツマン方程式およびデルヤキン近似を使用して力を計算した.十分距離では,両者が同じ電位となるように,$\sigma_{1/2}=\varepsilon\varepsilon_0\psi_{1/2}/\lambda_D$ を使用して表面電荷を調節した.

5.5.2 DLVO理論

100年以上昔から多くの水溶性分散液が塩添加により沈殿することが知られている.Schulze と Hardy は,多くの分散液は一価の対イオン濃度が 25~150 mM で沈殿することを見出した[243~246].二価のイオンでは,沈殿濃度が 0.5~2 mM と低くなる.三価のイオンでは,沈殿濃度がさらに低くなり 0.01~0.1 mM となる.たとえば,金コロイドは NaCl 濃度が 24 mM 以下のとき NaCl 溶液中で安定であるが,これを超えると,金粒子が凝集し沈殿する.KNO_3,$CaCl_2$,$BaCl_2$ の場合の上限濃度は,それぞれ 23,0.41,0.35 mM である[247].

この凝集は以下のように理解できる.金粒子は負に帯電していて,互いに反発する.塩濃度上昇により,静電斥力が減少する.熱運動により粒子は動き,互いに数 Å の距離まで近づく回数が多くなる.そのとき,ファンデルワールス力により凝集する.二価のイオンのほうが,より効率的に静電反発力を減少させるため,凝集に必要な $CaCl_2$,$BaCl_2$ 濃度は低くなる.

約70年前に,Derjaguin, Landau, Verwey, Overbeek は,水分散液の凝集現象を

定量的に説明する理論を発展させた[144,248,249]．この理論は，DLVO 理論とよばれている．DLVO 理論では，分散粒子の凝集が DLVO 力ともよばれる二つの力のつり合いによって説明される．ファンデルワールス力による引力と電気二重層力による斥力である．ファンデルワールス力が凝集を促進する一方，二重層力が分散液を安定化させる．二つの力を考慮することで，距離 x 離れた二枚の無限に広がる固体間の単位面積あたりのエネルギーを，

$$w(x) = 64c_0 k_B T \lambda_D \left(\frac{e^{e\phi_0/(2k_B T)} - 1}{e^{e\phi_0/(2k_B T)} + 1} \right)^2 e^{-x/\lambda_D} - \frac{A_H}{12\pi x^2} \tag{5.58}$$

のように近似できる．この式は，以下のように記述されることもある．

$$w(x) = 64c_0 k_B T \lambda_D \tanh^2\left(\frac{e\phi_0}{4k_B T} \right) e^{-x/\lambda_D} - \frac{A_H}{12\pi x^2} \tag{5.59}$$

図 5.12 は，DLVO 理論をもとに計算された二つの同種球体間の相互作用エネルギーを示す．一般に，距離が離れている場合に，とても弱い引力がはたらき（二次エネルギー極小），中間距離では静電反発力がはたらく．そして，短距離では強い引力がはたらく（一次エネルギー極小）．塩濃度によっては，3 領域の区別がいくぶん明確になったり，逆に完全に消えてしまったりすることもある．低塩濃度や中間塩濃度では，静電反発力のエネルギー障壁により凝集が妨げられるが，塩濃度の上昇によりエネルギー障壁は低くなる．低濃度では，エネルギー障壁が十分に高く，分散粒子がエネルギー障壁を越える熱エネルギーをもつ可能性はない．高塩濃度では，このエネルギー障壁は劇的に減少し，ファンデルワールス力が支配的になり，凝集する．加えて，塩濃度が高くなるにつ

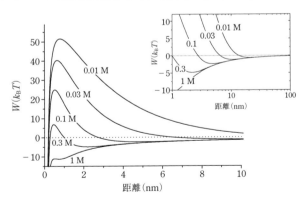

図 5.12 半径 $R = 100$ nm の二つの同じ球状粒子がさまざまな一価塩濃度の水溶液中で相互作用するときのギブズ自由エネルギーの距離依存性．式(5.58)と式(5.32)の DLVO 理論により計算した．ハマカー定数は，$A_H = 7 \times 10^{-21}$ J である．表面電位は，$\phi_0 = 30$ mV とした．挿入図は，距離が非常に大きいときの弱い引力相互作用（第二のエネルギー極小）を示す．

れ，表面電位も減少する．そのため，エネルギー障壁がさらに低くなる(図5.12ではこの効果を考慮していない)．

　短距離の場合，DLVO理論はつねにファンデルワールス力が支配的であると予想する．同種粒子間のファンデルワールス力は，媒質によらず，つねに引力であった．そのため，熱力学的には，あるいは長時間経過後は，すべての凝集物が沈殿すると予想される．一度接触すれば，第三の粒子が強く衝突し，多くのエネルギーを与える場合を除いて，再び分離することはない．

　距離が大きい場合を注意深くみると，弱い引力エネルギーを示している．この二次エネルギー極小によって，粒子間の直接接触がない場合も，弱い可逆的凝集が起こりうる．これは実際に多くの系で観測される．しかし，重要な例外として，粘土の膨張がある[250〜252]．水または水蒸気存在下では，粘土は塩濃度が高い場合でも膨張する．これは，DLVO理論では理解できない．この現象の理解には溶媒粒子の分子的性質の考慮が必要である．

5.6　DLVO理論を越えて

　距離が大きい場合，流体媒質中の固体表面間の力は，通常ファンデルワールス力や電気二重層理論などの連続体理論で記述され，分子の個々の性質や離散的な大きさ，形，化学的性質などは無視される．表面間距離が分子サイズに近づくと，連続体理論が破綻し，液体の離散的な分子の性質の考慮が必要となる．

5.6.1　溶媒和力と束縛液体

　界面近くでの液体構造はしばしば，バルクの液体構造と異なる．多くの液体では，固体表面に垂直な密度プロファイルはバルクの密度のまわりで振動している．表面近くでのその振動周期は，1分子直径程度の値をもち，この領域が数分子直径程度にわたって続く．この領域では，分子が層秩序構造をもっている．シミュレーションと理論により，この構造の存在が示唆されたが[253〜256]，実験的な検証は比較的近年になされた[257,258]．

　二つの表面が近づくと，狭まる空隙から層構造が締め出される(図5.13)．そのとき，密度揺らぎと特定の相互作用により，指数関数的に減少し，各層の厚さを周期とする周期的な力が生じる．溶媒粒子の固体表面への吸着の結果であるので，この力は溶媒和力とよばれる[259]．束縛液体の周期的溶媒和力は，まずコンピュータシミュレーションと理論によって予想され[259〜262]，数年後にはSFAによる実験的証明が発表された[263,264]．溶媒和力は，分散液の安定性だけではなく，束縛液体の構造解析においても重要である．

120   5 表面力

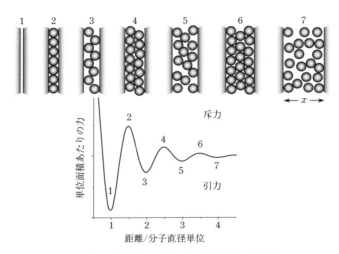

図 5.13 2枚の平行な壁に束縛された単純液体の模式図．
距離に依存して，規則性が大きく変わり，周期的な力が現れる．

溶媒和力は通常，指数関数的に減少する関数と余弦関数の積で非常によく記述される．

$$f(x) = f_0 \cdot \cos\left(\frac{2\pi x}{d_0}\right) \cdot e^{-\frac{x}{x_0}} \tag{5.60}$$

ここで，f は単位面積あたりの力，f_0 は $x=0$ に外挿した力，d_0 は層の厚さ（単純液体の場合は，分子直径に等しい）である．x_0 は特徴的減衰長である．

〈具体例 5.10〉

図 5.14 に束縛されたプロパノールを介してはたらく力を示す．明らかに，分子直径で，アルコール分子の秩序化に由来する溶媒和力が支配的である．実線はファンデルワールス力である．

溶媒和力や構造力は単純液体（その場合，溶媒分子の分子秩序により力が生じる）に加えて，粒子，ミセル，高分子などを含む溶液においても観測される可能性がある．その場合，振動力は溶質に起因する．純粋な剛体球の相互作用では，振動周期は粒子の直径を反映するだろう．水溶液中の粒子では，通常，電気二重層による効果で有効サイズが大きくなり，$d_{\text{eff}} = 2(R + \lambda_D)$ で近似される．R は粒子の半径で，λ_D はデバイ長である．

5.6.2 水中における非 DLVO 力

水中の非 DLVO 力は，重要であるものの解明からはほど遠い分野であり，本節で議

5.6 DLVO 理論を越えて   121

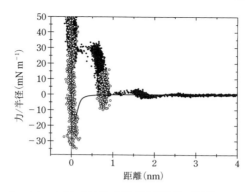

図 5.14 室温，1-プロパノール中における，原子間力顕微鏡の微細加工された窒化ケイ素チップと，平坦マイカ表面の間にはたらく規格化された力の距離に対するプロット[265]．チップの曲率半径は $R \approx 50$ nm である．近づくとき（黒丸）と離れるとき（白丸）のデータを示している．

論する．水は自然界での普遍的な溶媒であり，この力は重要である．加えて，産業界のより多くの工程で，有機溶媒に換えて環境に無害の水が使用されている．

　粘土，マイカ（雲母），シリカ，アルミナ，脂質，DNA，界面活性剤など，多くの表面では，二つの親水性表面が水溶性電解質中で近づくとき，1 nm の範囲で反発力が観測される．これらの表面は共通して水との低い（または負の）濡れエネルギーをもつことから，反発力は表面に水和した水，または，強い電荷―双極子，双極子―双極子，水素結合の相互作用により吸着した物質を除くのに必要なエネルギーに起因すると考えられる．そのため，この力は水和力とよばれる（総説は文献[240, 266〜268]）．

　これまでに水和力の起源は明らかでなく，いくつかの効果が議論されている．確かに，水分子1層が固体表面に結合しているという事実は重要である．しかし，水和力は水分子層の2層を越えて伝わる力である．Israelachvili と Wennerstöm は，水の第1層にはたらく力は，水分子と固体表面間の力であり，水分子間の相互作用ではないので，水和力とよぶべきでないと指摘した[266]．古典的な論文で，Marcelja と Radic は，親水性表面付近での水構造変化によって短距離斥力を説明するエレガントな理論を提出した[269]．近年の理論では，さらにいくつかの効果を考慮に入れている．実際，無機材料表面間の単調減少する短距離斥力は，構造水が表面から逃げることだけが原因ではなく，二つの近づく表面間に静電的にトラップされた水和イオンの浸透圧の影響もあるだろう[270]．これは水和力がイオン濃度に強く影響されるという観察結果からも支持されている．とくに陽イオンは，そのまわりに水分子の殻構造をもつことが知られており，水和反発力を強くする効果をもつ．

　短距離斥力には，多くの効果が寄与する可能性が非常に高い．脂質二重膜のような柔

軟な表面間の相互作用では，とくにそうである[271,272]．炭化水素鎖の分子レベルの揺らぎと可動な頭部基の立体反発が大きく影響しているだろう[273]．脂質二重膜では，脂質分子はある場所に固定されてはおらず，熱により数Åのスケールで上下にジャンプしている．二重膜が互いに近づくと，この揺らぎは妨げられ，エントロピーの減少によりギブズ自由エネルギーの増大が起こり，互いに反発する．分子スケールの波もまた短距離斥力を生じる[274]．

疎水性表面間では，まったく異なった現象が観測される．疎水表面は互いに引きつけあう[275]．この引力を疎水性相互作用とよぶ．疎水性相互作用がファンデルワールス力よりも強いという直接的な証拠は，PashleyとIsraelachviliにより示された[276,277]．彼らは，カチオン界面活性剤，セチルトリメチルアンモニウムブロミド(cetyltrimethylammmonium bromide：CTAB)の1層が吸着したマイカ表面間の力をSFAにより計測した．それ以来，疎水性力はさまざまなグループにより調べられ，現在では，一般的に受け入れられている[275]．しかし，その起源についてはいまだに議論がある．

通常，引力として二つの成分が観測される[278]．第一は短距離力で，減衰長1～2 nmで指数関数的に減衰し，表面が互いに近づいたときの水の構造変化に関係する．第二は驚くべきものである．長距離にわたる力で，ときには100 nmほどまで伝わるが，その起源はわかっていない．一つの仮説は自発的に生成する泡による引力である[279]．これはキャビテーションとよばれる．しかし，その速度の実験的な評価値はあまりにも低い値となっている．もう一つの仮説は，疎水性表面につねに泡が存在するというものである．そのような泡は接触すると融合し，毛管力により，強い引力が生じる．泡内部の蒸気圧の低下と表面張力ですぐに潰れるはずなので，泡がどのように安定性を保つのかは，未解決な問題である．

ミセルを形成する界面活性剤や高分子電解質を水溶液が含む場合は，非DLVO力も存在する．複雑な相互作用に関しては，本書のレベルを越えてしまう．文献[288]を薦める．

5.7　立体相互作用と枯渇効果

5.7.1　高分子の性質

多くの分散系は高分子により安定化する．基本的な相互作用は立体力とよばれる．立体相互作用を理解するには高分子物理の基本な性質を知る必要がある（よい入門書はストローブル氏による文献[280]，訳注：『高分子の物理　改訂新版——構造と物性を理解するために』G. R. ストローブル著，深尾浩次・宮本嘉久・田口健・中村健二訳，丸善出版）．ここで，直鎖高分子をおもに考える．これは，立体安定化には通常直鎖高分子が使用されているためである．幸運にも，多くの応用では，結合長，結合角度，回転エ

ネルギーの効果などの分子化学的性質を考える必要はない．多くの議論では高分子を記述するのに，より簡単なモデルを用いる．

一つのモデルは「理想自由連結鎖セグメント」である（図5.15）．このモデルでは，高分子はn個の結合からなる鎖と考え，その鎖の1節を部分鎖とよぶ．部分鎖の長さはlである．このパラメータlは繰返し単位の長さに対応し，長い場合も短い場合もある．隣接部分鎖間の角度は任意の値をとるとする．この場合，鎖はランダムコイルとなる．ランダムコイルの大きさと体積を特徴づけるために，末端間距離の二乗平均$\overline{R^2}$を用いる．この値の平方根は，

$$R_0 = \sqrt{\overline{R^2}} = l\sqrt{n} \tag{5.61}$$

で与えられ，高分子鎖の大きさとよばれる．光散乱実験では，これに関連した物理量である慣性半径（radius of gyration）

$$R_g = \frac{l\sqrt{n}}{\sqrt{6}} \tag{5.62}$$

が得られる．

図5.15 直鎖高分子の理想自由連結鎖セグメントモデルの模式図

〈具体例5.11〉

全質量$M = 10^5 \text{ g mol}^{-1}$，モノマー質量$M_0 = 100 \text{ g mol}^{-1}$，$l = 0.5$ nmの直鎖状高分子が$n = M/M_0 = 10^3$セグメントをもつ．各モノマーが1セグメントに対応する．高分子の大きさは，$R_0 = 0.5 \text{ nm} \cdot \sqrt{10^3} = 15.8$ nmであり，慣性半径は$R_g = 6.5$ nmである．

高分子がこの慣性半径をもつのは，個々の結合が自由に動ける場合だけである．他のセグメントによる排除体積効果が無視でき，溶媒が理想溶媒である場合が，これに当てはまる．理想溶媒中では，部分鎖間と部分鎖と溶媒間では相互作用は等しい．現実の溶媒中では，慣性半径は理想値よりずれる．良溶媒[8]中では部分鎖間相互作用よりも部分鎖と溶媒間の相互作用が好まれる．そのため，高分子コイル中に溶媒を取り込む引力が生じ，高分子は膨潤しR_gが増大する．貧溶媒[8]中では溶媒の存在により，高分子鎖間に

---

8 訳注：高分子の溶液中での慣性半径が高分子溶融体中での慣性半径よりも大きくなるような溶媒を**良溶媒**，小さくなるような溶媒を**貧溶媒**とよぶ．適当な温度を選ぶと，それらの慣性半径がちょうど等しくなるような溶媒をΘ（シータ）溶媒とよぶ．

より強い引力がはたらき、高分子鎖は収縮し R_g が減少する。温度を上げることで貧溶媒が良溶媒に変わることがある。高分子が理想的に振舞う温度をシータ温度 T_θ とよぶ。このような理想溶媒は Θ 溶媒とよばれる。

5.7.2 高分子修飾された表面間の力

古代エジプト人も、アラビアガム・アカシアの茎からの液、あるいは卵白を用いて、水中のすす粒子を安定に分散できることを知っていた。これによりインクがつくられた。安定化の理由は、吸着高分子による立体斥力である。前者は多糖類と糖タンパク質の混合物であり、後者はおもにタンパク質、アルブミンである。分散系の立体安定化は、多くの産業応用で重要である。直接的な定量的計測は、SFA[281~284] と AFM[285~287] によって行われる。この分野の概論については、文献[8, 288, 289]である。

高分子修飾された表面間の力は、おもに二つの要因によって決まる。第一の要因は溶媒の性質である。良溶媒中では斥力が生じ、貧溶媒中では引力が生じる。さらに、良溶媒中で高分子は表面に吸着するより溶液中にとどまろうとする。

第二の要因は高分子がどのように、どのくらいの量、表面に結合しているかである(図5.16)。高分子の吸着が弱い場合、個々の分子の横方向の拡散も可能である。物理吸着した高分子は最大密度が $1/R_g^2$ のオーダーまでしかならず、$2R_g$ の長さが溶液中に広がる。それぞれの高分子がいくつかの結合サイトをもったり、ループを形成したりするかもしれない。表面の高分子は液体高分子中でさえ数時間もかかる構造再構築を行うので、吸着時間が重要となる。高分子に表面化学結合がある場合は、表面上の分子数(グラフト密度 Γ)はずっと高くなる。この分子が密な場合($\Gamma \gg 1/R_g^2$)を高分子ブラシとよぶ。このとき、立体力が慣性半径と比べて非常に長距離ではたらく。高分子ブラシの厚さは、$L_0 = nl^{5/3}\Gamma^{1/3}$ 程度である[290]。ここで、Γ は単位面積あたりの分子数でのグラフト密度である。高分子ブラシは高分子を表面に結合させる方法(grafting to)と、表面で直接、高分子を重合する方法(grafting from)がある。どのように、この高分子層が形成されるかは、9.3.3項で議論する。

図 5.16 表面高分子の構造

5.7 立体相互作用と枯渇効果

立体力について，単純でわかりやすい理論は存在せず，一般には複雑で難しい．異なった要因が力に影響を与え，支配的な要因は場合により異なる．もっとも重要な相互作用はエントロピーによる斥力である．これは高分子鎖の配位エントロピーの減少により生じる．表面での高分子鎖の熱運動が他の表面の接近により妨げられるなら，高分子鎖のエントロピーは減少し，表面間のモノマー濃度が上昇する．よって，浸透圧が上昇する．

この斥力は異なった著者らにより計算された[292~294]．グラフト密度が低いとき($\Gamma \ll 1/R_g^2$)の，良溶媒中で高分子修飾された基板間の，単位面積あたりの斥力は，

$$\Pi(x) = \frac{k_B T \Gamma}{x}\left(\frac{2\pi^2 R_g^2}{x^2} - 1\right) \quad (x \leq 3\sqrt{2}\,R_g \text{ のとき})$$

$$\Pi(x) = \frac{k_B T \Gamma x}{R_g^2} e^{-\left(\frac{x}{2R_g}\right)^2} \quad (x > 3\sqrt{2}\,R_g \text{ のとき}) \quad (5.63)$$

となる[291]．グラフト密度が高い場合は，単位面積あたりの力は，

$$\Pi(x) = k_B T \Gamma^{3/2}\left[\left(\frac{2L_0}{x}\right)^{9/4} - \left(\frac{x}{2L_0}\right)^{3/4}\right] \quad (5.64)$$

と近似できる[292]．ただし，$x < 2L_0$ である．図 5.17 はグラフト密度の上昇に伴う，相互作用強度の急激な上昇を示す．式(5.63)の導出に際して，非摂動ブラシのセグメント

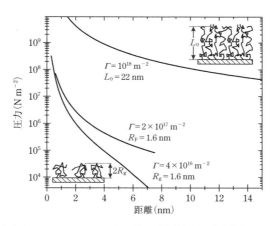

図 5.17 グラフト高分子でコーティングされた 2 枚の平行基板間に良溶媒中ではたらく分離圧．モノマーの長さ $l = 0.4$ nm で，高分子は，$n = 100$ のモノマーからなるとした．低グラフト密度 ($\Gamma = 4 \times 10^{16}$ m^{-2}) では，力の特性減衰長は，$R_g = 1.6$ nm によって決まる．これは，式(5.63)によって計算された．中間のグラフト密度 ($\Gamma = 2 \times 10^{17}$ m^{-2}) では，文献[292]で示すように，$\Pi = (k_B T \Gamma / R_F)(R_F/x)^{8/3}$ を使用した．ここで $R_F = l \cdot n^{3/5} = 6.3$ nm である．高グラフト密度 ($\Gamma = 10^{18}$ m^{-2}) では，単位面積あたりの力は，式(5.64)に $L_0 = n \cdot l^{3/5} \cdot \Gamma^{1/3} = 22$ nm を代入して計算した．

密度が階段関数型のプロファイルを示すことを仮定している．Milner, Witten, Cates は，より現実的な放物線プロファイルを用いている[293,294]．

立体相互作用へのほかの寄与はセグメント間力である．高分子のセグメント同士が相互作用し，セグメント間力が生じる．この相互作用は溶媒に大きく依存する．Θ温度 T_Θ 以下では，モノマー間の相互作用が溶媒とモノマーの相互作用よりも強く，引力がはたらく．

高分子の両表面の結合により生じる架橋力は長距離では引力となる．被覆率が低い場合のみ，高分子セグメントが反対表面に結合サイトをみつけることができ，架橋が有効となる．

分散系では，引力は分散粒子を凝集させる．高分子の添加により凝集する場合はフロキュレーションとよばれる[296]．架橋，あるいは次項で議論する枯渇効果がその原因である．

〈具体例 5.12〉
グラフトポリスチレンの良溶媒トルエン中で立体力として斥力を示す（図 5.18）．温度の上昇により，斥力は強くなり到達範囲は広くなる．これはエントロピー効果を暗示している．

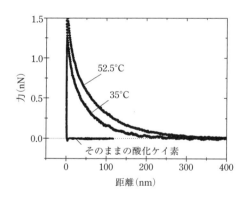

図 5.18 窒化ケイ素からなる原子間力顕微鏡用のチップとポリスチレンのグラフトされた酸化ケイ素基板の間の立体力[295]．トルエン中で計測した．

5.7.3 枯 渇 力

1954 年に朝倉[9]と大澤[10]は溶解した高分子が粒子表面とまったく相互作用していなくても，分散系の粒子間相互作用に影響を与えうることに気づいた[297]．朝倉と大澤は，

---
9 訳注：朝倉 昌，1928〜2016，日本の生物物理学者．名古屋大学で教鞭をとる．
10 訳注：大澤文夫，1922〜，日本の生物物理学者．名古屋大学で生物物理研究室を主宰する．

以下のように相互作用を説明している．"面積 A の平行で大きい2枚の板が剛直な球形高分子の溶液中にある．板間の距離 x が，溶質の高分子直径よりも小さければ，板の間に高分子が入り込めず，板間には純粋な溶媒のみ存在する．このとき，板の外の領域はほとんど影響を受けない．それゆえ，高分子溶液による浸透圧と等しい力が板を引きつけるようにはたらく．この力を枯渇力とよぶ．"通常，高分子は剛直ではないが，やわらかい分子に対しても同じ効果が起きる．この場合，ランダムコイル状態の直鎖状高分子の平均末端間距離 R_0 が球の半径に対応する(図 5.19)．枯渇力は溶解分子のサイズと同じくらいの距離にわたって有効である．単位面積あたりの力は溶解高分子の浸透圧のオーダーである．半径 R_p の二つの球状粒子が距離 D 離れて，数密度 c，半径 R_0 の高分子溶液中にある．このときの枯渇引力によるギブズ自由エネルギーは $D \leq 2R_0$ では，

$$W(D) \approx \frac{\pi}{2} c k_B T R_p (2R_0 - D)^2 \tag{5.65}$$

また，$D > 2R_0$ のときは $W(D) = 0$ と近似できる(演習問題 5.7 と文献[298])．

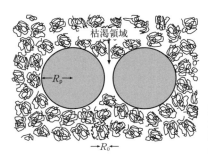

図 5.19 高分子溶液中の二つの粒子の模式図．二つの粒子間で高分子の枯渇した領域での浸透圧が下がるため，有効的な引力である枯渇力がはたらく．

実際上，非吸着性高分子を分散系に加えると，枯渇引力によって分散粒子はフロキュレーションを起こす[299〜301]．これより，物理的本質は同じであるが，"溶解高分子の全自由体積が増大するため粒子が凝集する"という枯渇力の異なった視点が得られる．高分子の並進エントロピーの増分が粒子のエントロピーの損失分よりも高くなるように自由体積が増加する．枯渇力は必ずしも引力ではないことも知られている．短距離では引力であるが，長距離では反発力にもなる[302,303]．コロイド間の枯渇力の詳細の議論は[304,305] である．

5.8 接触している球状粒子

ここまで，相互作用する表面は変形しないと仮定してきた．実際は，すべての固体が有限の弾性をもち，接触により変形する．無変形の固体と比べて，接触面積が大きくな

5 表面力

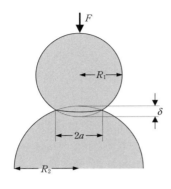

図 5.20 接触した二つの球状粒子の模式図

り，粒子の凝集と接着に重要な影響を与える．

ヘルツ[11]は接触する弾性固体の基本的な取扱法を確立した[306]．彼はヤング率 E_1, E_2 とポアソン比 ν_1, ν_2 の物質からなる半径 R_1, R_2 の接触する二つの球を考えた．二つの球は荷重ともよばれる力 F で押されている（図 5.20）．荷重は重力，あるいは外部から印加される力である．ヘルツは二つの固体間に表面力ははたらかないと考え，粒子間の圧力は接触中心からの距離の二次関数で減少することを示した．半径 a の接触の外縁では，圧力はゼロである．すべての接触面積での圧力を積分することで荷重が求まる．これより，接触半径 a と荷重 F の関係式

$$a^3 = \frac{3R^*}{4E^*}F \tag{5.66}$$

が得られた．ここで，R^* は一般に換算半径，E^* は換算ヤング率とよばれ，

$$R^* = \frac{R_1 R_2}{R_1 + R_2} \quad \text{および} \quad \frac{1}{E^*} = \frac{1-\nu_1^2}{E_1} + \frac{1-\nu_2^2}{E_2} \tag{5.67}$$

と定義される．接触半径は，同時に，インデンテーション（圧痕）を，

$$\delta = \frac{a^2}{R^*} \tag{5.68}$$

と定義する．そのため，力と距離の関係式として，以下を得る（$a = \sqrt{\delta R^*}$ より）．

$$F = \frac{4}{3}E^*\sqrt{R^*\delta^3} \tag{5.69}$$

ヘルツ理論では表面引力を考えないので，外部荷重がないとき（$F=0$），接触半径 a とインデンテーションは両方ゼロであり，粒子間の接着は観測されない．実際にはファンデルワールス力などの表面力がはたらき，二つの固体が引き合う．これより，無荷重で

---

11 Heinrich Hertz, 1857〜1894, ドイツの物理学者．カールスルーエ大学とボン大学で教授を務めた．

も固体間で接着が生じ，有限の a と δ を与える．そのような引力は Johnson, Kendall, Roberts によって考慮され[307]，JKR モデルとよばれる．彼らは次のように考えた．固体表面が接触すると，接触面が形成され自由表面が減少する．これは吸着仕事量 W とよばれる単位面積あたりのエネルギー利得と関係する．W は系のエネルギー減少と等価であるため，接触面の形成は自発的に起こる．同時に，固体の弾性変形により，仕事がなされる．得られる接触面積は吸着仕事量と弾性変形エネルギーとの競合により決まる．Johnson, Kendall, Roberts は，ヘルツ理論を用いて弾性変形エネルギーを計算した．これより，平衡接触半径は，

$$a^3 = \frac{3}{4}\frac{R^*}{E^*}\left[F + 3\pi WR^* + \sqrt{6\pi WR^*F + (3\pi WR^*)^2}\right] \tag{5.70}$$

となり，ヘルツ理論による値よりも大きい（$W=0$ がヘルツの結果を与える）．表面引力によるもう一つの結果は，接触線で形成されるくびれ（ネック）またはメニスカスである．一つの例として，やわらかい平坦表面上の剛体球の場合を図 5.21 に示す．

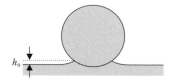

図 5.21　JKR 理論と DMT 理論によって記述されるくびれ形成の模式図

JKR モデルでは，二つの固体を引き離すために力が必要である．二つの固体の分離はある臨界の力で，有限の接触半径で突然に起こる．この力は吸着力とよばれる．吸着力は，

$$F_{\mathrm{adh}} = \frac{3\pi}{2} WR^* \tag{5.71}$$

と JKR モデルでは与えられる．通常，吸着仕事量は固体の表面エネルギー γ_{s} によって，

$$W = 2\gamma_{\mathrm{s}} \tag{5.72}$$

と記述される．ここで，固体では表面張力と表面エネルギーを区別する必要がある．新たな表面をつくるのに必要な仕事はそのつくり方に依存する．（液体のように）塑性的か，弾性的かということである．通常，実験では両方の寄与があるので，吸着実験から得られる表面エネルギーは"有効"表面エネルギーと考える必要がある．式(5.72)を式(5.71)に代入することで，

$$F_{\mathrm{adh}} = 3\pi\gamma_{\mathrm{s}}R^* \tag{5.73}$$

が得られる．粒子半径に比例して吸着力は上昇するが，驚くべきことに弾性には依存しない．これは二つの反対の効果のためである．物質が硬い場合は，固体の変形は小さ

130　5 表面力

く，接触面積と全引力表面エネルギーは小さい．一方で，弾性斥力も小さく，両効果が打ち消し合う．やわらかい物質では大変形し，そのため，引力表面エネルギー項と斥力弾性項がともに大きい．

JKR モデルでは表面力は接触部分にのみ生じると仮定した．実際はそれ以外でも表面力ははたらく．たとえば，ファンデルワールス力がそうである．Derjaguin, Muller, Toporov はこの効果も考慮した DMT 理論を構築した[308]．残念ながら，DMT 理論の重要な結果は解析的には表現できないが，吸着力が以下のように単純化できるという結果は得られている．

$$F_\mathrm{adh} = 4\pi\gamma_\mathrm{s} R^* \quad (5.74)$$

厳密な解析により，これらの二つのモデルがより一般的なモデルの両極限に対応することが示される[309~311]（総説は文献[312]）．大きくてやわらかい固体では，JKR モデルにより現象をより現実的に記述できる．小さな硬い固体では DMT モデルがふさわしい．どちらのモデルを使用すべきかの判断基準は，くびれ部分の長さである（図 5.21）．

$$h_\mathrm{n} \approx \left(\frac{\gamma_\mathrm{s}^2 R^*}{E^{*2}}\right)^{1/3} \quad (5.75)$$

もし，くびれの長さが数原子距離よりも長ければ，JKR モデルのほうがふさわしい．くびれの長さが短い場合は，DMT モデルのほうが適している．

〈具体例 5.13〉

酸化ケイ素基板上に直径 20 μm の酸化ケイ素が接触している．外力を無視し，接触半径と吸着力を評価せよ．$E = 5.4\times 10^{10}$ Pa, $\nu = 0.17$, $\gamma_\mathrm{s} = 50$ mN m^{-1}, $\rho = 3000$ kg m^{-3} とする．$R_1 = 10$ μm, $R_2 = \infty$ であるため，有効粒子半径は $R^* = R_1 = 10$ μm である．

$$\frac{1}{E^*} = 2\cdot\frac{1-0.17^2}{5.4\times 10^{10}\,\mathrm{Pa}} \Rightarrow E^* = 2.8\times 10^{10}\,\mathrm{Pa}$$

JKR モデルから接触半径を見積もる．外力がない場合は，以下のように計算できる．

$$a^3 = \frac{3}{4}\cdot\frac{10^{-5}\,\mathrm{m}}{2.8\times 10^{10}\,\mathrm{Pa}}\cdot\left(6\pi\cdot 2\cdot 0.05\,\frac{\mathrm{N}}{\mathrm{m}}\cdot 10^{-5}\,\mathrm{m}\right)$$
$$= 5.05\times 10^{-21}\,\mathrm{m}^3 \Rightarrow a = 1.71\times 10^{-7}\,\mathrm{m} \quad (5.76)$$

くびれの長さは，以下のようになる．

$$h_\mathrm{n} \approx \left[\frac{0.05^2\,\mathrm{N^2\,m^{-2}}\cdot 10^{-5}\,\mathrm{m}}{(2.8\times 10^{10}\,\mathrm{Pa})^2}\right]^{1/3} = 3.2\times 10^{-10}\,\mathrm{m}$$

くびれ長は原子直径ほどであるので，DMT モデルが適している．吸着力は以下となる．

$$F_\mathrm{adh} = 4\pi\cdot 0.05\,\frac{\mathrm{N}}{\mathrm{m}}\cdot 10^{-5}\,\mathrm{m} = 6.3\,\mathrm{\mu N}$$

接触粒子の挙動の理論的予言は種々の手法で実験的に検証できる．実際，吸着力は 40

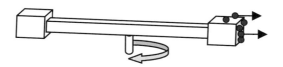

図 5.22 表面への粒子の粘着力を測定するための遠心法の模式図.
水平面上に粒子をおいた場合は,摩擦力の解析も可能である.

年以上も前から遠心分離機を用いて計測されており(図 5.22),粒子の挙動に関する重要な知識はこの実験により得られた[313].たとえば,平坦表面から粒子が離れるのに必要な遠心力が計測されている[314〜317].通常,一度の実験で多くの粒子の分離が計測できるため,データの統計評価が可能である.形が一様でない粒子の場合,接触面積と吸着力が平面に対する相対的な,粒子のランダムな配向に依存するので,このことはとくに有用である.それゆえ,遠心分離技術は製薬・食品業界で,粉末の挙動を計測に用いられてきた.粒子が吸着した表面を傾けると,遠心分離技術は摩擦力の研究にも使用できる.しかし,この手法には欠点も存在する.一つは回転子の材料の安定性により,遠心分離法で可能な回転速度が限られる点である.そのため,遠心分離法による吸着力の測定は,数 μm 以上の大きさの粒子に限定され,遠心力は表面に吸着した粒子を分離するのに,十分な力ではないといえる.また,接触時間と荷重の変化は困難である.

この手法の欠点のいくつかは吸着力測定にコロイドプローブ法を用いることにより克服できる(総説は文献[318]).この手法では,同じ粒子を一連の実験に使用し,その後,その表面の観察が可能である.可能な粒子の大きさは 1〜50 μm に限られる.試料準備が退屈という実際上の理由から,一研究で計測できる粒子の数が限られるので,コロイドプローブ法と遠心分離法は相補的な関係にある.

JKR 理論は,やわらかい表面で有効半径が 100 μm 以上の場合に,正確な接触半径を予言する.これは SFA による直接計測[319,320]と特別に設計された系での計測から示された.小さな粒子では,コロイドプローブ法によって確認された[321].

5.9 ま と め

- ファンデルワールス力は,三つの双極子間相互作用からなる.キーソン,デバイ,ロンドン分散項である.通常,ロンドンの分散力が支配的である.
- 分子間ファンデルワールスエネルギーは $1/D^6$ で減少する.巨視的物体では減少があまり急ではなく,相互作用する物体の形状に依存する.たとえば,二つの無限に広がる基板が距離 x 離れているときの単位面積あたりのファンデルワールスエネルギーは,以下のようになる.

$$w = -\frac{A_\mathrm{H}}{12\pi x^2}$$

- ハマカー定数は，相互作用している媒質の誘電率と光学特性で決定される．
- デルヤキン近似によって，単位面積あたり平坦基板間にはたらく力(エネルギー)をもとに，任意の形状の物体間にはたらく力(エネルギー)を近似的に求めることができる．このとき，物体の曲率半径が力の典型的な減衰長に比べて大きいことを仮定している．
- 実験的には，AFM または SFA によって，固体表面間の力を計測できる．
- 水媒質中では，電気二重層力が存在する．この力は，距離 x がデバイ長 λ_D より大きい場合，およそ指数関数的に減少する．$F \propto \exp(-x/\lambda_\mathrm{D})$.
- 水中の分散液の安定性は，しばしば，DLVO 理論によって記述することができる．これは，二重層による斥力と，ファンデルワールス力を含んでいる．場合によっては，DLVO 理論では考えていない効果が重要である．短距離の場合と親水性粒子の場合，水和斥力によって凝集が抑制される．逆に，疎水性粒子は疎水性力によって凝集する傾向がある．
- 距離が数分子長の場合は，束縛液体の構造に由来する水和力が重要になる．表面を高分子でコーティングすることは，立体相互作用により分散液を安定化させるために使用される．
- 微粒子間相互作用は，しばしば，ヤング率のような機械特性に支配される．これは，ヘルツ理論によって初めて考慮された．球状粒子間の吸着力は粒子半径に伴って上昇する．これは，JKR 理論と DMT 理論によって記述される．

5.10 演習問題

問題 5.1 表面密度(単位面積あたりの分子数)ρ_S^A と ρ_S^B の 2 枚の平行単分子膜の単位面積あたりのファンデルワールス力はいくらか？

問題 5.2 近似式(5.26)を確認せよ．

問題 5.3 応用では，粘土と高分子を組み合わせ，熱弾性特性の向上した複合材料が得られている．高分子は粘土粒子を包含するだけでなく，粘土層間に入り込む．これにより，高分子の物性は近接粘土層の束縛により変化する．ここでは，1 nm 離れた平行なマイカ層間に束縛されたポリスチレンを考え，そのファンデルワールス力の効果について考察する．この効果の評価のために，単位面積 w あたりのファンデルワールスエネルギーを計算せよ．さらに，このファンデルワールスエネルギーと熱エネルギー $k_\mathrm{B}T$ が等しくなる面積を計算せよ．温度は 110℃ とする．これはポリスチレンのガラス転移温度とほぼ一致する．酸化ケイ素に対しても同様の計算をせよ．簡単のため，$\varepsilon, n, \nu_\mathrm{e}$ は 20℃ のときと同じとする．

5.10 演習問題

問題 5.4 コーティング技術では腐食から表面を守るために,高分子と顔料を含む層を用いて表面をコートする.モデル系として,酸化ケイ素上のポリスチレン薄膜が研究された[322,323].ファンデルワールス力が支配的であるとして,ポリスチレンは安定な薄膜を形成するか,脱濡れ(dewetting)を起こすか?

問題 5.5 原子間力顕微鏡では,チップの先端形状は曲率半径 R の放物曲線で近似される.チップとの距離の関数として,ファンデルワールス力を計算せよ.ここで,遅れのない項のみを考え,ハマカー定数 A_H は既知とせよ.

問題 5.6 力が指数関数的に $f = f_0 e^{-\kappa x}$ で変化する場合に,平坦表面と,円錐形および放物線物体間にはたらく力を計算せよ.

問題 5.7 式(5.65)の導出.溶媒分子は粒子に R_0 以上は近づけないので,各粒子のまわりに溶媒分子の入れない厚さ R_0 の外殻(排除体積)がある.二つの粒子が近づくと,この体積が減少する.このとき,排除体積を計算し,浸透圧との積を計算せよ.$R_p \gg R_0$ と仮定する.

問題 5.8 半径 $R = 2\,\mu\mathrm{m}$ の酸化ケイ素の二つの球状粒子がある.ヘルツモデルとJKRモデルを用いて接触半径と荷重($5\,\mu\mathrm{N}$ まで)のグラフを示せ.$\gamma_s = 0.05\,\mathrm{N\,m^{-1}}$ とする.

問題 5.9 水溶性電解質溶液の中に酸化ケイ素粒子が存在している.この分散系は半径 $1\,\mu\mathrm{m}$ の粒子からなる単分散性を有する.一価塩濃度を上昇させ,粒子が凝集する濃度を評価せよ.ここで,DLVO理論により凝集が始まる条件はエネルギー障壁が $10\,k_B T$ 以下であり,表面電位は塩濃度にはよらず,$-20\,\mathrm{mV}$ であり,ハマカー定数が $0.4 \times 10^{-20}\,\mathrm{J}$ とする.

6

接触角現象と濡れ

　濡れ(wetting)は一般には3相の接触に関するすべての現象を含む．この3相のうち，一つは液体で，一つは流体(気体，液体)である．典型的な状況は大気中で液体が固体表面を濡らすというものである．気体の代わりに，非相溶なもう一つの液体を考えてもよい．

　濡れ現象は日常生活の中で観察される．例として，窓の雨粒，牛乳の中のココア粉末の分散，多孔質土壌への水の浸透などがある．多くの現象では，完全な濡れが望まれる．たとえば，表面コーティングや塗装，あるいは，除草剤の葉表面への，殺虫剤の虫表皮への塗布である．逆に，濡れを妨ぎたい場合もある．たとえば，防水衣類は水に濡れてはいけない．道路舗装は，小さな傷やひびに水が入り込むことを防ぐため，簡単に水に濡れてはいけない．水に濡れると，冬場には凍結し道路の舗装が壊れるからである．産業的応用の浮遊選鉱や洗剤では，接触角が決定的な役割を担う．この分野の入門書は，文献[324, 325]である．

6.1 ヤング方程式

6.1.1 接 触 角

　ヤング方程式が，濡れ現象を定量的に記述する基本となる．液滴を固体基板の上に置いたとき，以下の二つの可能性がある．第一は液体が固体基板上に完全に広がること(接触角 $\Theta = 0°$)であり，第二は有限の接触角が形成されることである．第一の場合は完全な濡れ(perfect, complete または total wetting)とよばれる．第二の場合は3相接触線(濡れ線)が形成され，この線上で3相が接触している．図2.8では，固体と液体と気体が接触している．以下の二つの場合を区分すると便利である．
　① 接触角90°以下では，濡れが好まれる．液体と固体の接着力により液体が広がる．これは部分濡れや高濡れ性とよばれ，このとき，基板は液体でほぼ濡らされている．
　② 接触角90°以上では，表面の濡れは好まれない．液体の凝集力によって球状の液滴が形成され，固体表面との接触を最小にする．低濡れ性と高接触角の場合を非

濡れとよぶ．

水の場合には，親水性(hydrophilic)や疎水性(hydrophobic)という言葉がよく用いられる．ここで，親水性は接触角 90° 以下，疎水性は接触角 90° 以上に用いられる．

ここまで，表面張力の記号として γ を用いてきた．これは通常，液体の表面張力に用いられるが，ときには界面張力にも使用される．いずれにせよ，どの界面張力を指すのか明らかであった．この章では，液体と気体間の表面張力 γ_L，固体と気体間の表面張力 γ_S，固体と液体間の界面張力 γ_{SL} を区別する必要がある．

ヤング方程式は，接触角と表面(界面)張力を関連づける式である[18,77,326]．

$$\gamma_L \cos\Theta = \gamma_S - \gamma_{SL} \tag{6.1}$$

基板表面の界面張力が固体液体間よりも大きければ $\gamma_S > \gamma_{SL}$，ヤング方程式の右辺が正で，$\cos\Theta$ が正となり，接触角は 90° 以下になる．逆に，固体液体の界面張力がエネルギー的に固体表面よりも好ましくない場合は $\gamma_S < \gamma_{SL}$，$\cos\Theta$ が負となり，接触角は 90° 以上になる．

室温での接触角の例を表 6.1 に示す．表面張力の低い液体が，高い表面張力の液体と比べて，低い接触角をもつ傾向がある．例として，表 6.1 の中のテフロンとの接触角を比較してみる．水銀($\gamma_L = 485\,\mathrm{mN\,m^{-1}}$) では接触角 150°，水($\gamma_L = 72\,\mathrm{mN\,m^{-1}}$) では 115°，オクタン($\gamma_L = 21\,\mathrm{mN\,m^{-1}}$) では 30° である．よって，潤滑油はつねに表面張力の低い液体であるといえる．

接触角は表面の作成法や不純物に敏感である．金と水の接触角を計測すると，有機物

表 6.1 25°C でのさまざまな液体の異なった基板上での接触角(前進接触角)(文献[1, 327]および，著者自身の測定結果から作成)

液体	固体	$\Theta_{\mathrm{adv}}(°)$
水	パラフィン	110
	テフロン	112〜118
	ポリスチレン	94
	ポリプロピレン	108
	ポリエチレン	88〜103
	黒鉛	86
n-デカン	テフロン	32〜40
n-オクタン	テフロン	26〜30
n-プロパノール	テフロン	43
	パラフィン	22
	ポリエチレン	7
水銀	テフロン	150
	ガラス	128〜148

不純物の影響で，$\Theta = 20°～70°$ となることが多い．完全に清浄な金表面での接触角はゼロである．

6.1.2 導　出

平坦固体基板上の液滴という典型的な例に対してヤング方程式を導く．他の場合も，同様な導出が可能である．固体基板は，均一で，滑らかで，剛直で，溶解したり化学反応したりしないものとする．液体は不揮発性，あるいは，まわりがその液体蒸気で飽和している．その場合，蒸発の影響は無視でき，液滴体積は一定である．ヤング方程式を導くために，液滴が無限小広がるときのギブズ自由エネルギー変化を考える．それに伴い，固体と接触する面積が a から $a + da$ に増大する(図6.1)．一方で，高さは h から $h + dh$(dh は負の値)へと変化する．ギブズ自由エネルギーのこの仮想変化が負ならば，この変化は自発的に起こる．正ならば，液滴は縮小する．平衡状態，つまりエネルギー的にもっとも安定な状態では $dG = 0$ になる．

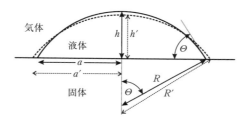

図 6.1　平坦固体表面上で，球状の接触面をもつ液滴

液滴は十分に小さく，重力の影響は無視できると仮定する．その結果として，液滴形状は球形帽子の一部分となる．この結果そのものは大きな液滴でも有効だが，重力を無視すると，数学的な取扱いが簡単になる．

液滴が広がると，自由固体表面が固液界面に変化する．面積変化 $dA_{SL} = 2\pi a da$ により，表面エネルギーが $(\gamma_{SL} - \gamma_S) dA_{SL}$ だけ変わる．加えて，気液界面の表面積が変わる．基礎的な幾何学より，球形帽子の表面積は，

$$A_L = \pi(a^2 + h^2) \tag{6.2}$$

となる．接触半径の微小変化により，液体の表面積も以下のように変化する．

$$dA_L = \frac{\partial A_L}{\partial a} da + \frac{\partial A_L}{\partial h} dh = 2\pi a da + 2\pi h dh \tag{6.3}$$

残念ながら，表面積変化は a と h の二変数に依存する(二次のオーダーのため，Θ の変化は考えない)．しかし，体積が一定より，これらの変数は独立ではない．球形帽子の

体積は，

$$V = \frac{\pi}{6}(3a^2h + h^3) \tag{6.4}$$

となる．体積の微小変化は，

$$dV = \frac{\partial V}{\partial a}da + \frac{\partial V}{\partial h}dh = \pi ah da + \frac{\pi}{2}(a^2 + h^2)dh \tag{6.5}$$

と書ける．体積一定($dV = 0$)と仮定しているため，以下の式が導ける．

$$-\pi ah da = \frac{\pi}{2}(a^2 + h^2)dh \Rightarrow \frac{dh}{da} = -\frac{2ah}{a^2 + h^2} \tag{6.6}$$

ピタゴラスの法則から，$R^2 = a^2 + (R-h)^2 \Rightarrow a^2 = 2Rh - h^2$ であり，

$$\frac{dh}{da} = -\frac{2ah}{2Rh - h^2 + h^2} = -\frac{a}{R} \tag{6.7}$$

$$dA_L = 2\pi a da - 2\pi h \frac{a}{R}da = 2\pi a \cdot \left(1 - \frac{h}{R}\right)da$$

$$= 2\pi a \frac{R - h}{R}da = 2\pi a \cos\Theta da \tag{6.8}$$

が導かれる．これより，ギブズ自由エネルギーの全変化量が，

$$dG = (\gamma_{SL} - \gamma_L)dA_{SL} + \gamma_L dA_L = 2\pi a(\gamma_{SL} - \gamma_L)da + 2\pi a\gamma_L \cdot \cos\Theta da \tag{6.9}$$

と記述できる．より一般的な導出では，重力[328〜331]や溶解物質の吸着[328,332]を考慮した上で，ヘルムホルツまたはギブズ自由エネルギーを最小化する[76,77]．

　ヤング方程式は気相を非相溶な他の液相に置換しても成り立つ．導出は同じで，γ_L と γ_{SL} を適切な界面張力に替えればよい．たとえば，油下での水滴と固体表面の接触角が定義できる．液体蒸気で飽和した気体の代わりに，第一の液体で飽和した第二の液体が必要である．

　トーマス・ヤングのオリジナルの仕事[326]のように，式(6.1)は水平方向の力のつり合いからも求められる．そのため，3相接触線の線素 dl を考える(図6.2)．水平方向に関しては，固体の表面張力が力 $\gamma_S dl$ で右向きに，固液界面の界面張力が力 $\gamma_{SL} dl$ で左向きに，線素を引っ張っている．さらに，線素にはたらく液体表面張力の水平成分は $\gamma_L dl \cos\Theta$ である．平衡状態では，水平方向の力がつり合わねばならないため，

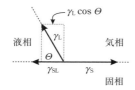

図 6.2　3相接触線にはたらく力．3相接触線が紙面に垂直な方向へ伸びている場合．

$$\gamma_{SD}dl - \gamma_{SL}dl - \gamma_L dl \cos\Theta = 0 \tag{6.10}$$

が導かれる．dl で割り，式変形をすれば，式(6.1)が導かれる．

この導出には一つ問題点がある．水平方向の力が固体の内部弾性応力によりつり合うならば[76]，力の合力がゼロになる必要はない．たとえば，後章で詳しくみるが，表面の欠陥や粗さにより3相接触線がピン止めされることがある．この場合は，表面張力は固体表面の小変形や内部応力によってつり合っている．通常，固体表面の変形は原子レベルで小さい．非常に柔軟な物質のみ，この変形は光学顕微鏡で観察できる大きさになる．

〈具体例6.1〉

イオン液体とは液体状態の塩である．イオン液体は溶融塩と異なり，融点が100℃以下のものに限られる．イオン液体は実用上，蒸発しないが，低粘度である．イオン液体，ヘキサフルオロリン酸1-ブチル-3-メチルイミダゾリウム(1-butyl-3-methylimidazolium hexafluorophosphate)は室温で液体であり，これをやわらかい高分子(poly(dimethylsiloxane)：PDMS)表面上に置くと，高分子が弾性的に変形する．3相接触線では，界面張力の垂直成分 $\gamma_L \sin\Theta$ によって，高分子が上方向に引かれる(図6.3(a))．この変形は共焦点顕微鏡の反射モードで撮影できる(図6.3(b)の液滴の左右方向への黒い太線)．液滴内部の曲率によって毛管圧 ΔP はまわりの大気中よりも高く，液滴の下の高分子は圧縮される．可視化のため，イオン液体に蛍光マーカーを加えた．図6.3(b)で液体部分が灰色にみえる．この構造では，垂直方向の界面力は高分子の弾性応力とつり合っている．

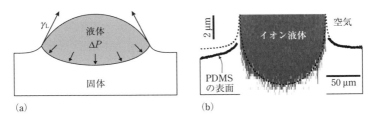

図6.3 (a)弾性表面上の液滴の模式図．液滴の縁のところで，表面張力によって，固体基板が引き上げられる．一方で，液体のラプラス圧によって，弾性物質は押される．(b)部分的に架橋したPDMS上のヘキサフルオロリン酸1-ブチル-3-メチルイミダゾリウム液滴を観測した実験結果．レーザー走査共焦点顕微鏡法を使用して，観測された液滴とPDMS基板の断面図[333]．(b)では横方向のスケールと縦方向のスケールが違うことに注意せよ．点線は，弾性理論から計算された結果である．PDMS表面は，完全に水平ではないため，左側で，実験値と計算値がずれている．

6.1.3 線張力

通常，液滴の広がりは濡れ線の長さの変化を伴う．たとえば，円形の接触面積をもつ液滴が da だけ広がると，3相接触線の長さは $2\pi da$ だけ増加する．新たな表面積を形成する場合と同様に，新しい接触線を形成する場合もエネルギーを必要とする．この単位

長さあたりのエネルギーを線張力 κ とよぶ．1 μm 以下の液滴では，線張力も考慮する必要があり（総説[334]），ヤング方程式に新たな項を加える必要がある[335, 336]．

$$\gamma_L \cos \Theta = \gamma_S - \gamma_{SL} - \frac{\kappa_l}{a} \tag{6.11}$$

ここで，a は3相接触線の曲率半径であり，円形接触面積をもつ場合は接触半径である．

〈具体例 6.2〉

シクロヘキサン液体の線張力を気化熱 $\Delta_{vap}U = 30.5 \text{ kJ mol}^{-1}$ (25℃) から見積もれ．密度 $\rho = 773 \text{ kg m}^{-3}$，分子量 $M = 84.2 \text{ g mol}^{-1}$ である．

具体例 2.4 と同様に，立方体分子から構成された液体を考える．立方体一辺の長さはシクロヘキサンの密度より $a_M = 0.565$ nm と計算できる．バルク中では，各分子が六つの近接分子と相互作用すると仮定すると，結合あたりのエネルギーは $\Delta_{vap}U/6N_A$ である．端では2結合が少ないので，分子あたりのエネルギー損失は $2 \cdot \Delta_{vap}U/6N_A$ である．以上より，単位長さあたりのエネルギー差は以下のように計算できる．

$$\kappa_l = \frac{\Delta_{vap}U}{3N_A a_M} = \frac{30500 \text{ J mol}^{-1}}{3 \cdot 6.02 \times 10^{23} \text{ mol}^{-1} \cdot 0.565 \times 10^{-9} \text{ m}} = 2.98 \times 10^{-11} \frac{\text{J}}{\text{m}}$$

この結果は，オーダーとして正しい値である．水の場合も同様に線張力を 7.4×10^{-11} J m^{-1} と見積もれる．

通常の線張力は，10^{-10} N のオーダーである[337]．ただ，非常に高い有効線張力をもつ物質も報告されている[338]．表面力の分析による線張力の求め方の総説は文献[339]である．

表面張力はつねに正であり，より広い表面をつくるにはエネルギーが必要である．もし負の表面張力をもつ物質が存在するならば，表面を広げることで自発的に自由エネルギーが減少する．それゆえ，表面が無限大に広がってしまう．一方で，線張力は負になりうる．新たな3相接触線の形成が好まれる．

6.1.4 完全な濡れと濡れ転移

ヤング方程式で $\cos \Theta$ の値は通常1を超えることはない．$\Theta = 0$ の完全濡れの場合には $\cos \Theta$ の値が1となる．では，$\gamma_S - \gamma_{SL}$ が γ_L より大きいならば，何が起こるだろうか？ヤング方程式を破ることにならないだろうか？　この時点で平衡状態と非平衡状態の二つの場合を区別するのは教育的であろう．揮発性液体の熱力学的平衡状態において，$\gamma_S - \gamma_{SL} - \gamma_L$ が正の値をとることはない．この理由は簡単に理解できる．もしも，$\gamma_S > \gamma_{SL} + \gamma_L$ となる状況が可能ならば，固体表面上に連続した液体膜を形成することで，系のギブズ自由エネルギーの減少が可能となる．揮発性液体の場合，蒸気が固体表面に凝集し，膜が形成され，自由固体表面が固液界面と液体表面に置き換えられることになる．

直感的には，$\gamma_S = \gamma_{SL} + \gamma_L$ は例外に思えるが，それは正しくない．平衡状態つまり飽

和蒸気存在下では γ_S は $\gamma_{SL}+\gamma_L$ を超えない．そのため，系が平衡状態にあり完全濡れの場合は $\gamma_S = \gamma_{SL}+\gamma_L$ となる．

多くの実用的な場合において，系は完全な熱力学的平衡ではない．高分子溶融体やイオン液体などの不揮発性もしくは低蒸気圧液体では容易にこれが当てはまる．非平衡状態では，いわゆる広がり係数(spreading coefficient) S

$$S = \gamma_S - \gamma_{SL} - \gamma_L \tag{6.12}$$

が正になりうる．広がり係数は，液体が固体表面上でいかに強く広がれるかを示す尺度である．$S<0$ では，有限の接触角が形成される．

〈具体例 6.3〉
水滴が表面上にあり，有限接触角を示している．実験室の湿度は通常100%ではないので，厳密な意味では平衡状態ではない．この場合でもヤング方程式は適用できるだろうか？

水滴近傍での局所的湿度が飽和値に近いため，よい近似で適用できる．25℃の水の飽和蒸気圧は 3169 Pa であるので，液滴表面上での蒸気圧は 3169 Pa となる．空気中での水分子の拡散係数は，$D = 2.4\times 10^{-5}\,\mathrm{m^2\,s^{-1}}$ である．表面からの Δr（たとえば，10 μm）の範囲が局所平衡に到達するのに必要な時間は $\tau \approx \Delta r^2/6D = 0.69\,\mathrm{\mu s}$ である．そのため，液滴が非常に速く広がっていない限り，液滴表面近傍では湿度100%とみなせる．

蒸気と平衡状態で，固体表面上にある部分的濡れ($0°<\Theta<90°$)の液滴の考察に戻ろう．温度を上げると，何が起こるだろうか？ 通常，温度上昇により，γ_L が $\gamma_S-\gamma_{SL}$ よりもかなり速く減少し，接触角は小さくなる．先に液体が沸点に到達しない場合，十分高温で，$S=0$ つまり $\Theta=0$ となる温度，濡れ温度 T_W が存在する．T_W 以下では，有限接触角が観測され，T_W 以上では，固体上に連続した液体膜が形成される．これは，濡れ転移とよばれる．

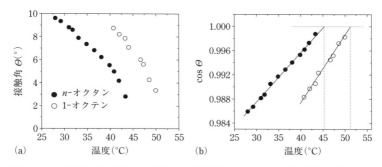

図 6.4 ヘキサデシルトリクロロシランの単分子膜でコーティングされたシリコンウェハー基板上の n-オクタンと 1-オクテン液滴の (a) 接触角と (b) その余弦 $\cos\Theta$ の温度依存性．文献[340]のデータをもとに作成．

〈具体例 6.4〉

図 6.4 は n-オクタンと 1-オクテンのシラン処理したシリコンウェハー上での接触角の温度依存性を示す．濡れ温度の決定には，温度と $\cos\Theta$ の関係をプロットし，$\cos\Theta = 1$ へ外挿するのが適切である（図 6.4）．濡れ転移はオクタンでは 45.4℃，オクテンでは 51.2℃ で起こる．

6.1.5 接触角の理論的側面

ヤング方程式は，濡れを定量化するのに広く用いられる．しかし，少なくとも揮発性液体では，ラプラス方程式やケルビン方程式と比べて，熱力学的根拠は乏しい．実験的にも完全に検証されたとはいえない．理論的基礎として，揮発性液体の液滴を考えよう．液体の表面は曲率をもつので，ケルビン方程式により内部の圧力が高くなる．そのため，最終的には飽和蒸気に接していても，液滴は蒸発するだろう（平坦液体表面では飽和している）[341,342]．このように揮発性液体の液滴は決して真の平衡状態にはならない．

実験的な主要な問題は固体の表面張力 γ_S と γ_{SL} の測定である[76,343]．ほとんどの場合，表面張力は表面の生成方法に依存し，その意味で真の熱力学量ではない．固体表面は塑性的または弾性的に生成される（8章）．生成方法によって，表面張力や表面エネルギーは異なる．もう一つの実験上の大きな問題点は，前進接触角と後退接触角しか求まらないことである．それらの値は平衡接触角にある値の幅を与える．

変数 γ_S, γ_L, γ_{SL}, Θ は，長さスケールが 10〜100 nm 以上の場合を記述する．濡れ線の近傍の核となる領域（訳注：液滴の縁の領域）では，表面力が液滴形状を変える可能性がある．そのため，ナノスケールの形状と巨視的な接触角を区別する必要がある．核となる領域の正確な形状を知らなくても，界面張力から巨視的な接触角の計算が可能であることに気づいたのはヤングの重要な業績の一つである．

核となる領域では液滴形状がファンデルワールス力や電気二重層力などの表面力による影響を受ける[325]．これらの力は 100 nm までの領域で液滴形状に影響を与える[344,345]．液滴が固体表面に引きつけられ，その引力が液体分子間の引力よりも強い場合，形式上，固液と気液界面間に斥力の分離圧がはたらく．これは液体薄膜を厚くする傾向がある（図 6.5(a)）．逆に，液体間の引力が固液間の引力よりも強い場合，形式上，固液と液気界面間に引力の分離圧がはたらく（図 6.5(b)）．

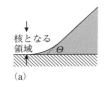

図 6.5 3 相接触領域の微視的なスケールでの描像．固液界面と気液界面に (a) 斥力がはたらく場合と (b) 引力がはたらく場合．

6.1 ヤング方程式　143

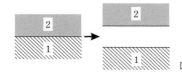

図 6.6　界面で分離された二つの物質

多くの応用で γ_L および，やや難しいが，γ_S の評価は可能であるが，γ_{SL} は評価できない．そのため，γ_{SL} を γ_L と γ_S で表すことができれば便利である．$\gamma_L, \gamma_S, \gamma_{SL}$ は独立変数であるため，近似的にこれらを関連づけることしかできない．そして，さらなる情報が必要である．Girifalo, Good, Fowkes はファンデルワールス力により分子が凝集している固体と液体を考えた[346,347]．思考実験として，これを界面で二つの物質を分離する(図 6.6)．このとき，界面が消滅し，二つの新しい表面が形成されるので，単位断面積あたりの必要なエネルギー差，付着仕事量は $w = \gamma_1 + \gamma_2 - \gamma_{12}$ となる．これより，並べ替えると，

$$\gamma_{12} = \gamma_1 + \gamma_2 - w \tag{6.13}$$

が得られる．ここで，5.2.4 項を思いそう．二つの固体をファンデルワールス力に逆らって無限の距離だけ離すのに必要な仕事は，

$$w = \frac{A_{12}}{12\pi D_0^2} \tag{6.14}$$

と書ける．D_0 は通常の原子間距離である．A_{12} は物質 1 と物質 2 の真空または空気を介しての相互作用のハマカー定数である．式(5.27)により，"混合"ハマカー定数は，

$$A_{12} \approx \sqrt{A_{11}A_{22}} \tag{6.15}$$

となる．単一物質のハマカー定数は，表面張力と式(5.29)で関連づけられる．

$$\gamma_1 = \frac{A_{11}}{24\pi D_0^2} \quad \text{および} \quad \gamma_2 = \frac{A_{22}}{24\pi D_0^2} \tag{6.16}$$

すべての結果を式(6.13)に代入すると，最終的に以下の式を得る．

$$\gamma_{12} = \gamma_1 + \gamma_2 - 2\sqrt{\gamma_1\gamma_2} \tag{6.17}$$

Girifalo, Good, Fowkes のモデルは他の相互作用にも拡張されている．たとえば，表面エネルギーがファンデルワールス(分散)と極性相互作用の和と仮定すると，

$$\gamma_{SL} \approx \gamma_S + \gamma_L - 2\sqrt{\gamma_S^d\gamma_L^d} - 2\sqrt{\gamma_S^p\gamma_L^p} \tag{6.18}$$

が通常用いられる[348]．ここで，$\gamma_S = \gamma_S^d + \gamma_S^p$ および，$\gamma_L = \gamma_L^d + \gamma_L^p$ である．上つき文字 d と p はそれぞれ分散(dispersive)と極性(polar)相互作用を示す．詳細は文献[349, 350]を参照せよ．

6.2 重要な濡れの幾何配置

6.2.1 毛 管 上 昇

ヤング方程式の重要な応用の一つは毛管内の液体の上昇である．これにより，接触角を計測することもできる．液体の中に毛細管を入れると，多くの場合，ある高さまで液面が上昇する（図6.7(a)）．半径 r_c の断面積の毛管では，高さは以下の式で与えられる[18, 19, 351]．

$$h = \frac{2\gamma_L \cos \Theta}{r_c g \rho} \tag{6.19}$$

ここで，g は重力加速度であり，ρ は液体の密度である．毛管上昇の詳細は，文献[1]にある．歴史的には，毛管上昇は液体の表面張力計測のもっとも一般的な手法であった[352〜354]．

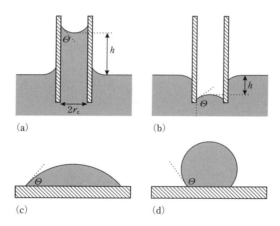

図 6.7 (a) 部分濡れ性の毛管における液体の毛管上昇．(b) 脱濡れ性の毛管における毛管下降．(c, d) それぞれの毛管と同じ物質の基板上に液滴をおいた場合．

〈具体例 6.5〉

木の中で，水は木質部とよばれる管を通って上昇する．木質部の半径は 5〜170 μm で，完全に濡れる（$\Theta = 0$）．半径 5 μm の管で，水が上昇できる最大の高さはいくらか？

式(6.19)より，

$$h = \frac{2 \cdot 0.072 \, \text{N m}^{-1}}{5 \times 10^{-6} \, \text{m} \cdot 9.81 \, \text{m s}^{-2} \cdot 997 \, \text{kg m}^{-3}} = 2.94 \, \text{m} \tag{6.20}$$

と計算できる．

明らかに，木はこれ以上の高さまで育つ．世界でもっとも高い木はカリフォルニアの

coastal redwoodにあるセコイヤ(学名：sequoia sempervirens)で115 mになる．この高さまで水を運ぶには毛管上昇では十分でない．必要な圧力差を生み出す原動力は葉からの水の蒸発である．ほとんどの木で水は細胞膜から細胞間空隙へ素早く蒸発する．空隙での相対蒸気圧は90〜95%である．空隙は気孔を通じて，まわりの大気とつながっている．相対蒸気圧90%の水が蒸発すると，それによって生じる圧力は$-RT/V_m \cdot \ln 0.9$となる．水のモル体積が$V_m = 18 \times 10^{-6}$ m^{3}であるため，圧力は14 MPaとなる．この圧力は水を140 m上昇させるのに十分なほどである．泡の生成がなく木質部に傷がなければ，水は十分な高さまで上昇するのである．水の分子間力は毛管の水を保つのに十分な力である．詳細は文献[355]にある．

式(6.19)の導出には，液体の高さの微小な上昇dhによるギブズ自由エネルギーの変化を考える．気液界面の形状が変化しないので，これは簡単で，ギブズ自由エネルギーの変化は，

$$dG = -2\pi r_c \cdot dh \cdot (\gamma_S - \gamma_{SL}) + \pi r_c^2 \rho g h \cdot dh \quad (6.21)$$

となる．第1項は表面仕事であり，これが高エネルギーの固体表面が低エネルギーの固液界面におき換わり，液面が上昇するという過程を駆動している．第2項は重力に逆らって，重さ$\pi r_c^2 h \rho$の液体を高さdhだけ上昇させるのに必要な仕事である．平衡状態では，重力による項と界面張力による項が等しくなり，

$$\frac{dG}{dh} = -2\pi r_c (\gamma_S - \gamma_{SL}) + \pi r_c^2 \rho g h = 0 \Rightarrow 2(\gamma_S - \gamma_{SL}) = r_c \rho g h \quad (6.22)$$

を得る．$\gamma_S - \gamma_{SL}$を$\gamma_L \cos \Theta$で置き換えることで，式(6.19)を得る．

部分的濡れ($\Theta < 90°$)の表面では毛管上昇が生じる．液体が毛管の内表面を濡らさず，接触角が90°以上の場合，液体は毛管から押出される．毛管を液体で満たすには，仕事が必要である．そのため，高分子毛管の表面が疎水性である限り，水を毛管の中に満たすのは難しい．疎水性高分子毛管を水で満たすには，外圧をかける必要がある．

応用では，液体がどのくらいの時間で毛管を満たすかは重要である．重力を無視し，水平な毛管を考えると，液体が毛管内を時間tの間に浸透する長さlは，Washburnの式によって，

$$l = \sqrt{\frac{r_c \gamma_L t \cos \Theta}{2\eta}} \quad (6.23)$$

となる[356]．毛管上昇は細い毛管に液体が束縛されるときにとくに顕著である．1枚の板に対しても起こる(図6.8)．たとえば，垂直な板が部分的に液体に挿入されたとすると，液体はメニスカスを形成する．メニスカスの高さは以下の式で与えられる[19, 325, 351]．

$$h = \sqrt{\frac{2\gamma_L}{\rho g}} (1 - \sin \Theta) \quad (6.24)$$

146   6 接触角現象と濡れ

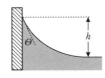

図 6.8 液体中へ垂直に挿入した基板への
メニスカス形成による液体上昇の模式図

6.2.2 界面の粒子

接触角がゼロでない場合，小さな粒子は気液界面に束縛される．後述のように，浮遊選鉱やエマルションの安定化などの応用での本質的な重要性のため，界面の粒子は広く研究されてきた[357,358]．簡単のため，まず，重力と浮力を無視できる球状小粒子を考えよう．

$\Theta > 0$ の場合，粒子は液体表面で安定化する(図 6.9)．平衡状態では液体表面が非摂動であるということで，界面内での粒子の位置が決まる．平坦な液体表面は粒子が界面に吸着しても平坦なままである．これは簡単に理解できる．粒子の存在により液体表面が曲率をもつと，表面張力由来の毛管力が垂直方向にはたらく．外力のない場合，この毛管力によって粒子の位置がずれ，最終的に曲率がゼロの状態で安定となる．粒子が十分に大きい場合($\approx 10\,\mu\text{m}$)には，重力の影響が表れ，重力と毛管力の力がつり合うために，界面が曲率をもつ．

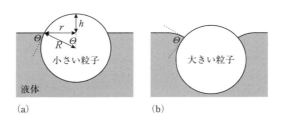

図 6.9 (a) 気液界面での重力が無視できるような小さい球形粒子．粒子の存在によって表面の形状は変化しない．(b) 大きい粒子の場合．粒子によって液体表面は変形する．正味の毛管力が粒子をその場所で安定化し，沈むことを防いでいる．

多くの応用では，粒子を気液界面から取り除くのに必要な仕事が重要である．たとえば，浮遊選鉱(6.5.1 項)では，鉱物粒子が泡に粘着し，バルクの液体に戻ることなく界面にとどまるのが理想である．この仕事はギブズ自由エネルギー変化と等しい．小粒子を界面内の平衡位置からバルクの液体中まで移動させるときのギブズ自由エネルギー変化を計算する．そのために必要な，気体に曝されている粒子の表面積は $r = R\sin\Theta$, $h = R - R\cos\Theta$ より，

$$\pi(r^2 + h^2) = \pi R^2(\sin^2\Theta + 1 - 2\cos\Theta + \cos^2\Theta) = 2\pi R^2(1 - \cos\Theta) \quad (6.25)$$

と書ける（式(6.2)）．粒子を界面から液体中に移動させる過程で，固気界面積が減少し，固液と気液界面積が増大する．これより，ギブズ自由エネルギーが変化する[335]．

$$\Delta G = 2\pi R^2(1-\cos\Theta)(\gamma_{SL} - \gamma_S) + \pi R^2 \gamma_L \sin^2\Theta \quad (6.26)$$

ヤング方程式を使用することで，以下のように変形できる．

$$\begin{aligned}\Delta G &= -2\pi R^2(1-\cos\Theta)\cdot\gamma_L\cos\Theta + \pi R^2\gamma_L\sin^2\Theta\\ &= \pi R^2\gamma_L(\sin^2\Theta - 2\cos\Theta + 2\cos^2\Theta)\\ &= \pi R^2\gamma_L(\cos^2\Theta - 2\cos\Theta + 1)\\ &= \pi R^2\gamma_L(\cos\Theta - 1)^2 \quad (6.27)\end{aligned}$$

導出は省略するが，球状粒子を界面張力 γ の界面から完全に引き上げるのに必要な力は，

$$F = 2\pi R\gamma_L \sin^2\frac{\Theta}{2} \quad (6.28)$$

で表される[335]．

〈具体例 6.6〉

水表面（$\gamma_L = 0.072\,\mathrm{J\,m^{-2}}$）から半径 $5\,\mu\mathrm{m}$ の疎水性微小球（$\Theta = 90°$）を取り除くのに必要な仕事は $5.6\times10^{-12}\,\mathrm{J}$ で，約 $10^9\,k_B T$ に相当する．吸着力は $1.13\,\mu\mathrm{N}$ である．普通はこの粒子は界面にとどまると結論できる．比較として，この粒子の重力は $0.01\,\mu\mathrm{N}$ 程度でしかない．

6.2.3 繊維ネットワーク

衣類の撥水など，多くの応用では繊維ネットワークの濡れ現象は重要である．単純なモデルとして，ある間隔で並ぶ平行円筒形繊維を考える．間隔は毛管定数よりも十分に小さく，液体表面形状がラプラス方程式(2.6)のみで決まり，事実上，円筒状の液体表面となる．

外圧が小さい場合，接触角がゼロでない限り，このような繊維は液体を通さない（図6.10）[359]．液体と繊維の接触角によって，どこまで液体が繊維内に通過するかが決まる．外部から静水圧がかかると，水は繊維のより内部まで浸透する．水が繊維ネットワークを通り抜けるのは，圧力が十分に高い場合である．そのとき，この間隔内での液体表面が不安定になり，液滴が形成される．

〈具体例 6.7〉

鳥（水禽類）に対する油の影響．水禽類はワックスにより羽の疎水性を保つので，羽の耐水性は不可欠である．羽の中に保たれた空気はよい断熱材としてもはたらき，これにより鳥は水に浮かび，また体を軽く保ち飛ぶことができる．油は表面張力が低く，すべての種類の固

体表面を強く濡らす．油は鳥の羽も濡らす．その場合，鳥は上述の必要不可欠な能力をすべて失う．加えて，重油は粘着性が強く，羽の構造を壊し，鳥の自由な行動を不可能にする．

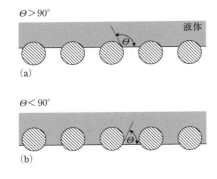

図 6.10 液滴が載っている平行な円筒形繊維．(a, b) の場合は，静水圧のような外部圧力が存在しない．そのため，液体表面は平らである(平衡状態において)．(a)は，接触角が 90°以上の場合．(b)は，接触角が 90°以下であるが，0°よりは十分に大きい場合である．(c)では，静水圧が印加されている．

6.3 接触角の計測

6.3.1 実験手法

接触角計測のもっとも一般的な手法は液滴の顕微鏡観察である，液滴法である．2.4節でみたように，光源を液滴の後ろに置くと，液滴の部分が暗くなる．ゴニオメータを使用して，直接液滴の接触角を計測するか，画像を録画してラプラス方程式をもとに液滴の形状をフィッティングする．同様の手法が液体の表面張力の評価にも使用できる．静水圧が無視できるような小さな液滴では液滴の高さ h（あるいは他の簡単に計測できる長さ）をもとに，接触角が決定される[360]．ラプラス方程式から予言されるように，小さな液滴は完全な球形をとる（図 6.11）．高さと接触半径 a から，接触角は以下の関係式より求められる．

$$\tan\left(\frac{\Theta}{2}\right) = \frac{h}{a} \tag{6.29}$$

他の方法としては，泡の端の接触角をはかることもできる．これはバブル法とよばれる．通常，上の基板に接して泡が存在し，泡がない部分は，液体で満たされる．この手

6.3 接触角の計測

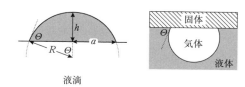

液滴

図 6.11 平面表面上の液滴と泡

法では，不純物の影響を受けにくい．加えて，飽和蒸気圧条件下での接触角を計測できる．

広く用いられているのは，2.4 節で紹介したウィルヘルミープレート法である．接触角がゼロより大きければ，薄い板を液中から引く力は $2\gamma_\mathrm{L} l \cos\Theta$ である．l は板の幅である．

多くの応用では粉体が液体に接触するので，その濡れ挙動の定量的評価は重要である．そのために通常用いられる方法は毛管上昇法である[361,362]．この手法では粉体を通常，直径 1 cm の毛管に詰め（図 6.12），この粉体を有効半径 $r_\mathrm{c}^\mathrm{eff}$ の毛管の集まりとみなす[356,363,364]．有効半径の計測のために，表面張力 $\gamma_\mathrm{L}^\mathrm{ref}$ が既知の完全濡れ性の液体を使用する．液体上昇の速度の計測（毛管浸入法（capillary penetration technique）ともよばれる）[365]または，液体を粉体から取り除くのに必要な圧力の計測を行う．この圧力は液体のラプラス圧に等しく，以下となる．

$$\Delta P_\mathrm{ref} = \frac{2\gamma_\mathrm{L}^\mathrm{ref}}{r_\mathrm{c}^\mathrm{eff}} \tag{6.30}$$

$\gamma_\mathrm{L}^\mathrm{ref}$ は既知なので $r_\mathrm{c}^\mathrm{eff}$ が評価できる．次に，興味のある液体のラプラス圧を計測する．

$$\Delta P = \frac{2\gamma_\mathrm{L} \cos\Theta}{r_\mathrm{c}^\mathrm{eff}} \tag{6.31}$$

が成り立つ．この二つの圧力の比較から接触角が直接得られる．毛管上昇法の限界は多数の粉体にわたる平均化と，実際の分布が不明な点である．加えて，粉体を毛管の集合として扱えると仮定しており，利用したモデルに依存する[366,367]．

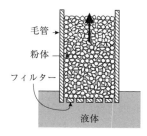

図 6.12 粉体や多孔性物質の濡れ性を定量化する毛管上昇法

近年，コロイドプローブ法(5.4節)と密接に関係する微小球体張力計により球状粒子の接触角の評価が可能となってきた[368]．この手法では気液界面に粒子を置き，平衡状態の位置を厳密に計測する．電子顕微鏡で計測した粒子半径と幾何配置から接触角が計算される．

6.3.2 接触角測定での履歴

ここまでは，理想的な表面について議論してきた．実際の表面では履歴という難題にぶつかる．平坦表面の上の液滴というもっとも一般的な状況を用いて説明したい．液滴の体積が増えているとき，実際上は濡れ線が前進する直前に接触角をはかると，前進接触角 Θ_{adv} が得られる．続いて，液滴の体積を減らし，濡れ線が後退する直前の接触角を計測すると，後退接触角 Θ_{rec} が得られる．通常，Θ_{adv} は，Θ_{rec} よりも十分に大きい．この差 $\Theta_{adv} - \Theta_{rec}$ を接触角履歴とよぶ．通常の値は5〜20°だが，さらに大きくなることもある．

接触角履歴が大きい場合，系は濡れ線のピン止めにより支配されるので，この履歴は熱力学的平衡状態やヤング方程式ではなく，ピン止めや系の履歴がどの程度，巨視的な接触角を決定するのかの尺度となる．接触角を報告する際には接触角の定義を明らかにする必要がある．

接触角履歴の物理的な起源に関して，さまざまな議論がされてきた．各因子の寄与は場合により異なる．以下，この履歴の可能な起源について述べる．

- 表面粗さ[369〜372]．多くの表面は肉眼では平らで均一にみえるが，サブミクロンスケールでは通常粗さをもつ．図6.13で接触角が90°の液滴の模式図が示すように，表面粗さにより履歴が生まれる．ここで，濡れ線は微小な円筒状突起を越える必要がある．3相接触線が左から右に前進すると(場所i)，あるところで突起と接触し，

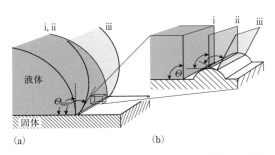

図6.13 固体表面上の微視的な円筒形突起を越えて前進する液滴．
(a) 光学的に観測される様子．(b) 微視的なスケールでの詳細の模式図．

6.3 接触角の計測

直ちに接触角が 90°の場所，つまり円筒突起の頂点までジャンプする（ⅱ）．次に，液滴は局所的な接触角を 90°に保つため，さらに広がることを妨げられる．巨視的には 3 相接触線が突起部分に固定されるようにみえる．このとき，微視的な接触角は 90°を保つが，巨視的なみかけの接触角は 90°よりもずっと大きい（ⅲ）．突起を完全に越えると，次の突起が出現するまでは濡れ線は広がり続ける．粗い表面は高密度での突起の集合と考えられる．突起の高さが低いとしても，定性的には同様の効果がある．液滴の後退でも，同じことが起こるため，履歴が観測される．

- 多くの表面は完全に均一ではなく，化学的・構造的に異なった領域をもつ．不均一にミクロパターニングした基板上を液滴が広がる様子を観測すると，この効果が明らかとなる[373~376]．そのような不均一性や不純物によって液滴がピン止めされ，表面粗さと同様に，履歴が生まれる[375,377~380]．3 相接触線が前進するときは，比較的疎液性（液体を嫌う）の部分でピン止めされ，後退するときは，親液性（液体を好む）の領域でピン止めされる．

- 溶解物質は，しばしば 3 相接触線に吸着する．液滴の前進および後退は，析出物質によって妨げられる．これはピン止めサイトとしてはたらく[381,382]．

- 3 相接触線では，表面張力は基板に強い力を与える．例として，高分子基板上の接触角 90°の水滴を考える．表面張力は基板を上方向に引っ張る．ここで，濡れ線の幅を $\delta = 10$ nm とすると，単位長さあたりの力は固体上ではたらく有効応力と関連づけられ，

$$\gamma = \frac{F}{l} = \frac{Pl\delta}{l} = P\delta \tag{6.32}$$

となる．$\gamma = 0.072$ Nm^{-1} と $\delta = 10$ nm を代入して，有効応力は $P = 72 \times 10^5$ Pa のオーダーとなる．このような高い応力は表面構造を変化させ，濡れ線の移動に伴う力学変形を引き起こし[383]，接触角履歴の原因となりうる[384~386]．これはやわらかい高分子表面や有機層に対して当てはまる．弾性的に変形した表面上であっても濡れ線の移動は妨げられる．

6.3.3 表面の粗さと不純物

表面の粗さと不純物は接触角履歴を引き起こす可能性がある．加えて，巨視的な平衡接触角にも影響を与える（総説は文献[387]）．表面の構造や不均一性によって，巨視的な系全体の自由エネルギーが最低状態にあるとは限らない．系が最低エネルギー状態をとるのを助けるには，試料に振動を与える方法がある[388]．振動により 3 相接触線がピン止めを越え，最低エネルギー状態へと遷移できる．実際，再現性のよい接触角が計測され，履歴が減少する[389,390]．ただし，3 相接触線が真のエネルギー最小状態にあるの

か，他の場所で止まっているのかは明らかではない．

表面粗さが平衡接触角に与える影響の記述のために，Wenzelは，関係式

$$\cos \Theta_{app} = R_{rough} \cdot \cos \Theta \tag{6.33}$$

を提案した[387,391]．ここで，Θ_{app}は肉眼または顕微鏡で観測される有効接触角である．R_{rough}は実際の表面積と射影した表面積の比である．R_{rough}はつねに1以上の値であり，$\Theta < 90°$では表面粗さにより接触角が減少する一方，濡れ性の低い場合($\Theta > 90°$)は，接触角が上昇する．分子的に疎水的な表面に粗さがあると，より疎水性になる．親水性の表面に粗さがあると，より親水性になる．式(6.33)は液滴が表面構造に対して平衡状態にある場合のみ適用できる．表面構造により液滴がピン止めされている場合，この式は有効ではない．

CassieとBaxterは平坦だが，化学的にパッチ状に不均一な表面を考えた．接触角Θ_1とΘ_2の二つ領域が$f_1 : f_2$の比で表面を占めている．この際，有効接触角は下式となる[359,392]．

$$\cos \Theta_{app} = f_1 \cos \Theta_1 + f_2 \cos \Theta_2 \tag{6.34}$$

〈具体例6.8〉

Drelichらはパターニングされた表面での水滴の接触角を計測した[375]．金の表面にヘキサデカンチオール($HS(CH_2)_{15}CH_3$)とジウンデカンジスルフィドカルボン酸($[S(CH_2)_{11}COOH]_2$)を各々2.5と3.0 μm幅で平行ストライプ状にパターニングした．純粋なヘキサデカンチオール単分子膜(9.3.1項)は疎水性で，pH7.0での前進接触角は107.8°であった．ジスルフィドはカルボン酸基が表面に出るため，より親水性である(前進接触角は50.1°)．式(6.34)より，

$$\cos \Theta_{app} = \frac{2.5}{2.5+3.0} \cos 107.8° + \frac{3.0}{2.5+3.0} \cos 50.1° = 0.211 \Rightarrow \Theta_{app} = 77.8°$$

のように接触角を計算できる．Drelichらはストライプに平行方向への前進接触角77°±3°を観測した．これは計算値とよく一致する．

ストライプに垂直な方向ではCassie方程式による計算値から大きくずれる．これは濡れ線がピン止めされ，巨視的な平衡状態にならないためである．

重要な因子は表面構造の長さスケールと形状である．図6.13の円筒形突起の大きさが1 μmであると，光学的に検知できない可能性がある．巨視的には接触角履歴が観測され，微視的には濡れ線はヤング方程式を満たす接触角をとりながら，表面上を連続的に動くだろう．巨視的スケールでの接触角履歴の観測は必ずしもヤング方程式の破れを意味しない．観測精度の問題の可能性もある．観測の長さスケールで系が平衡状態にあれば，ヤング方程式は適用できる．

長さスケールの問題は，繊維，細孔，ミクロパターニング表面の濡れを解析する際に，明らかとなる．とくに，ミクロピラー表面での濡れは，濡れをより理解し，制御するために，近年に盛んに研究されてきた[387,393,394]．100°以上の大きな履歴が観測されることもある．その場合は巨視的な濡れは界面エネルギーでなくピン止めに支配されている[395,396]．これは系が非平衡状態にあり，ヤング方程式，式(6.33)，式(6.34)が適用できないことを意味する．

このようなミクロピラー表面での液体は，以下の状態のどちらかをとる[387]．一つ目は図6.14左のようにミクロピラー上部に液滴が留まり，間に空気が閉じ込められた状態である．これはCassie状態もしくはCassie-Baxter状態とよばれる[397]．二つ目は図6.14右のように液体がミクロピラー間も満たした状態で，Wenzel状態とよばれる[391]．どちらの状態になるかは，物質の濡れ性と，液滴がどのように準備されたかに依存する．

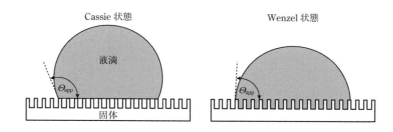

図 6.14 疎水性の微視的支柱が配列する表面上での液滴

6.3.4 超疎水表面

ある種の植物の葉や昆虫の羽根では，水滴の接触角が非常に大きく，水滴は汚れを集め，表面をきれいにしながら転がる．この効果は蓮の葉の表面で初めて示された[398]ため，蓮の葉効果とよばれる．蓮の葉の表面は疎水性で非常に粗く（図6.15），多くの疎水性突起がある表面のようにみえる．蓮の葉の表面の水滴は突起の先端とのみ接触している．水滴の下には空気が残っており，接触角が高くなるとともに，接触角履歴が小さくなる．もし空気しかなければ，接触角は最大値180°となる．この効果を利用して，超疎水（超撥水ともよばれる）表面をつくることができる[399〜403]．超疎水表面とよぶには，二つの条件を満たす必要がある．第一は水のみかけの接触角が150°以上であること．第二は水平な基板上に水滴を置き，基板を傾けた場合，10°以下で水滴が転がり落ちることである．

応用として，超疎水は自己洗浄性表面の生成に用いられる．自己洗浄効果は表面粗さによる接触面積の低下と，それに伴う汚れ粒子と表面間の接着力の低下により促進され

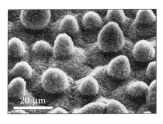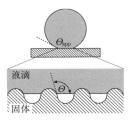

図 6.15 蓮の葉(*Nelumbo nucifera*)表面の走査電子顕微鏡像．(W. Barthlott[398]氏提供)高いみかけの接触角(Θ_{app})を示す超撥水性表面の模式図．物質の疎水性効果と適切な特性長をもつ粗さの効果が合体することにより，蓮の葉効果が起きる．

る．結果として，汚れ粒子は雨水で簡単に洗い流される．超疎水表面の作成法は種々知られているが，力学的に強く，透明で，UV に対して安定な超疎水表面の安価な製造は今後の課題である．

さらなる大きな挑戦は水も油もはじく表面の開発である．このような基板は，超疎油性(superoleophobic)または，極性液体と非極性液体両方をはじくため，超撥水・超撥油性(superamphiphobic)表面とよばれる[404~406](訳注：amphi-は両方を意味する接頭語)．安定した超疎油性表面の作成には，三つの特性が必要である．フッ素化されたアルキルシランのような低い表面エネルギー，高い表面粗さ，オーバーハング(overhanging)構造である．これにより，液滴が Cassie から Wenzel 状態への変化を妨げる[407]．

6.4 濡れと脱濡れのダイナミクス

動的濡れでは，液体が他の流体，通常は空気を固体表面から移動させる．この場合，自発的濡れと強制的濡れが区別される．強制的濡れでは，外部からの流体力学的または機械的力によって，固液界面積を平衡状態よりも増大させる．強制的濡れは液体薄膜を連続的に動いている固体上に塗布するコーティング過程で重要な役割を果たす．コーティング速度は，液体が基板から十分な空気を排除できなくなるところが上限となる．強制的濡れは高分子の加工プロセスや，石油回収の効率化においても重要である．

一方で，自発的濡れは，固体基板上を液体が平衡状態になるまで前進する現象である．駆動力は外力でなく，固液相互作用である．自発的濡れはペイント，接着剤，潤滑剤，洗剤，浮遊選鉱，インクの広がりなど，多くの応用と関連している．濡れの動的側面は，本質的に複雑で，完全な理解からは程遠い．この分野の入門書は文献[408~410]である．

6.4.1 自発的広がり

液滴を接触角 $\Theta \ll 90°$ で硬く滑らかで不活性な基板上に置くと,界面力により液滴は広がる (2.4 節).液体表面が曲率勾配をもつと,液滴の中心と縁の間に毛管圧 (ラプラス圧) がはたらき,液滴が広がり,$a = a_0 t^\alpha$ に従い[411,412],接触半径が増大する.α は広がり指数,a_0 は初期条件と物性に依存する係数である.広がり指数は濡れ速度を制限する効果により変化する.通常,はじめの数ミリ秒は液滴の質量移動に対する慣性が広がり速度を制限する.この領域での広がり指数は $\alpha = 0.5$ である[413,414].次の領域では流体力学的な粘性効果に濡れが支配され,広がり速度は遅くなり,$\alpha = 0.10 \sim 0.13$ で[415~418]液滴の大きさにも依存する.液体の粘性が 0.05 Pa s 以上では,はじめからこの粘性領域が支配的である[413].液滴の接触半径が 1 cm 以上で,液体の広がりの駆動力として重力が支配的になる.このとき $\alpha \approx 1/8$ である[417].

自発的に広がる液滴は薄い (< 0.1 μm) 一次膜もしくは前駆体膜を形成する[418~420].Hardy によって,前駆体膜の存在が初めて示唆された[421].彼は,乾燥したガラス基板上の角に,小さな酢酸液滴を置いた.液体はある接触角をもつ平坦なレンズ状となった.しかし,彼はガラス板の反対側の角でも摩擦が減少することに気づき,ガラス基板全体に目にみえない液体薄膜が形成されたと結論づけた.その厚さと広がりは表面力により決定される[422].前駆体膜では,エネルギーは粘性摩擦によって散逸し,液体輸送は前駆体膜の分離圧により駆動される.分離圧によって,液滴の端から液体が吸い出されるのである.

〈具体例 6.9〉
Cazabat ら[423]は清浄シリコンウェハー上でのポリジメチルシロキサン (PDMS) の広がりを観測した.PDMS は不揮発性高分子で,室温で液体である.PDMS の平均分子量は 9.7 kg mol^{-1} で粘性は 0.2 Pa s であった.広がりは水平分解能が 30 μm のエリプソメータで観測した.図 6.16 より,液滴のまわりに 0.7 nm ほどの厚さの前駆体膜があることがわかる.

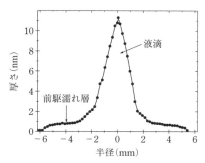

図 6.16 シリコン基板上での PDMS 液滴の広がりの様子.液滴を置いてから 19 時間後にエリプソメータで観測した[423].

⟨具体例 6.10⟩

Steinhart ら[425]は前駆体膜を利用して高分子ナノチューブを作成した．円筒状の穴が規則的に開いたアルミナ細孔フィルターを高分子溶融体と接触させる(図6.17)．室温よりも十分に高く，高分子が液体である温度でこの操作を行う．この高分子の前駆体膜が通常数秒で細孔の壁面を濡らす．細孔が完全に高分子で満たされる前にフィルターを高分子溶融体から剥がし，試料を室温まで冷やす．フィルターのアルミナは水酸化カリウムで溶解する．

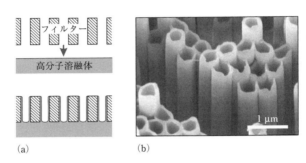

図 6.17 ポリスチレンの前駆体膜を円筒形多孔性フィルターの中へ入れることで作製したナノチューブ[425]．(a) 作製の主要な 2 段階過程の模式図．(b) 走査電子顕微鏡写真．(M. Steinhart 氏提供)

水滴をポリプロピレンなどの疎水性表面の上に置くと，広がらずに高い接触角をもつ．界面活性剤により接触角が変化するが，通常はある程度高いままで水は広がらない．しかし，1990 年に Anathapadmanabhan ら[426]は，あるシリコーン系界面活性剤の添加で，完全な速い濡れが起こることを観測した．この現象は超拡散(superspreading)とよばれた．この界面活性剤はある特定の構造をもつシリコーン系界面活性剤に分類され，それらはすべて広がりを促進する性質をもつことがわかった(総説は文献[427])．

6.4.2 動的接触角

動的接触角 Θ_D と平衡接触角 Θ_0 が異なる場合，接触線が動く．動的接触角が Θ_0 より大きいと，液体は進み(濡れる)，Θ_0 よりも小さいと，液体は後退する(脱濡れ)．接触線の水平方向の単位長さあたりの力は $\gamma_L(\cos\Theta_0 - \cos\Theta_D)$ である．結果として，前進接触角は濡れの前進速度とともに通常単調に増加する．一方，後退接触角は後退速度の増加とともに減少する．図6.18に模式図を示す．実験的には履歴のため，液体が前進するには，動的接触角は前進接触角よりも大きく，後退するには後退接触角よりも小さい必要がある．

固体表面上の液体の濡れを計測，解析するために，いくつかの実験的な配置が使用され

6.4 濡れと脱濡れのダイナミクス

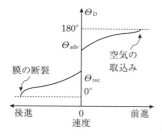

図 6.18 動的接触角 Θ_D の速度に対する依存性

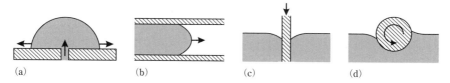

図 6.19 接触角現象のダイナミクスの研究に用いられる幾何配置．(a) 広がる液滴．(b) 毛管中を進む液体．(c) 液体中に浸された板，テープまたは繊維．(d) 液体に接触しながら回転する円筒．

る．典型的な例は固体基板上の液滴，毛管中の液体移動，繊維・基板・テープの液体中への浸漬と抜きとり，水平な円筒ドラムの液中での回転である (図 6.19)．

強制濡れ実験から有効接触角は速度 v に加えて，液体の粘度 η と表面張力 γ_L に依存することがわかっている．通常，これらは相関し，接触角への影響は毛管数とよばれるパラメータ

$$Ca \equiv \frac{v\eta}{\gamma_L} \tag{6.35}$$

に依存する．とくに，毛管数が小さいときは，みかけの接触角は Ca のみの関数である[428]．

速度，表面張力，粘度が独立ではなく，一つのパラメータ Ca として動的濡れに影響を与える基本的な理由は流体力学によって明らかになる[415,416,429〜431]．濡れ線近傍での流れは，液体表面の曲率による圧力勾配と流れを誘起する毛管圧という拮抗する力により決定される．ラプラス方程式 (2.6) より圧力勾配は表面張力に比例する．流れは粘度に比例する粘性力により妨げられる．そのため，ある動的接触角での流れ速度は γ_L に比例し，η の逆数に比例する．異なった液体の動的接触角の比較には，横軸に速度ではなく，毛管数を用いるのがよい．

〈具体例 6.11〉

さまざまな速度での接触角測定のために，Blake ら[432]はポリエチレンテレフタレート (PET) のフィルムを水・グリセロール混合液のガラス容器内に垂直に挿入する．テープ挿

入実験(plunging-tape experiment)を行い，動的接触角 Θ_D を光学ゴニオメータまたは高速カメラから求めた．図 6.20 には 2 種類の混合溶液の結果を示す．16% グリセロール ($\eta = 0.0015$ Pa s, $\gamma_L = 0.0697$ N m^{-1}, $\Theta_{adv} = 72.5°$) と 59% グリセロール ($\eta = 0.010$ Pa s, $\gamma_L = 0.0653$ N m^{-1}, $\Theta_{adv} = 64.5°$) である．濡れ速度が速いときは，どちらのグラフも接触角 180° まで単調増加する．このような高い毛管数では，液体と固体の間に空気の層が保たれている．この空気の中間層は不安定で，最終的にはある時点で，液体と固体が直接接触する．粘度が 7 倍も異なるが，グラフは毛管数が 0.1 までよい一致を示す．低毛管数でのずれは，前進接触角の 8° の違いのためである．

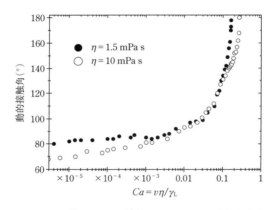

図 6.20　PET 膜上での，2 種類のグリセロール/水混合溶液の前進動的接触角と毛管数の関係

高前進速度での濡れでは，通常，空気の引きずりにより濡れが制限される[433~436]．紙，金属，繊維などをコーティングする際に，空気の引きずりは重要な上限となる．繊維でできたテープの挿入実験により $Ca \approx 0.1 \sim 1$ で空気の引きずりが発生する．水での最大濡れ速度は $5 \sim 10$ m s^{-1} である．この上限は，濡れを促進するような液体の流れの調整で超えることも可能である[436]．

多くの研究にもかかわらず，Ca と Θ_D の定量的関係の予想と濡れ過程のモデル化は困難である．通常観察できるのは数 μm 以上であるが，濡れには，分子から巨視的なスケールまで関連することが第一の理由である．第二の理由は，物質，温度，自発的濡れか強制的濡れかによって，毛管数が広い桁に広がり，異なった物理効果が濡れ速度を制限することである．

濡れの理論的記述には二つのアプローチがある(総説は文献[410, 437])．自発的な濡れも強制的な濡れも濡れ線の移動に関係しており，両方の理論が適用できる．第一は流

6.4 濡れと脱濡れのダイナミクス

体力学的理論で，連続流体力学理論が用いられる[415,416,429~431]．濡れ線付近での流体力学的流動によるエネルギー散逸が濡れ速度を規定する．微視的な接触角は一定で，短距離分子間相互作用により決まると仮定する．動的接触角の変化は粘性流動によるメゾスコピックスケールでの液体表面の曲がりと関連づけられる．この理論には二つの問題点がある．(1) 濡れ線で無限大の応力が出現する．そのため，すべりの導入により，これを除く必要がある．(2) 理論に微視的・巨視的なスケール間の転移を記述する，任意性のあるパラメータを導入する必要がある(古典的連続体理論で記述される)．これらの問題点があるものの，流体力学理論は，液滴が濡れた表面上を自発的に広がる際の正しいスケーリングを与える．

二つ目の理論は分子速度論である(図 6.21)[437,438]．これは解析的に解ける利点がある．この理論では液体分子が固体の吸着サイトに結合し，一部は吸着した気体分子と置換される．この吸着と脱離は確率的に発生し，液滴が前進する方向により高い確率をもつ．それゆえ，液滴の広がり速度は吸着平衡がどのように乱されるかに依存して決まる．接触線の後ろでは，分子は再構築される．この分子速度論理論により，多くの系の濡れ速度がうまく説明される[409]．しかし，多くの場合，実験データを再現するパラメータが非現実的な値となる．

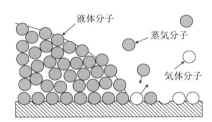

図 6.21　分子—速度論モデルの模式図

近年，濡れダイナミクスの理論的記述は大きく進歩し，新たなモデルも提案されている[410,439]．改良された数値的アプローチやコンピュータシミュレーションが，この分野に対するより多くの洞察を与えることは間違いない[440]．

揮発性液体の広がりを解析する際には，飽和蒸気中か，または"乾燥"した(対象とする液体の蒸気が存在しない)状態かが重要である．飽和蒸気中では，通常，固体表面に蒸気が吸着し，分子レベルの薄い膜を形成する．そして，液滴は吸着膜上で広がる．一方で，"乾燥"した場合は，固体表面は液体分子で覆われておらず，非平衡な状態である[411]．たとえば，Hardy は酢酸が乾燥した清浄なガラス表面では，有限の接触角をもつレンズを形成することを観測した[421]．ガラスが高湿度の空気にさらされると，酢酸は完全に表面上に広がる．基板が乾燥すると，酢酸液体は後退し，レンズを形成する．また，吸着サイトに対する競合も観測される．乾燥の場合，nm 厚のポリスチレンがマ

イカ基板上に形成される.この薄膜を蒸気にさらすと,水がマイカに吸着し,ポリスチレンは後退し,小さな液滴となる[424].加えて,濡れの速度が接触線での蒸発と凝集の影響を受ける可能性がある[441,442].

6.4.3 コーティングと脱濡れ

多くの応用において,固体表面はコーティングされる.その目的は,腐食,傷,摩耗を防ぐため,見た目を向上させるため,あるいは,接着や濡れの特定の性質をもたせるためである.コーティングには,通常,液体を用いる[443].液体にはコーティング物質が溶解しているか,分散粒子として存在する.液体が蒸発した後で,溶解物質または分散粒子が表面に残る.そのため,物質が均一膜を形成したときに,よいコーティングが得られたといえる.均一で,力学特性のよい膜を形成するために,多くのコーティングでは,かなりの量の高分子が含まれる.

高分子膜の作成では,まず適切な揮発性溶媒に高分子を溶解または分散させる.高分子膜で表面をコーティングする手法として,以下の三つが広く用いられている[444](図6.22).

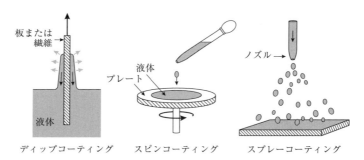

図 6.22 ディップコーティング,スピンコーティング,スプレーコーティング.これらは,基板上に高分子膜を作製する一般的な方法である.

ディップコーティング(dip coating)[433]

コーティングする基板または繊維を高分子溶液に浸し,一定速度で引き上げる.層の厚さは速度で決まる.素早く引くと厚い膜が形成される.過剰な溶液は容器中へ流れ,残留溶媒も蒸発し,基板上に高分子膜が残る.20 nm から 50 μm の薄膜がこの手法で形成される.

スピンコーティング(spin coating)[445,446]

ローター上の台に,基板を水平に置く.基板に溶液を滴下して,ローターを回転させると,遠心力により液体が基板全体を濡らす.溶液蒸発後,高分子膜が残る.学術研究

では，残った溶媒を真空アニールするなどして完全に除くことが必要である．スピンコーティングによって，非常に薄く，均一な膜が形成でき，膜厚もよい精度で調整できる．たとえば，微細加工のためのフォトレジストをシリコンウェハー上に塗布する際にスピンコーティングは使用される．欠点は多くの材料を無駄にする点である．また，一つ一つ処理する必要があり，比較的小さく対称性のある基板しかコーティングできない．

スプレーコーティング（spray coating）

溶液をノズルから基板にスプレーする．液体蒸発後，コーティング材料が基板上に残る．スプレーコーティングは使い勝手がよく，安価な手法である．とくに，広い面積のコーティングに適している．しかし，ディップコーティングやスピンコーティングと比べて，膜はやや不均一で，平らではない．

高分子が固体を濡らす（$\Theta = 0°$）とき，高分子は熱力学的に安定である．$\Theta > 0°$のとき，膜は準安定状態である．この薄膜をガラス転移温度以上に加熱すると，脱濡れ（dewetting）が起こることがある．通常は小さな欠陥から穴が自発的に形成され，穴が大きくなり，高分子のネットワーク（訳注：十分時間が経てば，穴同士がぶつかって，高分子からなる線だけが残る．その線が多角形の骨格をつくる．この高分子の線からできた骨格を高分子のネットワークとよぶ）となり，最終的には個々の液滴に分離する（図6.23）．厚さが1～100 nmの膜の安定性は主にファンデルワールス長距離表面力によって決まる[323, 344, 444, 447]．

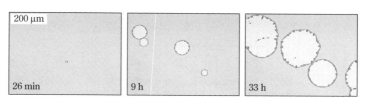

図 6.23　膜厚28 nmのポリスチレン膜の121℃のシリコン基板上での脱濡れ．シリコン基板上の何らかの不規則性のある点で，核形成が起こり，膜が破れ，穴が広がっていく．（C. Lorenz氏，P. Müller-Buschbaum氏，M. Stamm氏提供）．

6.5 応　用

6.5.1　浮　遊　選　鉱

浮遊選鉱とはさまざまな種類の固体粒子を分離する手法であり，採掘産業にとって非常に重要である（総説は文献[209, 448]）．砕いた原石から目的鉱物を回収するために巨大スケールで行われている．目的鉱物を脈石（無価値な鉱物）や非鉱物から分離する．昔

は，この手法はある種の硫化物と酸化物(酸化鉄，金紅石，水晶)のみに使用されていた．後に，金，ホウ砂，黄鉄鉱，硫黄鉱物，ホタル石，方解石，リン灰石などの多くの鉱物が浮遊選鉱で分離されるようになった．もう一つの重要な応用は，水浄化のための不要な物質の除去と，産業廃棄物の清掃である．古紙のインク抜きも，とてもよく似た原理を使用している．

鉱石の浮遊選鉱では原料を 0.1 mm 以下の粒子に砕き，水と混ぜ，ゾルを形成する．このゾルはパルプとよばれる．パルプを容器に入れ，空気の泡を注入する(図 6.24)．鉱物を多く含む粒子は疎水力により空気の泡に吸着し，容器表面まで運ばれる．フロスとよばれる安定な泡が形成される．フロスとともに鉱物を多く含む粒子をすくいとり，除去できる．

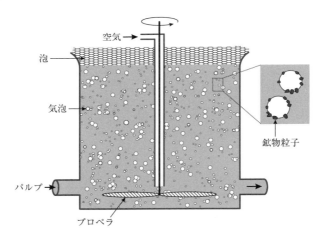

図 6.24 浮遊選鉱の概念図．通常，泡の大きさが粒子よりも十分に大きいため，粒子に対する水空気界面は，ほぼ平坦である．

浮遊選鉱では粒子の濡れ性がきわめて重要となる．6.2.2 項で，粒子の水－空気界面での平衡位置について議論した．接触角が高いほど，より安定に粒子が泡に吸着し(式(6.27))，フロスに含まれる可能性が高くなる．ある鉱物は，もともと疎水性表面をもち高い浮遊選鉱効率を有する．そうでない場合は，界面活性剤を用い分離効率を高める．それらの界面活性剤はコレクターとよばれ，選択的に鉱物に吸着し表面を疎水化する．コレクター効果を促進するものを活性剤とよび，低減するものを抑制剤とよぶ．起泡剤は泡の安定性を増加させる．

6.5.2 洗 浄 力

　水溶液を使った洗濯や洗浄は，いくつもの物理現象，化学現象の関わった複雑な過程である[449,450]．洗濯，家の掃除，食器洗いは，水溶性汚れを溶かしだす，力学的に汚れを落とす，熱エネルギーの使用，界面活性剤の使用など，さまざまな作用の組み合わせで汚れを除去する必要がある．ここでは，界面活性剤の作用に着目し，洗濯を例として取り上げる．

　洗浄力は界面活性剤を用いて固体から外部由来の物質を取り除く理論と実践に関係する．衣服の繊維は油汚れがつきやすく（例：動物性脂，脂肪酸，炭化水素），ほこり，すす，他の固体粒子も洗濯で除く必要がある．界面活性剤効果を試すために，繊維に標準汚れをつけ，基準洗濯法で洗浄する（Launderometer 試験）．清浄度は白い生地の光反射率で評価する．

　汚れ粒子は汚れ-固体界面（SD）を，汚れ-水溶液界面（DW）と固体-水溶液界面（SW）の新たな界面で置き換えるほうがエネルギー的に得な場合は自発的に固体表面から離れる．固体は衣服繊維または洗浄したい物質である（図 6.25）．ギブズ自由エネルギーの変化は，

$$\Delta G = A(\gamma_{DW} + \gamma_{SW} - \gamma_{SD}) \leq 0 \tag{6.36}$$

と書ける．上式は負でなければならない．A は接触面積である．この条件を，

$$\gamma_{SD} \geq \gamma_{DW} + \gamma_{SW} \tag{6.37}$$

と簡単にできる．ここで，汚れの形は固体から離れても変化しない．

　グリスや油のような液体汚れでは接触角はゼロであり，広がり係数がゼロまたは正となる．これより固体と同じ条件が導かれ，よい界面活性剤の条件を一般化できる．効果的な界面活性剤は γ_{SD} をあまり減らすことなく，γ_{SW} と γ_{DW} を減らす必要がある．水の

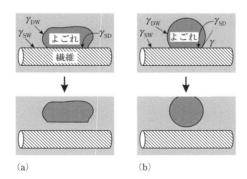

図 6.25 繊維からの (a) 固体のよごれと (b) 液体よごれの除去

表面張力の減少(泡の形成により可視化できる)は,洗剤に効果的な界面活性剤の証明にはならない.

界面活性剤の重要な性質は,汚れ粒子を液体中に保つことである(懸濁力).この性質がなければ,洗濯によって汚れが均一に広がるだけである.明らかに,界面活性剤は汚れ粒子の表面に吸着し分散させる.凝集や沈殿は電気的反発を利用することで妨げられる.液体汚れに関して,昔は疎水性物質をミセル中に閉じ込める能力が重要だと考えられていた(界面活性剤の凝集については11.2節).しかし,界面活性剤濃度がCMC以下(ミセルは形成されない)でも洗浄力は上昇するので,この効果は支配的ではなさそうである.

6.5.3 マイクロ流体工学

マイクロ流体工学とは微少量の液体の流れを対象とする.接頭辞マイクロは少なくとも二次元において,液体がμmスケールに束縛されることを示す.たとえば,マイクロ管は管の直径または幅が100μm以下のものをさす.μLは1 mm³の体積と等しく,マイクロ流体工学では比較的大きな体積であることに注意しよう.

マイクロ流体工学が重要な学問であるのは,バイオと分析分野への応用のためである[451〜453].この技術は少量物質の分析を可能にする.そのため,DNAやタンパク質の分析に広く用いられている.最小化は合成化学分野にとっても魅力的であり,マイクロチップ(lab-on-chip)上での化学反応の達成に多くの努力がなされている.利点はわずかな物質量でも高濃度を得られる点である.熱の散逸は速いので,ほとんど一定温度で反応が起こる.そのため,過加熱や爆発の危険性は低くなる.レイノルズ数

$$Re = \frac{\rho v d}{\eta} \tag{6.38}$$

が1よりもずっと小さくなるため,流れはつねに層流である.ここで,vは平均速度,dは流体を束縛している特長的な長さである.

微視的スケールでの流体制御には,ミニチュアのポンプ,バルブ,スイッチ,新たな分析ツールの開発など,厄介な問題の克服が必要である.この点を説明するために,毛細管に液体を通す基本的な問題を議論する.巨視的な世界では両端に圧力差ΔPをかけることができる.ハーゲン-ポアズイユの式によると,時間tあたりに運ばれる液体の体積Vは層流を仮定すると,

$$\frac{V}{t} = \frac{\pi r_c^4 \Delta P}{8 \eta L} \tag{6.39}$$

となる.ここで,r_cは毛管の半径,Lは毛管の長さである.r_cに対する強い依存性のために,十分な流れを保つには,膨大な圧力が必要となる.それゆえ,マイクロ流体工

6.5 応用　165

学では水溶液の流れを駆動するために，電気浸透（4.8.2 項）が使用される．

〈具体例 6.12〉

図 6.26 に簡単なマイクロ流体電気泳動装置を示す．この装置で抗がん治療に使われるさまざまな白金錯体を分離できる[454]．ここでは 5 種類の白金錯体を分離した．電気泳動装置は試料 (A) と緩衝液 (B) および廃液 (C)，(D) のタンクをもつ．水晶管の直径は 70 µm である．水溶液は，pH 7.0 で検体に加えて，50 mM SDS, 25 mM $Na_2B_4O_7$, 50 mM NaH_2PO_4 を含む．正電圧を A，負電圧を C に印加すると，水晶 (SiO_2) は中性の pH では負に帯電するので，A から C へ電気浸透による流れが起きる（表 4.1）．少量の試料溶液を分離チャネル (BD) へ入れる．ここで，AC 間の電圧を切り，BD 間へ電圧をかける．B は正に帯電し，D は負に帯電する．白金錯体は浸透流により D へ運ばれ，電気泳動により白金錯体が分離される．残念ながら，通常の白金錯体は水中で帯電していないため，電気泳動は起きない．そこで，本研究で我々は SDS を加える工夫を行った．これにより白金錯体は負に帯電した SDS ミセルに包み込まれ，白金錯体の構造に応じてミセルの大きさや電荷が異なる．このようにして，混合物から各成分の分離が可能となった．分子は 210 nm の波長の光学吸収によって検出された．

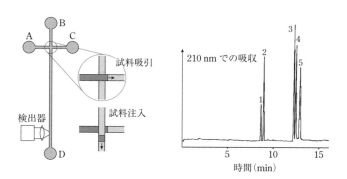

図 6.26　単純な微小流体の電気泳動装置（具体例 6.12）

6.5.4　電気濡れ

多くの応用では，水溶液に対する固体表面の濡れ特性を調節することが望まれる．その一つの手法は電気的濡れである[154, 455, 456]．電気濡れ (electrowetting) では金属表面と液体間に電極を用いて電圧をかける（図 6.27）．金属は厚さ h の絶縁体，フッ素系高分子で覆われている．ここ 10 年でコーティングの厚さは数十 nm まで減少した[457, 458]．接触角の変化は，

$$\cos\Theta = \cos\Theta_0 + \frac{\varepsilon\varepsilon_0 U^2}{2h\gamma_L} \tag{6.40}$$

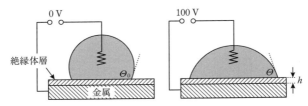

図 6.27　薄い絶縁体膜で覆われた金属基板上での液滴の電気による濡れ

で記述される．ε は絶縁体高分子膜の誘電率，U は印加電圧，Θ_0 は $U=0$ での接触角である．印加電圧の符号は関係せず，第二項はつねに正であり，電圧印加により接触角は減少する．

⟨具体例 6.13⟩

Prins ら[459] は電気濡れにより，マイクロ管での液体の動きを制御した．そのために，アルミニウム電極を 10 μm のパリレン（parylene）でコーティングし，次に 10 nm のフッ素系高分子でコーティングした．パリレンにより電気的に絶縁され，フッ素系高分子によって高い接触角 Θ_0 を得る．管の直径は 0.35 mm であった．疎水性高分子により水は管内へ入らない．しかし，約 200 V の電圧印加により管が水で満たされた．電圧を切ると水は毛管から再び流れ出した．

6.6　厚い膜：ある液体上での他の液体の広がり

この節では，ある液体 A の表面上に液体 B の液滴を置いたときに何が起こるかを考える．剛直な固体基板がここでは液体表面に変わる．二つの液体は非相溶で，B の密度が A よりも小さいとする．たとえば，水の上の油などが当てはまる．この場合，液体 B が広がるか，明確な境界をもつレンズを形成するか，可能性は二つである．広がり係数（または，広がり圧）

$$S_{A/B} = \gamma_A - \gamma_B - \gamma_{AB} \tag{6.41}$$

がゼロよりも大きければ（式(6.12)），固体基板のときと同様に，液体 B は液体 A 上を自発的に広がる．γ_A と γ_B は純粋な液体 A と B の表面張力で，γ_{AB} は二つの液体の界面張力である．単純なエネルギーのつり合いから，$S_{A/B} > 0$ では液体 B が広がるほうがエネルギー的に好まれる．厳密には，液体 B が広がり，均一膜を形成すると系のギブズ自由エネルギーが減少する．

実際にはやや複雑である．前の議論で γ_A と γ_B は純粋な液体の表面張力であるが，実際には，少量の分子 A と B が互いの液体に溶けてしまう．そのため，厳密には，γ_A と

6.6 厚い膜：ある液体上での他の液体の広がり

γ_B の代わりに $\gamma_{A(B)}$ と $\gamma_{B(A)}$ を使用する必要がある．ここで，$\gamma_{A(B)}$ は分子 B が飽和状態まで溶けている液体 A の表面張力である．簡単のため，本書では，はじめの表記を使い続ける．

広がり係数がゼロよりも小さいと，液体 A の表面に，液体 B の明確な液滴が形成される．液体 A 表面，液体 B 表面，液体 A と液体 B の界面の形はラプラス方程式で決定される．角度 Θ_1，Θ_2，Θ_3 が境界条件となる（図 6.28）．これらの角度は，以下の式によって関連づけられる．

$$\gamma_{A(B)} \cos \Theta_3 = \gamma_{B(A)} \cos \Theta_1 + \gamma_{AB} \cos \Theta_2 \tag{6.42}$$

この式は以下の考察から得られる．平衡状態では 3 相接触線が動かない．それゆえ，水平方向への力の合計はゼロである．液体 A の表面が $\gamma_{A(B)} \cos \Theta_3$ の力で左に引っ張る．右方向へは，液体 B が $\gamma_{B(A)} \cos \Theta_1$ の力で，液体 A と液体 B の界面が $\gamma_{AB} \cos \Theta_2$ の力で引っ張る．

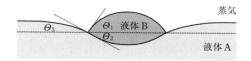

図 6.28　非相溶性液体 A（たとえば，水）の表面上の液体 B（たとえば，油）の液滴

非相溶性液体間の界面エネルギー γ_{AB} の計測には，気相を第二の液体に置き換えることにより，2.4 節で紹介した気液界面での計測法の大部分が使用できる．たとえば，液滴法は液体体積張力計と等価である（図 6.29(b)）．ある密度の液体を半径 r_c の毛管から密度の異なる液体中に押出し，液滴が形成される時間を計測する．界面張力が高いと液滴は大きく，低いと液滴は小さくなる．流速と液滴数から液滴の平均体積 V_d が求められる．そのときの界面張力は，

$$\gamma_{AB} = \frac{V_d (\rho_A - \rho_B) g}{2 \pi r_C} \tag{6.43}$$

となる．液体体積張力計は動的効果の解析にしばしば用いられる．

非常に小さな界面張力の計測手法として，スピニング液滴法（spinning drop method）がある（図 6.29(a)）．密度の高い液体（液体 A）で水平な毛管を満たす．毛管口を隔膜で閉じ，その隔膜越しにシリンジで液体 B の液滴を中心に注入する．毛管を高速で回転させると，液体 B は中心へ移動し回転軸まわりに液滴が形成される．回転速度を上げると，表面積を最小にする表面張力と，反対方向に遠心力がかかり，液滴が引き伸ばされる．回転数が十分に高い場合は，液滴は伸びた円筒形状をとる．円筒の半径 r と角速

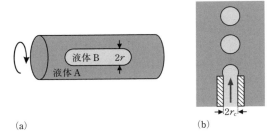

図 6.29 二つの非相溶性液体間の界面張力を計測する (a) スピニング液滴法と (b) 液滴体積法

表 6.2 25℃での水に対するいくつかの液体の界面張力 γ_{AB}[461, 462]

	γ_{AB} (mN m^{-1})		γ_{AB} (mN m^{-1})
n-ヘプタン	50.2	シクロヘキサン	50.2
n-オクタン	50.8	トルエン	36.1
n-デカン	51.2	ヘキサノール	6.8
n-ドデカン	52.8	n-ペルフルオロヘキサン	57.2
ジクロロメタン	52.8	n-ペルフルオロヘプタン	50.6

度 ω から界面張力が計算できる[460]：$\gamma_{AB} = 0.25(\rho_A - \rho_B)\omega^2 r^3$. スピニング液滴法は高い精度をもち，$10^{-6}$ mN m^{-1} まで計測できる．この手法は，エマルション技術において界面活性剤の界面張力への影響を計測するのに使用される．表 6.2 にさまざまな有機溶媒と水間の界面張力を示す．

6.7 ま と め

- 滑らかで，均一，不活性な表面では，ヤング方程式は接触角を界面張力 γ_S, γ_L, γ_{SL} と関連づける．

$$\gamma_L \cos\Theta = \gamma_S - \gamma_{SL}$$

- 新たな3相接触線をつくるのに必要な単位長さあたりの仕事を線張力とよぶ．これは通常 0.1 nN のオーダーである．液滴が微小な場合は，線張力が濡れに大きな影響を与える．
- 親液性の毛管 ($\Theta < 90°$) をある液体は上昇する．毛管径が減少すると，液面は高くなる．疎液性 ($\Theta > 90°$) の場合は液体が毛管にはじかれる．
- 接触角を計測するおもな手法は，液滴法，バブル法，ウィルヘルミープレート法である．粉体の濡れ特性を計測するには，毛管上昇法を用いる．

- 多くの場合，前進接触角と後退接触角は異なる．接触角履歴の原因としては，表面粗さ，不均一性，溶解している物質，3相接触線での構造変化が挙げられる．
- 液体の厚さが10～100 nm のときは，表面力が濡れ性に直接的な影響を与える．具体例は，3相接触線での核となる領域の部分と，薄膜の場合である．
- 非相溶液体を他の液体上に置くと，界面張力によって，膜が形成される場合と液滴が形成される場合がある．これは広がり係数によって定量化される．

6.8 演習問題

問題 6.1 水溶性ペンキ（$\gamma = 62$ mN m^{-1}, $\rho = 1050$ kg m^{-3}）が，ある鋼鉄に対して60°の接触角をもつ．このペンキ100 mL でコーティングできる水平な鋼鉄板の面積を求めよ．一般的に，界面活性剤を加えると接触角が低下する．ある界面活性剤を加えると，接触角が20°で，表面張力が $\gamma = 38$ mN m^{-1} となるとする．コーティングできる面積はどのくらい増加するか？ 式(2.17)を用いよ．簡単のため，鋼鉄の端は曲がっているのではなく，直角であるとする．

問題 6.2 平面基板上の小さな液滴を考える．3相接触線での表面張力の上向きの力が，接触面積でのラプラス圧による下向きの力と打ち消し合うことを示せ．

問題 6.3 内径1 mm の親水性毛管（$\Theta = 0°$）を垂直に水槽に入れる．水の上昇する高さを求めよ．同じ毛管に半径5 μm の親水性の球状粉体を詰めて，同じ実験を行う．平衡状態での液面の高さを見積もれ．簡単のため，粉体は密に詰まっていると仮定せよ．

問題 6.4 平面基板上の小さな液滴を考える．接触半径が0.5 mm のとき，接触角が90°である．また，線張力が $\kappa = 0.5$ nN で，表面張力が 50 mN m^{-1} である．接触半径 a の変化に伴って，接触角はどのように変化するか？ 負の線張力では接触角はどのように変化するか？両方の場合について，Θ_a をプロットせよ．

問題 6.5 古典的な論文の中で，Owens と Wendt は水とジヨードメタン（ヨウ化メチレン）の接触角を用いて高分子の表面エネルギーを見積もった[348]．彼らは，以下のような値を計測した．

	水に対する Θ(°)	ジヨードメタンに対する Θ(°)
ポリエチレン	94	52
ポリ塩化ビニル	87	36
ポリスチレン	91	35
ポリメタクリル酸メチル	80	41

表面張力の分散項と極性項は，水の場合 $\gamma_L^d = 21.8$ mN m^{-1}, $\gamma_L^p = 51.0$ mN m^{-1}, ジヨードメタンの場合 $\gamma_L^d = 49.5$ mN m^{-1}, $\gamma_L^p = 1.3$ mN m^{-1} と評価された．これらの値は，さまざまな炭化水素との接触角の計測と，非極性相互性のみの仮定から求められた．高分子の表面エネルギー γ_S はどのような値となるか？

7
固 体 表 面

7.1 緒 言

　表面の分子はバルク中での分子とは異なった配列をとる．このことは固体でも液体でも同様に当てはまるが，固体と液体の場合では大きな違いもある．液体の場合は，形状が変形したときに，表面の分子がバルク中に移ったりバルク中の分子が表面に出てきたりということが自由に起こる．新たな平衡状態では，各分子はもとの変形のない状態と同じ表面積を占める．表面の分子数は変わるが，一分子あたりの面積に変化はない．このような変形のことを塑性変形とよぶ．一方で，固体が小さな外力によって変形する場合は弾性的な応答を示す．固体を延伸することにより，新たな表面領域が生成され，一分子あたりの面積が大きくなる．固体の形状は，過去にどのようなプロセスで作成されたかに依存し，表面張力によって形状が決まることは通常は起こらない．固体中の個々の原子・分子は，あるサイトに固定されており，わずかにその平均位置を中心に振動することのみ可能である．

　ここまでの説明はある条件下でのみ正しい．実際の固体は，いくらかの可動性があり非常にゆっくり流れることができる．この場合，毛管モデルや毛管手法を使用することが可能である．毛管作用が影響する具体例の一つとして，焼結がある．焼結とは，粉末を加熱するプロセスである．融点のだいたい2/3程度の温度では，表面分子は水平方向へ動くことができる．この分子運動によって，接触している隣の粉末との間にメニスカスが形成される．材料をもとの温度まで冷やすと，もともと粉末だった物体が連続した固体の形状に変わる．

　この章では，主として結晶固体表面の微視的な構造とその化学組成を分析する手法について学ぶ[463〜465]．ほとんどの固体は，表面において結晶性の構造をもたない．このことは非晶性固体の場合は明らかに正しい．また，多くの物質では表面の分子構造はバルクの構造とは異なるので，単結晶性あるいは多結晶性固体に対しても成り立つ．たとえば，多くの固体表面が大気中で酸化される．有名な具体例としてアルミニウムがあげられる．アルミニウムは，表面が大気に触れるとすぐに酸化し酸化層が形成される．超

高真空の中に試料があったとしても表面だけ非晶構造をとり，内部は結晶構造をもつことがある．

自然に存在するほとんどの固体表面が非晶構造をもつため，結晶性表面を議論することは机上の空論のように感じるかもしれない．しかしながら，結晶性表面を学ぶことで以下の利点がある．
- 同じ物質からなる異なった試料を比較するときに，明確に定義される結晶性表面の構造を基準に議論することができる．
- 結晶表面の周期構造は理論的に記述することができ，その分析のためには強力な回折実験法を用いることができる．
- 結晶性表面は半導体業界で重要な意味をもつ．多くの半導体デバイスが結晶性表面の物性に依存している．

清浄固体表面を研究するには UHV 環境で実験を行う必要がある．2章の問題2.1で議論したように，数時間にわたって表面を清浄に保つためには，10^{-7} Pa 以下の圧力に保つ必要がある．そのためには，さまざまな技術を必要とする．真空技術に関する教科書は文献[466]であり，歴史と近年の発展に関する総説は文献[467]である．

7.2 結晶性表面の記述

7.2.1 基板構造

まず，単位格子あたり一つの原子が配置されている理想的な結晶を考える．表面の構造は変化しないものとして，ある面に沿って切り出す．このような表面構造は，バルクの結晶構造と切り出した面の相対的な方位を特定することで記述できる．この理想表面構造のことを基板構造とよぶ．切り出すことによってできる表面の方位は，ミラー[1] 指数によって記述する．

ミラー指数は，以下の方法で決めることができる（図7.1）[2]．切り出し面と三つの結晶軸との交点を，格子定数を単位として求める．これら三つの交点座標の逆数を計算する．整数ではなく分数となることが多い．最後に三つの数字がすべて整数になるような，最小の整数を乗じる．求めた三つの数字を，h, k, l とすると，(hkl) と書くことにより切り出した面および，その面と平行なすべての面の方位を表す．負の数字になった場合は $-n$ と書くのではなく，$\bar{n}$ と表記する．(hkl) および，すべての対称な等価面を表記するには，$\{hkl\}$ と書く．たとえば，立方晶の場合は，(100), (010), (001) はすべ

---

[1] William H. Miller, 1801～1880. 英国の結晶学者．
[2] ミラー指数のより一般的な定義は，13章で，逆格子を使用して与えている．

7.2 結晶性表面の記述

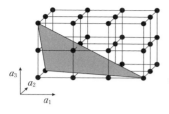

図 7.1 ミラー指数による結晶断面の記述法. 三次元結晶は, 三次元単位格子ベクトル a_1, a_2, a_3 によって記述される. ここに示された面は, 三つの結晶軸とそれぞれ座標 $(3,0,0)$, $(0,1,0)$, $(0,0,2)$ で交わる. この逆数をまとめると, $(1/3, 1/1, 1/2)$ となる. 比を整数にするための最小乗数 6 を乗じると, ミラー指数が (263) となる.

て等価であり, まとめて {100} と表記する.

六方晶の場合は, 三つの等価な a 軸が $60°$ の相対角度で存在し, それらに垂直になるように, c 軸がある. これらが四つの格子ベクトルに対応する. 六方晶に対しては, 四つのミラー指数 $\{hkil\}$ が使用される. これらは, ミラー・ブラベ指数とよばれている. 4 番目の指数 i は, $i = -(h+k)$ によって関係づけられる.

表面科学においては, 低指数表面, つまりミラー指数が小さい面にとくに興味がもたれている. 図 7.2 に面心立方格子の場合の三つの重要な低指数面を示した. (100) 面は, (010) と (001) と等価である. 同様に, (110) 面は, (101) と (011) と等価である.

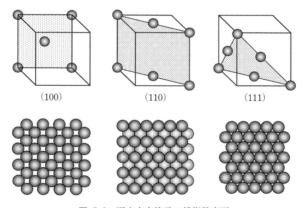

図 7.2 面心立方格子の低指数表面

図 7.3 に示すように, 表面結晶格子はその対称性から, 五つのブラベ格子に分類することができる. これらは, 格子角度 α および格子ベクトルの長さ a_1, a_2 の大きさによって特徴づけられる. 個別の表面原子の位置ベクトルは, 以下の式によって表される.

$$r = na_1 + ma_2 \tag{7.1}$$

ここで, n と m は整数である.

174   7 固体表面

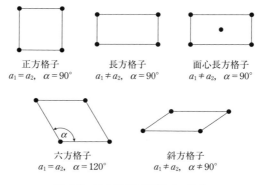

正方格子　　　　長方格子　　　　面心長方格子
$a_1 = a_2$, $\alpha = 90°$　　$a_1 \neq a_2$, $\alpha = 90°$　　$a_1 \neq a_2$, $\alpha = 90°$

六方格子　　　　斜方格子
$a_1 = a_2$, $\alpha = 120°$　　$a_1 \neq a_2$, $\alpha \neq 90°$

図 7.3　五つの二次元ブラベー格子

7.2.2　表面緩和と表面再構築

　表面上の原子は，近接原子が一つ欠けた状態である．この非対称性より表面原子の構造がバルクと異なることが起こる．ダングリングボンド(dangling bond)を満たすために，二量体やより複雑な構造を形成する．表面緩和の場合には，表面原子の面上での配置は変化しないが，表面直下の原子層間の間隔が変化する．たとえば，金属の場合には，表7.1に示すように，表面直下の2層間での間隔が減少する．金属表面での電子の波動関数の歪みにより，双極子層が形成されるからである．

表 7.1　表面緩和による表面2層の層間隔のバルクに比べた場合の減少量(Å)．Cu, Ni, Au および Pd の再構築されていない(110)表面の場合．

Cu	Ni	Au	Pb
0.020	0.156	0.125	0.080

　表面原子の面上の配置が変化する場合は，表面再構築とよばれる．この現象はたとえば，Au, Ir, Pt, W の(100)表面上で起こることが知られている．図7.4に格子間隔をある方向に対して2倍にする2種類の表面再構築を示した．半導体表面では，表面のダングリングボンドの方位の影響で表面再構築が起こることが多い．
　表面再構築された結晶表面上では，原子の位置ベクトルを新たな単位格子ベクトル($\boldsymbol{b}_1, \boldsymbol{b}_2$)を用いて表す必要がある．

$$\boldsymbol{r} = n'\boldsymbol{b}_1 + m'\boldsymbol{b}_2 \tag{7.2}$$

通常，バルクの格子ベクトル $\boldsymbol{a}_1, \boldsymbol{a}_2$ と表面の格子ベクトル $\boldsymbol{b}_1, \boldsymbol{b}_2$ は以下の関係で表される．

7.2 結晶性表面の記述

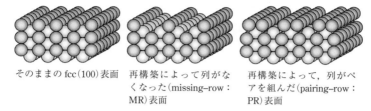

図 7.4 面心立方格子 (face-centered cubic：fcc) の (110) 表面での典型的な再構築

$$\boldsymbol{b}_1 = p\boldsymbol{a}_1 \quad \text{および} \quad \boldsymbol{b}_2 = q\boldsymbol{a}_2 \tag{7.3}$$

p と q は整数である．そして表面の構造は以下のように記述される．

$$\mathrm{A}(hkl)(p \times q)$$

ここで，A は基板の化学記号である．

〈具体例 7.1〉

金の (111) 面は再構築のない表面である．そのため，表面は Au(111)(1×1) と記述される．一方で，シリコンの (100) 面は (2×1) の表面再構築があるため，Si(100)(2×1) と記述される．さらに，シリコンの (111) 面では図 7.5 に示すように (7×7) の表面再構築が起こる．これは，複雑な表面再構築の一例であり，Si(111)(7×7) と記述する[468,469]．

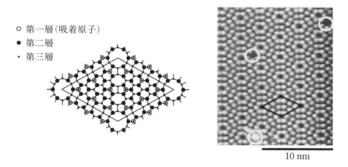

図 7.5 (a) Si(111) 表面での 7×7 再構築の模式図．(b) STM と特別な非接触 AFM の組み合わせによって計測した Si(111) の 7×7 再構築面像 (7.7.3 項)[470]．このイメージング条件では，第一層の原子のみが観測される．表面構造の欠陥 (○印) も観測された．(画像は E. Meyer 氏提供)

一般的にどの格子サイトも，複数原子によって占有されることがありうるため，実際の構造はもっと複雑である．このような構造は，原子や分子の固定された相対的な方位を表す基底を用いて記述することができる．この場合，結晶構造の完全な記述のためには，格子の種類と基底を与える必要がある．図 7.6 に示すように表面の原子が異なった

176   7 固体表面

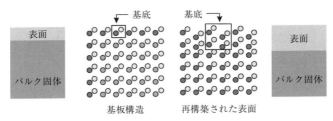

図 7.6 表面原子層の異なる高さに対して必要な基底拡張の具体例

高さに存在する可能性がある．表面層以外に存在する原子も考慮して，基底を決める必要がある．

7.2.3 吸着基板の記述

分子が結晶表面に吸着する場合，吸着分子が超格子とよばれる結晶性の積層構造を結晶面上に形成することがある．この現象は，分子が特定の吸着サイトに選択的に吸着するときに起こり，吸着分子の位置は以下のように書かれる．

$$r_{ad} = n'' c_1 + m'' c_2 \tag{7.4}$$

n'' と m'' は整数である．通常は，結晶基板の原子数よりも吸着物質の原子数のほうが少ない．それゆえ，ベクトル c_1, c_2 によって形成される単位格子は，b_1, b_2 によって記述される下地の結晶格子の単位胞よりも，しばしば大きくなる．吸着物による格子の構造は，単位格子ベクトルの長さの比によって，$p' = c_1/b_1$ および，$q' = c_2/b_2$ と表される．もしも，吸着物質格子が下地の格子よりも角度 β だけ回転している場合は，回転を表す "R" の後ろに β を書いて表す．これらは，いわゆるウッド記法によって記述することができる．

$$A(hkl)c(p' \times q')R\beta - B$$

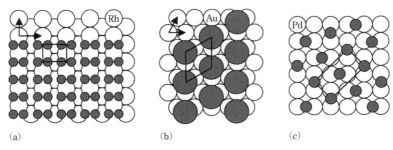

図 7.7 吸着質の超格子構造．(a) Rh(110)(1×1)-2H．(b) Au(111)($\sqrt{3} \times \sqrt{3}$)R30°-CH$_3$(CH$_2$)$_n$SH．(c) Pd(100)c($2\sqrt{2} \times \sqrt{2}$)R45°-CO．

ここで，A, B はそれぞれ基板と吸着物質の化学式である．c は吸着分子が面心構造をとる場合に加える．具体例として，図 7.7(a) には，Rh(110) 上の (1×1)-2H 構造を示した．(b) と (c) はそれぞれ，Au(111) 上に化学吸着したアルカンチオールの $(\sqrt{3}\times\sqrt{3})$R 30° 構造(黒鉛上の Xe 構造と同様)および Pd(100) 上に吸着した CO の $c(2\sqrt{2}\times\sqrt{2})$R 45° 構造(表面の被覆率 $\theta=0.5$ のとき)である[471〜474]．

7.3 清浄表面の準備

通常，結晶性表面は適切で純度の高い三次元単結晶をもとに準備する．この単結晶から，目的の結晶面をもった面を切り出す．それゆえ，結晶の配向を知る必要があり，X 線回折によって求めることができる．硬い材料の場合は，固定して表面を削り研磨する．やわらかい材料の場合は，化学的にきれいにするか，電気化学的に処理する．この段階での表面はまだ応力がかかっていたり，不純物が混ざっていたり，化学的に電荷をもっていたり，場合によっては酸化されている．多くの場合は，液体中で電気化学的処理をすることで，清浄表面を準備する．問題は，この処理は真空中ではできないことである．ただ，特殊な例として電気化学処理を行い，それを空気に触れさせないまま超高真空へ移すような実験装置も存在する[475]．このような装置を使用してもまだ，表面の構造や組成が移動中に変化してしまう可能性は残る．したがって，通常は，UHV の真空中で行うことが可能な"その場"表面準備法が好まれる．原則的には，以下の二つの技法がある．

一つは，その表面をきれいにする方法で，もう一つは，新たな清浄表面を作成する方法である．本節では，それらの手法について紹介して議論する．

7.3.1 熱 処 理

分子が弱く表面に吸着している場合は，温度を上げることで分子が脱離する．そのため，熱処理は，表面クリーニングの手法として使うことができる．熱処理の利点は，加熱により表面分子とバルク分子の拡散速度が上昇し表面の欠陥が減少することである．一方で，表面融解や何らかの相転移がバルクの融解温度以下で起きてしまい，目的とする表面でなくなってしまう可能性があるという欠点もある．

〈具体例 7.2〉
清浄タングステン (110) 表面を得るためには，まず結晶を 1600℃ で 1 時間 10^{-4} Pa の酸素分圧中で加熱し，表面不純物を酸化する．次に，2000℃ まで一気に加熱すると，酸化層を分解して脱離させることができる．

7.3.2 プラズマまたはスパッタクリーニング

プラズマとは，電子とイオンからなり全体として電気的には中性な気体のことである．プラズマクリーニングでは，表面の不純物を取り除くためにプラズマを使用する．用途や条件により，この手法はグロー放電クリーニング，プラズマエッチング，プラズマスパッタリング，プラズマアッシングとよばれている．プラズマ処理のとき，試料は真空チャンバーの中にある．プラズマとして使用するガスの圧力は，通常 10～100 Pa である．そもそも，どんな気体の中でもごく一部は電離して存在する．一つの具体例は，宇宙背景輻射による電離である．気体に外部電圧（交流または直流）をかけると，はじめから電離していた電子が加速される．ある程度圧力が低ければ，電子がほかの原子に衝突するまでに高い運動エネルギーを得る．加速電子が，衝突した原子を励起しイオン化する．このようにして，次々とイオン化され自由に動ける電子の数が増える．最終的には，プラズマが真空チャンバーの中でつくられる．プラズマの中で励起した原子やイオンは，光子を放出することでもとのエネルギーに戻る．プラズマが光ってみえるのはこのためであり，またこの光のために，グロー放電クリーニングとよばれることがある．

導電性表面の場合は直流電圧も使用できるが，絶縁体の場合には交流電流を使用する必要がある．理由は，表面が電荷をもち，プラズマ中のイオンや電子を電気的にはじくため，スパッタリングプロセスを邪魔してしまうためである．表面にプラズマのイオンや電子がぶつかることで，以下のいくつかの現象が起こる．試料の温度上昇，イオンの衝突による表面からの原子の脱離，そして表面からの二次電子の放出である．これらは，プラズマを維持するのに役立つ．希ガスがプラズマを生成するためのプロセスガスとして用いられる場合，イオンの衝撃による表面原子の脱離であるスパッタリングが主要な過程となる．一方で，酸素などの反応性気体を使用する場合は，表面の付加的な化学エッチング，および希ガスの場合よりもずっと高速度での原子の脱離だけでなく，試料表面での OH 基密度の増加など表面の化学変化が引き起こされる．有機不純物は，酸素プラズマや空気プラズマによって効果的に取り除くことができる．プラズマ中で生成された酸素ラジカルが有機不純物と反応し，H_2O, CO, CO_2 あるいは低分子量炭化水素などの揮発性物質が形成され，真空ポンプによって容易に取り除かれるからである．応用の具体例としては，フォトレジスト層の除去が挙げられる．有機物であるフォトレジスト層は，酸素プラズマによって炭化され洗い流すことができるようになる．このプロセスは，プラズマアッシング（炭化）ともよばれる．

吸着または埋没した希ガス原子を除去し，イオンとの衝突によって生成された結晶表面構造の欠陥を癒すために，スパッタリング後には試料の加熱がしばしば必要となる．

単純な材料に対してスパッタリングは非常に優れた表面クリーニング手法である．一

方で，合金などの複合材料の場合には注意する必要がある．スパッタ速度が構成原子によって異なる場合があり，表面の化学量論組成を変化させる可能性がある．そのような場合は，へき開のほうが適切な手法である．材料によっては，加熱によって表面不純物が増えてしまう可能性もある．たとえば，鉄は硫黄を不純物として含み，加熱によって硫黄が分離して表面に析出してしまう．このような場合には，清浄表面を得るために加熱とスパッタリングを何度も繰返す必要がある．スパッタリングに関するさらに詳しい議論は，文献[476〜479]である．

すでに述べたように，通常プラズマ処理は閉鎖された真空チャンバーの中で行われる．この作業は，1回1回行う必要があるが，工業的な応用には高い処理速度をもつインライン工程が望まれる．そのため，表面処理のための大気圧プラズマジェットが開発された[480]．

7.3.3　へ　き　開

剥がれやすい物質の場合は，清浄で明確な格子をもつ表面を準備するために，へき開という手法が使える．マイカや高配向パイログラファイトなどのように，層構造をもつ物質の場合は，必要に応じてカミソリの刃を用いて，数層を単に剥離することで，へき開することができる．他の材料の場合，いわゆる二重くさび技術(図7.8)を使用することができる．

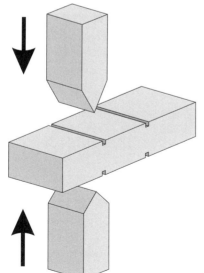

図 7.8　脆性物質をへき開する二重くさび法の模式図．適切なへき開ができるように，結晶学的な方位に従って結晶には切れ目を入れ，そこをくさびで挟む．

180　7 固体表面

もろい物質や層状物質では，へき開が清浄表面を準備するもっとも早い手法である．
だが，限界もある．へき開の場合は表面が準安定状態の構造をとり，平衡状態の表面と
は異なる可能性もある．また，物質に応じて特定のへき開面のみが実現される．通常，
結晶は表面上の電荷がつり合うように無極性表面でへき開する．たとえば，GaAsは無
極性の{110}面のみでへき開し，極性の{100}面や{111}面でへき開することはない．

7.3.4　薄膜の堆積

清浄表面を生成する他のアプローチとしては，すでにある表面の上に新たな薄膜を堆
積させる方法がある．たとえば，物理蒸着，化学蒸着，分子線エピタキシーなどの手法
で，質の高い表面を作成することができる．これらの手法については，9章で詳しく触
れる．

7.4　固体表面の熱力学

7.4.1　表面エネルギー，表面張力，表面応力

液体表面の記述においては，表面張力が最重要の物理量であった．表面張力の概念を
固体表面に対しても拡張しようとすると，重大な問題点が生じる[481]．液体の場合は，
表面積の増大に比例して，表面にある原子数も増大した．これは，緩和速度が非常に速
く降伏値をもたないためである．それゆえ，液体表面内の単位分子あたりの表面積 σ_A
は一定であるが，表面分子数 N は増加する．固体表面の場合は緩和速度が非常に遅い
ため，液体のようにつねに表面積の塑性変形的な増大のみが起こるわけではない．固体
の場合は，表面積の弾性的増加も起こる．弾性的に固体表面を引き伸ばすと，ある表面
分子とその近接分子との間隔が広がる．よって，単位面積あたりの分子数が変化する．
このとき，表面原子数は一定である．それゆえ，固体表面のエネルギー変化を記述する
のに必要な自然な変数は，σ_A と N である．表面積の変化は通常，表面ひずみ ε_{tot} で表
される．表面ひずみの変化は，表面積の変化を全表面積 A で割った値である．

$$d\varepsilon_{tot} = \frac{dA}{A} = d\varepsilon_p + d\varepsilon_e \tag{7.5}$$

上式の最後で，表面ひずみを塑性ひずみと弾性ひずみに分けて記述している．

ここで，もう少し深く考察しよう．余剰エネルギー E_s は，それぞれの表面分子と関
連づけられ，これを分子の表面積で割ることで表面エネルギーを求めることができる
(E_s/σ_A)．任意の可逆過程に対して，なされた仕事は一般化力と一般化変位の積で記述
できる．前者を，一般化された表面示強性パラメータまたは表面エネルギー γ^s とよぶ．
後者は，表面積の増加分 dA と考える．なされた仕事は，$dW = \gamma^s dA$ である．これは，

7.4 固体表面の熱力学

表面エネルギーの増大 $d(E_s N)$ と一致する．それゆえに，以下の式が得られる．

$$dW = \gamma^S dA = d(E_s N) = E_s \frac{\partial N}{\partial A} dA + N \frac{\partial E_s}{\partial A} dA \tag{7.6}$$

または，

$$\gamma^S = E_s \frac{\partial N}{\partial A} + N \frac{\partial E_s}{\partial A} \tag{7.7}$$

ここで，γ^S の意味を理解するために，まず表面積の塑性変化と弾性変化を別々に考える．一般的な場合については，その次に議論する．ここでの塑性変化とは，表面原子の相対的な距離を変化させずに，新たな原子を表面に運んでくることによる表面積の可逆的な変化を意味することを強調しておく．この定義は，通常，物質の不可逆的な変化を意味する固体力学での塑性変形とは異なる．

表面積 σ_A の塑性変化は表面構造が変化しないため，定数である．表面積変化は，$dA = \sigma_A dN$ のように与えられるため，以下のように書ける．

$$\left(\frac{\partial E_s}{\partial A} \right)_{\text{pla}} = \left. \frac{\partial E_s}{\partial (N\sigma_A)} \right|_{\sigma_A} = \frac{1}{\sigma_A} \frac{\partial E_s}{\partial N} = 0 \tag{7.8}$$

この式は，表面分子あたりのエネルギーが表面分子の総数に依存しないためゼロになる．ここで，上式左辺の添字 pla は純粋な塑性変形を考えていることを示している．表面示強変数の場合，以下の式が得られる．

$$\gamma_{\text{pla}}^S = \left(E_s \frac{\partial N}{\partial A} \right)_{\text{pla}} = \left. E_s \frac{\partial A/\sigma_A}{\partial A} \right|_{\sigma_A} = \frac{E_s}{\sigma_A} \equiv \gamma \tag{7.9}$$

表面積の塑性変形の場合，表面示強変数の変化は液体の場合と似ている．そのため，この値を表面張力とよび，記号 γ で表す．

弾性変形の場合，N が定数である．表面積の変化は $dA = N d\sigma_A$ で与えられる．表面積の変化による分子数の変化がないため，$\partial N / \partial A = 0$ であり，式(7.7)を以下のように変形できる．

$$\gamma_{\text{ela}}^S = \left(N \frac{\partial E_s}{\partial A} \right)_{\text{ela}} = \left. \frac{N}{N} \frac{\partial E_s}{\partial \sigma_A} \right|_N = \frac{\partial E_s}{\partial \sigma_A} \tag{7.10}$$

式(7.9)を式(7.10)に代入する．

$$\gamma_{\text{ela}}^S = \frac{\partial (\gamma \sigma_A)}{\partial \sigma_A} = \gamma + \sigma_A \frac{\partial \gamma}{\partial \sigma_A} \tag{7.11}$$

弾性変形では，$d\varepsilon_e \equiv dA/A = d\sigma_A/\sigma_A$ であるため以下の式が得られる．

$$\gamma_{\text{ela}}^S = \gamma + A \frac{\partial \gamma}{\partial A} = \gamma + \frac{\partial \gamma}{\partial \varepsilon_e} \tag{7.12}$$

表面示強変数は，表面張力 γ とその弾性表面ひずみに対する微分 $\partial \gamma / \partial \varepsilon_e$ との和に等しい．

$$\gamma_{\text{ela}}^{\text{S}} \equiv \varUpsilon = \gamma + \frac{\partial \gamma}{\partial \varepsilon_{\text{e}}} \tag{7.13}$$

$\varUpsilon$ は表面応力ともよばれる．式(7.13)は，Shuttleworth による古典的な論文で導かれている[482]．Shuttleworth 方程式の意味するところは，表面応力を知るためには，表面張力に加えて表面張力の弾性ひずみ ε_{e} に対する依存性もまた知る必要があるということである．しばしば，Shuttleworth 方程式は，固体の表面科学における基礎方程式と考えられている．しかしながら，近年 Bottomley ら[483]が，この方程式が熱力学の数学的構造と矛盾する可能性があることを指摘した．これにより論争が広がっている（文献 [484]）．

ここでは，一般的な場合を考える．式(7.7)中の E_{S} に $\gamma \sigma_{\text{A}}$ を代入する．

$$\gamma^{\text{S}} = \gamma \sigma_{\text{A}} \frac{\partial N}{\partial A} + N \frac{\partial (\gamma \sigma_{\text{A}})}{\partial A} = \gamma \sigma_{\text{A}} \frac{\partial N}{\partial A} + N \gamma \frac{\partial \sigma_{\text{A}}}{\partial A} + N \sigma_{\text{A}} \frac{\partial \gamma}{\partial A} \tag{7.14}$$

$d(N\sigma_{\text{A}}) = Nd\sigma_{\text{A}} + \sigma_{\text{A}}dN$ および，$A = N\sigma_{\text{A}}$ であるため，以下の式を得る．

$$\gamma^{\text{S}} = \gamma \frac{\partial (N\sigma_{\text{A}})}{\partial A} + N\sigma_{\text{A}} \frac{\partial \gamma}{\partial A} = \gamma + \frac{\partial \gamma}{\partial \varepsilon_{\text{tot}}} \tag{7.15}$$

塑性変形と弾性変形による寄与を明確にするために，$\partial A/\partial A = \partial(A_{\text{ela}} + A_{\text{pla}})/\partial A$ および $d\varepsilon_{\text{tot}} = dA/A$ の関係を使用して式(7.15)を書き直す．

$$\gamma^{\text{S}} = \gamma \frac{\partial (A_{\text{ela}} + A_{\text{pla}})}{\partial A} + A \frac{\partial \gamma}{\partial A_{\text{ela}}} \frac{\partial A_{\text{ela}}}{\partial A}$$

$$= \gamma \frac{\partial A_{\text{pla}}}{\partial A} + \left(\gamma + A \frac{\partial \gamma}{\partial A_{\text{ela}}}\right) \frac{\partial A_{\text{ela}}}{\partial A}$$

$$= \gamma \frac{d\varepsilon_{\text{p}}}{d\varepsilon_{\text{tot}}} + \varUpsilon \frac{d\varepsilon_{\text{e}}}{d\varepsilon_{\text{tot}}} \tag{7.16}$$

ギブズ自由エネルギーの変化は，表面張力 γ と表面応力 $\varUpsilon$ に逆らって表面が拡張するのに必要な可逆的な仕事 $\gamma^{\text{S}}dA$ として与えられる．表面積の増大が純粋な塑性過程である場合は，式(7.16)の右辺の第一項のみしか寄与せず，液体の場合と同様に γdA となる．純粋な弾性過程の場合は，第二項のみが寄与する．通常は，表面積増大に塑性過程と弾性過程の両方が寄与する．それゆえ，γ^{S} は固体の履歴に依存し，熱力学的な状態変数ではない．この量は，新たな表面がどのように形成されたかに依存する．一方で，表面張力と表面応力は経路に依存しない量である．

固体表面と液体表面の間には，もう一つの基本的な違いがある．表面積が増大したときに，結晶は方向によって異なった応答をする．結果として，面内での二つの座標についての寄与を考える必要があり，2倍の数の方程式を扱う必要がある．

多くの応用において，平衡状態での結晶形状を知ることは有用である．ここでの平衡

7.4 固体表面の熱力学

状態は，加熱などにより塑性変形が可能な状態を示す．結晶の表面張力は結晶面によって異なる．ある体積において，全表面自由エネルギーが最低となるような構造はどのような構造であろうか？ 図 7.9 に示すように，この問題に関する一般的な半幾何学的解法は，ウルフ[485]によって提案された．

① 始点からベクトルを描く．ベクトルの長さは結晶面の γ に比例し，方向は結晶面に垂直である．
② これらのベクトルの各終点で，そのベクトルに直交する表面を描く．これらの平面によって囲まれた物体が固体の平衡状態の形状である．

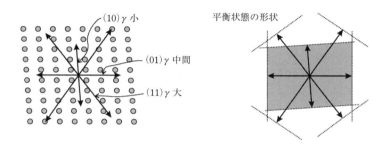

図 7.9 結晶の平衡状態の配置を決定するウルフ作図

7.4.2 表面エネルギーの決定

液体の表面張力を求めるのは単純な手順であり，確立された実験手法が存在した．しかし，固体表面の場合，状況はずっと複雑である．固体の表面力，表面応力，内部表面エネルギーといった表面エネルギー量を実験的に求める際に，異なる寄与を区別することは困難である．新たな固体表面を，完全に弾性的または完全に塑性的につくることはほとんどできない．さらに，作成した表面構造が本当の平衡状態の構造であるとは限らない．実験によって求められる表面エネルギーの値は実験手法に依存する．そのため，異なった手法で求めた値を，直接的に比較することはできない．ここでは，どのように表面エネルギー量が計算できるかを議論することから始める．

共有結合性固体の結合は，短距離相互作用に支配される．表面内部エネルギーは単純に，ある切断面を通過する結合を切り離すのに必要なエネルギーの半分として求まる．これは，最近接結合切断モデルとよばれる．室温ではエントロピーの寄与を無視できるため，表面ギブズ自由エネルギーは，この値とさほど異ならない．

〈具体例 7.3〉
　ダイヤモンドの炭素結合間の結合あたりのエネルギーは，376 kJ mol^{-1} である．ダイヤモ

ンドを(111)面で切断すると，$1\,\mathrm{m}^2$ あたり 1.83×10^{19} の結合が切断される．

$$u^\sigma \approx \frac{376\,\mathrm{kJ\,mol^{-1}} \times 1.83\times10^{19}\,\mathrm{m^{-2}}}{2\times 6.02\times 10^{23}\,\mathrm{mol^{-1}}} = 5.7\,\frac{\mathrm{N}}{\mathrm{m}}$$

この単純な計算からも，固体の表面エネルギーは液体の場合と比べて非常に高い値となることがわかる(表2.1)．

希ガス結晶は，ファンデルワールス力によって保たれている．表面エネルギーを計算するために，5.2.4項の手法に従う．図7.10のように，思考実験として，結晶を切断し必要な仕事を計算する．ある原子位置で結晶を切断するのが第一ステップである．第二ステップとして，分子位置を，コンピュータシミュレーションにより新たな状況に適応できるように再構築する．この際，原子間ポテンシャルを仮定する必要があり，通常，Lennard-Jones ポテンシャル $V(r_{ij}) = C_1 r_{ij}^{-12} - C_2 r_{ij}^{-6}$ を使用する．ここで，r_{ij} は，i 原子と j 原子間の距離である．定数 C_1, C_2 は物質に依存する．第一項は電子軌道の重なりによる短距離反発力である．これは，パウリ反発力とよばれている．第二項は双極子間にはたらくファンデルワールス力による引力である．表面では，第二，および第三近接原子による引力がはたらかないので，通常は原子間距離が広がり，表面エネルギーは減少する．

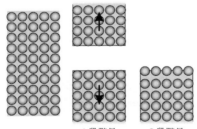

1段階目　　2段階目

図7.10 表面エネルギーを計算するための思考実験としての，結晶の切断

表7.2に0Kでの希ガス結晶の表面エネルギーの具体例を示した．値に幅があるのは，結晶面によって表面エネルギー u^σ が異なるためである．

イオン性結晶に対しても，同様の計算が可能である(表7.3)．この場合，ファンデル

表7.2 希ガス結晶の内部表面エネルギー u^σ．配向によって異なった表面エネルギーとなるため，値に幅がある．単位は $\mathrm{mN\,m^{-1}}$．

Ne	19.7〜21.2
Ar	43.2〜46.8
Kr	52.8〜57.2
Xe	62.1〜67.3

表 7.3 イオン性結晶のさまざまな表面配向に対する,表面張力 γ と表面応力 $\varUpsilon$ の計算値と実験値[486, 487]との比較.すべての値の単位は $mN\,m^{-1}$.

結晶	配向	γ 計算値	γ 実験値	$\varUpsilon$ 計算値	$\varUpsilon$ 実験値
LiF	(100)	480	340[a]	1530	
	(110)	1047		407	
CaF_2	(111)		450[a]		
NaCl	(100)	212	300[a], 190[b]	415	375
	(110)	425		256	
KCl	(100)	170	110[a], 173[b]	295	320
	(110)	350		401	

a へき開実験の結果.
b 液体からの外挿値.

ワールス引力,パウリ反発力に加えて,クーロン相互作用も考慮に入れる.三次元格子エネルギーへのファンデルワールス引力の寄与はほとんどないが,表面エネルギーへのファンデルワールス引力の寄与は大きく,20〜30%程度になる.表面エネルギーの計算値は,原子間ポテンシャルの選択にも敏感に依存する.

金属の表面エネルギーを求めるために,二つの手法が用いられる.(i)希ガス結晶とイオン性結晶の場合と同様に,原子間の相互作用ポテンシャルから計算する.(ii)もうひとつは,箱内部の自由電子モデルを用い,箱の壁を金属表面と考えるモデルである.この量子力学的な考え方は,金属の種類によらない.電子の波動関数は,壁で節をもつ.結晶を切断すると,新たな境界条件が生じ,いくつかの状態をとることができなくなる.電子がより高いエネルギー状態を占有する必要があり,この余分なエネルギーが表面エネルギーである.

固体の表面エネルギー量を測定する手法はあまりなく,ほとんどは間接的なものである.問題点は,UHV 中でない限り,すぐに不純物が付着してしまうことと,ほとんどの場合,表面が均一ではないことである(総説は文献[487]).

- 多くの高分子のような低エネルギー固体では,表面張力を接触角測定から求めることができる.これは,6.1.5 項と 6 章の演習問題に記述した.高エネルギー固体の場合,完全に濡れるため,接触角はつねにゼロである.
- 液体の値から求める.溶融状態の表面張力を計測し,融点近くで,固体の表面自由エンタルピーが液体の値よりも 10〜20%高いことを利用する.
- 表面応力による圧縮によって引き起こされる,微結晶の格子定数の減少量から求める.格子間隔は,X 線回折か低速電子線回折実験から求まる(7.8.2 項).
- へき開に必要な仕事から求める.固体をへき開するのに必要な仕事を求める.問題は,エネルギーの多くを力学的変形が使用してしまうことと,へき開の後で再構成

が起こる点である[481].

- 逆ガスクロマトグラフィーによる吸着実験から求める．この手法に関しては，8.4.1項で触れる．
- 表面張力の力学的測定から求める．固体の表面張力が変わると，表面は収縮(γ が増大する場合)，あるいは拡張を行う(γ が減少する場合)．たとえば，2種類の金属からなるカンチレバーがたわむことや，薄く細長いリボン状にした物質が縮むことが起こる．
- 浸水により生成される熱から求める．全表面積が既知の粉末材料を液体中に浸水させる．固体の表面自由エンタルピーが熱として放出され，敏感な熱量計で計測することができる．

7.4.3 表面ステップと欠陥

結晶を低指数表面に対して小さな角度 ϑ で切ると，低指数テラスを分離するステップあるいはレッジが生じる(図7.12)．高さ h のステップの平均距離は，$d = h/\sin\vartheta$ で与えられる．ここで，ϑ は実際の表面と低指数表面の間の角度である．このような表面は，微斜面表面とよばれる．図7.11は単純な立方晶上の微斜面の例である．切断面にさらなる傾斜がある場合は，図7.11(b)に示したように，レッジはキンクをもつ．

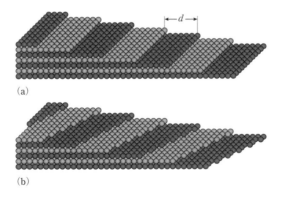

図 7.11 (a) 立方晶を{100}面に対して小さな角度で切断したときの単原子ステップの模式図．(b) さらに傾斜を加えると，レッジにキンクが生成する．

図7.12に示すように，現実の表面は0K以上の温度で，つねにある数の欠陥をもつ．理想結晶表面上に，欠陥が生じるには正のエネルギーが必要であるにもかかわらず，欠陥はつねに存在する．欠陥を安定化させるのは，無秩序化によるエントロピー増大である．それゆえ，欠陥の数は温度とともに増大する．

7.4 固体表面の熱力学

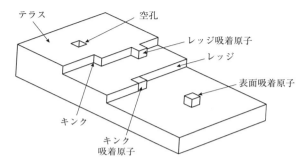

図 7.12 微斜面表面での欠陥の模式図

結果として，現実の表面は図 7.11 のモデルのように，均一な大きさのテラスや，均一間隔のキンクをもったりするわけではない．微斜面表面については，テラス-レッジ-キンクモデル[488]がより現実的な記述を与える．テラス幅の分布は，レッジ同士のエントロピー反発力の効果も考慮して計算する．二つの近接ステップ(ステップは交差することがない)の間にレッジは束縛されているため，可能なキンクの配置数が減少しエントロピーが減少する．このエントロピー反発力は，レッジ間の平均距離 d に対して，d^{-2} 則に従う[489]．ステップの弾性ひずみと双極子相互作用によっても新たな反発力が存在する可能性があるが，その場合も d^{-2} 則に従う[490]．

Burton らによって予想されたように[491]，温度上昇により，欠陥が増え表面粗さが増大する．しかし，低指数表面のラフニング転移温度を計算すると，融点よりも十分高温になる．理由は，低指数表面にレッジを形成するのには，高い形成エネルギーが必要だからである．微斜面の場合，レッジがすでに存在するため，キンクの形成によってラフニングが起こる．ラフニング転移温度が融点の約半分の温度で観測されている[492]．Hoogeman ら[493]は，高速 STM (7.7.3 項) を使用し，ラフニング転移の直接観測に成功した．画像データの統計的解析から，キンク生成エネルギーとステップ相互作用エネルギーを求めた．表面のステップに関する総説は文献[494]である．

欠陥のうち重要なものは，転位である．転位は，熱力学的には安定でないが，速度論的に拘束されている．二つの基本的な転位は，図 7.13 に示したように，刃状転位とらせん転位である．一つ目の刃状転位とは，バルク結晶に，半分の余分な格子面が挿入されることに対応する．らせん転位とは，転位の始まる場所から，ステップが形成されることである．

転位は，しばしば，バーガース[3]ベクトル (Burgers vector) によって特徴づけられる．

---

3 Johannes Martinus Burgers, 1895〜1981, オランダの物理学者．

188   7 固体表面

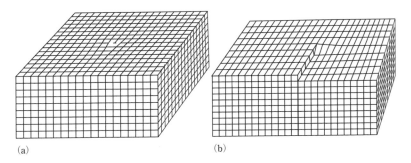

図 7.13 (a) 刃状転位と (b) らせん転位の具体例

転位のバーガースベクトルは，以下の方法で見つけることができる．転位の存在しない完全結晶の中に，任意の格子ベクトルからなる閉曲線を描く．次に，転位を囲むように，同じ順番の格子ベクトルを追う．この二つ目の経路は，転位の影響で閉曲線ではない．二つ目の経路の始点から終点までのベクトルがバーガースベクトルである．

〈具体例 7.4〉
図 7.13 の刃状転位のバーガースベクトルは，余分な格子面に対して垂直な面内ベクトルである．長さは，1 格子定数分である．らせん転位の場合は，表面に垂直なバーガースベクトルを得る．この場合も，長さは 1 格子定数分である．

表面欠陥は，局所的な電子状態や結合エネルギーを変化させ，吸着，核生成，表面反応，触媒などの現象に影響を与える．たとえば，らせん転位のステップは，結晶生成の核形成障壁を取り除く．

7.5 表面拡散

熱活性による吸着質の水平方向への運動は，結晶成長や触媒の化学反応にとって重要な現象である．この分野の入門書は，文献 [496] である．また，薄膜蒸着 (9.2 節) においても，原子や分子の吸着に続いて表面拡散が起こる．表面拡散により，核形成と構造形成が起こる．吸着質の水平方向への運動は，通常，熱活性過程である．つまり，ある吸着サイトから次のサイトまで移動するのに，あるエネルギー障壁 E_d を越える必要があるため，以下の二つの領域を区別することができる．

- $E_d \leq k_B T$：活性化エネルギーが吸着質の熱エネルギーよりも低いとき，吸着分子は，特定のサイトに束縛されることなく，比較的自由に表面を移動することができる．表面移動は二次元ブラウン運動で記述することができる．これは，分子が物理

7.5 表面拡散

吸着し，被覆率が低い（$\theta \ll 1$，単一層での値よりも十分に小さい）ときに当てはまる．水平方向への表面移動と同時に熱による脱離も起こる．
- $E_d \gg k_B T$：活性化エネルギーが熱エネルギーよりも十分に大きい場合，吸着質はほとんど吸着サイトに存在する．通常，吸着サイトは結晶表面の対称性を反映したものになる．熱振動によって，最終的には，隣接束縛サイトへの確率的ジャンプ過程が生じる．これは，化学吸着の場合にみられる典型的な例である．理論的には，$E_d \gg k_B T$ の条件は，$E_d > 5 k_B T$ となると満たされる[497]．

ほとんどの表面拡散の実験的研究は，$E_d \gg k_B T$ の条件で行われた．それゆえ，以下の議論では，この条件での現象を取り上げる．二つの領域とその間の転移に関する詳細な議論に興味のある読者には文献[495, 497]を薦める．

吸着質の密度が単一層の被覆率よりも十分に小さく，吸着質同士の水平方向の相互作用がない場合をトレーサー拡散とよぶ．吸着質の濃度が高い場合は，共同拡散が起こる．その場合，吸着質同士の相互作用も考慮に入れる必要がある．濃度勾配があるとき，勾配に沿った拡散によって物質輸送が行われ，物質輸送拡散とよばれる．濃度勾配が存在しない場合も，吸着質のランダムな運動による本質的な拡散があるが物質の流れは起こらない．

7.5.1 表面拡散の理論的記述

物質輸送拡散現象を記述する基本的な方程式は，フィック[4]第一法則と第二法則である[498]．フィック第一法則は，拡散による物質流束 $\boldsymbol{J}$ と駆動力である濃度勾配 ∇c を結びつける．

$$\boldsymbol{J} = -D\nabla c \tag{7.17}$$

c は単面積あたりの分子数またはモル数である．流束は，単位時間あたり単位長さを横切る分子数またはモル数である．拡散係数 D は物質依存のパラメータであり，単位は $\mathrm{m^2\,s^{-1}}$ である．吸着質同士の水平方向への相互作用が拡散速度に影響を与えるため，通常，D は定数ではなく表面被覆率 θ に依存する．

フィック第二法則は，拡散によって濃度が時間とともにどのように減衰するかを記述する．

$$\frac{\partial c}{\partial t} = D\nabla^2 c \tag{7.18}$$

フィック第二法則を使用すると，ある濃度プロファイルが得られ，その後のプロファイ

---

4 Adolf Eugen Fick, 1829〜1901, ドイツの物理学者，生理学者．

ルの減衰を追跡することにより，拡散係数が求められる．そのデータ解析では，対応する境界条件下での微分方程式の解を求めることが必要である．

まず，単位長さあたりの u 個の分子が，ある線に沿って付着している場合を考える．初期の線状配向方向に垂直な x 方向への分子の広がりによる濃度プロファイル $c(x,t)$ の時間変化は，ガウス分布によって与えられる（図 7.14(b)）．

$$c(x,t) = \frac{u}{\sqrt{4\pi Dt}} \exp\left(-\frac{x^2}{4Dt}\right) \tag{7.19}$$

表面での単一吸着質または吸着原子のトレーサー拡散の場合，拡散係数は，x, y 座標軸方向の平均二乗変位から，アインシュタイン・スモルコフスキー方程式によって計算される．

$$\langle \Delta x^2 \rangle = 2Dt, \quad \langle \Delta y^2 \rangle = 2Dt \quad および \quad \langle \Delta r^2 \rangle = 4Dt \tag{7.20}$$

ここで注意点として，トレーサー拡散の拡散係数は，以前に定義した物質拡散によって定義されるものと異なる可能性があることを述べておく．吸着質同士の相互作用がまったくない場合にのみ，それらの値が等しくなる．たとえば，$\theta \to 0$ の極限のときである．

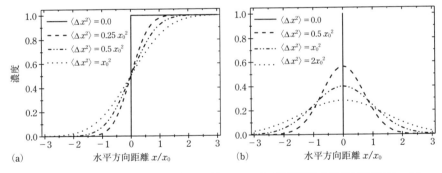

図 7.14 拡散によって時間とともに広がる (a) ステップの断面形状および (b) 線プロファイル

他の可能な初期条件としては，表面の半分が覆われている場合がある．初期のステップ上の濃度は，以下のように記述できる．

$$c(x,0) = \begin{cases} c_0 & : x > 0 \\ 0 & : x \leq 0 \end{cases} \tag{7.21}$$

これが以下の式に従い，図 7.14(a) のように減衰する．

$$c(x,t) = \frac{c_0}{2}\left[1 + \mathrm{erf}\left(\frac{x}{\sqrt{4Dt}}\right)\right] \tag{7.22}$$

理想結晶表面のトレーサー拡散として微視的モデルを考える．吸着質の拡散を，ある吸

7.5 表面拡散

着サイトから別な吸着サイトへの熱揺らぎによるランダムジャンプと考える．このような場合の平均二乗変位は，以下のようになる．

$$\langle \Delta r^2 \rangle = \nu l^2 t \tag{7.23}$$

ここで，ν はジャンプ頻度，l はジャンプ距離である．確率的現象の平均ジャンプ頻度とは，多くのジャンプ事象の平均である．そのため，式(7.23)は厳密には，$t \to \infty$ の極限でのみ有効である．もっとも簡単な場合として，正方格子を考え，ジャンプは最近接格子にのみ起こると仮定する．l は格子定数 a に等しい．式(7.20)より，拡散係数は以下のように与えられる．

$$D = \frac{\langle \Delta r^2 \rangle}{4t} = \frac{l^2 \nu}{4} \tag{7.24}$$

ある吸着サイトから次の吸着サイトに移動するために，吸着質はエネルギー障壁 E_d を越える必要がある．ホッピング頻度は，遷移状態理論から計算することができる[499]．

$$\nu = \nu_0 \exp\left(\frac{\Delta S}{k_B}\right) \exp\left(-\frac{E_d}{k_B T}\right) \tag{7.25}$$

ここで，ν_0 は障壁を越えようとする試行頻度であり，ΔS は吸着サイトと転位状態の間のエントロピー変化である．これより，トレーサー拡散の基礎方程式

$$D = \frac{l^2 \nu_0}{4} \exp\left(\frac{\Delta S}{k_B}\right) \exp\left(-\frac{E}{k_B T}\right) = D_0 \exp\left(-\frac{E_d}{k_B T}\right) \tag{7.26}$$

が導かれる．

この式ではすべての温度に依存しない項を，定数 D_0 に含めている．式(7.26)から活性化エネルギー E_d と定数 D_0 を求めることができる．そのためには，縦軸 $\ln D$，横軸 $1/T$ のアレニウスプロットをすればよい．通常 ΔS がゼロに近いため，$\Delta S = 0$ として，D_0 の値を簡単に計算することができる．l を典型的な格子定数 $a \approx 0.3$ nm とし，試行頻度が吸着質の通常の振動数 10^{13} s^{-1} と等しいとすれば[500]，一般的な値として，$D_0 = 10^{-7}$ m^2 s^{-1} と概算することができる．実際，このオーダーの値が実験からしばしば求まる．表面拡散の活性化エネルギーは通常，吸着エネルギーの5～20%である．このことは，表面脱離温度よりも十分に低い温度でも，表面拡散による水平方向への移動度があることを示している．

表面拡散は熱活性過程であり，$\nu = 1$ Hz となる開始温度を定義することができる．これは，平均して一つの原子が一秒間に1回の拡散ジャンプをすることに対応する．金属原子の自己拡散における，開始温度は融点の10%ほどである．さまざまな物質や吸着質の拡散係数の表が文献[501]に掲載されている．

〈具体例 7.5〉

Cu(100)表面上の銅原子の拡散を考える．拡散障壁は $E_d = 0.36$ eV であり[502]，拡散の開始温度が 139 K であることに対応する．これは，融点 $T_m = 1356$ K のおおよそ 10% である．より密に充填された表面 Cu(111) では，拡散障壁が一桁ほど低く，$E_d = 40$ meV である[503]．開始温度が 15 K となり融点の約 1% である．

特別な場合として，水素原子の拡散が挙げられる．低温ではトンネル効果が表面拡散の支配的過程となり得る[504]．Lauhon と Ho は，水素に対して，Cu(100) 上の拡散速度が，$T < 60$ K[505] で温度に依存しないことを観測し，一方で，重水素に対しては，すべての計測温度範囲でアレニウス則に従った温度依存性を観測した．

表面の厳密な結晶構造は，拡散係数に大きな影響を与える．通常，より密に充填された結晶面では拡散障壁が小さくなる．面心立方格子金属の(110)表面は，表面チャネルの並んだ構造をとる(図 7.2)．このような表面では，列に沿った一次元拡散が観測される．しかしながら，Pt(110) の場合，チャネルに沿った拡散と，チャネルを越える移動の活性化エネルギーがほとんど同じであることが観測された[506]．すぐに，この現象は原子交換プロセスに由来することが示された．チャネルへの吸着原子が，列を形成している格子原子の一つにとって代わる．そして，もともとの格子原子が新たな吸着原子として別のチャネルに移動する[507]．これ以来，いくつもの異なったジャンププロセスが発見された．このようなプロセスでは，単原子レベルの現象によって格子定数よりも長いスケールでの転移が起きる[508, 509]．この長いスケールのジャンプが存在する場合でも，拡散速度の律速は垂直な単一ユニットのホッピングプロセスである．

7.5.2 表面拡散の計測

表面拡散が存在することは，1918 年に Hamburger が初めて気づいた[510]．彼は，真空蒸着した銀フィルムが，明らかなモザイク構造をもつことから表面拡散を結論づけた．銀原子は表面の衝突した場所に接着するのではなく，ある移動度をもち，別の原子と衝突して微結晶を形成するに違いないと考えた．初の定量的な計測は，1930 年代になされた．表面拡散測定の初期の歴史に関する総説は文献[511]である．定量的な計測に必要なことは，十分に高い真空によって計測中の条件を保つことと，拡散物質の濃度を計測するのに十分な感度の検出手法を用いることである．

表面拡散の計測法として，二つの手法が考案されている．
- 単原子または分子のトレーサー拡散運動を直接計測する．
- 明確な濃度プロファイルを作成し，物質輸送拡散による時間変化を計測する．

7.5 表面拡散

トレーサー拡散を観測するには，原子分解能をもつイメージング手法でかつ拡散物質のホッピング周波数に対応した時間分解能をもつものが必要である．よって，高い拡散障壁をもつ試料を使用するか，拡散速度を遅くするために低温にする必要がある．1951 年に，Erwin Müller が電界イオン顕微鏡(field ion microscope：FIM)を発明したことで，トレーサー拡散を観測することができるようになった[512]．FIM が，単分子を計測することを可能にした初の装置である．すぐに，FIM は表面拡散の基礎を研究するもっとも重要な装置となった[513]．FIM では，半径が 50 nm 以下の鋭い金属針を低レベルの背景気体(通常 He または Ne)の UHV チャンバー中に入れ，100 K 以下まで冷却する．高い正の電圧 ≈ 10 kV を針にかけ，10 V nm^{-1} ほどの電場を針の表面に形成する．針のまわりの気体原子は高い電場により分極し，表面に引き寄せられる．気体原子は，針の表面に吸着し，低温の針と熱平衡となり，運動エネルギーを失う．局所電場が高いため気体分子から針への電子のトンネルが起こり，イオン化された原子は針の表面と垂直な方向へ反発される．それらの原子は複数チャネル板検出器によって検知される(もともとは，蛍光スクリーンであったが，現在では置き換えられている)．検出器によって，FIM チップのイメージが 10^6 に拡大されて投映される．局所電場強度が針の原子の配置に依存するため，イオンイメージは針表面の原子構造を反映する．

　表面拡散の実験の場合は，興味のある原子を低温で針の上に吸着させてからイメージングを行う．電場のスイッチを切り電場が拡散プロセスに影響を与えないようにしてから，温度を上げ拡散させる．ある拡散時間が経過した後，針を低温にして原子の運動を凍結する．そして，凍結状態のイメージングを行う．それに続いて実験を行い，イメージを比較することで，原子の平均二乗変位が得られる．式(7.20)を使用することで，拡散係数を計算することができる．イメージングの過程で，非常に高い電場をかける必要があることから，FIM は，耐熱性金属のように伝導体で高い結合エネルギーをもつ試料にしか適用できない．FIM をさらに発展させたのが，アトムプローブ FIM である．これは，FIM に単一イオン分解能をもった質量分析器が取りつけられている[514,515]．FIM 針の単原子が，電解蒸発によりイオン化され質量分析器により計測される．質量分析器は，マルチチャネル板の中央の穴の後ろに取りつけてある．これによって，針の組成を一つ一つの原子ごとに分析することができる．

　走査トンネル顕微鏡(STM，7.7.3 項)の発明により，単原子の動きを直接的にイメージングする別な手法が可能となった．STM では，より多くの材料の組み合わせを分析することができる．低温にすることで吸着原子の拡散速度が遅くなり，イメージング時間の間に原子のジャンプを捉えることが可能となる．

〈具体例 7.6〉

Ru(0001)結晶面での窒素原子の拡散を STM によってイメージングした(図 7.15). 表面を NO と接触させることで窒素原子を吸着させた. NO は Ru(0001)基板上で, 解離プロセスにより単原子となる. 窒素原子がステップから拡散する様子を, STM を用いて 300 K で観測した. 酸素原子は非常に早く拡散するため, イメージング領域からすぐに消えてしまう. 図 7.15(c)に示すように, 単一窒素原子の拡散の平均二乗変位が時間に対して直線的に増加することが観測された. これは, 式(7.20)のトレーサー拡散による予測と一致する. 図 7.15(c)の直線回帰から求まる拡散係数は, $D = 3.4 \times 10^{-22}\,\mathrm{m^2\,s^{-1}}$ である. 図 7.15(c)の中の挿入図は, $t = 7080\,\mathrm{s}$ での濃度プロファイルをこの拡散係数と式(7.19)を用いて, ガウス分布により, 再現したものである. 他の調節パラメータを含めないでも回帰できたことから, この実験条件では, トレーサー拡散係数と物質拡散係数が同程度であったことがわかる. 約 2 時間の実験時間の間に, 窒素原子が動いた平均距離は 20 Å を超える程度であった.

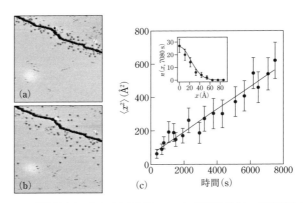

図 7.15　NO ガス曝露後 (a) 6 分と (b) 2 時間での, Ru(0001)表面上の窒素原子の STM トポグラフィー像. 画像サイズは, $18 \times 20\,\mathrm{nm}$ である. Ru の単原子ステップで NO が解離し, 窒素原子が吸着する. (c) 窒素原子の平均二乗変位が式(7.20)に従って時間とともに, 直線的に増加していく様子. 挿入図は, ガウス分布に従う窒素の濃度プロファイルを示す[516].

表面上での物質拡散を計測するには, 既知の濃度勾配を準備する. マスクで基板の一部を覆った上で, 蒸着または気体に曝せばよい. 十分な精度の手法を用いれば, 物質拡散による勾配の減衰を観測することができる[517]. 初期の研究では, 光電子電流を空間分解する手法が用いられた. 今日では, 光子放出電子顕微鏡(PEEM)がより一般的に用いられる. PEEM では吸着により変化した仕事関数が検出される. ほかには, 走査オージェ電子顕微鏡法(7.9.2 項, 7.9.3 項)が使用されている.

レーザー誘起熱脱離(LITD)[518] では, 十分な強度のレーザーパルスを使用して, レー

ザー焦点内の表面から分子を完全に脱離させる．遅延時間 Δt（通常，数秒）の後，脱離領域に拡散して戻ってくる分子を脱離させるために，第二のレーザーパルスを照射する．それぞれのパルスごとに，脱離してくる分子を質量計測により求めることができる．質量分析の信号強度は脱離した分子数に比例するため，規格化した信号強度 $A(\Delta t)/A_0$ を遅延時間に対してプロットすることにより，拡散係数を求めることができる．ここで，A_0 は $t=0$ でのはじめの脱離の強度である．半径 r の円への拡散は，フィック第二法則から以下のように計算できる．

$$A(\Delta t) = \frac{2}{r}\sqrt{\frac{Dt}{2\pi}} \tag{7.27}$$

濃度プロファイルの減衰を計測する手法は，トレーサー拡散の実験に使用される手法と比較して，空間分解能が非常に限られている．この実験では，対応する長さスケール（μm～mm）と実験時間で表面濃度の変化を観測するために，拡散係数が高い値である必要がある．これまでに紹介したすべての手法では，清浄かつ明確に定義された表面を維持するために UHV を使用することが共通して必要である．これにより，実験条件を正確に制御することができ，結果を厳密に解釈することができる．しかしながら，このことにより基礎研究と産業界での応用の間に「圧力のギャップ」ができてしまう．産業界では表面での触媒作用を常圧または高圧で使用することが多い．さらに，産業用触媒は明確に定義された単結晶の表面ではない．多孔性材料での表面拡散の情報を得るために，いくつかの間接的な手法が開発された．たとえば，ペレット状の試料への吸収または透過速度を計測し，その振る舞いを吸着等温線に関する仮定およびバルクと表面部分の影響に関する仮定を組み合わせたモデルを用いて解析する．手法に関する近年の総説は [519] である．

7.6 固 固 界 面

ここまで，固体表面について議論してきた．この節では固固界面を取り扱う．この界面は，材料の安定性に対して大きな重要性をもつ．とくに，金属の力学特性は結晶粒界の影響を強く受ける．物質の安定性は難しい分野であり，本書の範囲を逸脱するため，詳しい議論はしない．ここでは，基本的な概念と分類についてのみ触れる．半導体業界においては，微視的構造を制御した固固界面を製造することは重要な課題である．他の重要な具体例は，高分子と無機材料の間の界面であり，複合材料と高分子接着剤の分野で重要である．複合材料の分野では，無機材料表面と直接的に接触している部分から 1～100 nm ほどの高分子領域に対して相間（interphase）という用語が使用される．

固固界面の分類には，いくつかの基準がある．一つは，境界の明確さである．たとえ

ば，Ⅲ-Ⅴ半導体の分子ビームエピタキシーにより作製されたヘテロ構造の場合は，原子スケールで明確な境界がある．一方で，相互拡散は境界を不明確にする．表面反応によって，新たな組成の薄膜が形成される場合もある．そのため，界面の構造と組成は，温度，拡散係数，相溶性，および反応性に依存する．他の基準としては，界面の結晶性がある．組合せは，結晶結晶，結晶非晶，どちらも非晶のいずれかである．両方とも結晶の場合でも，界面では結晶が乱れ，欠陥密度が高くなることがある．

　熱力学によって，平衡状態の形状を予想することができるかもしれないが，速度論による制約を取り入れることはできない．おおざっぱにいえば，界面エネルギーを最小化するには，壊れた結合を少なくするために原子間マッチングを最大化すればよい．

　結晶結晶界面の場合は，さらに均一相界面と不均一相界面を区別する．均一相界面の場合は，組成も格子の種類も同じである．異なるのは，格子の配向だけである．不均一相界面の場合は，組成あるいはブラベ格子構造の異なる表面が接触する．不均一相界面は，原子マッチングの度合いにより，さらに分類される．もし原子格子が界面を越えて連続であれば，完全な整合界面とよぶ．半整合界面では，格子が部分的にしか一致せず周期的な転位が生じる．反整合界面では，界面を越えて格子がまったく一致しない．

　均一相界面のもっとも重要な具体例は，結晶粒界である．図 7.16 は，単純立方格子の傾いた結晶粒界のモデルである．二つの結晶粒子が互いに傾いていて，結晶粒界の場所で接触している．もとの表面でレッジだった部分が刃状転位となる．単位長さあたりの刃状転位の数は ϑ の値が小さいとき以下の式で与えられる．

$$\frac{1}{D} = \frac{2\sin(\vartheta/2)}{b} \tag{7.28}$$

ここで，b は転位を特徴づけるバーガースベクトルの大きさの絶対値である（この単純な具体例の場合，ステップ高さ h と等しい）．それぞれの転位が弾性ひずみエネルギーをもち，それは，転位の間隔に依存する．粒子境界の角度が小さいとき $\vartheta \leq 15°$，粒子

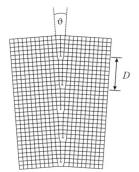

図 7.16　対称な微小傾斜境界
（文献[520]をもとに作成）

境界エネルギー γ_{GB} は，すべての刃状転位による影響の和によって求めることができる[521]．これは，Read-Shockley 方程式によって表される．

$$\gamma_{GB} = E_0 \vartheta \left(1 + \ln \frac{b}{2\pi r_0} - \ln \vartheta \right) \quad \text{および} \quad E_0 = \frac{\tau b}{4\pi(1-\nu)} \quad (7.29)$$

ここで，τ と ν は，バルク材料の剛性率とポアソン率である．r_0 は，いわゆる転位半径で，一つの転位のエネルギーに対応する．無次元とするために，ϑ はラジアンである．

角度が小さいときの γ_{GB} の ϑ 依存性を考える．$d\gamma_{GB}/d\vartheta$ は $\vartheta \to 0$ では，無限大に発散する．つまり，一つ目のレッジの生成により粒子境界エネルギーは急激に上昇することを意味している．理由は，孤立した転位による長距離にわたる応力場が生じるためである．これは，レッジのエネルギーが局所的で長距離応力が起こらない固気界面の場合とは，大きく異なっている．転位同士の距離が近くなり応力場が打ち消し合うため，ϑ の値が上昇するにつれて傾きは緩やかになる．

他の単純な結晶粒界は，粒界の格子面が互いに回転しているねじれ粒界であり，界面は直交した格子のらせん転位からなる．一般的には，これらの二つを組み合わせた転位が起こる．

高角の結晶粒界の場合は，転位の核同士が重なり合い，弾性ひずみは単純な和にはならない．高角結晶粒界を記述するためには，対応格子理論を使用することができる[522,523]．まず，二つの接触格子が等しい格子点を中心に回転していることを考える．ある角度のところで，他の格子点と一致する．一致点は，格子を形成し，対応サイト格子とよばれる．対応の度合いは以下のパラメータで特徴づけられる．

$$\Sigma = \frac{一致格子セルの面積}{元の格子セルの面積} \quad (7.30)$$

結晶粒界エネルギー γ_{GB} は，Σ に比例するはずである．Σ が小さな値であるときには，多くの一致がおき，切断結合の数が小さくなる．$\Sigma = 1$ のとき，理想結晶の完全な一致となる．実験的には，体積膨張や結晶粒界の移動のため γ_{GB} と Σ の相関は単純ではない．対応格子理論の本質的な問題は，格子回転の任意の微小変位によって，数学的な一致が完全に失われる点である．この問題点は，O-格子理論で克服された[524]．固固界面と粒子境界についての相補的な文献は文献[525, 526]である．

7.7　固体表面の顕微鏡法

ここからの節では，表面分析のためにもっとも重要な実験手法を紹介する．さらに興味のある読者には，この分野に関する多くの教科書がある（たとえば，文献[527, 528]）．まず，顕微鏡法，続いて回折，最後に分光法を議論する．

7.7.1 光学顕微鏡法

素早く,簡単に観察することができることから,光学顕微鏡は表面観察の第一段階としてよく使用される.たとえば,光学顕微鏡で興味のある試料部分を選び,さらに複雑な手法で詳細な分析をするといった使われ方をする.しかしながら,古典的な光学顕微鏡を表面科学に応用することは,その水平分解能が光学波長程度(≈ 500 nm)であることによって制限される.また,透明な固体の場合,光が試料中を透過するため表面に対する感度は悪い.加えて,被写界深度も限られており,平らで磨かれた表面しかみることができない.

古典的な顕微鏡法は,可視光の試料表面での非干渉性の散乱をもとにしている.光の干渉性散乱を用いることで,位相差顕微鏡法が可能となり,透明試料の局所的屈折率変化を観測することができる.他の手法には,干渉顕微鏡法がある.この手法では,試料表面から散乱された光と装置の中の理想的平面表面からの反射光を干渉させる.このようにして,表面に垂直な方向へのサブナノメートル分解能が可能となった.水平方向への分解能は,まだ光の波長によって制限される.

共焦点顕微鏡は,光学顕微鏡の分解能が上がり,背景光が最小化された新しい手法である.試料全体を照らすのではなく,小さな部分のみ照らし,その部分だけをみる.照射光を焦点に合わせるのと散乱光をみるのに,同じ対物レンズを通して行う.試料は三次元にラスタースキャン[5]され,場所ごとの光強度が示される.水平分解能 200〜400 nm,垂直分解能 1〜2 μm の三次元画像を得ることができる.

7.7.2 電子顕微鏡

20 世紀初頭における量子力学の発展により,原子,電子,中性子のような粒子は波のようにも振る舞うことが明らかになってきた.運動量 p によって特徴づけられる粒子という古典的描像と波長 λ をもつ波という描像は,同じ物理的な物体の二つの異なっているが相補的な描像にすぎない.それらの物理量は,ド・ブロイ[6]式 $\lambda = h/p$ によって関連づけられる.h はプランク定数である.実験によっては,粒子と考えたほうが理解しやすかったり,波と考えたほうが理解しやすかったりする.

電子顕微鏡と後の章でみる回折の分解能を理解するには,波と考えたほうがわかりやすい.電子顕微鏡の分解能は,電子の波長が短いため光学顕微鏡よりも非常に高い.

---

5 訳注:一般に,1 次元方向への走査をその直角方向に繰り返すことで 2 次元像を得ることをラスタースキャンという.この場合,さらに垂直方向へスキャンし 3 次元画像を得る.

6 Louis Victor de Broglie, 1982〜1987, フランスの物理学者.博士論文の中で,式(7.31)を提案した.1929 年にノーベル物理学賞受賞.

7.7 固体表面の顕微鏡法

$$\lambda = \frac{h}{p} = \frac{h}{\sqrt{2m_e E_{kin}}} \tag{7.31}$$

m_e は電子の質量で，E_{kin} は電子の運動エネルギーである．電子顕微鏡で，電子は1～400 kV の印加電圧によって運動エネルギーを得るため，波長は 0.4～0.02 Å となる．電子ビームは，電磁場によって曲げることができるため，電磁場レンズを使用した電子光学が可能となる．電子顕微鏡に関する広い総説は文献[529]である．

電子顕微鏡は透過電子顕微鏡（TEM）と走査電子顕微鏡（SEM）の二つのタイプに大きく分類される．透過電子顕微鏡で，電子は試料を透過する．すべての電子が同じエネルギーをもち，同じ電圧で加速されるため波長も同じである．散乱した電子は，画像化するために蛍光スクリーンまたはイメージングプレートに投射される．電子が試料全体を透過するため，TEM は表面敏感な手法ではない．そのため，ここではこれ以上議論しない．

SEM は，1～20 nm ほどの分解能の表面画像を得るための標準手法である．すばらしい水平分解能に加えて，高い被写界深度も SEM の利点である．このため，試料の構造についての三次元的な印象をつかむことができる．図 7.17 に示すように，SEM では，熱フィラメントまたは電界放出針から電子ビームが出射される．電子は，1～400 kV の電位によって加速される．コンデンサレンズによって画像がコンデンサ開口部に投写さ

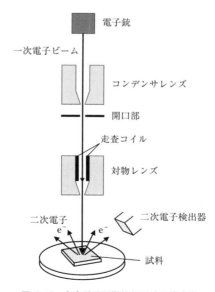

図 7.17　走査電子顕微鏡（SEM）の模式図

れる.ビームは,対物レンズによって集光され,スキャニングコイルによって試料上をラスタースキャンする.もとの電子ビームのスポットサイズが全体の分解能を決めるため,これを最小化することが重要である.電子が試料表面にぶつかると,エネルギーの一部を試料の電子に渡し,二次電子の放出が起こる.これは,低いエネルギーをもつ($\approx$ 20 eV)ため,表面に近い場所($\approx$ 1 nm)からの二次電子のみが表面から飛び出すことができる.このため,SEM の表面に対する感度が非常に高くなる.二次電子は検出器に集められ,初期ビームの試料上での場所に対する強度として表示される.

電子ビームによる試料の帯電を防ぐために,試料は導電性であるか薄い導電層で覆われている必要がある(たとえば,金属または導電カーボンをスパッタ蒸着すればよい).さもなければ,電子ビームが表面電荷によって曲げられ,イメージングができなくなる.帯電を防ぐ他の方法は,低加速電圧($\sim$1kV)を使用することである.これにより,電子ビームによってもたらされる電子と二次電子として出て行く電子の数がつり合うようにできる.標準的な SEM では,気体分子によって電子が散乱されないように,試料を$\approx 10^{-5}$ Pa の真空中におくため,生物試料に対する SEM の応用性が下がる.生物試料は,特別な固定方法を使用するか,低温 SEM を使用しなければ,真空での乾燥中に変性してしまう.環境 SEM(ESEM)では,3×10^3 Pa までの大気圧中での画像を得ることができる[530].仕掛けは,検出器と試料チャンバーの部分を,他の低圧が必要な部分と隔てた点である.これによって,電子は電子銃から試料直前までは高真空中を移動することができる.ESEM では,試料チャンバー中の高い残留気体圧力を利用する異なった種類の検出器を使用する.試料から放出された二次電子は正にバイアスされた検出器に向けて加速される.電子と残留気体原子の衝突により,原子がイオン化され,余分な自由電子が生まれ,電子シグナルが増幅される.一方で,表面に生成されるであろう負の電荷を正に帯電したイオン原子が取り除くはたらきもある.そのため,金属化をしなくても絶縁体試料を観測することが可能になる.

SEM の種類によっては,試料の形状以上の情報を得ることができる.形状イメージングのために得られる二次電子に加えて,弾性的に後方散乱された電子と,電子ビームと試料原子の相互作用によって生じる X 線がある.後方散乱確率は,材料の平均原子数に依存する.高エネルギー後方散乱電子のみを捉えることで,材料コントラスト画像を得られるものの,後方散乱される電子の数が少ないため,シグナル-ノイズ率が低い.また,後方散乱電子の侵入長が数百 nm であるため表面感度も悪い.放出 X 線によって試料組成の定量的な分析が可能である(後述の EDX,7.9.2 項参照).

7.7.3 走査プローブ顕微鏡

走査プローブ顕微鏡(SPM)によって,表面分析の可能性を大きく広げた.SPM ファ

7.7 固体表面の顕微鏡法

ミリーの中で,もっとも重要な二つは,走査トンネル顕微鏡(STM)と原子間力顕微鏡(AFM)である.原子間力顕微鏡(AFM)は,走査フォース顕微鏡(SFM)ともよばれている.STM[531]では,微細な金属針を導電性の試料に近づける.試料と針の間の電圧として,通常 0.1〜1 V をかける.距離が約 1 nm になると,トンネル電流が流れ出す.電流強度は距離に強く依存する.ピエゾ素子結晶のスキャナーで金属針は試料上をスキャンする.トンネル電流を一定に保ち,電流フィードバックシステムによって z 位置(高さ)を調節しながらスキャンする.実用上は,このようにして距離 D を一定に保つ.試料の高さの情報を最後に xy 平面に詳細にプロットすることで画像が得られる.

トンネル電流 I は以下の式に比例する.

$$I \propto \frac{V\sqrt{\Phi}}{D} e^{-KD\sqrt{\Phi}} \tag{7.32}$$

Φ は針と試料の平均仕事関数 $\Phi = (\Phi_{\text{tip}} + \Phi_{\text{sample}})/2$ であり,K は定数である.加えて,この電流は,フェルミ準位近傍の電子状態密度に近似的に比例する[533].そのため,STM で電子状態をスキャンすることができる.

図 7.18 のように,STM は結晶表面の原子欠陥像を得るまでの原子レベルの分解能をもつ.計測は,真空中または空気中,さらには実験的準備と経験を必要とするものの液体中でも可能である.しかしながら,STM では導電性試料のみしか計測することができない.ただし,導電体上に薄い絶縁体薄膜(≈ 1 nm の厚さ)がある場合は計測可能であり,ある種の有機層や吸着質は測定できる.

原子レベルの分解能をもつ針をつくることが難しいのではないかと思うかもしれない.幸運にも,比較的簡単である.通常,Pt/Ir のワイヤーを,はさみで切断したものでも原子分解能をもつ.研究者によっては,より再現性の高い画像を取得するため,針をさらに処理する.

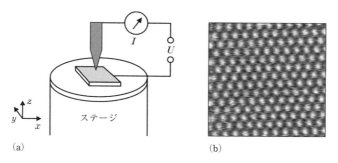

図 7.18 (a) 走査トンネル顕微鏡(STM)の模式図.(b) 電気化学的洗浄後の Cu(111) 表面原子構造の水中での STM 像(2.7×2.7 nm)[534].(P. Broekmann 氏と K. Wandelt 氏提供)

202   7 固体表面

導電性試料に限られていた点は，AFM の発明によって乗り越えられた[230]．この手法では，カンチレバーに取りつけられたチップで試料をスキャンする（図 7.19）．チップの先端は，通常，試料と物理的に接触している．試料はピエゾ素子スキャナーによって STM 同様，xy 面をスキャンされる．AFM において重要な要素は，チップのついたカンチレバーである．通常どちらも，微細加工技術によって作成される．チップの上下運動を計測するために，カンチレバーの背面にレーザーが集光される．背面から検出器の方向に反射され，そして検出される．カンチレバーがたわむと，反射されたレーザー光の方向が変わる．光検出器によって，この変化を電気信号に変換する．STM 同様，電気フィードバックコントロールによって z 位置を調整し，カンチレバーのたわみを一定に保つ．最終的に，試料の高さ情報が xy 平面にプロットされ，表面の形状画像が得られる．AFM の入門書は文献[532]である．

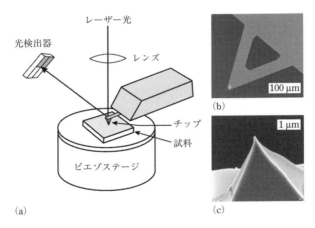

図 7.19　原子間力顕微鏡（AFM）の模式図．(a) AFM の全体の模式図．(b) カンチレバーの写真と (c) その先のチップの拡大写真．写真のチップの先端が試料を向くようにして使用する．

AFM の分解能は，チップの曲率半径，チップの化学的状態，AFM の計測条件に依存する．固体結晶表面では，原子分解能で画像を得ることができる．ただ，ここで，原子分解能とは何かを明確にする必要がある．原子間隔の周期を再現性よくイメージングすることは簡単である．原子欠陥を明確にするのは，はるかに難しく，通常の AFM ではほとんど得ることができない．ステップと欠陥に関しては，STM の分解能のほうが上である．生物系材料のようなやわらかく，変形する試料に対しては，力学的変形によって分解能が落ちる．実用上は，数 nm の分解能を安定して得ることができる．

原子間力顕微鏡の一つの危険性は，壊れやすい試料が破壊されてしまう点である．

チップにかかる力は，1 nN 程度であるものの，接触面積も非常に小さいために，圧力が簡単に 10^5 kPa ほどに達してしまう．やわらかな物体の変形を避ける一つの方法は，いわゆるタッピングモードを使用することである．タッピングモードでは，カンチレバーをその共鳴周波数で振動させる．カンチレバー先端での振動振幅は，通常 1～10 nm である．このように振動しているカンチレバーが表面に近づくと，ある点で振幅が減少する．これは，単純にチップが表面に接触するようになるからである．表面を一定偏位や一定高さでスキャンする代わりに一定の振動振幅減少でスキャンする．結果として，ほとんどの時間チップは表面と実際の接触はしない（図 7.20）．共鳴周波数によって与えられる一定周期で，短時間だけチップが表面に接触する．接触時間が短く，せん断力がかからないため，タッピングモードはコンタクトモードに比べて試料へのダメージが小さい．加えて，弾性のような局所的力学特性を求めることができる[535, 536]．タッピングモードの欠点は，分解能がやや低くなる点である．通常，原子分解能で結晶を観察することができない．高分解能イメージングへの大きな進歩は，周波数変調原子間力顕微鏡（FM-AFM）の開発である[537]．FM-AFM では，試料表面との相互作用による共鳴周波数シフトをフィードバックとして用い，チップ試料距離を制御する．周波数シフトが，表面から数 nm 離れた場所ですでに起こるため，非接触測定が可能になる．FM-AFM を用いた UHV 中の測定で，表面の原子分解能が得られている[538]．近年の発達により，単一表面原子の化学結合力を計測したり[539]，単原子を走査する[540]ことが可能になった．AFM による原子分解能に関する文献は[541]である．

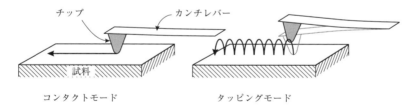

図 7.20 標準的なコンタクトモード，タッピングモードでの使用時の試料に対する AFM チップの実際の動き

AFM では，UHV，空気中，さらには液中でさえも表面を測定できる．液中では，チップと試料間の力が，UHV や空気中と比べて小さくなるという利点があり，試料構造の変形の可能性が小さくなる．

ここ 20 年ほどの間に，STM と AFM をもとにした異なるタイプの走査型顕微鏡が開発されてきた．これらにより，形状以上の情報を得ることが可能になっている．具体例としては，摩擦，接着力，弾性，導電性，電子密度，磁化，表面電荷などである．さら

なる情報は文献[542,543]にある．

7.8 回折手法

結晶性構造をもつ固体表面には，回折技術が適用できる．回折実験では，試料表面に電子，中性子，原子または X 線を照射し，戻ってくるビームの角度依存性強度を測定する．回折パターンの解析は複雑な問題であるため，単純な場合だけを取り上げるが，その中に本質的な特徴が含まれる．より一般的な定式化は付録で取り上げる．

7.8.1 二次元周期構造からの回折パターン

回折パターンの解析には，波動の考え方を使用する．入射ビームは，進行方向と垂直な向きへ原子間隔よりも十分に大きな振幅で振動する位相のそろった波であると考えられる．図 7.21 のように，等間隔 d で並んだ原子の列に，その軸に垂直な方向から照射をすると回折パターンはどのようになるだろうか？

原子は入射光を部分的に散乱し，位相のそろった球面波の新たな波源としてはたらく．試料の大きさに比べて，十分に離れた位置で回折パターンを観測する．つまり，異なった原子から散乱された光だとしても，観測地点では平行とみなせる．

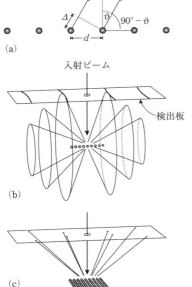

図 7.21 (a) 一次元の散乱中心列の場合に対する強め合う干渉条件．(b) 強め合う干渉は，一次元の配置の回転対称性を反映し，円錐面上で生じる．(c) 二次元結晶の場合，線上で強め合う干渉が生じる．入射ビームは，図の上方向から下へ向かってくる．

経路長の差が波長の整数倍のときに，近接原子からの光同士が強め合うように干渉する．このとき，以下の式が成り立つ．

$$\Delta = n\lambda = d\sin\vartheta \tag{7.33}$$

ここで，n は整数で，回折ピークの次数ともよばれる．ϑ は観測地点の角度である．一次元構造の方向を軸とする円錐上にあるすべての反射波に対して，この関係が成り立つ．円錐の角度は，$2\times(90°-\vartheta)$ である．検出板を挿入すると，観測される回折パターンは双曲線となる．

実際の二次元結晶では，一方向ではなく，二方向に周期構造をもつ．もう一つの方向への第二の周期構造もまた，強め合う干渉条件をもつ．この二つの条件が満たされるのは，両方の円錐が交わる点である．結果として，強め合う干渉は光が試料に入射した点を始点とする線上で起こる．検出板上では，この線と観測板の交わる点として観測される．

7.8.2 電子，X 線，原子の回折

表面回折法は以下の三つの条件を満たす必要がある．
① 数原子層の深さまでが表面の特性をもつため，分解能が数原子層である必要がある．このことと，入射角度によって，波長の上限が決まる．
② 手法が表面敏感である必要がある．つまり，観測深さがおおむね第一原子層程度でなければならない．このため，ビームの侵入深さが浅い必要がある．
③ 手法が非破壊的である必要がある．表面に非可逆な変化が起きてはならない．

表面回折実験は，表面が吸着分子の層によって覆われてしまうのを防ぐために，UHV 中で行う必要がある．なぜ STM や AFM の場合は UHV ではなくても測定が可能だったのか？と思うかもしれない．理由は，チップが不純物層を越えて試料まで届くからである．STM の場合，不純物の導電性がよくないので単に見ることができない．AFM の場合は，不純物が測定の邪魔になる可能性もあるが，たいていはチップによって力学的に押しのけられる．

もっとも一般的には，低速電子線回折(LEED)が，表面構造の決定に用いられる．通常，$20\sim50$ eV の電子エネルギーを用い，ド・ブロイ波長は $3\sim0.5$ Å である．侵入深さは，材料にはあまり依存せず $4\sim10$ Å 程度である．図 7.22 のように，視準を合わせた単一エネルギー電子を試料に照射させる．弾性的に後方散乱された電子が，干渉し強め合う部分と弱め合う部分のパターンをつくる．シグナルを増強し，蛍光スクリーンを使用することで可視化することができる．電子の波長が原子間隔と同程度なので，スク

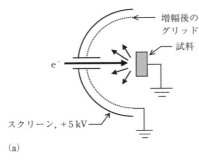
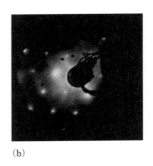

図 7.22 (a) LEED の模式図．(b) Pt(111)表面から得られた LEED の回折パターン．使用した電子のエネルギーは，350 eV である．(回折パターンの写真は，M. Zharnikov 氏，M. Grunze 氏提供)

リーンにはいくつかの反射像しか映らない．電子のエネルギーを上げると，反射像同士の角度が小さくなりスクリーン上での位置が近くなる．

〈具体例 7.7〉

電子エネルギー E が 50 eV のとき，波長は，$\lambda = h/\sqrt{2m_e E} = 1.73$ Å である．格子定数が 3.0 Å のとき，一次の反射像は角度 35.2° の場所に現れる．電子のエネルギーを 100 eV もしくは 200 eV に上げると，波長は $\lambda = 1.23$ Å と 0.87 Å となる．対応する強度の第一極大は，それぞれ角度が 24.2° と 16.9° のところに現れる．

入射電子線によって，表面構造が変化してしまう可能性がある．また，LEED の場合，電子を励起してしまうことが問題となりうる．金属や半導体の場合は励起された電子がすぐに消滅するが，イオン性結晶や共有結合性結晶の場合には励起電子による重要な影響を受ける可能性がある．固体の絶縁性が上がるにつれ，原子の電荷移動によって脱離，位置の変化，解離やほかの二次現象が起こる可能性が高くなる．

エネルギーが 1〜5 keV の高エネルギー電子は，固体の奥深くまで侵入する．そのため，高エネルギー電子回折(反射型高エネルギー電子回折，RHEED，HEED，RED ともよばれる)では，表面敏感性をもたせるために，すれすれの入射角をとる．この手法は，LEED には劣り，UHV チャンバーに LEED に適したサイズのスペースがない場合に使用される．

電子の場合と比べて，X 線と物質の相互作用は弱い．そのため，侵入深さは数 μm となり，表面分析は，すれすれ入射の場合(斜入射 X 線回折)のみ可能となる．また，単一表面層からの回折強度は小さいため，シンクロトロンなどの高輝度 X 線が必要となる．X 線は，試料との相互作用が起こりにくいため，多重散乱効果をしばしば無視することができる．そのため，計算との比較を簡単に行うことができる．

表面の回折実験には原子ビームが適している．表面での反発相互作用が非常に強いため，低エネルギー原子は最表面原子層によって反射される．最表面原子層への感度により，原子ビーム回折は吸着物質や超格子の観察に適している．通常，入射原子のエネルギーは 0.1 eV よりも低い．この程度の低いエネルギーでは，照射ダメージも起こらない．単一波長原子ビームを作成するために，気体容器から原子がノズルを通して逃げられるようにする．そして，開口部とチョッパーを使い原子ビームの視準合わせと単一波長化を行う（図 7.23）．

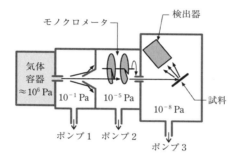

図 7.23 原子線回折計の模式図．圧力制限弁によって，それぞれのチャンバーの圧力が異なった圧力に保たれている．

7.9 分 光 法

この節では，表面の化学組成と表面分子の電子状態を計測する手法を紹介する．

7.9.1 表面の光学分光

光学分光は，バルク材料を観測するには非常に確立した方法である．分子の同定には，赤外分光（IR）がとくに便利である．赤外分光では，赤外光の振動遷移による共鳴吸収を調べる．波長領域は，16〜2.5 μm である．1600〜4000 cm^{-1} の領域の吸収帯は，特定の官能基の存在に関する情報を与える．一般に，指紋領域とよばれる 600〜1600 cm^{-1} は，化合物の厳密な構造に関する情報を与える．

今日の赤外分光は，単一波長吸収スペクトルではなく，フーリエ変換（FT）スペクトロメータである．FT-IR 機器は，広波長の光を半透明ミラーによって二つに分ける．一つのビームは，固定ミラーで反射し，もう一つは可動ミラーで反射する．試料を通過した後，経路差 δ に依存したビーム強度 $I(\delta)$ を記録する．$I(\delta)$ は本質的に，スペクトル $I(\lambda)$ の余弦フーリエ変換であるため，$I(\delta)$ を逆フーリエ変換することでスペクトル

が求まる．FT-IR では，すべての波長を同時に計測することができるため，以前は数十分かかったような測定が数秒に短縮された．高分解能スペクトルに細いスリットを使用する必要がないため，より高い光学スループットを得ることができる．FT-IR において可動させる必要があるのはミラーだけであり，機器の構成は単純で安定している．また，FT-IR スペクトロメータは，He-Ne レーザーの干渉縞を用いた自己調整が可能である．これは，マイケルソン干渉計でも波長調整基準として用いられている．赤外分光のおもな問題点は IR 領域に強い吸収帯をもつ水蒸気と CO_2 である．そのため，試料挿入前のバックグラウンド測定が必要である．また，しばしば N_2 気体中や真空中で測定する．FT-IR に関する文献は文献[544]がある．

7.7.1 項ですでに述べたように，光学手法は，通常，表面敏感ではない．それは，侵入深さ，つまり計測する表面層が光の波長よりも小さくならないからである．とくに，赤外光の場合はその長い波長が問題となる．しかしながら，表面科学に IR を使用するアプローチはいくつかある（やや古いが，総説は文献[545]）．侵入深さを最小化する一つのアプローチは，光の全反射を使用する手法である．光学的に密な媒体1から，光学的に疎な媒体2へ光が進もうとするとき，表面の直交方向に対する角度が，臨界角 θ_c よりも大きければ，表面で全反射する．全反射のときの臨界角は以下の式で与えられる．

$$\theta_c = \arcsin \frac{n_2}{n_1} \tag{7.34}$$

ここで，n_1 と n_2 はそれぞれの媒体の屈折率である．全反射のときには，媒体2への正味のエネルギー移動はない．しかし，指数減衰する電磁場が媒体2の中にもしみ出す．このエバネッセント場の侵入深さ d_p は，電磁場の振幅が $1/e$ 倍に減衰する距離に対応し，以下の式で与えられる．

$$d_p = \frac{\lambda}{4\pi\sqrt{(n_1 \sin\theta)^2 - n_2^2}} \tag{7.35}$$

ここで，λ は波長，θ は入射角であり，$\theta > \theta_c$ を満たす．

〈具体例 7.8〉
波長 $\lambda = 500$ nm の光の表面での全反射を考える．媒質1が屈折率 $n_1 = 1.46$ の溶解シリカ，媒質2が屈折率 $n_2 = 1.33$ の水であるとする．このときの臨界角は $\theta_c = 65.6°$ と求まる．ここへ，入射角 75° の光が入射した場合，エバネッセント場の侵入深さは $d_p = 85$ nm となる．

屈折率 $n_3 > n_2$ の物質3をエバネッセント場の侵入深さ以内の場所へもってくると，一部の光が透過し，反射光の強度が減少する．これは，減衰全反射(attenuated total reflection：ATR)とよばれている．ATRは，界面近くに粒子が存在するかを検知することに加えて，分光法にも使用することができる．界面近傍の物質の吸収帯によって，ATRシグナル強度が増大するからである．この手法は，透過測定ができない不透明試料の標準的なIR分光として用いられる．この手法は，ATR-IR分光とよばれる．試料をプリズム(または導波管)の上に置き，試料のIR吸収を，プリズムを通したエバネッセント場によって計測する．ATR-IR分光の侵入深さは，1μmほどである．

反射光の強度減少を計測するのではなく，界面近くの分子の蛍光をエバネッセント場で励起することもできる．この全反射蛍光分光法(total internal reflection fluorescence：TIRF)によって，界面から数百 nmのところの単分子を検知することもできる[546]．

単分子層や超薄膜の表面の研究には，赤外反射吸収分光法(infrared reflection absorption spectroscopy：IRRASまたはIRAS)が有効であることが示されている．試料に，斜入射光を照射し，反射光から赤外吸収を検知する．とくに興味をもたれているのは，IRRASによる金属表面への分子吸着の検出である．入射IR光によって吸着分子に双極子モーメントが生じ，金属中に鏡像双極子が生じる．表面に平行な双極子は鏡像双極子によって相殺されるが，表面に垂直な双極子は増強される．また，金属表面に平行な成分は抑制される．このことにより，金属表面上では特別な選択則が成り立つ．表面に対して垂直方向の双極子のみがIRRASスペクトルに寄与する[547]．そして，p偏光の光のみがこれを励起することができる．

IRRASの敏感性は，位相変調によってさらに増大した(PM-IRRAS)．ここでは，光弾性変調器によってs偏光とp偏光を切り替える．反射光の中のs偏光I_pとp偏光I_sがロックイン検出され，その比$(I_p - I_s)/(I_p + I_s)$が計算される．この割合の中で，ランダムに配向している分子の影響は打ち消され，この比には含まれない[548]．

特別なタイプのFT-IRは，拡散反射赤外フーリエ変換分光法(diffuse reflectance infrared Fourier transform spectroscopy：DRIFT)である(総説は文献[549, 550])．この手法では，通常は粉末試料表面からの拡散反射率をFT-IRスペクトロメータで分析する．もともとは粉末材料自体を分析するために開発された[551]．すぐに，DRIFTを用いて，粉末試料中の吸着質を検出できることが明らかになった[552]．拡散反射率についての適切なモデルを用いることにより，定量的な分析を行うことができる[553, 554]．

IRスペクトロスコピー法による表面分析のブレークスルーは，第二高調波発生(second harmonic generation：SHG)や和周波発生(sum frequency generation：SFG)のような非線形効果の応用によってもたらされた．非線形効果の影響が出るのは，電磁波の電場成分が分子内の電子が感じる内部電場と同程度になったときである．このような強い電場は，パルスレーザーによってのみ可能となる．表面での非線形光学現象を理解す

るために必要な理論的な基礎は，BloembergenとPershanによって1962年に示された[555]．しかし，1987年になってようやく，実験的に十分な強度のレーザーが使用できるようになった．SFGによって単分子層のIRスペクトルが得られ[556]，分子配向が観測された[557,558]．

和周波発生実験では，二つのパルスレーザーを空間的および時間的にオーバーラップさせる．一つは，可視光領域の周波数ν_1に固定する．もう一つは，IR領域で，周波数ν_2は調整可能である．非線形分極により，周波数$\omega_3 = \omega_1 + \omega_2$での光子が放出され，強度は以下の式で近似的に与えられる．

$$I_{SFG}(\nu) \propto |\chi^{(2)}|^2 I_{vis}(\nu_1) I_{IR}(\nu_2) \qquad (7.36)$$

ここで，$\chi^{(2)}$は二次の非線形感受率で，$I_{vis}(\nu_1)$と$I_{IR}(\nu_2)$は二つのレーザーの入射強度である．SFGが表面敏感である理由は，$\chi^{(2)}$が反転対称をもつ場合はゼロになるからである．つまり，分子がランダムに配向しているバルクからの寄与がない．対称性の破れている表面のみでSFGが起こる（詳細な理論的議論は文献[561]）．この選択則によって，SFGは界面での数分子層のみ[559,560]をプローブする手法として有効である．

SFGによって表面分子の振動スペクトル（VSFG）測定が可能になる．IRレーザー周波数が，分子の振動モードと一致するとき，$\chi^{(2)}$が増幅されるからである．IRレーザーの周波数を広い波長領域で調整することで，表面物質の振動スペクトルが得られる．IR指紋領域の波長と可視光レーザーの波長からの和周波は，可視光領域となる．そのため，感受性の悪いIR領域の検出器ではなく，単一光子分解能をもつ可視領域の検出器を使用することができ，数分子層の検出を容易に行うことができる．入射レーザーの偏光を変化させ，反射光の偏光を分析することで表面分子の形態を求めることができる[561~563]．SFGに用いられる単パルスは非常に短い（ピコ秒からフェムト秒）が，十分なSN比を得るには，多くのパルスを照射する必要があるため，測定には数秒かかる．

超高速レーザーパルスを用いてダイナミクス研究を行うには，ポンプ・プローブ型の実験を行えばよい．ポンプ光を用いて，化学反応や分子再配向を開始する．分子システムの時間変化をSFGにて検出する．このような超高速ポンプ・プローブ実験によって，化学反応やフェムト秒分解能での緩和現象の研究が可能となる[564]．

フェムト秒レーザーの開発により，広域のSFGが可能となり，広域スペクトル帯を同時に計測するため，IRレーザーで波長ごとにスキャンする必要がなくなった．そのため，レーザーパルスの強度，持続時間，スペクトルの安定性に関する問題を避けることができるようになった．このような実験において，スペクトルの分解能は，波長の走査ではなく，振動転位の共鳴応答に依存する．それゆえ，SFG振動モードのシグナル幅は，フェムト秒パルスのスペクトル幅には依存しない．

SFG は非侵入的な光学手法であるため，真空中の固体に制限されず，大気条件のほとんどすべての界面に対して適応可能である．その上部にある媒質での吸収が強すぎない限り，媒質中に埋没した界面でさえも観測できる[565]．SFG の表面選択性，感受性，高時間分解能によって，SFG は近年，触媒[566]，生体膜[567]，地球科学[568] など幅広い分野で使用されるようになってきている．

7.9.2 内殻電子をおもに使用した分光法

内殻電子のエネルギー準位は化学結合にほとんど影響されないので，内殻電子のスペクトロスコピー法によって，表面の原子種を識別することができる．X 線光電子分光 (X-ray photoemission spectroscopy：XPS または, electron spectroscopy for chemical analysis：ESCA) では，試料に単一波長の高エネルギー光子を照射する (>1 keV)．これらの光子により，試料原子の内殻電子を励起し，放出された電子の運動エネルギーを測定する．その運動エネルギーは，$h\nu - E_b$ に等しい．$h\nu$ は入射光子のエネルギーで，E_b は電子の結合エネルギーである．

〈具体例 7.9〉

図 7.24 に，二つの X 線光電子スペクトルを示す．図 7.24(a) は，パラジウムに MgK_α X 線 (1253.6 eV) を照射した際のスペクトル概観である．水平軸が逆向きなのは，放出電子の運動エネルギーをプロットしたいからである．スペクトルの 51 eV のところに小さなピークがある．これは，4p 電子の結合エネルギーに対応する．86 eV のところにあるはずの 4s 電子由来ピークが見えないのは，吸収断面積が小さすぎるためである．335 eV にある 3d 電子由来のピークに続き，531 eV と 559 eV のところに，3p 電子由来のピークがある．観測された中で，もっとも高い結合エネルギーをもつのは，3s 電子 670 eV である．図 7.24(b) は，窒素スペクトルの拡大図である．これは，マイカ基板上にあるジパルミトイルホスファチジルコリン (dipalmitoyl phospatidylcholine：DPPC) とリポペプチド・サーファクチン (lipopeptide surfactin) のモル比 1：1 混合単一層上で計測された．この膜は，膜圧 20 mN m^{-1} でラングミュア・ブロジェット転写により作成された (12 章)．XPS のために，単色化した AlK_α 線 (1486.6 eV) を照射した．窒素の 1s 軌道由来の電子 ($E_b = 399$ eV) が観測された．

X 線は通常，試料中を μm のスケールで透過するにもかかわらず，なぜこの手法は，表面敏感なのであろうか？ 理由は，表面近傍から放出された電子しか，試料から離れて検出されないからである．

シンクロトロンの高輝度 X 線が使用できるようになるに伴って，他の手法がブレークスルーを起こした．それは，拡張 X 線吸収微細構造 (extended X-ray absorption fine structure：EXAFS) とよばれている．EXAFS では，X 線吸収バンドの詳細な形状が計

212   7 固体表面

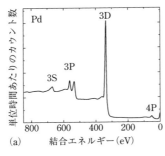
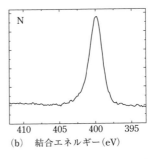

図 7.24 (a) パラジウムの XPS スペクトル．(b) マイカ上のサーファクチン/DPPC 単分子層の窒素 1 s 電子スペクトル．縦軸は，単位時間あたりのカウント数[569]．

測される．X 線を吸収した原子から放出される光電子は，外へ出ていく波として記述され，それがまわりの原子によって散乱される．この外へ出ていく波と散乱された波の干渉によって，吸収バンドの微細構造ができる．微細構造の周期は，吸収原子とその近傍原子との距離に関係している．周期的なピークの振幅が近傍原子の数に関する情報を与える．それゆえ，EXAFS は，吸収原子のまわりの局所構造を検出することができる．利点は，普通の結晶だけでなく長距離秩序をもたない多結晶材料にも使用できる点である．これは，触媒の研究などに不可欠である．

内殻電子が X 線や一次電子により放出されると，それにより生じたホールを外殻電子が埋める．この過程で，内殻電子と外殻電子のエネルギー差に相当する光が放出されるか，他の外殻電子にエネルギーが移る．そして，そのエネルギーを受けとった外殻電子が放出される．この電子はオージェ電子とよばれている．ここで，以下の二つの分析を行うことができる．一つは，放出される X 線のエネルギーの分析で，エネルギー分散 X 線分光分析（energy dispersive X-ray analysis：EDX）とよばれる．もう一つは放出されるオージェ電子のエネルギー分析で，オージェ電子分光法（Auger electron spectroscopy：AES）とよばれる．このように，オージェ電子の放出は，三つのエネルギー準位で特徴づけられる．XPS と同様に，AES と EDX は，元素分析に適した手法である．AES は軽元素の分析に適している一方で，EDX は重元素の分析に適している．EDX はしばしば，電子顕微鏡と組み合わせて使用される．内殻電子の放出に必要な電子ビームが利用できるからである．ただ，注意点として，一次電子の侵入深さは，数百 nm であるため，表面分析にしか使用できない．図 7.25 に三つの手法の模式図を示した．

なぜ，光子で励起して，光子を検出する手法がないのだろうか？　単にそれは，そのような手法は，表面敏感でないためである．入射光子が固体の奥深くまで侵入し，深い

7.9 分光法   213

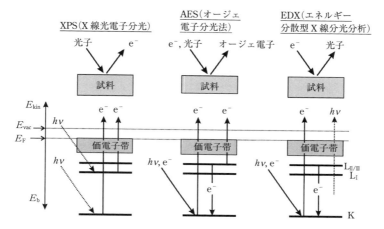

図 7.25 XPS, AES, EDX の原理の模式図. 真空エネルギー E_{vac} によって, エネルギーのゼロ点を定義する. 電子の結合エネルギー E_b, フェルミエネルギー E_F, 自由電子の運動エネルギー E_{kin} を示している.

場所からの光子も検出されることになる.

7.9.3 外殻電子を用いた分光法

　分子構造と原子間の結合に関する情報を得るためには, 励起光子または電子のエネルギーを下げ, 外殻電子のエネルギーと等しくする必要がある. 内殻電子は孤立した原子軌道を占有しているのに対し, 外殻電子構造は価電子帯や伝導帯によって決定される.

　重要な手法は, 紫外光子放出(ultra-violet photoemission : UPS)である. これは, 外殻電子の光電効果を利用した手法である(XPS では, 内殻電子の光電効果を利用している). エネルギー 10～100 eV の光子を表面の原子と分子をイオン化するのに用い, 放出される光子を検出する. 吸着分子の研究では, 吸着前後のスペクトルの差の解析を行い, 気体状態でのスペクトルと比べる.

　表面原子や吸着分子を調べる用途の広い手法としては, 高分解能電子エネルギー損失分光法(high-resolution electron energy loss spectroscopy : HREELS)[570] がある. 単一低エネルギー(1～10 eV)の電子を表面にぶつける. ほとんどの電子は, 弾性的に後方散乱されるが, 一部が表面原子または分子の振動を励起する. 振動エネルギーの分だけエネルギーを失うため, 表面励起のエネルギースペクトルを得ることができる.

7.9.4 二次イオン質量分析

　二次イオン質量分析(SIMS)では, 試料表面にイオンビームをスパッタし, 放出され

る二次イオンを質量分析器で解析する(総説は文献[571]). スパッタリング過程のために, SIMS は破壊的検査法である. スパッタリングの速度により, 静的 SIMS と動的 SIMS に分類される. 静的 SIMS では, つねに電子が「新たな表面」, つまり他のイオンによるダメージを受けていない場所にぶつかるように, イオンビームの濃度は 10^{12} ions cm^{-2} 以下に保つ. 動的 SIMS では, 複数層の分子が $0.5 \sim 5$ nm s^{-1} の速度で取り除かれる. このことは最上層の素早い除去だけでなく, 元素組成の定量的な分析が可能であることを意味している.

動的 SIMS の議論から始める. 動的 SIMS でもっとも一般的に用いられるイオンは, 酸素のデュオプラズマトロン(O$^-$ または O$_2^+$ を生成する)またはセシウム気体(Cs$^+$ イオンを生成する)である. これらの二つの元素は, その拡張効果のために好まれる. 酸素の注入は, 表面層に酸化物を形成する. 二次イオンを放出するときに, 酸素の結合が壊れる. おもに酸素が陰イオンとして離れて, 表面に陽イオンが残る. セシウムは効率のよい電子受容体としてはたらき, おもに負の二次イオンが生成する.

実際には, スパッタ材料の一部のみがイオン化される. イオン化確率は, 元素の種類と試料物質に依存する.

ほとんどの SIMS が磁場型質量分析計を使用する. 磁場中でのイオン偏位が異なった重量依存性をもつことを利用して, 元素を分離する. 他のタイプとしては, 四重極質量分析計がある. 四つの平行なシリンダー形電極の中心を電子が通る. 静電場と交流電場の組み合わせにより, 特定の電荷と重量の比をもつイオンのみに安定振動を与える. それらのイオンのみが最終的な開口部から抜け出す. 重量分離の後, イオンは検出器により検知される. 電子増倍管により, 個々のイオンを数える. イオン電流が高いときは, ファラデーカップでイオンを収集し, 集まった電荷を計測する.

局所分解能をもつ SIMS もある. SIMS イメージングにより, 二次電子強度の水平方向への分布を可視化できる. これは, 以下の2通りの手法により行うことができる.

- 焦点を絞ったイオンビームで試料表面上をラスタースキャンする. ビーム位置の関数として, 二次イオン電流を計測し, コンピュータ画面上で可視化する. 水平分解能は, 一次イオンビームの直径によって決まり, 20 nm ほどまで小さくすることができる.
- イオン顕微鏡の中で, 試料に幅広い($25 \sim 250$ μm)イオンビームを照射する. 二次イオンを質量分析器でフィルターし, その空間分布を保存する. イオンは画像検出器のマイクロチャネルプレートで可視化される. この手法の水平方向への分解能は, 1 μm 程である.

計測中の表面に連続的にスパッタすることで, 深さ方向のプロファイルの測定が可能である. 興味のある元素の二次イオン強度をスパッタ時間の関数として記録する. 測定

後のスパッタ穴の深さを測定することにより，スパッタ時間を長さスケールに換算する．

静的 SIMS の場合，飛行時間型の SIMS(time-of-flight SIMS：TOF-SIMS)がもっとも適している．TOF-SIMS には，パルス型一次イオンビームを用いる．パルスにより表面から放出された二次イオンが，電位差 U により加速される．これらのイオンは，質量 m と電荷 Q に依存した速度 v を得る．ここで，$mv^2/2 = QU$ に従い，速度 v は以下のようになる．

$$v = \sqrt{\frac{2QU}{m}} \tag{7.37}$$

それゆえ，距離 L の検出器に，ある時間 Δt の後，イオンが衝突する．

$$\Delta t = \frac{L}{v} = \frac{L}{\sqrt{2QU/m}} \tag{7.38}$$

このようにして，検出器までの到達時間から，イオンの質量が推定される．そして，パルスごとに完全な質量スペクトルが得られる．パルスごとに，すべてのイオンが検出器に届くまでの時間を待たなければならないため，TOF-SIMS は，遅いスパッタ速度に限られる．そのため，深さ分布が得られないが，動的 SIMS と比べてほぼ非破壊的である．

7.10　ま　と　め

- 結晶表面は，五つの二次元ブラベ格子と基底によって分類される．表面構造によっては，基底は表面第一層に含まれるものだけではないかもしれない．表面の基板構造は，材料のバルク構造と切断面によって与えられる．表面の緩和と再構成によって，表面の構造と基板構造が異なる可能性もある．吸着質はしばしば，表面格子の上に超格子を形成する．
- 結晶表面の研究には，超高真空(ultrahigh vacuum：UHV)が必要である．清浄な結晶表面の準備は通常，UHV 中でのへき開，スパッタリング，蒸着，熱処理または分子ビームエピタキシーによって行われる．
- 固体上での新たな表面の生成は，以下の二つによってなされる．一つ目は塑性変形で，表面張力により記述される．もう一つは，弾性変形で，表面応力により記述される．結晶の平衡形状は，ウルフ構成によって決まる．表面エネルギーは最近接結合破壊モデルで与えられる．第一近似として，表面エネルギーは，切断面に沿ってすべての結合を切るのに必要なエネルギーに対応する．実際には，表面緩和や表面再構築によってエネルギーを減少させる．現実の表面には欠陥がある．微斜面には，テラス，

- 結晶粒界は，もっとも重要な均一固固界面である．不均一固固界面として応用上重要なのは，半導体のヘテロ構造である．
- 表面観察のために光学顕微鏡が使用されることもあるが，ほとんどの場合，本当の意味で表面敏感ではない．走査電子顕微鏡(SEM)によって，真空中の表面を高分解能で観測できる．走査トンネル顕微鏡(STM)は，導電性表面を原子分解能で観察できる．原子間力顕微鏡は，ほとんどの種類の試料を高分解能で観測できる．X線，電子，原子ビームを使用した回折手法では，結晶性材料の表面構造を明らかにすることができる．標準の分光法は，ほとんど表面敏感ではないものの，IRRAS, DRIFT や SFG といった特別な IR 手法では，表面の分子種を特定することができる．XPS, EDX, AES, UPS あるいは SIMS といった内殻または外殻電子のエネルギー準位を測定する手法では，表面組成と表面の電子エネルギーの情報を得ることができる．

7.11 演習問題

問題 7.1 fcc(111)格子をスケッチせよ．そして，(1×2) と $(\sqrt{7} \times \sqrt{7})R\,19.1°$ の層構造を示せ．

問題 7.2 7.3.3項の AFM の議論で，チップ試料間の水中での力は，空気中や真空中の場合に比べて弱いと指摘した．それはなぜか？

問題 7.3 ダイヤモンド格子(付録)の構造因子を計算せよ．

問題 7.4 TIRM セットアップで，平面表面の亜鉛クラウンガラス($n = 1.52$)とヘキサデカン($n = 1.44$)を接触させる．波長 $\lambda = 500$ nm で，減衰長 100 nm のエバネッセント光をつくりたい．入射角は何度にする必要があるか？

問題 7.5 具体例 7.6 で，Ru(0001)上の N のトレーサー拡散を STM で観測した．平均して，フレームあたり一原子の拡散ジャンプを観測するために必要なフレーム速度はどのくらいか？Ru(0001)の格子定数は，2.7 Å である．

問題 7.6 Cu の Cu(100)上での拡散定数を以下の条件で計算せよ．(a) 開始温度 139 K，(b) 室温 1 時間あたり平均して，Cu 原子はどのくらいの距離を拡散するか？ Cu(100)の格子定数は，2.5 Å である．

8

吸 着

8.1 緒 言

　吸着とは，物質が界面に濃縮される現象である．まず，電荷をもたない小さな気体分子が固体基板に吸着する場合を考える．固体基板が気体にさらされると，ファンデルワールス力などの分子間引力がはたらくため，気体分子が表面に吸着する．通常，ファンデルワールス力に加え，双極子相互作用のような分子間ではたらく他の力もある．

　吸着量は，いくつかのパラメータによって決定される．もっとも重要なのは，分圧 P である．表面では，吸着分子の回転と振動の自由度が減少している．電気特性が変化してしまう場合もある．分子によっては，基板上を水平方向に拡散し，基板上で化学反応をする場合もある．これは，触媒作用を理解するために非常に重要である[496]．分子は脱離して再び気体中に戻る可能性もある．吸着と脱離の速度によって，平衡状態での基板上の吸着量が決まる．

　ここでは，吸着の記述を固液界面に拡張する．多くの場合，気体の固体基板への吸着と同様のモデルを使用することができる．その場合，分圧 P を濃度 c へ置き換えるだけでよい．吸着に関する基礎的文献は文献[5, 572, 573]である．水の固体基板への吸着に関する総説は文献[574]である．

8.1.1 定 義

　まず，もっとも重要な定義を紹介する[575]．図8.1に示すように，吸着している物質を吸着質(adsorbate)，これから吸着する物質(まだ基板上にない)を吸着物質(adsorptもしくはadsorptive)とよぶ．吸着される(の起こる)物質のことを，吸着媒(adsorbent)とよぶ．

　重要な問いは，どのくらいの量の物質が基板に吸着するかである．これは，吸着関数 $\Gamma = f(P, T)$ によって記述される．吸着関数は実験から決定され，単位面積あたりの吸着分子数を示す．通常，温度に依存する．温度一定条件下での Γ と P のグラフは，吸着等温線とよばれる．吸着をより理解し，吸着量を予測するために，吸着等温式が導か

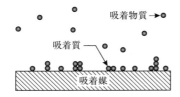

図 8.1 吸着物質，吸着媒，吸着質の定義

れた．これらの方程式は，使用する理論モデルに依存する．複雑なモデルの場合には，解析的表記をすることさえできないものもある．

この節では，記号 P は考えている気体分子の分圧を示すものとする．他の気体が存在する場合は，分圧は全圧よりも小さな値となる．P_0 は飽和蒸気圧であり，その圧力で気体は水平な液面をもった液体と平衡状態にある．それゆえ，P_0 は平衡蒸気圧ともよばれる．具体例として，空気中の水蒸気の吸着を考える．25℃の大気条件での全圧は 10^5 Pa であり，P_0 は 3169 Pa である．P は 0〜3169 Pa の範囲である．$P \to P_0$ となると，凝集が始まる．

ファンデルワールス力の存在により，すべての気体は，臨界温度より低い温度で吸着が始まる．吸着が化学結合ではなく物理相互作用に支配されている場合を，物理吸着とよぶ．物理吸着にはいくつかの特徴がある[576]．

- 昇華エネルギーは，20〜40 kJ mol^{-1} のオーダーである．
- 吸着質は，表面上でも比較的自由に拡散と回転をすることができる．
- 物理吸着によって固体の分子構造は変化しない．例外は，ある種の分子性固体である(氷，パラフィン，高分子など)．
- すぐに吸着の平衡状態に達する．圧力を下げると，気体分子が可逆的に脱離する(多孔質固体の場合を除く)．

もし，吸着エネルギーが化学結合エネルギーと同じオーダーである場合，化学吸着とよばれる．化学吸着の特徴を以下に示す．

- 昇華エネルギーは，100〜400 kJ mol^{-1} のオーダーである．
- しばしば，特異吸着部位が存在する．そのような部位で，吸着質は固定されており，通常は拡散しない．
- 共有結合性固体や，金属性固体でも，表面再構成が起こる．
- 結合が強く，ほぼ脱離はしないため，UHV での実験が可能である．

分子が表面層を越えて，バルク固体の構造中まで入り込む場合は，吸収(absorption)とよぶ．ただし，吸着(adsorption)と吸収(absorption)を区別することが困難，あるいは不可能であるときは，より一般的な用語である収着(sorption)を使用する．吸着媒，吸着質，吸着物質の代わりに，収着媒，収着質，収着物質という．

8.1 緒言　219

酸化反応は，酸素の化学吸着と考えることができる．たとえば，ニッケルやシリコンは，大気環境で酸化される．酸化物層は，熱力学的により安定で，その下の純粋な材料を不動態化する．他の重要な具体例は，アルミニウムの酸化である．非常に硬い約100 nmほどの厚さの酸化アルミニウム層(Al_2O_3)を形成する．アルミニウム表面をより安定化し，反応性化学物質に対して不動態化するために，電気化学的に酸化物層を厚くすることができる．この手法は，eloxalプロセス(電気化学的アルミニウム酸化，*elec-trytical oxidationof aluminum*)とよばれる．

8.1.2 吸着時間

吸着を特徴づけるのに有用なパラメータは吸着時間である．表面と気体分子の間に力がはたらかないと仮定すると，分子が表面に衝突したとき，弾性的に同じエネルギーをもったまま，跳ね返ることになる．表面と気体分子の間のエネルギー移動は起こらないため，「熱い」分子が「冷たい」表面に衝突しても温度は下がらない．表面近傍での滞在時間は，気体の速度論から導かれる $(1/2)m\bar{v}^2 = (1/2)k_BT$ および，$\bar{v}_x^2 \approx \bar{v}^2/3$ を用いて見積もることができる．

$$\tau = \frac{2\Delta x}{\bar{v}_x} \approx \frac{2\Delta x}{\sqrt{k_BT/m}} \quad (8.1)$$

Δx は表面領域の厚さを表し，2度通り抜ける必要がある．$\bar{v}_x$ は，表面に垂直な方向への平均速度である．具体例：25℃での N_2 を考え，$\Delta x = 1$ Å とすると $\bar{v}_x \approx 300$ m s^{-1}，$\tau = 7 \times 10^{-13}$ s となる．これは，通常の分子振動周期 10^{-13} s と同じオーダーである．

気体分子と表面との引力が，分子の表面での滞在時間を上昇させる．

$$\tau = \tau_0 e^{Q/(RT)} \quad (8.2)$$

$\tau_0 \approx 10^{-13} \sim 10^{-12}$ s である．Q は吸着熱である．厳密には，τ_0 の逆数を表面結合振動周波数とする．表8.1に，いくつかの原子と厳密に定義された表面の間での値を記した．吸着熱が，10 kJ mol^{-1} 以下である場合は，実用上は吸着が起こらず，滞在時間も 10 ps 以下である．$Q = 40$ kJ mol^{-1} 程度では，物理吸着である．滞在時間は非常に長くなり，Q の正確な値によって広い値をとる．基本的に化学吸着した分子($Q \geq 100$ kJ mol^{-1})は，表面を再び離れることはない．

表 8.1　27℃での吸着熱 Q，表面結合振動周波数 τ_0^{-1}，および吸着時間 τ．文献[577]による．

	H/W(100)	Hg/Ni(100)	CO/Ni(111)	N_2/Ru(100)	Xe/W(111)
Q (kJ mol^{-1})	268	115	125	31	40
τ_0^{-1} (Hz)	3×10^{13}	10^{12}	8×10^{15}	10^{13}	10^{15}
τ (s)	10^{13}	10^8	7×10^5	3×10^{-8}	9×10^{-9}

もう一つの便利なパラメータは，適応係数 α である．適応係数は，衝突前の温度 T_1，表面温度 T_2，そして，跳ね返り後の温度 T_3 によって定義される[578]．

$$\alpha = \frac{T_3 - T_1}{T_2 - T_1} \quad (8.3)$$

弾性反射の場合，衝突前後の平均速度と温度は一定である $(T_1 = T_3)$ ため，$\alpha = 0$ となる．分子が表面に長い間滞在する場合，衝突後の温度と基板の温度が等しくなり，$T_2 = T_3$ により $\alpha = 1$ となる．適応係数は，分子が吸着剤を離れるまでにどれくらいのエネルギーを交換したかの指標である．

8.1.3 吸着等温線の分類

物理化学的条件により，非常に多くの種類の吸着等温線が実験的に得られる．多くの場合，十分に圧力が低いときには，吸着量が圧力に比例して増加する．これは，ヘンリー[1]の法則により記述される．

$$\Gamma = K_\mathrm{H} P \quad (8.4)$$

K_H は定数で，その単位は $\mathrm{m^{-2}\,Pa^{-1}}$ である．これは圧力が低い極限での法則である．

気固平衡の吸着等温線を初めて系統的に分類する試みは 1940 年にまで遡り，Brunauer, Deming, Deming, Teller によってなされた[579,580]．彼らは，五つの異なるタイプの等温線を提案した．この五つに，もう一つ加えたものが，現代の IUPAC による分類となっており，図 8.2 に示した[575]．これらのタイプは，完全に平らで，均一，

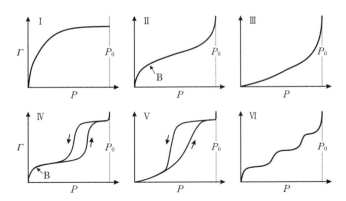

図 8.2 一般的に観測される 6 種類の吸着等温線の模式図．気体からの吸着で，横軸は分圧 P である．

---

1 William Henry, 1775〜1836, 英国の化学者.

8.1 緒言

滑らかな固体表面に限定されない．しばしば，吸着実験は多孔質物質や粉末に対しても行われる．

I型吸着等温線は，上に凸であり，圧力 P が飽和圧力 P_0 に近づくにつれて限界値に近づいていく．I型吸着等温線は，基板への吸着が1層のみの場合に観測される．低圧では，気体分子が基板上に多くの結合サイトを見つけることができる．圧力が上昇すると，結合サイトは占有されるようになり，空いている結合サイトを見つけることが困難になる (8.3.1項)．I型等温線は，比較的小さな外部表面をもつマイクロ多孔質固体の場合にも観測される．たとえば，活性炭やゼオライトなどである．すべての細孔が満たされた時点で，等温線が飽和する (8.4.3項)．吸着の最大量は，内部表面積よりも，アクセス可能なマイクロ細孔体積によって決まる．

II型は，吸着媒がナノ細孔や巨視的細孔の場合に一般的にみられる吸着等温線である．具体例を，図8.5と図8.10に示した．はじめの凸曲線は，単一層の吸着と関連づけられる．点Bの時点では，おおよそ表面が単一層に覆われている．圧力をさらに上げると，はじめの単一層の上にさらなる層が吸着する．圧力が飽和蒸気圧となると，凝集が起こり巨視的スケールに厚い層が形成される．

III型は上に凹である．一般的にはあまりみられない．等温線は，吸着が協調的効果をもつことを示している．すでに吸着している分子によって，より多くの吸着が促進される．分子が基板ではなく，すでに吸着している分子の上に吸着しやすい場合に観測される．

IV型は等温線の履歴ループと，$P/P_0 \approx 0.6 \sim 0.95$ での飽和直線によって特徴づけられる (具体例は図8.20)．このような履歴は，BemmelenとZsigmondy[2]らによって最初に観測された[581, 582]．履歴は，メゾ細孔中での毛管凝縮と関連している．低圧では，単一分子層が基板表面に形成される．途中の圧力では複数層が形成され，ある時点から毛管凝縮が始まり，細孔が満たされる．高圧での飽和は，すべての細孔が満たされ，有効表面積が減少するために起こる．

V型はめずらしい．細孔基板への吸着で，III型と同様に，協調的効果をもつ．細孔であるため，毛管凝縮が起こり，履歴ループが観測される．

VI型は，階段状吸着によって特徴づけられる (具体例は図8.14)．一様な非多孔質表面へ，次々と層が吸着されていく．階段の高さが，それぞれの層に吸着した量に対応する．もっとも簡単な場合，2層目も3層目も同じ高さとなる．

---

2 Richard Adolf Zsigmondy, 1865〜1929, ハンガリー出身のオーストリアの化学者．1925年ノーベル化学賞受賞．ゲッティンゲン大学で教授を務めた．

8.1.4 吸着等温線の表記

吸着等温線とは，吸着量を蒸気の圧力に対してプロットしたグラフである（溶液の場合は，蒸気圧の代わりに濃度を用いる）．吸着量はいくつかの変数によって記述することができる．一つは，表面余剰 Γ で単位面積あたりのモル数である．3章で，表面余剰はギブズ分割面の選び方に依存することを強調した．気体または低濃度液体の固体表面への吸着の場合は，ギブズ分割面として，固体と気体の物理的境界面を選べばよい（図8.3）．気体分子が広がることのできる領域体積は気相としてカウントされる．ギブズ吸着等温線で得られる熱力学的な表面余剰が，それに対応して解析的に求まる表面での濃度となる．これは，吸着に関する文献の中で，ギブズ分割面に関する議論があまりみられない理由である．ギブズの手法を用いて，吸着した分子数を表面余剰に，以下の式で換算することができる．

$$\Gamma = \frac{N^o}{A} \tag{8.5}$$

ここで，A は全表面積である．

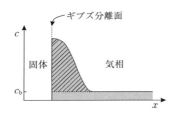

図 8.3 固体表面から垂直方向への気体濃度の模式図．一般的に，分子は，固体表面に濃縮されている．斜線領域にあるすべての分子が，表面余剰 $\Gamma = N^o/A$ となる．バルク蒸気相での気体濃度は，c_b である．

しばしば，吸着の研究には，粉体や細孔材料が用いられる．これは，体積に対する表面積の比が高いためである．通常の実験では，吸着媒 1 g あたりに吸着した吸着質の体積 V または質量 $m (=V \cdot \rho)$ が測定される．一方で，理論モデルは単位表面積あたりの吸着量で記述される．つまり，m/A または，N^o/A である．吸着質量と吸着量は，$N^o = m/M$ によって互いに変換することができる．ここで，M はモル質量である．理論等温線と実験で求めた吸着結果を比較するために，比表面積を知る必要がある．比表面積 Σ は，吸着媒 1 kg あたりの表面積である．比表面積が求まれば，全表面積は $A = m_{ad}\Sigma$ によって求まる．ここで，m_{ad} は吸着剤の質量である．

通常，吸着等温線プロットの横座標は分圧である．気体の場合，Pa 単位で，または相対圧力 (P/P_0) で与えられる．

8.2 吸着の熱力学

8.2.1 吸着熱

吸着熱は，吸着の駆動力に関する情報を与えるため重要である．吸着の熱，エネルギー，エンタルピーなどの量が定義される．詳細な議論は文献[583, 584]にある．

まず，吸着全モルエネルギーを導入する．

$$\Delta_{ad} U_m^{int} = U_m^o - U_m^g \tag{8.6}$$

これは，N^oモルの吸着気体のエネルギー U_m^o（モルあたり）と同じ量の自由気体のエネルギー U_m^g の差である．次に重要な量は吸着全モルエンタルピーである．

$$\Delta_{ad} H_m^{int} = H_m^o - H_m^g \tag{8.7}$$

さらに，吸着全モルエントロピーである．

$$\Delta_{ad} S_m^{int} = S_m^o - S_m^g \tag{8.8}$$

これらは，全モルエネルギーと同様に定義される．通常，吸着エネルギーと吸着エンタルピーの差は小さい．自由気体を理想気体として扱うと，差は $\Delta_{ad} U_m^{int} = \Delta_{ad} H_m^{int} + RT$ となる．25℃での RT の値は，$2.4\,kJ\,mol^{-1}$ である．このため，厳密な議論が必要でない場合は，吸着熱が吸着エンタルピーか内部吸着エネルギーかをあまり気にする必要はない．

これらの量が，実験的に求められる吸着熱とどのように関連しているかを考える．熱量測定が行われた条件は重要な要素である．一定体積の場合，$\Delta_{ad} U_m^{int}$ が全吸着熱に等しい．このような場合の実験では，図8.4のように，一定体積の気体容器を吸着剤の容

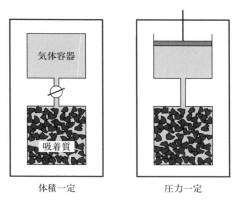

図 8.4 吸着熱を測定する熱量計の模式図．体積一定条件と圧力一定条件の場合．通常，有効体積が，粉末状の吸着媒で満たされている．

器とつなげて行う．両方を同じ熱量測定セルに入れる．全体積が一定であるため，体積による仕事はない．交換した熱量は全モルエネルギーと吸着気体の量の積と等しい．

$$Q = -N^\sigma \Delta_{ad} U_m^{int} \tag{8.9}$$

一般的に，$\Delta_{ad} U_m^{int}$ は負であり（そうでなければ，吸着は起こらない），吸着によって発熱する．

実用上，ほとんどの熱量測定は，一定圧力の下で行われる．この場合は，交換した熱量は吸着全エンタルピーと等しくなる．

$$Q = -N^\sigma \Delta_{ad} H_m^{int} \tag{8.10}$$

この場合も，吸着は発熱過程であり，$\Delta_{ad} H_m^{int}$ は負である．

吸着全モルエントロピーは，熱力学の関係式から求めることができる．可逆等温過程において，熱はエントロピー変化と温度の積に等しい．よって，以下の式が成り立つ．

$$\Delta_{ad} S_m^{int} = \frac{\Delta_{ad} H_m^{int}}{T} \tag{8.11}$$

吸着により，分子の運動の自由度は減少し，高秩序な状態となるため，$\Delta_{ad} S_m^{int}$ は負である．

平衡状態では，吸着モルギブズ自由エネルギーはゼロである（$\Delta_{ad} G_m^{int} = \mu^\sigma - \mu^g = 0$）．理由は簡単で，$P$ と T が一定の平衡状態において，気体中の分子の化学ポテンシャル μ^g は吸着分子の化学ポテンシャル μ^σ と等しいからである．ゼロでないのは，吸着の標準ギブズ自由エネルギーである．

$$\Delta_{ad} G_m^0 = \mu^{0\sigma} - \mu^{0g} \tag{8.12}$$

これはモルあたりの量である．しかし，名前が長いためモルはとくに示されていない．$\Delta_{ad} G_m^0$ の問題点は，直接的に計測することができない点である．この値は，使用する吸着モデルに依存する．後ほど，ラングミュアモデルを導入するときにこの議論に戻ろう．

8.2.2 吸着の微分量と実験結果

ここまでに，全モル量を導入した．これは，それに対応する微分量が存在することを意味する．"全"といっているように，吸着気体の全量が関連していることを意味する．逆に，微分モルエネルギーは，最後の無限小の吸着量によって決定される．以下のように定義される．

$$\Delta_{ad} U_m^{dif} = \left.\frac{dU^\sigma}{dN^\sigma}\right|_{T,A} - \left.\frac{dU^g}{dN^g}\right|_{T,A} \tag{8.13}$$

U^g は自由気体の全内部エネルギーである．通常は，容器中のすべての気体分子の量と

比べて吸着量は少量であるため，吸着過程で自由気体の性質は変わらない．それゆえ，$dU^g/dN^\sigma = U_m^g$ であり，以下のように式を変形できる．

$$\Delta_{ad}U_m^{dif} = \left.\frac{dU^\sigma}{dN^\sigma}\right|_{T,A} - U_m^g \tag{8.14}$$

これは，温度と全表面積が一定の下での，無限少量の気体吸着による内部表面エネルギー変化に対応する．

エネルギーが吸着量によって変化するので，積分量と微分量を区別する必要がある．これは，少なくとも以下の三つの原因がある．一つ目の理由は，ほとんどの表面がエネルギー的には均一ではなく，高い結合エネルギーをもつ結合サイトから占有されていくためである．二つ目の理由は，第1層の吸着エネルギーが2層目以降の吸着エネルギーと異なるためである．第2層では，吸着した分子と気体中の分子の相互作用が重要である．三つ目の理由は，分子が表面上で横方向の近接分子と相互作用する場合，部分的に覆われた表面に結合するほうがエネルギー的に好ましいからである．

同様に，微分吸着モルエンタルピーと微分吸着モルエントロピーを以下のように定義することができる．

$$\Delta_{ad}H_m^{dif} = \left.\frac{dH^\sigma}{dN^\sigma}\right|_{T,A} - H_m^g \tag{8.15}$$

$$\Delta_{ad}S_m^{dif} = \left.\frac{dS^\sigma}{dN^\sigma}\right|_{T,A} - S_m^g \tag{8.16}$$

固体基板への気体の物理吸着は，事実上つねにエンタルピー駆動である（$\Delta_{ad}H_m^{dif} < 0$）．エントロピー駆動の吸着も存在しうるが，表面でのエントロピーは気体中のエントロピーよりも非常に小さい．表面上では，振動，回転，並進の自由度が制限されるからである．

〈具体例 8.1〉

図8.5にベンゼンの黒鉛化カーボンブラックに対する通常の吸着等温線を示す[585]．黒鉛化カーボンブラックは，空気のない状態で黒鉛を3000℃で加熱することで得られる．もともとは球状であった黒鉛粒子が，主として黒鉛単結晶の均質な低指数面を面としてもつ多面体になる．吸着等温線は，三つの領域に分けて考えることができる．

圧力が非常に低いとき（$P/P_0 < 0.1$），吸着等温線は急激に上昇する．吸着分子は，多くの自由結合サイトを見つけることができる．表面上に存在する分子は少ないため，粒子境界にある強い結合サイトと結合する．これは，微分吸着熱からもみることができる．被覆率が $0.3\,\mu mol\,m^{-2}$ 以下のときに，吸着熱が最大となる．

圧力が（$P/P_0 \approx 0.1$）のときに単一層被覆に達する．この時点で，吸着等温線の傾きが緩やかになる．第一層では吸着熱がほぼ一定で，約 $43\,kJ\,mol^{-1}$ と観測された．これは，ベンゼ

ンの凝縮熱よりも $9\,\mathrm{kJ\,mol^{-1}}$ ほど高い.

蒸気圧が高いとき ($P/P_0 > 0.1$)，複数層が形成される．複数層領域では，圧力の増大に伴って傾きが急になる．$P \to P_0$ では，巨視的な凝集も起こるため吸着層が非常に厚くなる．微分吸着熱は凝集熱よりもやや高いが，第一層のときと比べて大きく下がる．

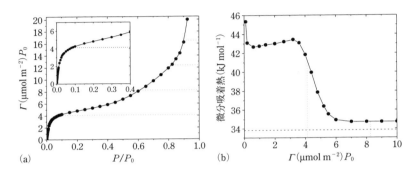

図 8.5 (a) ベンゼンが黒鉛化カーボンブラックへ20℃で吸着するときの吸着等温線．挿入図は，低被覆率のときの拡大図である．点線は，$4.12\,\mathrm{\mu mol\,m^{-2}}$ ごとに層が積み上がっていくことに対応している．20℃でのベンゼンの平衡蒸気圧は，$P_0 = 10.2\,\mathrm{kPa}$ である．(b) 微分吸着熱の吸着量に対するプロット．点線は，ベンゼンのバルク凝縮熱に対応する．(文献[585]をもとに作成)

8.3 吸着モデル

8.3.1 ラングミュア吸着等温線

吸着を記述する簡潔なモデルがラングミュア[3]によって提案された[586]．図 8.6 のように，表面には，単位面積あたりの S 個の結合サイトが存在すると仮定した．S の単位は $\mathrm{mol\,m^{-2}}$ である．この結合サイトの中で，S_1 個が吸着物質によって占有され，$S_0 = S - S_1$ が空きサイトであるとする．単位時間，単位面積あたりの吸着速度は，空きサイト S_0 個と圧力に比例する ($k_{\mathrm{ad}} P S_0$)．k_{ad} は吸着速度を特徴づける定数で，単位は $\mathrm{s^{-1}\,Pa^{-1}}$ である．脱離速度は吸着分子数 S_1 に比例し，$k_{\mathrm{de}} S_1$ と書ける．k_{de} は定数であり，単位は $\mathrm{s^{-1}}$ である．平衡状態では，吸着速度と脱離速度が等しいので，以下のように定式化できる．

$$k_{\mathrm{de}} S_1 = k_{\mathrm{ad}} P S_0 = k_{\mathrm{ad}} P \cdot (S - S_1) \tag{8.17}$$

$$\Rightarrow \quad k_{\mathrm{de}} S_1 + k_{\mathrm{ad}} P S_1 = k_{\mathrm{ad}} P S \quad \Leftrightarrow \quad \frac{S_1}{S} = \frac{k_{\mathrm{ad}} P}{k_{\mathrm{de}} + k_{\mathrm{ad}} P} \tag{8.18}$$

---

3 Irving Langmuir，1881~1957，米国の物理学者，化学者．General Electric 社で，ほとんどの期間を過ごした．1932 年にノーベル化学賞受賞．

S_1/S は被覆率 θ である．$K_L = k_{ad}/k_{de}$ として以下のラングミュア方程式を得る．

$$\theta = \frac{K_L P}{1 + K_L P} \tag{8.19}$$

ラングミュア定数の単位は，Pa^{-1} である．分圧が低いとき $(K_L P \ll 1)$，ラングミュア吸着等温線は直線的に増加し，ヘンリー則(式(8.4))が得られる．

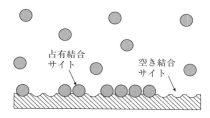

図 8.6 ラングミュア吸着モデルの模式図

一般的なラングミュア吸着等温線のグラフを図 8.7 に示す．異なったラングミュア定数の場合についてプロットしてある．溶液からの吸着を考える場合には，分圧 P の代わりに，濃度 c を使用する．この場合，ラングミュア定数の単位は Pa^{-1} でなく $L\,mol^{-1}$ となる．

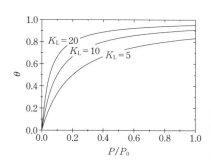

図 8.7 ラングミュア吸着等温線のプロット．相対蒸気圧に対する被覆率 θ を 3 種類の異なるラングミュア定数の場合に対してプロットした．圧力とラングミュア定数は，P_0 を単位として与えられている．

ラングミュア吸着等温式は，基板 kg あたり，または単位面積あたりの吸着分子モル数でも表現できる．

$$\Gamma = \frac{\Gamma_{mon} K_L P}{1 + K_L P} \tag{8.20}$$

Γ_{mon} は，すべての結合サイトが占有され，単一分子層が形成された状態に対応する．Γ_{mon} は，一つの吸着分子によって占有される面積 σ_A と，Γ の単位が kg あたりのモル数の場合，$\Gamma_{mon} = \Sigma/(N_0 \sigma_A)$，あるいは Γ の単位が m^2 あたりのモル数の場合，$\Gamma_{mon} =$

$1/(N_0\sigma_A)$ の式によって関連している.

ここで,定数 k_{ad} と k_{de} の意味は何であろうか? k_{de} は吸着時間の逆数である.

$$k_{de} = \frac{1}{\tau_0} e^{-Q/(k_B T)} \tag{8.21}$$

高い吸着熱をもち,強く吸着する分子の場合には k_{de} は小さな値となる. k_{ad} を計算するために,具体例2.1の式(2.1)で議論した理想気体の速度論を思い出そう.式(2.1)は,質量 m の分子がある面積に1秒あたり何回衝突するかを示している.ここでの面積を一つの結合サイト σ_A の活性面積と考えると,一つの結合サイトに1秒間に衝突する分子の数は以下の式で表される.

$$\frac{\sigma_A P}{\sqrt{2\pi m k_B T}} \tag{8.22}$$

ここで,表面にぶつかるそれぞれの分子が吸着すると仮定すると,式(8.22)と $k_{ad}P$ が等しくなり,以下の式を得る.

$$k_{ad} = \frac{\sigma_A}{\sqrt{2\pi m k_B T}} \tag{8.23}$$

現実的には,吸着確率が1よりも低い.そのため,式(8.23)で与えられるのは,上限値と考える必要がある.ラングミュア定数として,以下を得る.

$$K_L = K_L^0 e^{Q/(k_B T)} \quad \text{ここで,} \quad K_L^0 = \frac{\sigma_A \tau_0}{\sqrt{2\pi m k_B T}} \tag{8.24}$$

〈具体例8.2〉

温度120Kでの気体の固体基板への物理吸着のラングミュア定数を見積もる. τ_0 を 10^{-13} s とし,通常の分子の断面積 $10\,\text{Å}^2$ を用いる.また,吸着熱を $20\,\text{kJ mol}^{-1}$ と仮定する.気体は窒素 ($M = 0.028\,\text{kg mol}^{-1}$) を考える.式(8.24)を分子単位よりもモル単位で用いたほうが使いやすい.

$$K_L = K_L^0 e^{Q/(RT)} \quad \text{ここで,} \quad K_L^0 = \frac{N_A \sigma_A \tau_0}{\sqrt{2\pi M R T}} \tag{8.25}$$

値を代入することで, $K_L^0 = 4.55 \times 10^{-10}\,\text{Pa}$ および $K_L = 0.23\,\text{Pa}^{-1}$ となる.

吸着確率はバルクの凝集速度を計算するのにも使用できる.結局, $P \to P_0$ で蒸気が凝集する.ここで,凝集係数(または吸着確率)を,実際の凝集での値と式(8.23)による上限値の比として定義する.吸着確率は,分子線実験によって求めることができる.

例:N_2 のタングステンに対する27℃での吸着確率は0.61である[587]. H_2O の氷に対する200Kでの吸着確率は1に近い値である[588].吸着確率は1よりも著しく小さな値にもなりうる.その場合,これに伴ってラングミュア定数も減少する.

一般に，速度論的な導出は使用するモデルに依存するという欠点がある．しかし，ラングミュア吸着等温式は，より一般的な場合にも適用することができるうえ，統計熱力学によっても導出することができる[5,589]．ラングミュア式(8.19)の成立する必要十分条件は，以下の3点を満たすことである．

- 分子が吸着媒の明確な結合サイトに吸着する．
- それぞれの結合サイトには，一つの分子しか吸着できない．
- 結合エネルギーは，他の結合分子の存在に依存しない．

8.3.2 ラングミュア定数と吸着ギブズ自由エネルギー

吸着のギブズ自由エネルギーは，使用するモデルに依存する(8.2.1項)．ここでは，ラングミュアモデルを用い，吸着標準ギブズ自由エネルギー $\Delta_{ad}G_m^0$ とラングミュア定数の関係を導く．そのために，表面の結合サイトへの吸着と脱離を化学反応として取り扱う．化学平衡は平衡定数 K によって特徴づけられる．たとえば，溶解反応 $AB \rightleftharpoons A + B$ の場合，平衡定数は以下の式で与えられる．

$$K = \frac{[A][B]}{[AB]} \tag{8.26}$$

この K は，反応の標準ギブズ自由エネルギー $\Delta_r G_m^0$ と以下の関係を満たす．

$$\Delta_r G_m^0 = -RT \ln K \tag{8.27}$$

ここで，[A], [B], [AB]はそれぞれ，結合した分子と解離した分子の濃度を表す(気体反応の場合は，遊離前後の圧力である)．

同様の定式化を，気体分子の固体表面への吸着に対しても適用する．吸着平衡定数は以下のように表すことができ，単位はPaである．

$$K_{ad} = \frac{S_0 P}{S_1} \tag{8.28}$$

吸着の標準ギブズ自由エネルギーとの関係式は，

$$\Delta_{ad}G_m^0 = -RT \ln K_{ad} \tag{8.29}$$

となる．$S - S_1 = S_0$ を代入すると，

$$K_{ad} = \frac{(S - S_1)P}{S_1} \quad \Rightarrow \quad S_1 = \frac{SP}{K_{ad} + P} \tag{8.30}$$

となる．$\theta = S_1/S$ であるため，

$$\theta = \frac{P}{K_{ad} + P} \quad \text{ここで，} K_{ad} = \exp\left(-\frac{\Delta_{ad}G_m^0}{RT}\right) \tag{8.31}$$

が得られる．式(8.19)と比較して，以下の関係式を得る．

230   8 吸着

$$K_{\mathrm{L}} = \frac{1}{K_{\mathrm{ad}}} \quad (8.32)$$

式 (8.29) と式 (8.31) に実際の値を代入するときには，圧力の単位が標準圧力，つまり 10^5 Pa であることに注意する必要がある．

8.3.3 側方相互作用があるときのラングミュア吸着

　ラングミュアモデルの一つの仮定は，吸着分子同士の相互作用がないということであった．理論を拡張することで，そのような相互作用の影響も含めることができる．それぞれの結合サイトには，n 個の近接結合サイトが存在すると仮定する．吸着分子の平均近接分子数は，$n\theta$ である．近接分子との相互作用によるエネルギーを E_P として，この相互作用も考慮した拡張ラングミュア方程式を考える．拡張ラングミュア方程式を，以下のように記述すると便利である．

$$\frac{\theta}{1-\theta} = K'_{\mathrm{L}} P$$

拡張されたラングミュア定数は以下のようになる．

$$K'_{\mathrm{L}} = K^0_{\mathrm{L}} \exp\left(\frac{Q + nE_\mathrm{P}\theta}{RT}\right) = K_{\mathrm{L}} \exp\left(\frac{nE_\mathrm{P}\theta}{RT}\right) \quad (8.33)$$

この方程式は，Frumkin-Fowler-Guggenheim (FFG) 等温線ともよばれる[590〜592]．$\beta \equiv nE_\mathrm{P}/(RT) < 4$ の場合，側方相互作用によって，中間圧力のときに吸着等温線が急激に上昇する．すべてのラングミュア等温線に特徴的なのは，高分圧 ($P/P_0 \to 1$) での被覆率の飽和の存在である．

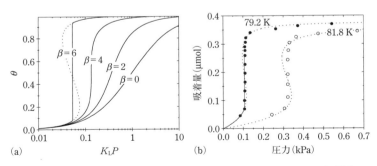

図 8.8 (a) Frumkin-Fowler-Guggenheim (FFG) 吸着等温線のプロット．圧力（単位は K_{L}^{-1}）に対する被覆率 θ をプロットしている．式 (8.33) を使用し，$\beta = 0, 2, 4, 6$ の場合に対応している．$\beta = 6$ の場合のみ，計算値のプロットを点線で示し，物理的に正しい吸着等温線を直線で示している．(b) 二つの温度での，クリプトンの黒鉛 (0001) 面に対する吸着等温線．点線は，式 (8.33) で $\beta = 4.5$ として，再現したもの．実験データは文献 [593] より得た．

式(8.33)で$\beta>4$のときを計算すると，注目すべき曲線となる．θ-P曲線で，負の傾きをもつ領域が現れる（図8.8の点線）．これは物理的には意味をもたない．求めた曲線では，圧力増加とともに被覆率が減少するうえに，ある圧力で三つの異なるθの値をもつことになる．実際には，この領域は2相平衡状態を表している．表面に単一吸着分子と吸着分子のクラスター(集合体)が共存する．凝集の記述に使用できる三次元ファンデルワールス状態方程式と似ている．

具体例として，図8.8にクリプトンの黒鉛(0001)面への吸着等温線を示した．点線は，$\beta=4.5$とした式(8.33)によるデータの再現である．現実には，被覆率が急激に増大するため，2相領域を識別することができる．図8.8は，吸着の別な特徴も示している．温度が増大するにつれて，吸着量は減少する．

8.3.4 BET吸着等温線

ラングミュアモデルは，単分子層までの被覆を記述するのに適していた．最大吸着が単分子層に相当する．ラングミュア等温線はどれも高圧で飽和している．これは，多くの現実的な場合には当てはまらない．多層吸着を考えるために，Brunauer，Emmett，Tellerは，ラングミュア理論を拡張し，いわゆるBET吸着等温式を導出した[594]（図8.9）．

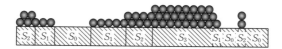

図8.9 吸着のBETモデル

以下のような仮定をする．まず，第一層の吸着熱がQ_1であるとする．続く層の吸着熱はQ_cで，これは液体の凝集熱に等しいとする．次に，脱離と吸着は，気相と表面の間で直接的に起こるだけであるとする．吸着分子は，ある層から別の層へ，直接には移動しない．平衡状態では，それぞれの層からの脱離速度と吸着速度が等しくなければならない．そのため，以下の吸着と脱離速度を得る．

$$\begin{aligned}&\text{空き表面サイトへの吸着} & & k_{\text{ad}}^1 P S_0 \\ &\text{第一層からの脱離} & & = a_1 S_1 e^{-Q_1/(RT)} \\ &i\text{番目の層への吸着} & & k_{\text{ad}}^c P S_{i-1} \\ &i\text{番目の層からの脱離} & & = a_c S_i e^{-Q_c/(RT)}\end{aligned} \quad (8.34)$$

ここで，a_1とa_cは$1/\tau_0$のような頻度因子である．結果として，以下の式を得る．

$$\frac{\Gamma}{\Gamma_{\text{mon}}} = \frac{C}{(1-P/P_0)[1+P/P_0(C-1)]}\frac{P}{P_0} \quad (8.35)$$

ここで，Γ_{mon} は単一分子層での単位面積あたりの吸着モル数(各結合サイトは，ちょうど一度のみ占有される)，P_0 は飽和蒸気圧で，C は以下の式で表される．

$$C = \frac{a_c k_{\mathrm{ad}}^1}{a_1 k_{\mathrm{ad}}^c} \mathrm{e}^{(Q_1-Q_c)/(RT)} \approx \mathrm{e}^{(Q_1-Q_c)/(RT)} \tag{8.36}$$

式(8.35)は，Γ/Γ_0 が $P/P_0 \to 1$ のときに無限大になることを示している．これは，凝集が起こるためであり，理論式がこのように振る舞うことが期待される．式(8.36)の近似については，演習問題8.3を参照．

BET吸着等温線は，とても広く用いられているので，簡単な導出を示しておく[1]．二つのパラメータ α と β を以下のように定義するのが，都合がよい．

$$\alpha = \frac{k_{\mathrm{ad}}^1 P}{a_1} \mathrm{e}^{Q_1/(RT)} \quad \text{および} \quad \beta = \frac{k_{\mathrm{ad}}^c P}{a_c} \mathrm{e}^{Q_c/(RT)} \tag{8.37}$$

これらのパラメータを使用すると，

$$S_1 = \alpha S_0 \quad \text{および} \quad S_2 = \beta S_1 \tag{8.38}$$

となる．一般的に，以下のように記述できる．

$$S_i = \beta^{i-1} S_1 = \alpha \beta^{i-1} S_0 = C \beta^i S_0 \tag{8.39}$$

単位面積あたりの吸着分子数は，以下の式で与えられる．

$$\Gamma = S_1 + 2S_2 + 3S_3 + \cdots = \sum_{i=1}^{\infty} i S_i = CS_0 \sum_{i=1}^{\infty} i \beta^i = \frac{CS_0 \beta}{(1-\beta)^2} \tag{8.40}$$

式(8.38)から $\beta < 1$ であり，この級数は収束する．i 番目の層の分子数は，下の層よりも分子数が少ないためである．単一層被覆率は以下のように記述できる．

$$\Gamma_{\mathrm{mon}} = S_0 + S_1 + S_2 + S_3 + \cdots = S_0 + CS_0 \sum_{i=1}^{\infty} \beta^i = S_0 + \frac{CS_0 \beta}{1-\beta} \tag{8.41}$$

ここで，式(8.40)を式(8.41)で割る．

$$\frac{\Gamma}{\Gamma_{\mathrm{mon}}} = \frac{CS_0\beta/(1-\beta)^2}{S_0 + CS_0\beta/(1-\beta)} = \frac{C\beta}{(1-\beta)(1-\beta+C\beta)} \tag{8.42}$$

重要なのは，β が P/P_0 と等しいことを認識することである．そのために，平衡状態つまり P_0 で，蒸気がその液体に吸着することを考える．この状況が，蒸気の i 番目の層(第一層は除く)への吸着と似ていると考える．結合速度が脱離速度と等しいため，以下の式が成り立つ．

$$k_{\mathrm{ad}}^c P_0 \Gamma_{\mathrm{mon}} = a_c \Gamma_{\mathrm{mon}} \mathrm{e}^{-Q_c/(RT)} \tag{8.43}$$

両辺に，単位面積あたりの全結合サイト数 Γ_{mon} を挿入した．これは，すべてのサイトが結合と脱離のサイトとしてはたらくからである．上式を書き直して，以下の式を得る．

8.3 吸着モデル

$$P_0 = \frac{a_c}{k_{ad}^c} e^{-Q_c/(RT)} \tag{8.44}$$

式(8.44)を式(8.37)に代入することで，$\beta = P/P_0$ を得ることができ，これを式(8.42)に代入することで，BET 吸着等温式(8.35)を得る．

図 8.10 は BET 吸着等温線がどのように，パラメータ C に依存するかを示している．C の値が高いとき，蒸気の表面への直接の結合が，分子間相互作用よりも強い．それゆえ，少なくとも低圧のときにはラングミュア型の吸着式が得られる．高圧のときのみ，分子が多層膜を形成する．C の値が低いとき，分子は分子同士で結合する傾向にあり，表面への結合エネルギーは低い．それゆえ，比較的高圧で，第一の単分子層が形成される．一度形成されると，次の分子が吸着するのは容易である．

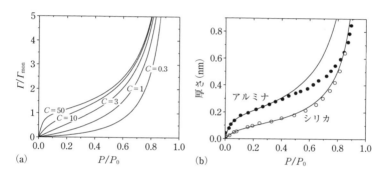

図 8.10 (a) BET 吸着等温線のプロット．縦軸は，全吸着モル数 Γ を，完全な単分子膜のモル数 Γ_{mon} で割ったものである．横軸は，分圧 P を平衡蒸気圧 P_0 で割ったものである．等温線は，パラメータ C の異なった値に対して計算された．(b) 水のアルミナ(商品名：Baikowski CR 1)とシリカ(商品名：Aerosil 200)に対する 20℃ での吸着等温線($P_0 = 2.7$ kPa で，データは文献[595]より得た)．BET 曲線は式(8.35)を使用し，$C = 28$(アルミナ)と $C = 11$(シリカ)をそれぞれ使用した．Γ/Γ_{mon} から厚さへ変換するために，係数 0.194 nm と 0.104 nm をそれぞれの場合に使用した．これらは，1 nm^2 あたりに $\Gamma_{mon} = 6.5$ と 3.6 個の水分子が存在することに対応する．

BET 吸着等温式は，吸着等温線の実験データを再現するのに広く用いられている．図 8.10(b)に，例として，水のアルミナへの吸着とシリカへの吸着を示した．アルミナへの吸着は，相対圧力が 0.4 まで BET 方程式により再現することができる．シリカの場合は，さらに，相対圧力が 0.8 まで再現することができる．

8.3.5 不均一基板への吸着

通常，表面は完全に均一ではない．異なった結晶面が蒸気に接しており，完全な格子からの欠陥や変位が存在する．材料によっては，異なった種類の原子や分子を含む．鉄

鋼の場合，Fe，C，Ni，Co，ガラスの場合，SiO_2，B，Na，Kなどである．そして，それらの表面での濃度は，局所的に異なる可能性がある．

吸着等温線の傾きが減少する原因の一つは，不均一性である．高い吸着性をもった吸着サイトと，弱い吸着性をもった領域が存在し，強い吸着性のサイトから占有されていく．これが，低圧での急な増加を説明する．不均一性をもつ他の理由の一つとしては，吸着分子同士の反発がある．不均一表面への吸着を定量的に議論するために，結合エネルギーの分布を仮定する．エネルギー範囲が $Q \sim Q+dQ$ である結合サイトを見つける確率は，分布関数 $f(Q)dQ$ で記述できる．実験的に観測された吸着は，異なった種類の結合サイトへのすべての吸着事象の和である．ある温度での被覆率は以下のように記述される[1, 596]．

$$\theta(P) = \int_0^\infty \theta^H(Q,P) f(Q) dQ \tag{8.45}$$

分布関数は以下により規格化される．

$$\int_0^\infty f(Q) dQ = 1 \tag{8.46}$$

均一であることが，十分に明らかである表面部分には，吸着等温線 $\theta^H(Q,P)$ として，ラングミュア方程式がしばしば用いられる．

比較的よく知られている吸着等温線に，Freundlich[4]吸着等温式

$$\theta = \left(\frac{P}{P_0}\right)^{k_B T/Q^*} \tag{8.47}$$

がある[597]．これは，吸着サイト分布が $f(Q) \propto e^{-Q/Q^*}$ に従って指数関数的に減衰し，さらに，θ^H としてラングミュア式を仮定することで得られる[598]．Q^* は吸着エネルギーの分布を特徴づける定数である．導出において必要な条件は，$Q^* > k_B T$ である（演習問題 8.6）．ただし，$Q^* < k_B T$ の場合の吸着は無視できるため，これは厳しい制約ではない．

計測した吸着等温線から，結合エネルギーの分布についての何らかの結論を導きたいことがしばしばあるが，これは難しい．通常，θ^H に関して何らかの仮定がなされる．不均一表面への気体吸着に関する詳細の議論は文献[599]にある．

8.3.6 Polanyiのポテンシャル理論

Polanyi[5]は，吸着現象をそれまでとまったく異なったアプローチで研究した．彼は，

---

4 Herbert Max Finlay Freundlich，1880〜1941，ドイツの物理化学者．ベルリン大学とミネアポリス大学で教授を務めた．
5 Michael Polanyi，1891〜1976，ハンガリー出身の英国の物理学者で，ベルリン大学とマンチェスター大学で務めた．息子の John Charles Polanyi はノーベル化学賞を1986年に受賞した．

8.3 吸着モデル

表面近傍での分子はポテンシャルの影響を受けると仮定した．ちょうど，地上での重力の存在に似ている．ポテンシャルの一つの原因となるものは，ファンデルワールス力である．ポテンシャルによって，表面近傍の気体は等温的に圧縮される．その圧力が，飽和蒸気圧に達すると凝集が起こる．平衡状態では，表面からの距離 x の気体の化学ポテンシャル $\mu(x, P_x)$ は，距離が十分に離れた場所の気体の化学ポテンシャル $\mu(\infty, P)$ と等しくなければならない．P_x は距離 x での局所圧力で，P は表面から十分に離れた場所での分圧である．化学ポテンシャルの微分形は以下のように書ける．

$$d\mu = -S_m dT + V_m dP_x + dU_m \tag{8.48}$$

S_m はモルエントロピー，V_m は距離 x での気体のモル体積，U_m はモル内部エネルギーである．左辺を無限大の距離から距離 x まで積分することで以下の式を導くことができる．

$$\int_{\mu(\infty, P)}^{\mu(x, P_x)} d\mu = \mu(x, P_x) - \mu(\infty, P) = 0 \tag{8.49}$$

化学ポテンシャルは状態関数であり積分経路に依存しないので，その積分は簡単である．平衡状態での化学ポテンシャルが場所によらず一定であることから，この積分はゼロになる．等温での式(8.48)の右辺の積分により，以下の式が導かれる．

$$\int_P^{P_x} V_m dP' + U_m(x) - U_m(\infty) = 0 \quad \Rightarrow \quad -U_m(x) = \int_P^{P_x} V_m dP' \tag{8.50}$$

$x = \infty$ での内部エネルギー $U_m(\infty)$ をゼロとしている．ここで，気体は理想気体として振る舞うと仮定する．理想気体の場合は，$V_m P' = RT$ を使用することができ，積分が次のように計算できる．

$$-U_m(x) = RT \ln \frac{P_x}{P} \tag{8.51}$$

気体の凝集の影響を考慮するため，平衡蒸気圧 P_0 を超えるとすぐに気体が液体になると仮定する．吸着量は液体膜の厚さと密度の積から求まる．膜厚 x_f は単位面積あたりの吸着モル数と $\Gamma = x_f / V_m^L$ の関係がある．V_m^L は液体のモル体積である．圧力 P_0 に達したときのエネルギーは以下のようになる．

$$U_m(x_f) = -RT \ln \frac{P_0}{P} \tag{8.52}$$

具体例として，ファンデルワールス力によって表面に引きつけられる理想気体を考える．式(5.12)より，平らな表面と一つの分子によるファンデルワールス相互作用のギブズ自由エネルギーを計算する．内部エネルギーは2倍である（式(5.8)の議論を参照）．定数として，$C \equiv \pi \rho_B C_{AB}/3$ を使用して，以下の式を得る．

236   8 吸着

$$-U_m(x_f) = \frac{C}{(D_0 + x_f)^3} = RT \ln \frac{P_0}{P} \Rightarrow x_f = \sqrt[3]{\frac{C}{RT\ln(P_0/P)}} - D_0 \quad (8.53)$$

D_0 は分子半径に対応する距離である．単位面積あたりの吸着モル数は，以下のようになる．

$$\Gamma = \frac{x_f}{V_m^L} = \frac{1}{V_m^L}\sqrt[3]{\frac{C}{RT\cdot\ln(P_0/P)}} - \frac{D_0}{V_m^L} \quad (8.54)$$

〈具体例 8.3〉

水蒸気の酸化ケイ素基板への 20℃での吸着等温線を評価し，プロットせよ．まず，定数 C を見積もる必要がある．5 章で，これがハマカー定数 A_H と関連していることを述べた．式(5.15)：$C \equiv \pi\rho_B C_{AB}/3 = A_H/3\pi\rho_A$．ここで，$\rho_A$ と ρ_B は，それぞれ，液体の水と酸化ケイ素の分子の数密度である．水を横切って，酸化ケイ素と相互作用している空気のハマカー定数は，$|A_H| = 10^{-20}$ J である（表 5.3 より）．水の密度が 997 kg m^{-3}，分子量が 18 g mol^{-1}，そして分子半径が $D_0 \approx 1$ Å である．よって，$V_m^L = 0.018$ kg mol^{-1}/1000 kg m$^{-3} = 18 \times 10^{-6}$ m^3 mol^{-1} が得られ，さらに，以下の結果を得る．

$$C = \frac{A_H}{3\pi\rho_A} = \frac{10^{-20}\text{ J}}{3\pi\cdot 1000\text{ kg m}^{-3}/(0.018\text{ kg mol}^{-1})} = 1.9\times 10^{-26}\frac{\text{J m}^3}{\text{mol}}$$

$$\Gamma = \frac{1}{V_m^L}\cdot\sqrt[3]{\frac{C}{RT\cdot\ln(P_0/P)}} - \frac{D_0}{V_m^L}$$

$$= 1.1\times 10^{-5}\frac{\text{mol}}{\text{m}^2}\cdot\sqrt[3]{\frac{1}{\ln(P_0/P)}} - 0.55\times 10^{-5}\frac{\text{mol}}{\text{m}^2} \quad (8.55)$$

図 8.11 に吸着等温線の計算値を示し，実験結果と比較した．これがフィッティングではな

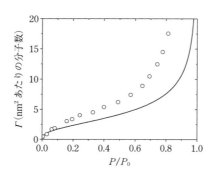

図 8.11　20℃での酸化ケイ素表面へ吸着した水分子数を相対圧力に対してプロットした図．実線は，式(8.55)の Polanyi 理論を使用し，ファンデルワールス力のみはたらくと仮定して計算したもの．シリカ（商品名：Aerosil 200）に対する実験データは文献[595]から得た．高圧でずれが大きくなる理由の一つは，吸着媒の間隙率である．平衡蒸気圧は $P_0 = 317$ kPa である．

く，実際の計算であることを考えると，Polanyi 理論は，吸着等温線の大まかな形状をよく表しているといえる．ただ，実際の吸着はこの計算値よりも強いことを示している．これは，ファンデルワールス力に加えて，水素結合などの他の引力が重要であることを示唆している．

8.4 気相からの吸着に関する実験的な観点

8.4.1 平面表面への吸着の測定

歴史的には，粉体や繊維への吸着が最初に測定されてきた[606]．理由は，多くの工業材料や自然に存在する材料が繊維や多孔質体であるためである．たとえば，繊維，紙，れんが，砂，多孔質な岩，食料品，ゼオライトなどである．もう一つの単純な理由は，高い比表面積をもつ物質の場合のみ，吸着量の計測が可能であったからである．近年，粉体だけでなく平面表面への吸着も測定できる手法が開発された．概念を理解するには，まず平面表面から始めて，粉体や多孔質体へ進むのがよい．

孤立した表面への吸着は，水晶振動子マイクロバランス（quartz crystal microbalance：QCM）法によって測定することができる[600]．図 8.12 に示すように，QCM は，電極と電極間に挟まれた薄い水晶結晶からなる．水晶はピエゾ素子であるため，外部電圧により結晶が変形する．電極間に AC 電圧をかけることで，横せん断モードが励起され，共鳴周波数で振動する．この共鳴周波数は，全振動質量に非常に敏感に依存する．吸着実験では，表面を QCM の上に設置する．吸着によって，質量が増加すると，共鳴周波数の低下が生じる．この共鳴周波数の低下を計測し，質量の増加量を計算する[600〜602]．

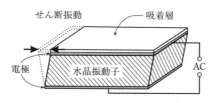

図 8.12　水晶振動子マイクロバランスの動作原理

単一平面表面に対して適用できるもう一つの手法は，エリプソメトリーである．エリプソメトリーでは，表面からの反射による光の偏光の変化を検出する．エリプソメトリーは，吸着の研究だけに使われるわけではなく，一般的には，薄膜の厚さを計測するのに使用される．エリプソメトリーを理解するために，光の表面からの反射は，偏光の向きに依存することを思い出す必要がある．表面に対して平行に偏光した光と垂直に偏

光した光は，異なった反射の仕方をする．振幅と位相の反射による変化が，偏光に依存する．エリプソメトリーでは，偏光した単色光を表面に照射する．そして，界面で，偏光が変化する．二つのパラメータ，いわゆるエリプソメータ角度 Δ と ψ が計測される．一つ目のパラメータは，$\Delta = \delta_{in} - \delta_{out}$ である．ここで，δ_{in} は，入射波の位相の平行成分と垂直成分の差である．また，δ_{out} は反射波の位相の平行成分と垂直成分の差である．二つ目のパラメータは，$\tan\psi = |R_p|/|R_s|$ によって与えられる．ここで，R_p と R_s は，それぞれ平行偏光と垂直偏光の反射係数である．振幅比と，入射波と反射波の位相差から，薄膜の厚さを求めることができる．ここで，材料の屈折率が既知であると仮定している．しかし，この仮定は決して自明ではない．用いられる式は単純ではなく，通常は，厳格な仮定が必要となる[603, 604]．

Δ と ψ を求めるために，図 8.13 のように，異なった実験配置が使用される．この部分の実用的な入門書は文献[603]である．レーザーからは，直線偏光の光が得られる．1/4 波長板を使用して，円偏光に変える．1/4 波長板とは，電場ベクトルの互いに直交する成分間の相対位相差を 90°に変位させる光学素子である．一つ目の偏光子は，振幅を変えずに，直線偏光のみを選ぶのに使用される．試料表面からの反射の後，光は楕円偏光となる．補償板は位相を変化させるもので，楕円偏光を直線偏光に戻すのに用いられる．位相変化の値が Δ である．結果として得られる直線偏光の向きを検光子とよば

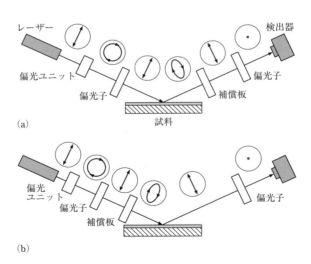

図 8.13 (a) 一般的なエリプソメータの模式図．(b) いわゆる消光型エリプソメトリーの模式図．消光型エリプソメトリーでは，偏光子と検光子を回転させ，検出器への光が消光する場所を探す．

8.4 気相からの吸着に関する実験的な観点

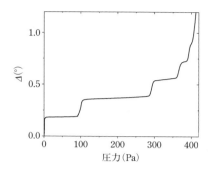

図 8.14　46.2 K でのグラファイト基底面への窒素の吸着の様子をエリプソメトリーで観測したもの．エリプソメータ角度の変化を圧力に対してプロットした．圧力に応じて少なくとも 4 層が形成されていく様子を区別することができる．（文献[605]をもとに作成）

れる二つ目の偏光子で計測する．検出器での強度がゼロになるように調節することで，ϕ が得られる．R_p と R_s の差が最大となるようにするため，入射角度は，試料のブリュースター角度近傍に選ぶ．ただし，実用上は，図 8.13(b) に示すように，補償板が反射の前におかれることが多い．この配置は，ヌル偏光解析装置または，偏光子-補正器-試料-アナライザー（polarizer-compensator-sample-analyzer：PCSA）とよばれる．一つの具体例として，図 8.14 に黒鉛の基底面への窒素の吸着等温線を示した．

8.4.2　粉体や繊維材料への吸着の計測

比表面積の大きな材料への吸着等温線の計測には，いくつかの実験手法が使用される．おもな問題は吸着量をどのように決定するかである．一つの手法は，重量測定法で圧力の関数として重量の増加を決定する．粉末の吸着剤をある温度に保ってある容器の中に入れ，精密天秤の上に載せる．実験前に，完全に空の容器に不活性気体を注入しある圧力に保つ．重量変化を計測し，吸着剤の全面積で割ることで吸着気体の量を求めることができる．圧力を上げ重量の計測を繰返すことで等温線が求められる．

容積測定では，圧力と温度が一定の下での吸着気体の体積を決定する．それゆえ，まず，ヘリウムなどの非吸着性（または，吸着力の弱い）気体を容器に入れることにより，容器の体積を求める（訳注：この体積は，吸着とは関係のない体積なので，原著では，"dead space" と記されている）．次に，容器を空にした後，吸着量を測定したい気体を容器の中に注入する．容器の中に注入された体積から，容器の体積を引いたものが吸着体積である．

多孔性材料や粉体のすべての実験において，比表面積を知る必要がある．細かく分割された表面や多孔性表面の面積を決定するのにもっとも広く用いられている手法は，BET 気体吸着法である[573,575]．吸着等温線を計測し，式(8.35)の BET 等温線でフィッティングする．そして，気体分子の断面積 σ_A をある適正な値だと仮定する．比表面積

は，$\Sigma = n_{mon}\sigma_A N_A / m_{ad}$ により求まる．n_{mon} は，単一層に吸着したモル数である．いくつかの気体分子の断面積として，適当な値を以下に示す．単位は Å^2 である．N$_2$：16.2，O$_2$：14.1，Ar：13.8，n-C$_4$H$_{10}$：18.1．

実用上は，どのように比表面積を求めることができるだろうか？　ある質量 m_{ad} の吸着媒への吸着等温線を計測し，BET 方程式でフィッティングする．通常，BET モデルは，$0.05 < P/P_0 < 0.35$ の範囲で吸着をうまく記述する．それゆえ，計測をこの圧力範囲に限定してもよい．もっとも一般的に，容積測定が使用され吸着気体の体積 V^{ad} が求まる．この値が意味をもつためには，気体の体積を測定した際の圧力，温度条件が既知である必要がある．実際の実験はしばしば低温で行われるが，標準条件が通常は選ばれる．解析には，BET 方程式を変形すると便利である．まず，吸着モル数を体積で表現する．$n/n_{mon} = V^{ad}/V^{ad}_{mon}$ となり，ここで V^{ad}_{mon} は，完全な単一分子層に必要な気体体積である．これを式 (8.35) に代入し，整理することで，以下の式を得る．

$$\frac{P/P_0}{V^{ad}\{1-(P/P_0)\}} = \frac{1}{CV^{ad}_{mon}} + \frac{(P/P_0)(C-1)}{CV^{ad}_{mon}} \tag{8.56}$$

よって，$(P/P_0)/[V^{ad}\{1-(P/P_0)\}]$ を P/P_0 に対してプロットする．これが，傾き $(C-1)/(CV^{ad}_{mon})$ の直線となるはずである．そして，縦座標の切片の値が $1/(CV^{ad}_{mon})$ となる．傾きと切片から，C と V^{ad}_{mon} が計算できる．比表面積は，$\Sigma = V^{ad}_{mon} N_A \sigma_A / (V_m m_{ad})$ によって与えられる．ここで，V_m は，気相のモル体積である．

8.4.3 多孔質物質への吸着

定義と分類

比表面積の大きな固体の多くは多孔性である．その場合，比表面積だけではなく，その構造も重要になる．多孔性粒子の粉体の場合，図 8.15 に示すように，空隙 (void) と孔 (ポア) の詳細な配置により定義される．ここで，開孔と閉孔を区別する．開孔は管によって表面につながっている一方，閉孔は蒸気と分離されていて，密度を小さくするだ

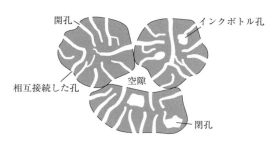

図 8.15　多孔性粉体の模式図．異なった種類の孔を示している．

8.4 気相からの吸着に関する実験的な観点

けである．空隙とは粒子の間のことである．ここで，粉末空隙率と粒子空隙率を区別する．粉末空隙率とは，粉末によって占められた体積に対する，空隙と開孔とインクボトル孔を足した体積の割合である．粒子空隙率は，全体の粒子の体積に対する開孔の割合である．

IUPAC は，孔を大きさによって分類することを推奨している[575]．

- マクロ孔とは，直径が 50 nm 以上のものを指す．それらは，十分に大きいため，気体の吸着が実用上，平面基板と同じように起こる．
- メソ孔とは，サイズが 2〜50 nm のものを指す．メソ孔の充填は，毛管凝縮が支配的である．臨界温度以下では，複数層が形成される．ポアにより層の数が制限される一方で，毛管凝縮が促進される．
- マイクロ孔とは，2 nm 以下のものを指す．マイクロ孔では，吸着した流体の構造がバルクの巨視的な構造とは大きく異なっている．束縛液体は，特有な性質をもつため，研究が盛んに行われている領域である．重要な具体例は，ゼオライトである．触媒として使用されたり，洗濯水を軟水化したりするのに用いられる．

もちろん，この分類は完璧ではない．孔の充填は，その形状（円柱状，スリット，コーン，不規則な形）にも依存する．また，孔が分離しているか，つながっているかにも依存する．

孔を分類するために，動水半径 a_H が導入された．動水半径とは，孔と空隙を足した体積と表面積の比である．たとえば，長さ l，半径 r（ただし，$r < l$）の円柱状孔の場合の動水半径は，以下のようになる．

$$a_h = \frac{\pi r^2 l}{2\pi r l} = \frac{r}{2} \tag{8.57}$$

臨界温度以上では，多層膜の吸着は起こらない．それゆえ，分子サイズの孔が存在しない限り，孔の固体も平面表面のように振る舞う．毛管凝縮が起こるのは臨界温度以下の場合のみである．

メソまたはマイクロ孔の場合は，孔の大きさ分布を求めるのは簡単ではない．電子顕微鏡が有用な場合が多いが，特別な試料準備が必要な場合も多い．加えて，孔サイズに関する定量的な情報を得るためには，注意深く画像分析を行う必要がある．

吸着と毛管凝縮

多孔性物質への吸着を記述するため，半径 r_c の円柱状孔への蒸気の吸着をモデル系として考える．図 8.16 のような孔を考え，片側は閉じているとする[607,608]．低圧のときは，表面に分子の薄層が形成される．孔の底での毛管凝縮の影響は少ししかない．圧力が上がるにつれて，吸着層の厚さも増大する．その結果，液中に対して曲率半径の減少が生じる．臨界半径に達すると毛管凝縮が起こり，孔全体が液体で満たされる．ケル

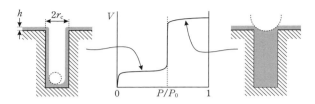

図 8.16 円柱状の孔に蒸気から液体を凝集させていく様子,あるいは,孔の中の液体を蒸発させていくときの様子.また,そのときの吸着等温線の模式図.点線は,ある圧力のときにケルビン方程式によって与えられる曲率を示している.

ビン方程式(2.29)によると,以下の条件で臨界半径に達する.

$$r_c - h = -\frac{2\gamma_L V_m}{RT \ln(P/P_0)} \tag{8.58}$$

h は吸着層の厚さで,V_m は液体のモル体積である.多孔性物質への吸着量は,IV型吸着等温線(図8.2)に類似している.ただし,この場合の吸着等温線は可逆的(吸着等温線と脱離等温線が一致する)であり,この点に関しては,IV型吸着等温線とは異なる.

毛管凝縮は,メソ孔材料の孔サイズ分布を求めるのに使用できる.ケルビン方程式は,絶対的なサイズ基準を与える.IV型吸着等温線の平坦部分を(毛管凝縮の)開始点とみなし,すべての孔が満たされていると仮定する.脱離プロセスの第一段階で(たとえば,$P/P_0 = 0.95 \rightarrow 0.90$ のとき)毛管凝縮分のみ除かれる.次の段階で,孔の奥のほうの毛管凝縮分と,比較的大きな孔(すでに毛管凝縮分が蒸発した孔)の多層膜からの脱離が起きる.多層膜吸着層の吸着等温線に関する適切なモデルを仮定し,気体圧力と吸着量の関係から,孔サイズ分布を求めることができる.通常,気体として 77 K の窒素 ($V_m = 34.65 \times 10^{-6}$ m^3 mol^{-1})が使用される.窒素多層膜の膜厚が吸着媒の種類にほとんど依存しないことと,同じ装置が表面積測定と孔サイズ分布測定の両方に使用できることが理由である.一つの具体例を図 8.17 に示した.

窒素の吸着等温線をもとに孔サイズ分布を求めるための,いくつかの数学的手順が提案されている[573, 609, 610].それらは,以下の仮定に依存している.

① 孔は剛直で,決まった形状をもち,接触角が一定である.通常,接触角をゼロとして,円柱状の形状を仮定する.
② 孔の充填と空にすることが試料内の場所によらず,可能である.実用上,外部と細い管でつながった大きな孔が内部に存在しないということである.そのような場所が存在してしまうと,毛管凝縮により細い管が液体で満たされ,内部の大きな孔が空のまま孤立してしまう.

8.4 気相からの吸着に関する実験的な観点

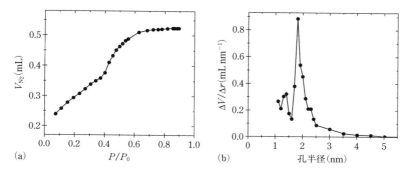

図 8.17 Dollimore と Hill[610] は,−196℃での窒素のシリカゲルへの吸着を調べ,孔の構造を解析した.(a) 脱離曲線より評価した吸着媒 1 g あたりの窒素吸着量.孔が満たされるとともに有効な表面積が減少するため,P/P_0 が高いときに等温線が飽和する.これらのデータ値から,それぞれの段階で除かれた窒素の量を計算することができる.半経験的な等温吸着線から吸着多層膜の厚さ ($h = 0.43\,[-5/\ln(P/P_0)]^{1/3}$ nm) を求め,孔径分布を脱離の段階ごとに計算できる.ここで,孔は円柱状であると仮定している.(b) 孔体積(吸着媒 1 g あたりで,孔半径で規格化している)と孔半径のプロット.ここで使用されたシリカゲルは,主として半径 2 nm の孔からなる.

③ 孔の壁への吸着は,対応する平面表面への吸着と同様に起こる.
④ 液体の表面張力は常に一定で,孔の大きさによらずケルビン方程式が有効である.実際には,界面力[607,611]と液体表面の曲率[612]が有効表面張力を変えてしまう可能性がある.

　メゾ孔のサイズ分布の決定に吸着現象を用いることが多くの不確定性をもつのは明らかである.不確定性の理由は,多くの仮定がなされていることと,実際の孔の構造が複雑であることによる.履歴が観測される場合は,どちらの分岐のデータを使用すべきかも明らかではない.本質的な問題は,吸着等温線が一義的に孔サイズ分布と結びついているわけではないことである.逆にいうと,異なった孔サイズ分布をもつ試料が,同じ吸着等温線を与えることもある.とはいえ,物理吸着がメゾ孔の空隙率を非破壊に見積もることができる数少ない方法であることに変わりはない.

履歴とインクボトル効果

　多孔質物質への吸着は,ときに,吸着の履歴によって特徴づけられる.吸着実験を行った後に,最大圧力から徐々に減圧して脱離実験を行い,脱離等温線を求めると履歴が観測される.脱離実験では,孔中の液体が気化する.履歴がある場合は,脱離等温線は吸着等温線を完全になぞるのではなく,その上を通る.

　孔ネットワークの幾何配置は重要な役割を果たす[613].内部でつながっている孔は,一端が閉じている孔とは異なった吸着と脱離の等温線を示す.図 8.18 に,半径 r_c の円柱状孔の場合を示す[608,609,614,615].(1) 吸着サイクルは,低圧のときに始まる.蒸気の薄

い層が孔の壁面に吸着する．(2) 圧力を上げるにつれて，吸着層の厚さが増大する．これにより，液体で囲まれた円柱の曲率半径 a が減少する．(3) 臨界半径 a_c に到達すると，毛管凝縮が起こり孔の全体がすべて液体で満たされる．(4) 圧力を下げていくと，あるところで液体が蒸発する．この点は a_c よりも大きい半径 a_m に対応し，蒸発の生じる圧力は毛管凝縮の起こる圧力よりも低い．

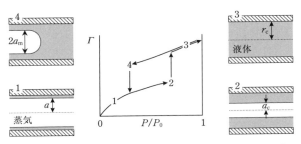

図 8.18 両端が空いている円柱状の孔に対する蒸気からの凝集，または蒸発の様子．また，それに対応した吸着等温線．

脱離プロセスにおいて，気相とつながっている部分からのみ蒸発が起こり，液体で満たされた孔によって囲まれている部分からの蒸発は起こらない．つまり，孔ブロッキング効果があり，近接孔での液体の蒸発が起こるまでは凝縮圧力以下でも準安定液体が存在する．そのため，蒸発の起きる相対圧力は，孔の大きさ，ネットワーク連結性，近接孔の状態に依存する．単一のインクボトル孔の場合に，この様子を図 8.19 に示した．この場合は，吸着プロセスが内部の大きな空孔の半径によって支配される一方で，脱離は小さな半径の開口の部分に支配される．

近年，蒸気の吸着に対する理解が大きく進展した．おもな理由は，孔サイズが均一に制御されたさまざまな物質が現れたことによる[616〜619]．

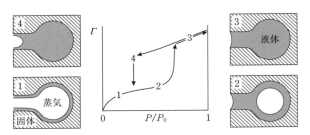

図 8.19 インクボトル孔に対する蒸気からの凝集，または蒸発の様子．また，それに対応した吸着等温線．

8.4 気相からの吸着に関する実験的な観点

〈具体例 8.4〉

図 8.20 に具体例として，MCM-41 とよばれる物質への吸着を示す．MCM（Mobile 社による結晶性物質：mobile crystalline material）は，鋳型メカニズムにより酸化ケイ素から作成される[620]．MCM-41 は，鋳型分子によって 2〜10 nm の直径をもった円柱状孔からなる．圧力の増大に伴って，第 1 層が表面に吸着する．圧力が $P/P_0 \approx 0.45$ となるまでは，BET 吸着等温線によって記述される．そして，毛管凝縮が起こる．圧力が $P/P_0 \approx 0.75$ の時点で，すべての孔が充填される．これによって，利用可能な表面がほとんどなくなり，実際上の飽和状態となる．圧力を減少させる場合は，圧力が $P/P_0 \approx 0.6$ となるまでは，すべての孔が満たされたままである．$P/P_0 \approx 0.45$ の時点では，ほとんどの孔が空となりおおよそ単一層によって覆われているだけである．$P/P_0 \approx 0.45$ よりも下の圧力領域では，吸着等温線と脱離等温線は，ほとんど区別できなくなる．

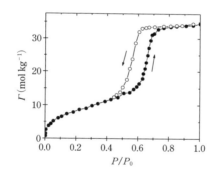

図 8.20　87 K でのアルゴン分子のシリカからなる孔直径 6.5 nm の孔をもつ多孔性材料 MCM-41 への吸着等温線．（文献[622]をもとに作成）

他のタイプの多孔性物質として，金属有機構造体（metal-organic framework：MOF）とよばれるものがある．MOF は，ある種の酸化亜鉛と有機酸を組み合わせることで作成される．新たな組成には，新たな番号がつけられる．たとえば，MOF-177 は，文献では，177 番目の MOF と記されている[621]．この比表面積は，4500 m² g⁻¹ である．

水銀圧入ポロシメトリー

巨視的またはメゾスケールの孔のサイズ分布を計測するのに，広く使用されている方法に，水銀圧入ポロシメトリーがある[623]．たとえば，セメントをもとにした材料や土壌の分析に用いられる．この手法では，質量が既知の多孔質物質を試料チャンバーの中に入れる．余剰気体や吸着した液体を除くため，試料の入ったチャンバーを真空排気する．その後，チャンバーを水銀で満たす．水銀は，ほとんどの物質を自発的に濡らさないため圧力をかけない限り孔の中には入らない．試料チャンバー中の水銀の体積をモニ

ターしながら，徐々に圧力を上げていく．圧力を上げるごとに，系が平衡状態になるまで待つ．印加圧力の関数として，内部に侵入した体積をプロットする．そして，圧力を段階的に下げていき押出されていく体積を計測する．

体積－圧力グラフを分析するために，孔が円柱状の形状をもちすべてのポアが試料の外側の面につながっていると仮定する．半径 r の円柱状孔を満たすのに必要な圧力は，以下の式で与えられる[356]．

$$P = \frac{2\gamma_{Hg}|\cos\Theta|}{r} \tag{8.59}$$

ここで，γ_{Hg} は水銀の表面張力である．水銀の場合，接触角 Θ が $130°$ であると仮定する．圧力変化 $P \to P + dP$ に伴う体積変化から有効半径の変化 $r \to r + dr$ を求めることができる．体積孔サイズ分布関数を以下のように定義する．

$$dV = -D_V(r)dr \tag{8.60}$$

これは，半径が $r \sim r + dr$ であるポアの(総)体積を示す[624]．式(8.59)より，$dP/dr = -P/r$ を得る．式(8.60)を以下のように変形できる．

$$D_V(r) = -\frac{dV}{dr} = -\frac{dV}{dP}\frac{dP}{dr} = \frac{P}{r}\frac{dV}{dP} \tag{8.61}$$

しばしば，対数半径の関数としての体積分布 $D_V(\log r)$ が使用される．

$$D_V(\log r) = -\frac{dV}{d\log r} = rD_V(r) = P\frac{dV}{dP} = \frac{dV}{d\log P} \tag{8.62}$$

市販の水銀ポロシメータは，$0.004 \sim 400\,\mathrm{MPa}$ の範囲で圧力測定が可能である．これによる測定可能な最小孔サイズは $3\,\mathrm{nm}$ である．

体積—圧力曲線の解釈には，いくつかの問題点がある．吸着実験と同様に，計測された侵入/排出曲線は，孔サイズ分布と1対1に対応しない．さまざまな分布関数が同じ曲線を与えてしまう．より現実的な値を得るためには，走査電子顕微鏡[625,626]やX線トモグラフィー[624,627]などの情報がさらに必要になる．1回目の侵入曲線と排出曲線は通常異なる．これは，一部の水銀が閉じ込められるからである．具体例を図8.21に示す．解釈としては，孔が内部でつながっている，インクボトルの孔である，水銀のある物質に対する前進接触角と後退接触角が異なることなどが挙げられる[624,625,627〜629]．

わずかな圧力上昇に対して，水銀で満たされた空隙の体積が突然上昇することがしばしば観測される．多くの場合，式(8.59)では，そのような現象をうまく説明できないことが認識された．粉体の場合は，"突破圧力"が観測されるのは自然である．水銀が粒子間のもっとも狭い空隙を透過するのに必要な圧力に達すると，水銀は粉体全体を透過することができる．たとえば，六方最密充填した半径 R_P の球状粒子を考えた場合，水

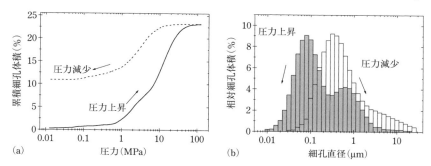

図 8.21 水銀ポロシメトリーを使用して，Krakowiak ら[626]は，一般的なレンガを解析した．(a) 実験による細孔体積の累積変化率と圧力の関係．レンガは，23%の空孔率をもち，この空孔は圧力を 100 MPa まで徐々に上昇させると，水銀によって満たされる．圧力を下げると，水銀がレンガから出てくる．一部の水銀は内部にトラップされるため，圧力をゼロに戻しても，10%のレンガの孔は，水銀で満たされたままである．(b) 相対細孔体積に対する細孔直径の分布グラフ．細孔直径は，$\Theta = 130°$ と仮定し式(8.59)を使用して求めた．

銀が透過するのに必要な圧力は，$P = 11.3 \cdot 0.72 \cdot \gamma_{Hg}/R_P$[630,631] である．立方充填の場合は，この突破圧力は低く，$P = 4.49 \cdot 0.73 \cdot \gamma_{Hg}/R_P$ である．ランダム充填の場合は，その間の値となる．どちらの式も，$\Theta = 130°$ のときに有効である．

8.4.4 化学吸着に関する特別な考え方

化学吸着は化学反応を伴うため，図 8.22 に示すように分子がある活性化エネルギー E_A を超える必要がある．まず分子が基板に物理吸着し，次にずっと遅い時間スケールで結合が形成されることが多い．脱離するためには，吸着エネルギー Q と活性化エネルギー E_A の両方を超える必要がある．そのため，脱離エネルギー E_{des} は吸着エネルギーよりも大きい．

実験的には，吸着と脱離速度に関する情報は，プログラム化した脱離によって得ることができる．一つの手法は，フラッシュ脱離法である．表面を瞬時に加熱し(通常は，

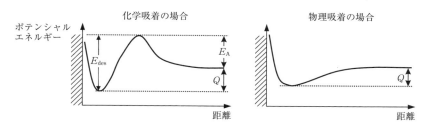

図 8.22 化学吸着と物理吸着の距離に対するポテンシャルエネルギー

真空中で),物質の脱離の時間変化を計測する.計測には,たとえば質量分析器を使用する.加熱には,通常レーザーパルスが用いられる.パルスレーザー誘起熱脱離 (pulsed laser-induced thermal desorption:PLID) とよばれる.

他の手法は,表面をゆっくりと加熱し,脱離量と温度の関係を計測することである.これは,昇温脱離 (temperature programmed desorption:TPD) または,熱脱着スペクトロスコピー (thermal desorption spectroscopy:TDS) とよばれる.通常は,はっきりと異なるいくつかのピークが観測され,それぞれがある特定の結合に対応している.

一次脱離の単純な場合についての解析を簡潔に記述する.一次脱離は,$d\theta/dt = -k_{de}\theta$ と記述される.脱離は活性化過程であると仮定しているため,被覆率の減少または単位時間に表面を離れる分子数に対応する脱離速度は以下のように記述される.

$$k_{de}^* = -\frac{d\theta}{dt} = a\theta e^{-E_{des}/(RT)} \tag{8.63}$$

ここで,$a \approx 10^{-13}\,\mathrm{s}^{-1}$ は頻度因子である.実験では,表面の温度を速度 $\beta(\mathrm{K\,s}^{-1})$ で上昇させる ($T = T_0 + \beta t$).ある温度 T_m で,最大脱離が起こる.最大となるのは,$dk_{de}^*/dt = 0$ を満たすときである.式(8.63)を微分することで,以下の式が導かれる.

$$\frac{dk_{de}^*}{dt} = a\frac{d\theta}{dt}e^{-E_{des}/(RT_m)} + a\theta e^{-E_{des}/(RT_m)}\frac{E_{des}\beta}{RT_m^2} = 0$$

$$\Rightarrow \quad ae^{-E_{des}/(RT_m)} = \frac{E_{des}\beta}{RT_m^2} \tag{8.64}$$

このようにして,T_m と a から,脱離エネルギーが計算できる.具体例として,金からのチオールの脱離について,文献[632]に記述がある.

8.5 溶液からの吸着

この節では,液体中の表面への分子の吸着について考える.溶液からの吸着は幅広いトピックであるため,基礎的な一般的特徴についてのみ述べる.より包括的な内容は文献[5, 573, 633, 634]にある.ここでは,分子は小さくて,電荷をもっておらず,希薄溶液の場合に限定する.重要な分野である高分子の吸着に関しては文献[635]で議論されている.界面活性剤の吸着に関しては文献[636, 637]に記述がある.イオンの吸着と表面電荷の形成に関しては,4章で議論した.希薄溶液の場合,ギブズ分割面を問題なく考えることができる.そのため,解析的表面余剰がギブズ方程式による熱学的表面余剰と等価である.混合液体の場合は,より厳密に考える必要がある.その場合,いわゆる相対的表面余剰または,換算表面余剰がある化学種の体積あるいは質量分率の関数として示される.

8.5 溶液からの吸着

　希薄溶液からの吸着では，気体からの吸着で考えたいくつかの概念を用いることができる．しかしながら，違いもある．溶液中での吸着は，2通りの意味で交換過程である．まず，表面に吸着する分子は，その場所にある溶媒分子と交換しなければならない．次に，吸着する分子は，その分子を取り囲んでいる溶媒の一部と離れなければならない．これにより，以下のような影響がでる．

- 分子の吸着は表面に引きつけられる場合だけでなく，分子が溶媒から反発される場合にも起こる．具体例としては，水中の疎水性物質である．それらが表面に吸着するのは，基板との強い相互作用よりもそれらが水を避けようとする作用のほうが大きいからである．
- 熱力学を考える場合には，吸着による分子交換の影響を考慮に入れる必要がある．一つの吸着分子が表面の ν 個の溶媒分子と交換される場合，全体の反応は以下のように記述される．

$$A^L + \nu S^o \rightleftharpoons A^o + \nu S^L \tag{8.65}$$

ここで，A^L は，溶液中の吸着物質で，A^o は，表面の吸着質である．S^L は他の溶媒分子に囲まれた状態の溶媒分子を表し，S^o は表面での溶媒分子を表す．

- 溶液中での多層膜の形成は，気相の場合と比べて起こりにくい．これは，吸着媒との相互作用が表面に吸着した溶媒によって遮蔽され，吸着物質は，溶液中の溶媒分子と結合するためである．結果として，多くの吸着等温線がラングミュア等温式または，Freundlich 等温式でフィッティングすることができる．Freundlich 等温式は，以下の経験式の形で適用される．

$$\Gamma = K_{FC} c^{1/n} \tag{8.66}$$

通常，Γ は，g m^{-2} 単位で使用される．K_F と n は，系を特徴づける Freundlich 定数である．

　具体例として，図8.23に，n-ドコサン（$C_{22}H_{46}$）と n-オクタコサン（$C_{28}H_{58}$）の n-ヘプタン（C_7H_{16}）溶液中での黒鉛への吸着等温線を示した．長いアルキル鎖はヘプタン分子を強く好むため，分子鎖が基板表面に平行なフラットオンの状態で吸着する（訳注：アルカン鎖が分子鎖を寝かせて，分子鎖方向が基板表面に平行な状態で付着することをフラットオン（flat-on）という）．$C_{22}H_{46}$ の場合には，S字型の吸着等温線が観測される．このことから，分子は，近接分子と分子鎖軸に垂直な横方向にも相互作用していることがわかる．$C_{28}H_{58}$ の場合は，吸着力は強く，微量のときでもすべて表面に吸着する．結果として，平行配置と吸着分子間の協同性というここでの結論は図8.23(b)のSTMを用いた構造的な研究によって支持されている．

　気体からの吸着に比べて，溶液からの吸着を計測することは，非常に新しい研究分野

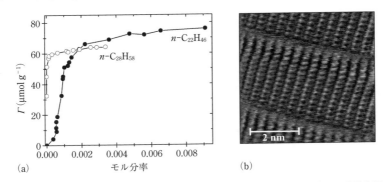

図 8.23 (a) 長鎖 n-アルカンの n-ヘプタン溶液中からグラファイト(Vulcan 3G)への吸着等温線.（文献[638]をもとに作成)(b) 有機溶媒中からグラファイトの基底面に吸着した n-ヘプタコサンの STM 像.アルカンは，グラファイト表面上に横向きに規則正しく並んでいる．(J. Rabe 氏[639] 提供)

である．粉体や多孔質物質への吸着を解析する古典的な手法は，液浸法である．質量と比表面積が既知の固体を，溶液で満たされた容器の中に入れる．容器は閉じられており，一定温度に保たれている．平衡状態に達した後，上澄みを回収し濃度変化を計測する．たとえば，濃度は UV または IR 分光法で，屈折率を計測することで求められる．もし溶液の体積と吸着媒の全表面積が既知であれば，表面余剰を計算することができる（演習問題 8.8)．

液浸法の問題点の一つに，濃度ごとに新たな試料を準備しなければならないことがある．これは，面倒なだけでなく正確さにも欠ける．つねに同じ試料を使用する方法として，流入法がある．吸着媒を濃度が増加している溶液の流れに連続して接触させる．ある溶液が多孔質吸着媒を通過した後，溶液の濃度を液浸法で用いたものと同じ手法で計測する．開放流法では，既知の濃度の溶液を次々と試料へと流していく．平衡状態に達するまでは，排出口の濃度のほうが注入口の濃度よりも低い．吸着量は濃度を体積または吸着媒を通り過ぎた溶液の質量に対して積分することで求まる．回転流法では，平衡状態になるまで同じ溶液が何度も通り過ぎる．

平面表面への吸着を計測するには，気体中の場合と同様にエリプソメトリーが使用できる[640,641]．しかしながら，気体中の場合のときと比べて，定量的な測定はずっと困難になる．おもな理由は，吸着層の屈折率がバルク液体の屈折率に近い値であるためである．そのため，吸着層の屈折率と膜厚を分離して，求めることが困難になる．

8.6 まとめ

- 吸着等温線は，吸着物質の量に対する分圧または濃度の関係を表す．

- 物理吸着は，数十 kJ mol^{-1} の比較的弱い吸着エネルギーによって特徴づけられる．化学吸着では，吸着質と吸着媒の間に化学結合が形成される．脱離エネルギーは 100〜400 kJ mol^{-1} ほどである．
- 吸着を記述するために，ラングミュアは吸着媒上に独立した結合サイトが存在すると仮定した．これにもとづき，以下の吸着方程式を導いた．

$$\theta = \frac{K_L P}{1 + K_L P} \tag{8.67}$$

分圧が高いときにラングミュア吸着等温線は飽和し，最大吸着量は単一層分に対応する．これは，単一層以下の吸着を記述するのに適している．
- 単一層が形成される領域になると，吸着は BET モデルによって，より現実的に記述される．BET モデルでは，多層膜吸着を考える．吸着等温線は，相対分圧が 1 に近づくと無限大に発散する．これは凝集が起きることに対応する．
- 実験的には，吸着等温線は粉体や多孔質吸着媒に対する比重測定または容積測定によって求められる．平面基板への吸着は，水晶振動子マイクロバランス法または，エリプソメトリー法を使用して測定することができる．
- 多孔質吸着媒では，毛管凝縮は共通した現象である．しばしば，吸着曲線に履歴が観測される．
- 液体中では，吸着は吸着分子と液体分子が入れ替わる交換過程とみなせる．

8.7 演習問題

問題 8.1 ラングミュア定数 K_L の物理的意味を述べよ．吸着媒の半分が覆われる圧力を定式化せよ．

問題 8.2 79 K での窒素のラングミュア定数 K_L を見積もれ．$\sigma_A = 16$ Å^2，$\tau_0 = 10^{-12}$ s，$M = 28$ g mol^{-1}，$Q = 2$ kcal mol^{-1} とする．

問題 8.3 BET 吸着等温線に関する問題．式(8.36)を使用し，以下の近似の正当性を確かめよ．

$$\frac{a_c k_{ad}^1}{a_1 k_{ad}^c} e^{(Q_1 - Q_c)/(RT)} \approx e^{(Q_1 - Q_c)/(RT)} \tag{8.68}$$

問題 8.4 半径 R_p の球状粒子が最密構造で詰まっている．体積の 74% が粒子によって占められているとして，動水半径を求めよ．

問題 8.5 Kern と Findenegg は，ヘプタン溶液中の n-ドコサン($C_{22}H_{46}$)の黒鉛への吸着を計測した[638]．彼らは，比表面積が 68 m^2 g^{-1} の黒鉛細孔を使用した．これは，N_2 の BET 吸着等温線から求められた．単一層の被覆に対応する Γ_{mon} は，88.9 μmol g^{-1} であった．ここから，吸着分子の構造について，どのようなことがいえるか？ 一つの分子によって占有される面積はどのくらいか？

問題 8.6 式(8.47)を確認せよ．つまり，Freundlich 吸着等温線を導出せよ．ここで，吸着エネルギーは指数分布していると仮定せよ．文献[643]がこの問題に関連している．

問題 8.7 Behm らは，CO の Pd(100)への吸着を研究した[474]．彼らは，被覆率 $\theta = 0.15$ のときの一連の TDS 実験を行った．昇温速度 β と吸着ピークの温度を以下の表にまとめた．

$\beta(\mathrm{K\,s^{-1}})$	0.5	1.2	2.5	4.9	8.6	15.4	25
$T_\mathrm{m}(\mathrm{K})$	449	457	465	473	483	489	492

一次の反応速度の下で，吸着エネルギー E_des と頻度因子 a を計算せよ．式(8.64)を $\ln(T_\mathrm{m}^2/\beta)$ となるように変形せよ．

問題 8.8 鉄鉱石を収集し，さらに選鉱くずから分離する一つの方法は，高分子凝集剤を用いるものである．凝集剤により，分散液の粒子が凝集し，重力による沈降作用によって分離することができる．この過程を改良するために，Dash ら[642]は，アニオン性のポリアクリルアミドの分散液中の鉄鉱石に対する吸着を解析した．体積 $V_0 = 1\,\mathrm{L}$ のシリンダーを $m_\mathrm{io} = 80\,\mathrm{g}$ の鉄鉱石粒子(平均粒子半径は $R_\mathrm{p} = 5\,\mathrm{\mu m}$)で満たした．シリンダーは，高分子水溶液で満たされていた．測定を6回行い，それぞれの高分子水溶液の初期濃度は，$c_i = 0.1,\,1,\,6,\,19,\,62,$ および $86\,\mathrm{mg\,L^{-1}}$ であった．シリンダーの口を閉じ，平衡吸着を達成するために，24時間振動させた．そして，粒子を遠心分離機で沈降させた．上澄み高分子水溶液の最終濃度を計測したところ，それぞれ，$c_f = 0.0083,\,0.079,\,5.66,\,18.57,\,61.19$ および $85.06\,\mathrm{mg\,L^{-1}}$ であった．鉄鉱石の密度は $\rho = 3500\,\mathrm{kg\,m^{-3}}$ である．高分子の吸着量を，$\mathrm{mg\,m^{-2}}$ 単位で求めよ．そして，最終濃度に対してプロットせよ．結果をラングミュア等温式(8.20)と Freundlich 等温式(8.66)でフィッティングせよ．

9
表面修飾

9.1 緒言

　この章では，固体表面の修飾について議論する．表面修飾は，摩擦，摩耗，接着を低減または増強すること，移植材料に生体適合性をもたせること，センサーをコーティングすること[644,645]，微細加工をすること[646]など多くの応用において不可欠である．固体表面は，吸着，薄膜蒸着，化学反応，エッチングなどによって変化させることができる．使用する手法は，表面修飾の種類，使用する物質，必要な表面の厚さによって決める．たとえば，ペンキやコーティング膜は1 μmから数十μmの厚さが一般的である．このような膜はブラシかスプレーによって作成される．膜形成の過程は複雑で，本書のレベルを超える．入門書は文献[647]である．すでに，6.4.3項で，有機物質を薄膜とする手法に触れた．ここでは，無機または有機材料を表面に吸着させるための物理吸着と化学反応に集中する．加えて，物理的手法と化学的手法による表面からの物質除去にも触れる．

　無機材料膜は，通常，物理気相成長か化学気相成長によって作成される．これらの手法では不純物と気体分子の二次反応を防ぐために真空とする必要がある．二次反応は，蒸着分子が活性化エネルギー以上のエネルギーで衝突したときに起こる．気相での衝突確率は，平均自由行程 λ の関数であり，圧力が低くなると平均自由行程が長くなる．真空の質に関する他の評価の指標は，表面を単一層で覆うのに必要な被覆時間 τ である（演習問題2.1）．表9.1に τ と平均自由行程によって，真空の分類を定義した．高真空

表 9.1　真空の分類表．20℃の窒素の場合の圧力，平均自由行程 λ，および単分子被覆にかかる時間 τ（吸着係数が1であると仮定）

	圧力 (Pa)	平均自由行程 λ	被覆時間 τ
低真空	$10^2 \sim 10^5$	60 nm～60 μm	3 ns～3 μs
中真空	$10^{-1} \sim 10^2$	60 μm～6 cm	3 μs～3 ms
高真空	$10^{-5} \sim 10^{-1}$	6 cm～600 m	3 ms～30 s
超高真空	$<10^{-5}$	>600 m	>30 s

と超高真空の場合には，λが通常のチャンバーサイズよりも大きくなる．

9.2 物理気相成長と化学気相成長

9.2.1 物理気相成長

物理気相成長(physical vapor deposition：PVD)とは，気化した物質を基板上に凝集させ膜を形成する方法で，そのときに化学反応が起きない(研究論文は文献[648, 649]で，総説は文献[650])．まず，蒸着物質を気化させる必要がある．これは，高温蒸着，プラズマスパッタリング，レーザーパルスによる溶融，電気アーク放電によって行われる．蒸着とプラズマが一般的な手法である．この手法は，nmからμmのおもに金属の薄膜を作成するのに用いられる．膜が厚くなると，内部応力が高くなり，剥離が起きる可能性がある．

蒸着は，単純でよく理解されている，薄膜形成のための真空技術である(基礎は文献[651])．堆積させる物質を蒸発するまで熱する．真空中で行うため分子の平均自由行程は長く，分子は適切な場所におかれた基板まで直線的に飛行して凝集する．

おもに以下の二つの手法が用いられる．

- 金のように，比較的，融点が低い場合．図9.1(a)のように，物質を小さな耐熱性容器(蒸着ボート)に入れる．通常，蒸着ボートは，タングステンかタンタル製である．蒸着ボートに電流を流し，加熱する．この手法では，少量の物質しか蒸発させることができない．また，合金の場合，物質により分圧が異なるため，蒸着により組成が変化してしまう可能性がある．
- 高融点物質で，蒸発させるのが困難な場合は，電子ビーム蒸着を使用する．電磁場により，電子線を制御し，物質に照射する．

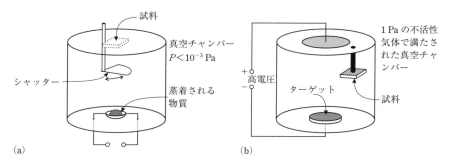

図9.1 (a)蒸着の模式図．(b)スパッタリングの模式図．

通常，蒸着により 10 nm ほどの結晶性または非晶性のフィルムを得る．結晶性表面を得るには，蒸着中または蒸着後にアニールを行う必要がある．膜厚は，水晶振動子によってモニターされる(8.4.1 項)．

スパッタ蒸着　スパッタリングは，表面層を除く(7.3.2 項)だけでなく，表面に物質を蒸着することもできる(基本原理は文献[651])．図 9.1(b) で示したように，蒸着する物質からなるターゲットを真空チャンバーの中に置く．そして，アルゴンのような不活性気体をチャンバーの中に入れる．通常の圧力は 1 Pa である．電場をかけることで，気体をイオン化する．ターゲット物質に Ar^+ が衝突することで，ターゲット物質から原子が飛び出す．ターゲットから飛び出した原子の一部が，試料表面に凝集し薄膜を形成する．

重要なパラメータは，Ar^+ の運動エネルギーである．エネルギーが低すぎると，ターゲットの原子間結合を切ることができない一方，エネルギーが高いと表面を破壊することなく内部まで侵入してしまう．通常，数百 eV から数千 eV のエネルギーが使用される．

スパッタリングの効率を上げるために，マグネトロンスパッタリングが開発された[652]．おもな違いは，ターゲット近傍に磁場が存在する点である．磁場により，電子の運動が磁場線まわりのらせん経路になることで，ターゲット付近の中性気体分子とのイオン化衝突の確率が高くなる．ターゲット付近でのプラズマ化が促進されることで，スパッタリング速度が上昇する．加えて，より低い圧力でもプラズマが存在できるようになる．

蒸着に比べてスパッタリングは複雑な装置が必要なものの，いくつかの利点がある．
- 被覆の段階をよりコントロールすることができ，広い面積に対してより均一に被覆することができる．蒸着の場合，蒸着ボートの狭い面積(点)からの物質放出となるのに対して，スパッタリングの場合は，面からの物質放出となるためである．
- スパッタリングでは，あまり組成を変化させることなく合金のフィルムを形成することができる．
- スパッタリングにより金属の薄膜を形成すると，粒径が大きくなり，電気伝導率が大きくなる．

異なった手法を組み合わせることもある．たとえば，蒸着とスパッタリングを組み合わせたのがイオンプレーティングである(総説は文献[653])．この手法では，チタンなどの金属原子を蒸発させ，電子またはプラズマイオンによってイオン化する．負の電位の印加により，金属イオンを基板に向かって加速する．窒素のような反応気体を加えることで，基板上には窒化チタンが形成される．この層は硬く，他の被覆法に比べて化学的に安定である．これは，金などの異なる物質をさらに吸着させる場合の理想的な基板となる．たとえば，宝石業界で金被覆をする場合に使用されている．

分子線エピタキシー(molecular beam epitaxy：MBE)[654]は，分子線を使用し，加熱された状態の(通常500〜600℃)結晶性基板上にエピタキシャル層を形成する手法である．エピタキシャルとは，成長層の結晶構造が基板の結晶構造と適合するという意味である．これが可能となるのは，二つの物質が同じである(ホモエピタキシー)か，二つの異なる物質の結晶構造がほとんど同じ(ヘテロエピタキシー)場合である．MBEでは，基板とイオンビームが高純度であることが求められる．具体例2.1(2章)のように，分子ビーム源として流出セルを使用する．MBEは，電子または光電子デバイスとして使用されるⅢ-Ⅳ半導体化合物を作成するのに非常に重要な技術である(総説は文献[655, 656])．結晶性基板上でのエピタキシャル層(エピ層：epilayer)の成長は，以下の三つの基本モードに分類される．支配モードは，吸着分子と基板またはエピ層の他の吸着分子との間の相互作用によって決まる[657]．単純なモデルでは，膜と蒸気相の間が平衡状態にあると考え，基板上のステップやエッジといった欠陥は無視する[658]．その場合は，成長モードを決定する物理量は，$\Delta E = \gamma_s^S - \gamma_i^S - \gamma_s^S$である．ここで，$\gamma_f^S$と$\gamma_s^S$は，それぞれ膜(film)と基板(substrate)の表面自由エネルギーである．γ_i^Sは，膜と基板の間の界面自由エネルギーである．もし，$\Delta E \geq 0$であれば，基板は膜によって濡れ，層ごとの成長をする．図9.2左に示すようなFrank-van der Merwe成長[659]とよばれる成長が起こる．しかしながら，γ_i^Sの値は化学的相互作用だけでなく，基板と膜の結晶格子のずれによる力学的ひずみにも依存する．全ひずみは，原子層の厚さに比例して増大するため，安定したFrank-van der Merwe成長が起こるのは格子のずれがまったくない場合か，ひずみが転位やバックリングによって十分に低減された場合のみである．そうでない場合には，格子ミスマッチによって，層の厚さに比例してひずみエネルギーが増大し続ける．通常は，数分子層のある臨界厚さになったところで，エピ層の再構築(Stranski-Krastanov転移)が起こり，二次元の膜の上に三次元の島状の構造が形成さ

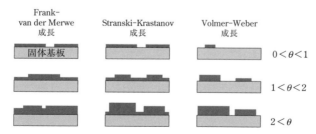

図9.2 三つの異なったエピタキシャル成長の機構の模式図．異なった被覆率θの場合について示した．Frank-van der Merwe成長は，安定した層ごとの成長である．Stranski-Krastanov成長は，二次元濡れ層の上の島状成長である．Volmer-Weber成長は，濡れ層の存在しない成長である．

れる．これは，図 9.2 中央に対応し，Stranski-Krastanov 成長[660]とよばれる．Stranski-Krastanov 転移による自発的な島状構造の形成は，規則的なナノ構造を作成するのに使用できる．たとえば，配置された量子ドットが作成できる[661,662]．

$\Delta E < 0$ のときは，基板の濡れが好ましくない状態である．そのため，濡れ層をもたず，はじめから三次元の島状構造が形成される．これは，図 9.2 右に対応し Volmer-Weber 成長モード[63]とよばれる．

9.2.2 化学気相成長

化学気相成長(chemical vapor deposition：CVD)では，複雑な形状の表面にも均一なコーティングを施すことができる．とくに低圧で行われた場合に顕著である(総説は文献[663])．加熱した基板表面と，ある気体を反応させることでコーティングを行う．副生成物の気体は除き続ける必要がある．CVD では，数 μm の膜厚まで作成可能である．基板の温度を低く保つ必要がある場合は，プラズマによって表面反応を行う．これは，プラズマ化学気相成長とよばれる．

〈具体例9.1〉
 固体基板に SiO_2 を堆積する際には，しばしば，TEOS (tetraethylorthosilicate, $(C_2H_5O)_4Si$) を開始気相物質として使用する．TEOS を用いた CVD は，約 700℃，30 Pa で行われる．この圧力での平均自由行程は，数百 μm である．処理温度を下げるためには，オゾン O_3 のような活性気体を少量加えればよい．オゾンは，約 200℃ で酸素ラジカルに分離し，これが TEOS を活性化する．それゆえ，処理条件は化学的に調整することもできる[664,665]．

CVD は，以下の3ステップで進む．(1) 遊離基の表面領域への移送，(2) 表面反応，(3) 副生成物の表面からの除去である．反応を促進するために，気体を循環させる．しかしながら，表面から数 μm の場所では巨視的な流れの影響は受けない．それゆえ，分子は基板を拡散する必要がある．接近してきた分子が基板表面に吸着すると，表面上での移動を開始し，極小ポテンシャルのところに吸着するか，化学結合を形成するか，脱離するまで，移動を続ける．そのため，蒸着の質は，移動，二次元凝集体の核形成，脱離の影響を受ける．

CVD は，エピタキシャル層(9.2.1項)を成長させるのにも使用できる．CVD を用いたエピタキシーでは，MBE の場合よりも高温で行われる．これにより，下地基板に合わせた蒸着層の結晶構造の最適化を可能とする高い移動度と最適な化学条件が得られる．ホモエピタキシーは，コンピュータのシリコンチップに広く用いられる．シラン(SiH_4)やクロロシラン($SiCl_4$, $SiHCl_3$, SiH_2Cl_2)などを気体として用い 1000℃ 以上の温

度をかける．これらの気体は分解し，表面をコーティングする固体のシリコンと，塩素(Cl_2)または塩化水素(HCl)になる．シランガスは，気相中での沈殿を防ぐために他の不活性気体で薄める必要がある．シリコンの薄膜にドーピングをするため，少量のホスファン(PH_3)やジボラン(B_2H_6)を加えることもできる．

ヘテロエピタキシーは，基板と似たような格子定数をもつ物質に対して使用できる．電子デバイスの場合，サファイア[1]上のシリコンをしばしば使用する．これは，サファイアのほうが，シリコンよりも非常に大きなバンドギャップをもつためである．これにより，シリコンチップを，より高温に加熱することができる．ガリウムヒ素(GaAs)の半導体の場合，シリコンとガリウムヒ素の格子定数が少し異なるため，工夫した手法が必要となる（シリコンが 0.543 nm であるのに対して，ガリウムヒ素は 0.565 nm）．この場合に通常選ばれる手法は，金属有機化学気相成長である．トリメチルガリウム($Ga(CH_3)_3$)と，ヒ化水素 AsH_3 を特別な蒸着条件で使用する．

〈具体例 9.2〉

具体例として，CVD ダイヤモンド膜を示す（図 9.3）（関連する総説は文献[666]）．ダイヤモンドは，既知の物質の中でもっとも硬い．低い摩擦係数（0.05〜0.1 の間）をもち，高い熱伝導率をもつ．透明で屈折率は 2.4 である．また，比較的化学的に不活性である．純粋なダイヤモンドのバンドギャップは 5.5 eV で，あまりよい半導体ではないがドーピングをすることができる．そして，電子と正孔は高い移動度をもつ．この魅力的な特性のため，ダイヤ

図 9.3 おおよそ 10 μm の CVD ダイヤモンド膜の走査電子顕微鏡像．(001)面が上を向いている．(X. Jiang 氏提供[667])

---

1 訳注：サファイア（宝石）は，コランダムの一種で α-Al_2O_3 からなる．

9.2 物理気相成長と化学気相成長

モンド膜はアルミニウムや，銅，それらの合金をコーティングするのに用いられる．それらは，切断道具や光学コーティングとして使用される．

通常のCVDでは，800℃で水素やメタンを含んだチャンバーの中でダイヤモンドは成長する．この温度では，水素が分離し二つのラジカルを形成する($H_2 \rightarrow 2H^*$)．この水素ラジカルがメタンを攻撃し，メチルラジカルが形成する($CH_4 + H^* \rightarrow CH_3^* + H_2$)．また，水素ラジカルは表面に結合している水素を取り除き，成長膜の炭素も活性化させる($\sim CH + H^* \rightarrow \sim C^* + H_2$)．記号〜は，炭素が表面層の一部であることを意味する．そして，メチルラジカルが表面に結合する($\sim C^* + CH_3^* \rightarrow \sim CCH_3$)．ここから水素が除かれると近接炭素原子同士の結合が形成される．注意点としては，反応チャンバー中に酸素が存在してはならないことである．

基板が炭素を含まないのに，どのようにこの反応が始まるのだろうか？ 2通りの可能性がある．人為的に炭素の核を入れておくか，自発的な核生成が起こることで膜が成長する．残念ながら，CVDダイヤモンド膜は，力学的応力のかかった金属上では安定ではない．これらの金属には，鉄，クロム，ニッケル，そして鉄鋼も含まれる．この場合，代わりに窒化ホウ素フィルムを使用する．近年盛んな分野は高分子のCVDである（総説は文献[668]）．

特別なCVD技術として，原子層蒸着(atomic layer depositon：ALD)がある．ALDは，1960年代にロシアの科学者によって，ついで1970年代にフィンランドの科学者によって開発された（総説は文献[669, 671]）．ここ10年ほどの間に，エピタキシーがない場合でも，穴のない，超薄膜で，滑らかな無機層を作成する方法として広く用いられるようになった．ALDは，半導体業界の中でより小さな電気デバイスを作成する技術として重要なものの一つとなりつつある．これは，高い縦横比をもつ構造を，均一で単一の制御された厚さの膜で覆うことができるためである．ALD層のすばらしい特性の理由は，原子堆積が，逐次的で，自己制限的な表面科学反応によって制御されているためである．

ほとんどの場合，前駆体とよばれる二つの反応物質が順次，表面に化学吸着し覆う．それぞれの反応物質の化学吸着過程は，反応チャンバーを不活性気体で置換するか，その間に排出をすることにより完全に分離して行う．このようにして，反応物質同士の気相での反応をなくし，気体の副生成物は取り除かれる．最大吸着密度となるように，それぞれの反応には十分な時間をかける．化学吸着に使用する化学物質は，すでに吸着した反応物質と反応しないようにデザインされている．この点において，反応は自己制限的である．より厚い層は，はじめの反応を連続して繰返すことで得られる．

ALD過程は，熱またはラジカルにより進められる．通常，熱的に行う系は二元化合物である．つまり，Al, Ti, Zn, Zr, Hf, Taの酸化物，Ti, Ta, Wの窒化物，Zn, Cdの硫化物，Ga, Inのリン化物である．単元素層（これに限定されない）を準備するには，水素ラジカルによって生成したラジカルの表面反応を使用する．たとえば，プラズ

マが使用される(plasma-assisted ALD, 総説は文献[670]). 金属や半導体(Ti/Ta や Si/Ge など)のハロゲン化物が最初のステップの化学吸着反応としてよく用いられる. 次のステップで水素により還元し, 中性の水素化物に代える. しかし, 非常に活性なラジカルは, 再結合したり表面を覆う物質ではないものと反応してしまう性質がある. しばしば, とくに平面でない基板の場合に膜厚が一定でなくなる. 加えて, プラズマを使用すると表面をエッチングしてしまう可能性もある.

ALD は, 使用する反応剤に応じて 100〜1000℃ の間で行う. もしも温度が高すぎると, 脱離が起こる可能性と使用する化学物質が分解してしまう可能性がある. 逆に, 温度が低すぎると表面反応が完了しない可能性がある. 高分子や生体分子などの敏感な基板の場合は, ALD を 100℃ 以下で行う場合もある. 圧力は ALD の過程による. プラズマ ALD の場合は圧力 13〜70 Pa で, 熱 ALD の場合は 130 Pa ほどで行う. 後者は, 不活性気体を用いて反応剤を連続的にチャンバーまで運ぶ通常のタイプの ALD に対して用いられる. 圧力は反応剤を気体の流れに乗せて混入できる程度の高さが必要である. 一方で, 反応剤や反応物を取り除くときに相互拡散が起こる程度の低い圧力である必要もある. サイクル時間とサイクルごとの成長は, それぞれ 0.5〜数秒, および 0.1〜3 Å である. 成長が遅いため, 完全な単分子層を得るために何サイクルも繰返す必要がある.

〈具体例 9.3〉

ALD は, Al_2O_3 膜を蒸着するのによく用いられる[671]. Al_2O_3 膜の誘電率は 7 で電子漏出が低く, 熱的に酸化されたシリコン膜と似た役割を果たす[672]. これらは, マイクロエレクトロニクスで使用される半導体の表面を不動態化するために用いられる. 図 9.4 に示す膜は, トリメチルアルミニウム(TMA)と水を用いて, 300℃, 〜1.1 Å/cycle の速度で, 2730 サイクル蒸着したものである. 表面上での TMA と水による反応は, 以下のように記述できる.

TMA：〜Al-OH + Al(CH$_3$)$_3$(g) → 〜Al-O-Al(CH$_3$)$_2$ + CH$_4$(g)
H$_2$O：〜Al-CH$_3$ + H$_2$O(g) → 〜Al-OH + CH$_4$(g)

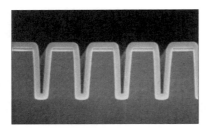

図 9.4 酸化シリコンウェハー上に蒸着した, Al_2O_3 の厚さ 300 nm の非晶性 ALD 層の走査電子顕微鏡像. (文献[673]より許可を得て掲載)

駆動力となるのは，Al-O の強い結合の生成である．図 9.3 に示した通常の CVD によるダイヤモンド膜と図 9.4 に示す酸化アルミニウム膜は異なった質をもつことがわかる．このことから，用いるべき手法と条件は目的とする表面構造に依存して変えるべきだといえる．

9.3 ソフトマター蒸着

9.3.1 自己組織化単分子膜

この項では，特別な固体基板に化学吸着する二つのタイプの有機分子について議論する（総説は文献[674〜677]）．どちらも，表面に対して自発的に共有結合をつくる官能基と残りの有機鎖(R)からなる．しばしば，n_c 個のメチレン単位からなる長鎖疎水性アルキル鎖（メソゲン基とよばれる）を活性部位と残りの部分の間に挿入する．このような分子が，単分子膜として，基板に吸着する．このような単分子膜は自発的に結合するため自己組織化単分子膜(self-assembled monolayer：SAM)とよばれる．固体上での最終的な構造は，三つの相互作用によって決定される．頭部基と表面の間の強い結合，メソゲン基間のファンデルワールス力，末端基の間の相互作用である．末端基の間の相互作用は双極子モーメントが平行になるため反発力となる．

チオールは，チオール基($-SH$ メルカプト基ともよばれる)を片側にもつ．一般的な化学構造は R-SH で，アルキル鎖をもつ場合は $R(CH_2)_{n_c}SH$ と記す．チオールだけでなく，ジスルフィド(R_1-S-S-R_2)も金や，やや結合が弱くなるが銀に自発的に結合し，図 9.5 に示すような稠密単分子層を形成する[678,679]．チオールやジスルフィドの単分子層の形成は，実際はとても簡単に生じる．それらが揮発性であれば，密閉容器の中に入れておくだけですぐに金表面に結合する．他の方法としては，チオールをエタノールやジクロロメタンのような適切な溶媒に通常 1 mM の濃度で溶かす．表面を溶液に 1〜10 時間ほど浸し，過剰のチオールを洗い流す．金への結合エネルギーは，おおよそ 120 kJ mol^{-1} で比較的強い．また，膜は安定で穴もない．適切な主鎖を選ぶことで，明確に定義された表面層を得ることができる．

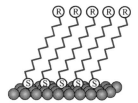

図 9.5　金(111)面上でのアルキル鎖をもつチオールの模式図．1 列の分子しか示していないが，実際には，密に詰まった単分子層が形成される．

〈具体例 9.4〉

チオール単分子層を用いて，濡れ性を制御することができる．Bain ら[680] は，金の表面を，アルカンチオールとヒドロキシ基末端アルカンチオールの混合物の単分子膜でコーティングした(図 9.6)．アルカンチオールのみの場合は，水に対する接触角が大きく，$\approx 110°$ となる．一方で，ヒドロキシ基末端のアルカンチオールのみの場合は，接触角が 20° 以下となる．混合溶液により自己組織化単分子膜を生成することで，これらの間の接触角を得ることができる．

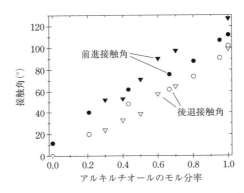

図 9.6　金基板上の $HS(CH_2)_{10}CH_3$ と $HS(CH_2)_{11}OH$ の混合物を含む単分子層の，アルキルチオールの割合による接触角の変化．前進接触角を黒印で，後退接触角を白印で示している．単分子膜は，チオールを含んだエタノール溶液から作成した．横軸は，全体のチオール濃度に対するアルキルチオールのモル分率を示している．文献[680]のデータ(丸)と文献[681]のデータ(三角)をまとめた．チオール層上での接触角は，時間とともに変化することに注意せよ[682]．

チオールやジスルフィドは，チオレート基として表面へ結合していると考えられている．つまり，チオールの場合水素原子を失った状態で結合している．ジスルフィドの場合は，金属表面上にジスルフィドのまま結合するのではなく，硫黄同士の結合が解離している[676]．

〈具体例 9.5〉

長鎖アルカンチオール $CH_3(CH_2)_nSH$ は，金(111)面(図 7.7 参照)上に 5.0 Å の格子定数をもった六方晶構造 $(\sqrt{3}\times\sqrt{3})R\,30°$ の堆積層を形成する．アルキル鎖の直径は，4.2 Å である．長鎖アルカンチオールの稠密構造による格子では，格子定数 2.9 Å の六方晶形の金下地の(111)面と整合しないだろう．だが，チオールは金上のおそらく三つの近接金原子の間に特異吸着サイトをもつようである(訳注：長鎖アルカンチオールを可能な限り密に詰めた構造では，金(111)面と整合しない．そのため，チオール単分子層は，下地面(特異吸着サイト)と整合するような超格子を形成する．この具体例での，新たな格子定数は，$2.9 \times \sqrt{3}$

≈5Åである). 同時に, 超格子を形成した長鎖アルカンチオールのアルキル鎖同士のファンデルワールス相互作用の最適化が起きる. この具体例では, 下地基板に対して ≈30° 傾いた状態でアルキル鎖が伸びている. 金(111)面上のアルカンチオール単分子膜の AFM 像を図 9.7 に示した. 構造は使用したチオールに依存する[683]. 大きなチオールの場合は二次元結晶相をまったくつくらない.

図 9.7 長鎖アルキルチオールが金(111)面上で自己組織化した単分子層の AFM 像

一般的に用いられる, 他の表面カップリング試薬としてはシランがある. シランは, シリコン原子と最大三つの活性部位と一つの有機主鎖 R からなる. チオールの場合と同様に, 主鎖は活性部位とアルキル鎖を介してつながっていることが多い. $X_3Si(CH_2)_{n_c}R$ 活性部位としては, ヒドロキシ基(〜OH), クロロ基(〜Cl), メトキシ基(〜OCH_3, しばしば〜OMe とも記される), またはエトキシ基(〜OCH_2CH_3)が使用される.

シランは, シリコン上のシラノール基(〜SiOH)と図 9.8 に示すような反応で反応する[684,685]. この反応は, 通常有機溶媒中で行われシラン化とよばれている. 三官能性シランは, 表面のシラノール基と結合し, 一つのシランあたり三つの HX 分子を放出す

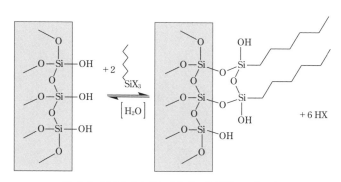

図 9.8 アルキルシランのシラン化反応のスキーム

る．この反応を縮合反応とよぶ．両方向矢印は，この反応が質量作用の法則に従った平衡反応であることを示している．X がヒドロキシ基の場合は水が副生成物として放出される．

図 9.8 の後ろ向きの矢印からもわかるように，溶媒から水を除くことが重要である．質量作用の法則により，水の濃度が高いほど少量のシロキサンしか生成されない．加えて，水は表面から離れた場所で溶液中のシランと反応してしまう．水分子はポリシロキサンのネットワーク構造（この構造は沈殿して析出する）よりシラン分子間の速い反応を好むので，シリコン表面上のヒドロキシ基と競争的な関係にあるといえる．その結果，シランの一部が表面上の OH と反応し，荒れた表面となり，シリコン表面を駄目にしてしまう．

一方で，水分子はシリカ表面を親水化するので，表面とシランの両方を活性化する役割ももつ．これは，シラン化が 2 ステップ反応であるためである．シランが表面に近づくと，官能基 X が水分子と反応し，シラノール基 SiOH となる．この反応は加水分解とよばれる．この加水分解が全体の反応速度を律速し官能基 X に依存する[686]．反応速度は Cl > OMe > OEt の順番に遅くなる．加水分解の後，シラノールはシリカ表面からのシラノール基と脱水反応を起こす．

平行していくつかの競合的反応が起こり，それによって形成される SAM の質が決まる．実際，1:1 の当量でシリカ表面のすべてのシラノール基と反応させるのは，立体的に不可能である．現実的には，だいたい五つあたり一つのシランが表面に結合し，残りは表面上の溶液内で交差結合してしまう[687]．この様子は図 9.9 に示すように，表面にピン止め中心をもつポリシロキサンのネットワークとみなすこともできる．金表面のチオールと比べて，シラン単分子層は高い粗さと低い秩序度をもつ．

チオールの場合と同様，有機主鎖は異なった末端基をもつことができ，表面の濡れ性を制御することができる．しかしながら，そのような末端基はシラン基とも反応し，表面との反応を妨げている．このような問題を回避するために，表面への自己組織化の後

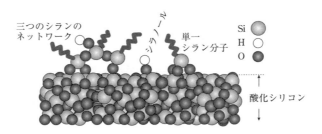

図 9.9 酸化シリコン表面に結合したシランの模式図

9.3 ソフトマター蒸着

に表面特性の調節ができるような適切な末端基を有するシランが合成された(総説は文献[689]).

実用的には,シリコンの機能化はいくつかのステップによって行われる.表面を親水化する前処理には以下の二つの方法がある.(1) 硫酸(H_2SO_4)のような強い酸と過酸化水素(H_2O_2)の混合溶液を使用する.(2) 過酸化水素(H_2O_2)とアンモニアの混合液に曝す.どちらの手法でも,表面の有機物を除くとともに表面に高密度のヒドロキシ基を生成する.手法(2)は,RCA 法[2]ともよばれる[690].次に,準備したシリコン基板を,シランを含んだ脱水有機溶媒に浸す.親水化とシラン化にはそれぞれ他の手法もある.たとえば,プラズマクリーニング(7.3.2 項)と低圧での気相からのシランの化学吸着である.

一般的に自己組織化単分子膜は,どのように成長するのだろうか? 自己組織化単分子膜の質は,生成過程に依存する.主として,SAM 形成は反応分子の表面までの拡散過程と表面での吸着過程からなる.それぞれの速度によって,SAM 形成は拡散律速か吸着律速となる.図 9.10 に示すように,単一分子から最終的な自己組織化単分子膜に至る,SAM 成長過程は,異なったシナリオに従って起こると考えることができる.以下の三つのシナリオが可能である.(a) 分子が,すでに存在する表面上の凝集体に優先的に吸着し,膜が形成される.(b) はじめに,秩序をもたない膜が形成され,次のステップで,SAM 内部で分子が再構築され,最終的な膜が形成される.(c) まず,秩序をもった膜が形成され,次のステップで,最終的な SAM 膜が再構築される.

金上のチオールとシリコン上のシランがもっともよく知られた例であるものの,それ以外の自己組織化の系も存在する.金と酸化シリコン(ケイ素)以外の基板も SAM 膜を

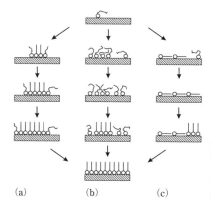

図 9.10 SAM 成長の模式図.(a) 二次元気相から始まり,二次元気相および二次元結晶相の共存領域を経て SAM が成長していく様子.共存領域の後に,中間無秩序相が形成される場合もある.(b) 最終的な SAM が,無秩序相と最終的な秩序相の共存領域を経て形成される.中間相が秩序相である場合もある.(c) 二つの秩序相の共存領域から,再配向して最終的な SAM が形成される.(文献[688]をもとに作成)

---

[2] この洗浄法は,1965 年に RCA(Radio Corporation of America)社に勤めていた Werner Kern によって開発された.

形成する.たとえば,銀,銅,パラジウム,白金,金属酸化物(酸化ジルコニウム,インジウムスズ酸化物(ITO)など)が挙げられる.有機分子としては,アルコール(〜OH),アミン(〜NH$_2$),有機酸(〜COOH),シアン化物(〜CN)が使用されてきた[676].

9.3.2 高分子の物理吸着

　小さな分子が表面に吸着した場合は,分子が脱離する傾向もあり,安定した層を得ることは難しい.対照的に,高分子のような巨大分子は基板に不可逆的に吸着する.そして,吸着後にそれらを除くことが難しい.この理由は,高分子は多くの化学官能基を介して基板に吸着するからである.個々の吸着のエネルギーが $k_B T$ のオーダーかそれ以下だとしても,合計の吸着エネルギーは簡単に熱エネルギー以上となる.

　とくに重要で,よく研究されたものとして,電荷をもった高分子(高分子電解質とよばれる)の水中での基板への吸着である(総説は文献[644, 691, 692]).それらは,産業界で非常によく使用されている.たとえば,イオン交換,凝集剤,可溶化剤,吸収性高分子,静電気防止剤,石油回収剤,栄養摂取のためのゲル化剤,建築業界でのコンクリートへの添加剤,血液適合性増大のためなどに使用されている.高分子電解質は,正または負に帯電したモノマー単位からなる.一般的な具体例(図9.11)は,正に帯電したものとして,ポリエチレンイミン(polyethylenimine),ポリアリルアミン塩酸塩(poly(allylamine hydrochloride)),ポリリシン(polylysine),負に帯電したものとして,ポリスチレンスルホン酸(polystyrene sulfonate),デオキシリボ核酸(deoxyribonucleic acid:DNA)が挙げられる(図9.11).モノマーの官能基の解離によって電荷をもつ.たとえば,アンモニウム基(〜NH$_3$Cl → 〜NH$_3^+$ + Cl$^-$)とスルホン酸塩(〜SO$_3$M → 〜SO$_3^-$ + M$^+$)である.解離度が,高分子中の電荷をもったモノマーの数を決める.よ

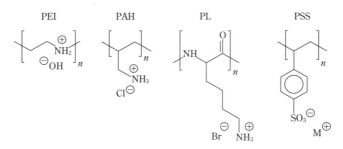

図 9.11　高分子電解質の化学構造.正の電荷をもった poly(ethyleneimine hydroxid) (PEI),poly(allylamine hydrochlorid)(PAH),polylysine hydrobromide (PL) および,負の電荷をもった poly(styrenesulfonate)(PSS) を示した.M$^+$ は,Na$^+$ のような金属イオンを示している.

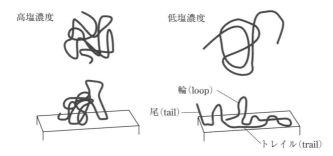

図 9.12 塩濃度に依存した直鎖高分子電解質の分子鎖形態．塩濃度が高いときは，高分子鎖が密なランダムコイルをとる傾向があり，塩濃度が低くなると高分子鎖が引き伸ばされる．さらに，基板に吸着した状態での形態も示した．

り多くの官能基が解離するほど，高分子がより多くの電荷をもつ．

　高分子電解質に対しては，塩濃度が高分子鎖の形態と吸着に大きな影響を与える．高分子上の同種の電荷は，電気的に反発し，分子を引き伸ばす．この伸長は，可逆的である．図 9.12 に示すように，塩を加えると高分子鎖の電荷が遮蔽され，高分子の形態はより小さくなる．塩を加えることは，溶媒の質を上げるのと同じような効果をもつ．結果として，高分子鎖はより密なランダムコイルの形態で吸着する．

　高分子電解質は，水溶液中では静電相互作用により，酸化シリコンのような電荷をもつ基板に強く結合する性質をもつ．表面が酸化されたシリコンウェハーの表面ポテンシャルは，負の値をもち，おおよそ $-10\,\mathrm{mV}$ である．そのため，正に帯電した高分子電解質である PEI または PAH は，吸着し表面に正の電荷をもたせる．その後に，負に帯電した高分子を吸着させることができる．さらに，正に帯電した高分子電解質をその上にと，次々と繰返すことができる．この層ごとの吸着によって，高分子電解質多層膜（図 9.13）を基板上の膜として生成することができる[693]．実験的には，単純に，高分子電解質を含んだ水溶液の入ったビーカーに基板を数分浸すだけで，吸着させることができる．高分子は，固体基板に自己組織化することによって吸着する．つまり，吸着ギブズ自由エネルギーが負である．高分子電解質膜を作成する別な方法として，スプレー法

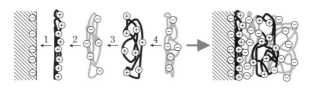

図 9.13 負の電荷をもったシリコン基板上への高分子電解質の交互積層による自己組織化

がある[694]（総説は文献[695]）．この手法は，広い面積への応用に適している．

それぞれの層の厚さは，溶液中の塩濃度の影響を受ける．塩濃度が高いほど，高分子電解質の電荷が効率的に遮蔽され，吸着層の厚さが厚くなる．通常，それぞれの層は，2～5 nm の厚さである．高分子電解質は，完全に平らで，きれいに配列して吸着するのでなく，図 9.12 のようにループやトレイルを形成することが多い．同様の理由で，隣接層の中に深く浸透する．事実，浸透の影響は 2.5 層にわたって観測される．そのため，層間の粗さは大きい[696]．通常，全体の膜厚は層の数に比例して厚くなる．だが，指数関数的に厚くなる高分子電解質も発見されている．そのため，より厚い膜を得ることが可能である．たとえば，2 種類の高分子電解質層による 2 重層を 20 回積み上げると，100 nm ほどの厚さになる．指数関数的に厚くなる系の場合は，数 μm のオーダーになる．振る舞いの違いの起源はわかっていない．この効果に関する議論は文献[692]にある．

ここまで，層構造は，反対の電荷をもった高分子間の静電相互作用によるものだと説明してきた．もし 1 層目の各正電荷が隣接の負電荷層に負電荷サイトを見い出すならば（1:1 の電荷の割合），この 2 重層で，電気的作用は遮蔽され，これ以降は，ファンデルワールス力または疎水性相互作用のみによって吸着が起こることになる．現実には，吸着過程で，電荷の過度の打ち消しが観測される．およそ，最後層の高分子電解質の 1/3 の電荷だけが，下の層の電荷と打ち消し合うと評価されている[697]．残りの 2/3 の電荷は，対イオン，あるいは次の吸着層からの電荷によって打ち消される．

高分子電解質多層膜は，その層間にさまざまな物質を取り込むことができ，バイオセンサーとして魅力的な特性をもつ（総説は文献[698]）．これらは，吸着細胞の細胞過程の調節（総説は文献[692]），または血管修復に用いられる（総説は文献[699]）．高分子電解質多層膜は，小さな粒子の曲がった表面上にも形成される[700]．吸着後に，中心の粒子を化学的に溶かすと，中空の高分子電解質カプセルが残る．これらのカプセルは，水やある種の染料などの小さな分子を選択的に透過する．透過性は，イオン強度，pH，温度，溶媒の性質を変えることで，外部から制御することができる[701～703]．それゆえ，それらは選択的な分離膜やドラッグデリバリーシステムとしての応用が提案されている．サイズや透過性を制御できることから，化学反応や結晶化のマイクロまたはナノ容器としても活用されている．

9.3.3 表面での高分子重合

固体表面上に化学吸着した高分子は，数百 nm ほどの膜厚の，柔軟な層を形成する（総説は，文献[704, 705]）．高分子鎖の柔軟性により，比較的，層は均一である．これは，高分子鎖の密度によって制御することができる．密度が高いと，高分子ブラシとなる．加え

て，表面での高分子重合に適したモノマーは多数あるため，さまざまな表面特性をもたせることができる．たとえば，小さな粒子の表面に高分子を化学吸着させることで，粒子の基本的な性質を変えることなく粒子の凝集を防ぎ，溶媒中で安定化させることができる．この分野の近年の発展により，高い応用の可能性を秘めた，「スマート」刺激応答性の高分子修飾材料が登場してきている．たとえば，生体細胞の吸着や脱離を効率的に制御し収集することのできる表面，マイクロまたはナノレベルの動きによるイオン強度やpHのセンサー，制御可能なナノ粒子触媒などである（総説は文献[706]）．

固体表面に高分子を化学的に結合させるには，二つの手法がある．基板へのグラフト（grafting-to）と基板からのグラフト（grafting-from）である．基板へのグラフトの場合，高分子が通常，片方の末端に活性基をもち，溶液から自発的に表面に結合する．この簡単な手法の欠点は，グラフト密度が比較的に小さくなってしまうことである．すでに吸着した高分子が，表面に他の高分子が近づくのを妨げてしまう．表面に結合した後，高分子は，溶液中と同じようにかさばったランダムコイル構造をとろうとする．そのため，近接結合サイトを隠してしまうのである．グラフト密度を上げるためには，高分子鎖を延ばす必要があるが，エントロピー的に不利である．そのため，この手法によるグラフト密度は制約される．

この欠点を，基板からのグラフトでは，表面で直接重合を行うことで，克服することができる（図9.14）．この手法は，表面開始重合（surface-initiated polymerization：SIP）ともよばれる．基板からのグラフトは，開始剤から始まる．まず，開始剤を固体表面に固定する．開始剤は，非常に反応性の高い化学種で，光，温度上昇または溶液中に加えた別な化学物質によって活性化させることができる．開始剤の固定には，9.3.1項で議論したSAMを使用することもできる．表面固定化後，活性化によって，図9.14の星

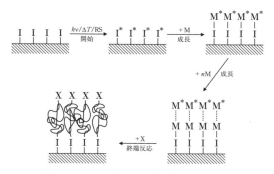

図9.14 基板からのグラフト高分子化の模式図．Iは開始剤，Mはモノマー，Xはさらなるカップリング反応のための末端基である．

270   9 表 面 修 飾

印で示す，ラジカル，すなわち正または負に帯電した開始部位が得られる．あるモノマー M と反応することにより，活性部位がモノマーに移動する．そして，新たに活性部位をもったモノマーが他のモノマーと反応し，さらに同様のことを繰り返す．この連鎖成長が終わる(不活性化)のは，すべてのモノマーが反応した後か，副反応によって反応が止まったときである．副反応としては，近接成長ラジカル同士の再結合または，活性サイトの近接鎖，溶媒分子，モノマーへの移動がある[707]．

〈具体例 9.6〉

熱応答性高分子として，十分に確立された具体例は，poly(N-isopropylamide)(PNIPAM)の基板からのグラフトである．室温で，PNIPAM は水によく溶解する．表面にコーティングすると，図 9.15 に示すように伸びきったブラシのような層を形成する．32℃以上にすることで，PNIPAM は不水溶性の形態に可逆的な変化をする．転移温度は，下限臨界溶解温度(lower critical solution temperature：LCST)とよばれている．LCST 以上の温度で，ブラシが崩壊し，ずっと薄い層になる．

この高分子形態の変化は，細胞の層への吸着を引き起こす[708]．たとえば，内皮細胞(血管やリンパ管を整列させる細胞)は，LCST 温度以上で，PNIPAM コート基板に吸着し，LCST 温度以下で脱離する．PNIPAM は，安定で簡単に作成することができ，体温に近い温度で敏感な LCST をもち，広く調べられている．そのため，生体細胞の検出や分離などの生体医用応用にとって，将来有望な物質である．LCST は，たとえば，より疎水性のモノマーなど，他の高分子と共重合することで調節することができる．うまく組み合わせることで，複雑な細胞パターンを作成することも可能となる[709]．(訳注：高分子の種類によって，細胞との結合性が異なる．そのため，基板の高分子パターンをデザインすることで，細胞を複雑に配列させることができる．この技術により，さまざまな細胞が相互作用する実際の臓器のモデルを作成することができる．たとえば，伝達物質による細胞の相互作用の研究などが可能になる)．

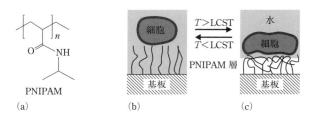

図 9.15 PNIPAM の化学構造および，LCST 以上と以下に温度変化させたときのグラフトした PNIPAM ブラシの水中での分子鎖形態変化．(a) PNIPAM の化学構造．(b) LCST 以下のとき，PNIPAM ブラシは水和しているため，たとえば，付着した細胞が表面から離れる可能性がある．(c) LCST 温度以上では，PNIPAM の形態がつぶれた構造であるため，細胞が再び付着する可能性がある．

活性化の方法によって，反応は異なった用語でよばれている．反応部位が電子の場合は，ラジカル重合とよばれる．反応部位が負または正の電荷をもつ場合，それぞれ，表面リビングアニオン重合と表面リビングカチオン重合とよばれている．"リビング"という接頭語がラジカル重合とイオン重合の違いを示している．イオン重合では，実験者によってモノマーを徐々に加えていくことができる．そのため，ラジカル重合と比べて，鎖長分布がより単分散となる．逆に，ラジカル重合では，架橋反応，高分子鎖同士の結合などの副反応が起こり，多分散性が高くなる．さらに，反応の進行に伴って，開始剤がラジカル反応に使用され，開始剤の濃度が減少する．そのため，高分子ブラシの密度が上がるにつれて，活性グラフト部位へのモノマーの移動が起こりにくくなる．実際，表面ラジカル重合の終わりには，Trommsdorf 効果のような影響が観測されている．表面の粘度が非常に高くなり，反応熱がバルク相と交換されなくなる．この効果によって，バルク中で爆発が生じることもある．これらの欠点をリビングイオン重合では克服することができる．残念ながら，この重合は不純物に対して，非常に敏感である．そして，不純物は表面に集まりやすい．そのため，イオン重合はより難しく，技術力を必要とする．

表面開始重合をよりよく制御することへの必要性から，近年，制御されたラジカル重合技術が開発された．改良点は，自由ラジカルの濃度を下げ，副反応を起こりにくくしたことである．これは，平衡状態にある活性ラジカルに休眠剤を加えることで達成される．以下に，重要な反応を挙げる．2,2,6,6-tetramethylpiperidinyloxy (TEMPO)[710]を用いた，窒素酸化物に仲介されたリビングラジカル重合 (NMP)，可逆的付加開裂連鎖移動重合 (reversible addition fragment chain transfer：RAFT)，これには，いわゆる iniferters (開始剤：initiator, 連鎖移動：chain transfer, 終了剤：terminator からの造語) を使用する[711]．そして，原子移動ラジカル重合 (atom transfer radical polymerization：ATRP)[712~714]である．最後の手法では，可逆の酸化還元過程を示すハロゲン化銅のような金属錯体を加えることで，ラジカルを作成する．

9.3.4 プラズマ重合

この項では，プラズマ重合 (plasma-state polymerization または，plasma polymerization) について解説する[715,716]．プラズマ高分子の蒸着は，19 世紀にすでに報告されている[717,718]．プラズマ重合により作成された膜は，薄膜コンデンサの絶縁材料，電気製品の腐食防止膜，ガラスやディスプレイの傷防止のための機能的コーティング，金属表面の腐食防止膜，表面の疎水性を増大/減少させる表面修飾などに用いられている．プラズマ高分子蒸着は，バイオ分野への応用もされている．たとえば，医学的インプラントの生体適合性の増大や，タンパク質[719]や DNA[720] の分析などに用いられている．

表面をプラズマ重合膜でコーティングするには，試料を有機物モノマーと背景気体の入ったチャンバーの中に入れる．放電によってプラズマを生成する．プラズマにより，モノマーがラジカルを生成する．これが反応し，高分子鎖あるいはネットワークを生成するとともに，表面とも反応する．これによって，表面へのプラズマ高分子の蒸着が可能となる．生成した高分子膜は，多様な構造と二重結合やラジカルなどの反応性部位をもつ．プラズマ高分子は一般の高分子よりも高分子鎖が短く，ランダムな分岐をもち，高い架橋度をもつ．活性基はプラズマ重合中は残るかもしれないが，大気と触れたときに二次反応を起こしがちである．そのため，エイジング現象(老化現象)が起こる．

いくつものプロセスが，プラズマチャンバー中での物質収支に関わっている．図9.16にまとめたように，プラズマによる高分子の切断と重合が競争的に起こる．(competitive ablation and polymerization scheme：CAP)[721] モノマーと，場合によっては背景気体を①から入れる．プラズマの中で，分裂やイオン化により，活性種が生成する．これには，解離イオン，ラジカル，活性分子，電子，切断断片などを含む．ほぼすべての分子が，プラズマの影響を受ける．イオン，電子，活性分子が再結合によって基底状態に戻るときに，可視光やUVが生成される．それらの分子の一部が，基板表面と反応し，高分子膜を形成する(②)．イオンや分子が基板へぶつかり，表面の分子を除くこともある．これはエッチングとよばれ(9.4節)，切断を伴う(③)．蒸着と切断は，チャンバーの壁面でも起こる(④)．正確には，通常，壁面の材料と基板の材料が異なるため，壁面での反応は，基板上と違ったものになるかもしれない．たとえば，ラジカルが異なった反応をする[722]．プラズマ中の分子の一部は，高分子化することができない．高分子化することのできない，水素(H_2)，フッ化水素(HF)，テトラフルオロシラン(SiF_4)などのラジカルを"安定"分子(訳注：これらのラジカルは，高分子重合に関与しないため，"安定"分子("stable" molecules)とよばれる．これは，プラズマ高分子重合の分野での特有の表現である)とよぶこともある．それらは，実用上，活性分子と平衡状態にある(⑤)．なぜなら，分裂によってラジカルが生成し，再結合によってもとに戻るからである．安定分子はチャンバーから逃げ出すことができる(⑥)．これらのすべてのプ

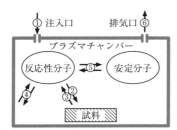

図 9.16 プラズマ高分子膜へのさまざまな工程パラメータの影響を記述するために提案された，高分子鎖の競争的除去・重合スキーム[721]．プラズマ反応容器の中でのさまざまなプロセス．① 注入．② 物質の基板への堆積．③ 基板からの物質の除去．④ チャンバーの壁面への物質堆積と物質除去．⑤ 再結合または切断による安定分子(重合ではない)への変化．これらの安定分子は，プラズマによって再び活性化されることもある．⑥ 反応容器からの排気．

ロセスが存在するため，切断と重合が競争的に起こる．そして，全体の系の条件によって平衡が決まる．

蒸着プラズマ高分子の性質は，いくつかのプロセスパラメータによって制御することができる．(1) 使用する反応容器の種類と幾何配置，(2) 放電電圧の周波数，(3) 試料温度，大きさ，場所，(4) プラズマに運ばれるパワー密度，(5) モノマーの流速（通常，$1\sim100\ cm^3\ min^{-1}$），(6) 気体圧力（通常，$1\sim100\ Pa$）．通常，はじめの三つのパラメータは，使用する装置の設計の段階で決まってしまうため，変更することができない．プロセスパラメータへの依存性は複雑であるものの，いくつかの一般的な傾向がある．たとえば，蒸着速度は，あるところまでは，モノマーの流速に伴って上昇する．また，パワーにも依存して上昇する．ただし，パワー密度が高くなりすぎると，切断が支配的になる．

プラズマ高分子膜の特性の調節は，低温で行ったほうが有利なことが多い．これは，パルスレーザー技術によって可能である．この技術では，入力パワーを変調させる（総説は文献[723, 724]）．プラズマは，通常，$1\ \mu s \sim 1\ ms$ の短い間しか生成されない．プラズマが生成されている時間 t_{on} を，全体のパルス継続時間 $t_{on} + t_{off}$ で規格化したものを負荷サイクル（duty cycle）$DC = t_{on}/(t_{on} + t_{off})$ とよぶ．等価パワー P_{eq} は，$P_{eq} = P_{in} \cdot DC$ と表すことができる．ここで，P_{in} は入力パワーである．短い励起時間に高い入力パワーを使用するのであれば，全体の入力パワーは小さく抑えることができる．t_{on} の間に，表面修飾，膜の蒸着，そして切断が起こる．スイッチを切ると，電荷をもったり，励起されているプラズマ種はすぐに消える．ラジカルは，大体ミリ秒から秒の間存在し，高分子重合を続ける．条件を適切に選ぶと，モノマーのある特定の結合さえも活性化できる場合がある．その場合は，古典的な手法で重合された高分子と似ているプラズマ高分子となる．そして，パルスプラズマ重合の全体の反応機構は，古典的な2段階ラジカル重合と考えることができる．t_{on} で開始反応が起き，続いて，t_{in} で高分子成長が起こる．これは，基板からのグラフト重合の場合と似ている（図9.14）．

〈具体例9.7〉

パルスプラズマ重合の有用性は，ポリアリルアミン（polyallylamine：PAA）の化学的に異なる基板への蒸着によって示される（図9.17）[725]．PAA は，図9.11 に示した PAH から塩酸塩を除いた構造をしている．高分子表面のアミノ基が開始剤としてはたらき，続いて，monomethoxy oligo(ethylene glycol) methacrylate（poly-MeOEGMA）の原子移動ラジカル重合が起こる．このようにして，プラズマ重合と古典的な表面重合技術が組み合わされ，物質に依存しない表面重合が可能となる．さらに，開始剤が高分子表面に固定されると，有機溶媒に対する耐性をもつ．

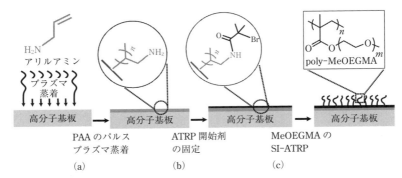

図 9.17 (a) PAA のパルスプラズマ蒸着と，(b, c) 図 9.14 に従う poly-MeOEGMA の表面開始 ATRP の組み合わせによる，高分子表面での重合によるグラフト化の模式図．（文献 [725] より許可を得て掲載）

9.4 エッチング手法

表面物性を変えるのに，概念上簡単なのは，表面の一部を除いてしまうことである．この技術はエッチング手法としてまとめられる[646, 726]．とくに，微細加工エッチング技術は必要不可欠である．エッチング手法は，いくつかの特性によって分類される．

- ウエットとドライエッチング：ウエットエッチングは，反応性の高い化学種の入った溶液中で行うのに対して，ドライエッチングは，気体分子によって行う．
- エッチングは，物理的または化学的に行うことができる．物理エッチングとは，アルゴン (Ar^+) のような不活性イオンで行うプロセスである．一方で，化学エッチングとは，反応性のイオン，中性気体，ラジカルを用いたプロセスである．たとえば，イオンとして，酸素イオン (O^+) や三フッ化塩素イオン (ClF_3^+)，中性気体として，二フッ化キセノン (XeF_2)，ラジカルとしてフッ素ラジカル (F^*)，酸素ラジカル (O^*)，トリフルオロメチルラジカル (CF_3^*) などが挙げられる．
- 表面エッチングには，等方性エッチングと異方性エッチングがある．等方性エッチングでは，エッチングがどの方向へも同じ速度で起こる．一方，異方性エッチングは，ある方向へのエッチング速度が速い．
- 選択性とは，多成分系の中で，ある物質が選択的に取り除かれることを意味する．

しばしば，高い選択性と異方性が望まれる．実際には，それらは両立しないため，妥協点を探ることとなる．これを説明するために，以下にドライとウエットエッチングの組み合わせの具体例を紹介し，異方性と選択性に関して異なった結果となることを示す．図 9.18 は異なった物質からなる二元系を示し，選択性が必要な例である．そのような

9.4 エッチング手法

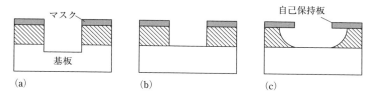

図 9.18 エッチング後の微視的構造．(a) 非等方的, 非選択的エッチング．(b) 非等方的, 選択的エッチング．(c) 等方的, 選択的エッチング．

層構造をもつ系に対して，マスクを通したエッチングを施すことにより，三次元構造を作成する．このとき異方性を保つ必要がある．

ドライエッチングに対して，いくつかの手法が開発されてきた．以下に，それらの手法をまとめた．選択性が低いものから順番に並べてある．同時に，等方性は増大する．

- イオンビームエッチング(ion beam etching：IBE)は，物理的エッチング手法で，不活性イオンをイオン銃で基板に向かって加速する．基板自体は，隔てられたエッチングチャンバー中の高真空中にある．IBE は，比較的異方性があるが，選択性が低い．
- スパッタもしくはイオンエッチング(ion etching：IE)も Ar^+ のような不活性イオンを用いた物理的エッチングであり，プラズマからのイオンを基板へ加速する．この場合，基板はプラズマと接触する．エッチングの断面は異方性で，選択性は乏しい．
- 反応性イオンビームエッチング(reactive ion beam etching：RIBE)は，IBE と似ているが，反応性イオンを使用する．エッチング断面は，特別な条件に依存し，IBE よりも選択性が高い．
- 反応性イオンエッチング(reactive ion etching：RIE)は，反応性イオンを使用したイオンエッチングである．
- 深掘り RIE(deep reactive ion etching：DRIE)は，側壁の化学的安定化とイオンによる底のエッチングを繰返す方法である(ボッシュプロセスともよばれる)．約 30 程度の高い縦横比の構造が得られる．
- プラズマエッチング(plasma etching：PE)は，自由ラジカルと少量のイオンを用いた物理化学的エッチングである．エッチング断面は，異方性であることも等方性であることもある．選択性はよい．
- バレルエッチング(Barrel etching：BE)は，自由ラジカルのみを使用した，化学的エッチングである．エッチング断面は等方性で，選択性はよい．等方性エッチングにより，図 9.18(c) に示すような自己保持構造を作成することができる．

装置は，必要とする選択性と異方性に合わせて設計する必要がある．たとえば，IE では，異なったサイズの二つの電極を平板コンデンサとして，真空チャンバー内に設置する．チャンバーは，圧力 0.5〜10 Pa のアルゴンで満たしておく．エッチングする基板は，小さな電極上に置く．より大きな電極の場合は接地をする．0.1〜1 kV の電圧を印加する．この条件では，電極間で気体が電離する．電子は正に帯電した電極へ加速される．それらは，中性アルゴン原子と衝突することでエネルギーを放出する．これにより，グロー放電またはイオン化による光が観測される．イオン化されたアルゴン原子は，連続的に負に帯電した電極へ向かい，加速される．電極表面と衝突して，より多くの二次電子を発生させるか，電子と再結合して中性化する．平衡状態ではイオン化の速度と再結合の速度が等しい．

絶縁性基板の帯電を防ぐために，交流電圧をかける．半周期の間に表面に溜まった電荷は，次の半周期で逆の電荷により中性化される．通常，気体の放電にはラジオ波が用いられる．表面と接触したプラズマは，表面付近でダークスペースをつくる．電子のほうが重いアルゴンイオンよりも動きやすいため，電極に速く加速される．しかし，表面に溜まった負の電荷によって，電極の帯電が妨げられ，アルゴンが引き寄せられる．接地された大きな電極の電位を基準とした基板を置いた小さな電極の電位は，電極面積比の逆数に比例する関係がある[726]．それゆえ，この小さな電極は大きな電極よりも高い負のポテンシャルをもち，Ar^+ による衝突の強度は大きく，その方向は表面に対してより垂直になる．そのため，選択性が小さくなるが高い異方性をもつ．

圧力が十分に小さければ，気体イオンの平均自由行程は，表面構造と比べてより長い距離になることはすでに説明した．また，熱エネルギーは，電場から得るエネルギーと比べて十分に低い．結果として，イオンは，基板に対して垂直に衝突し，異方性が高くなる．実際，エッチング速度はイオンが基板に衝突する角度にも依存する．垂直方向にエッチングするには，運動量を表面格子に対して垂直に移動させる．原子を格子点から取り除くには，運動量移行が最大でなければならない．つまり，運動量ベクトルの方向変化が 180° である．入射角の減少は，運動量変化が小さくなることを意味する．一方で，表面に対して平行に侵入するイオンは表面での滞在時間が長いので，より長い反応時間をもつ．結果として，表面に対して 90° ではない角度で，エッチング速度が最大となる角度が存在する．これより，より長いエッチング時間では斜入射となることが多い．

純粋に化学的な BE も，これによく似ている．通常，圧力 10〜100 Pa の気体の入ったチューブ状の反応容器で行う．1 kV 程度の交流電圧をかける．チューブの中心の試料まわりに，穴の開いたシールドチューブがあるのが重要である．これによって，生成したラジカルがこの穴を通って試料表面に拡散する．試料自体は，放電気体と接触しない．

拡散は等方的であるため，エッチングも等方的である．ただ，化学種によって，ある種の表面だけを選択的にエッチングできる．そのため，この手法は有用であり，フォトレジスト（光応答性コーティング）のようなある層を完全に除く場合に使用される．

RIE と PE は，IE と同じ装置で行われるが，不活性気体アルゴンの代わりに，反応性気体を使用する．それにより，エッチング過程がより等方的になる．これらは，コンピュータメモリに使用されるような小さなシリコン構造を作成するのに不可欠である（総説は文献[727]）．PE[728] には，エッチングする基板を比較的高い圧力（10～100 Pa）で，大きな電極に置く．それにより，基板へのエネルギー移行が少なくなる．そのため，PE は RIE よりも等方的になるが，より高い化学的な選択性を有する．RIE の場合は，IE と同様に，基板を比較的低い圧力で小さな電極の上に置く．この場合，基板への作用が大きくなり RIE はより選択的でなくなるが，電極が小さいため，プラズマエッチングと比べてより異方的になる．これらの手法では，不活性イオンと反応性イオンの区別がないため，BE と比べると選択性が低く，等方性も低い．しかしながら，深掘り RIE では異方性を大幅に増大させる手法が開発されている．最初のステップでは，シリコン表面を SF_6 と Ar^+ の混合気体で以下の化学式のようにエッチングする．

$$Si(s) + 4F^*(g) \rightarrow SiF_4(g) \qquad (9.1)$$

Ar^+ はシリコン表面にほぼ垂直に加速される．形成されている表面構造の側壁面との反応を避けるため，CHF_3 をプラズマに加える．これにより，溝構造のすべての表面をテフロンのようなコーティング $-[CF_2]_n-$ で覆い，不動態化させる．Ar^+ が垂直に衝突する溝の底面のみから高分子層が除かれ，活性化されたフッ素イオンによってさらにエッチングされる．リソグラフィー（9.5節）のような他の手法と組み合わせることで，水平方向への長さが 50 nm 以下で縦横比が 60：1 の構造がシリコンで実現される[729]．

〈具体例 9.8〉

ポリスチレン（PS）のようなやわらかい疎水性高分子表面に PE や RIE の手法を適用すると，表面の親水化が起こる．これは，酸素との化学反応によるもので，高分子表面に極性基が出る．これらの極性基は親水性で，水滴の接触角が小さくなる．しかしながら，親水化された表面は永続的なものではなく，時間が経つにつれて接触角も増大する．理由：親水基をもった表面は，疎水性表面よりも高いエネルギーをもつ．高分子では，それらの官能基が動くことができるため，ポリマーの内部へ移動していく．そのため，疎水化し，再び低いエネルギーに戻る[730]．

ドライエッチングには，一つの共通の欠点がある．それらは，1 μm 程度の深さで，小面積のエッチングにしか適していない．シリコンウェハーのような広い面積に深い構造を作成する必要がある場合は，ウエットエッチングを使用する必要がある．シリコン表

面を等方的にエッチングするには，酸化により厚い酸化物層をつくり，続いて，この酸化物層を溶解させる．一般的な反応溶液は，フッ化水素酸(HF)と硝酸(HNO_3)の混合液である．HNO_3 はシリコンを SiO_2 に酸化し，SiO_2 は以下の反応に従って，HF により破壊されると考えられている．

$$SiO_2 + 6HF \rightarrow SiF_6^{2-} + 2H_2O + 2H^+ \qquad (9.2)$$

ここで，フッ化水素酸は，決してガラスビーカーに注いではならない！ フッ化水素酸を使用するときは，気をつけること．これは，強力な酸で，非常に毒性が高く，重大なやけどをもたらす．

異方的なウエットエッチングは，マイクロチャネルやマイクロ反応器のようなマイクロメカニカル構造に加えて，マイクロ歯車のような可動性部品を作成するのに重要な役割を果たす．反応性化学溶液によるエッチング速度は，溶液に曝されている単結晶の格子方位に強く依存し，速度が数桁異なることもありうる．格子方位は，単結晶を切り出すときの角度によって変えることができる．このようにして，V 型や U 型の断面積をもち鋭い角度をもつ構造をつくり出すことができる．

シリコンに対しては，NaOH，KOH，LiOH，NH_4OH などの基本的なエッチング溶液を使用することができる．その他に重要なエッチング溶液は有機物を含んでいる．エチレンジアミン(ethylenediamine)はアミノ基のため塩基であり，シリコンをエッチングする．ピロカテコールはシリコンと錯体を形成し，その過程でエッチングをする．他には，ピラジンやヒドラジン N_2H_4 も有機エッチング溶媒である．有機溶媒を使用することの利点は，比較的エッチング速度が速いためスムーズに終了する点，金属イオンによる不純物を防げる点，図9.18(c)のような構造のカンチレバーを作成できる点である．

エッチング速度は，シリコン格子中のホウ素などのドーピングされた原子の存在にも強く依存する．その効果は絶大で，余分な原子がエッチングを止めることがある．これはエッチングストップとよばれる．どのようにエッチングストップは起こるのであろうか？ シリコンは塩基の水酸化物イオン OH^- に攻撃される．それらは，シリコン表面内の近接原子への結合を切断し，これらの負の電荷により，シリコン表面は負に帯電する．この電荷が，シリコンの最低空エネルギー準位，いわゆる伝導バンドに移動する．水分子が，この活性化された表面に近づき，以下の化学反応で還元される．

$$2H_2O + 2e^- \rightarrow 2OH^- + H_2 \qquad (9.3)$$

水分子が電子を受けとり，水酸化物イオンに還元される．最終的には，二つの水分子から，二つの水酸化物イオンと水素ガスが発生する．この水酸化物イオンはさらにシリコンの結合を破壊し，まわりの液相によってシリコンが完全に除去されるまで続く．もし，ホウ素原子が存在すると，価電子バンドとよばれるシリコン格子のもっとも高い完

全占有エネルギー準位よりも少しだけ(数十 meV)高いエネルギーの所に非占有エネルギー準位を生じる．新たな空いたエネルギー準位によって，化学反応によって生じた電子がその場所を埋め，さらに水分子を水酸化物イオンに還元することができなくなる．よって，エッチングが止まる．

9.5 リソグラフィー

　リソグラフィー(lithography)という用語は，ギリシア語の「石」を意味する lithos と「書く」を意味する graphein に由来する．もともとは，印刷する像を石の板に刻む印刷手法に対して用いられていた．今日では，印刷業界でのオフセット印刷に加えて，固体基板の表面をパターニングする手法に対しても用いられている．もっともよく使用されるのは，フォトリソグラフィーである．フォトリソグラフィーでは，マスクを通して UV 光を照射することで，μm または nm サイズの構造を表面につくる．半導体業界で，集積回路を大量生産するのに用いられている．このプロセスは，マイクロ(ナノ)リソグラフィーとよばれている[731,732]．

　シリコンウェハー基板上へのフォトリソグラフィーの基本的なステップを図 9.19 に示した．シリコンウェハーがもっとも広く使用されている基板である．(a) 清浄なシリコンウェハーを用意する．表面は，酸化膜で覆われている．(b) しばしば，表面を 400〜800℃まで加熱し，脱水処理する．そして，フォトレジストの接着性をよくするため，ヘキサメチルジシラザンのようなプライマーで処理をする．フォトレジストとよばれる，光応答性高分子の薄膜をスピンコーティング(6.4.3 項)で基板上に作成する．(c) フォトレジストから溶媒を除くために，表面を 90〜100℃に加熱する(ソフトベーク，"soft bake")．その後，マスクを通して，フォトレジストを UV 光で照射する．通常，マスクは薄いクロム層からなるガラス板で，目的とするパターンを完全に複写したものである．表面の構造化は，以下の 3 通りの方法で行うことができる．

- コンタクトプリンティング．マスクを基板と直接接触させる．これにより，マスクの構造をよく再現することができる．しかし，重大な不純物の問題がある．
- 近接プリンティング．マスクを基板の近傍に置く．通常は，基板との距離が 10 μm ほどである．分解能が低くなるものの，マスクへのダメージ(訳注：基板とマスクが直接接触することによるマスクへのダメージのこと．マスクの作成コストが非常に高いため，マスクへのダメージを避けることが望まれる)と不純物の問題を軽減することができる．
- 投射プリンティング．マスク(この場合はレチクルとよばれる)は，基板構造の一部しか含まない．これを，ステッパーとよばれるもので通常 1/5 に縮小して，フォト

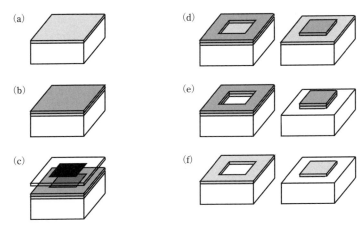

図 9.19 フォトリソグラフィーによる構造形成．(a) シリコン基板上の酸化膜．(b) フォトレジストのスピンコーティング．(c) マスクを通した UV 光の照射．(d) 左：光未照射領域のネガティブフォトレジストの除去．右：光照射領域からポジティブフォトレジストの除去．(e) 酸化膜のエッチング．(f) フォトレジストの除去．

レジストへ投影する．基板を次の位置に移動させ，同様の操作を繰返して，基板全体を露光する．これが，半導体業界で一般的な手法である．
UV 照射された部分で，フォトレジストが光化学反応を起こす．いわゆるポジティブフォトレジストとよばれるものでは，照射された部分がより溶解性が高くなる（UV 光により，結合が壊れる）．ネガティブフォトレジストでは，照射された部分が高分子化または架橋し，結果として溶解性が低くなる．(d) 次のステップでは，フォトレジストのより溶解性の高い部分を洗い流す．これにより，試料表面にフォトレジストのパターンが形成され，保護層としてはたらく．形成されたフォトレジストを，高温で硬化させ，基板表面への接着をよくする（ハードベイク）．(e) おもな過程は，保護されていない部分の表面修飾である．たとえば，前節で記述した手法の一つを使用した表面層のエッチングである．(f) 最後に，より反応性の高い溶媒で，保護層を溶解させ，取り除く．

格子の最小線幅にするフォトリソグラフィーの物理的分解能は，$k_1 \lambda / NA$ で与えられる．ここで，NA は開口数である．いわゆる，k_1 因子は光学配置で決まり，光学顕微鏡を用いた一般的なリソグラフィーでは，0.5〜1 の値である．分解能を上げるには，光源として ArF エキシマーレーザーを用いて，波長を 193 nm まで減少させればよい．一度，波長の標準を決めてしまうと，変更するのは難しい．光源とそれに対応した光学ガラスを選ぶだけでなく，フォトレジストを波長に合わせて最適化しなければならない

ためである．波長変化に伴った高コストを避けるために，与えられた波長に対する分解能を最適化することに多くの努力がなされてきた[733]．それによって，いくつかの新たな技術が生まれた．たとえば，水で浸して NA を増加させる液浸フォトリソグラフィー[734]，意図的にマスクを歪曲させ，パターンの系統的な不確かさを打ち消す光近接効果補正[735]，干渉を制御して k_1 の下限を下げる位相シフトマスクなどである．これにより，193 nm の波長を使用した技術で，65 nm の分解能が可能となった．

さらに高い分解能（ナノリソグラフィー）では，電子ビームや集束ビームリソグラフィーといった，マスクを使用しない手法が使用される[736]．この場合，集束電子またはイオンビームを使用して，フォトレジスト層を作成したり，表面の直接加工を行う．分解能は集束ビームのスポットサイズによって決まり，これは数 nm にまですることができる．大きな欠点は，一連の加工過程が遅いことである．フォトリソグラフィーと対照的に，構造を一つずつ形成していく．電子ビームや集束ビームリソグラフィーの一般的な用途は，フォトリソグラフィーで使用するマスクの作成や，高価なマスクを作成する前の試作品の作成である．

ナノリソグラフィーの別なアプローチとして，原子間力顕微鏡（AFM）（7.7.3 項）を使用して，局所的に表面を修飾するというものがある（総説は文献[737]）．表面修飾は，以下に挙げるいくつかの方法で行うことができる．たとえば，AFM チップと表面の物理的相互作用によって，物質を表面から除く（総説は文献[738]）．逆に，チップから表面に物質を乗せるディップペンリソグラフィー（dip-pen lithography：DPN），あるいは，チップによって，（電気）化学反応を起こす（総説は文献[739]）．現在，原子間力顕微鏡を用いたナノリソグラフィーは，活発な研究分野であるものの，生産手段とはなっていない．だが，実用化への重要なステップとして，55 000 チップを用いた，複数チップの配列が開発されている[740]．この装置を使用して，基板表面に実物比 1：265 000 に縮小されたコインの像を 1-オクタデカンチオール（ODT：具体例 9.5 参照，$n_c = 17$）で印刷することにより，並列・高速の印字技術が実証されている．近年の応用としては，血清から HIV-1 ウイルス抗原を除くために，抗体を基板に並べること[741]や，ナノチューブを合成するための触媒を配置することなどが挙げられる[742]．

μm サイズのより大きな三次元構造を作成するために，1980 年代初頭に，LIGA プロセスが開発された[743]．LIGA とは，ドイツ語の接頭語に由来し，リソグラフィー，電気めっき（または，電気蒸着），高分子複製を意味する[744]．標準的なプロセスは，金属基板上のポリマーレジスト（たとえば，ポリメタクリル酸メチル（PMMA），エポキシ樹脂の SU-8）に，パターン化された高分子マスクを通して UV や X 線などの高エネルギー光を照射する．高分子膜の照射された部分が溶解する．照射されていない場所が，ニッケルのような金属の電気化学的蒸着の鋳型としてはたらく．最後に照射されていな

い場所の高分子を取り除くと，金属構造が残る．最初の応用は，ウランの分離ノズルであった．続いて，微小電気機械システム(microelectromechanical system：MEMS)に使用され，小型化したレンズ，分光器，輪，歯車などとして市場に出た．LIGA の利点は，高い縦横比をもつ構造を作成できる点である．しかしながら，LIGA を相補型金属酸化膜半導体(complementary metal oxide semiconductors：CMOS)に使用するのは簡単ではない．代替手法としてもっともよく使用されているのは，DRIE(9.4 節)である．

9.6 まとめ

- 表面を無機材料でコーティングするには，真空(または，低圧)での蒸着法が使用される．たとえば，蒸着，スパッタリング，分子ビームエピタキシー，イオンプレーティングである．それらの膜厚は，通常，数十 nm である．10 µm ほどの膜厚の膜は，CVD によって作成される．この手法では，気体が表面と通常は高温で，反応し，均一で固体の膜を与える．
- 原子層堆積は，特別な 2 ステップ CVD 技術で，縦横比の高い表面にも均一な膜を生成する．数百 nm の厚い膜は，2 ステップサイクルを繰返すことで得ることができる．
- 特別な装置を使用せずに，自己組織単分子膜を表面に形成し，表面物性をまったく異なったものにすることができる．この場合は，特別な官能基をもった有機物が自発的に表面に結合し，密な単分子層を形成する．分子は官能基に加えて，残りの有機鎖をもち，この部分が表面物性を決める．よく使用される具体例は，酸化シリコンへのシランと金表面へのチオールまたはジスルフィドである．
- 表面上の高分子も，表面物性を大きく変えることができる．物理吸着した高分子でさえも，結合サイトの数が多いため，非可逆的な吸着をする．密で厚い層を形成するには，高分子を表面からグラフトする必要がある．
- 表面から物質を除くことでも，表面物性を変えることができる．これは，さまざまなドライエッチングおよびウエットエッチングによって行うことができる．
- リソグラフィーによって，表面上に定義された構造を形成することができる．フォトリソグラフィーでは，マスクを通した UV 光の照射によりフォトレジストの薄い膜を形成する．これが，ウエットエッチングなどの表面修飾法に対する保護層となる．集束電子またはイオンビームは数 nm までの精度で，構造を作成するのに使用される．

9.7 演習問題

問題 9.1 固体表面の親水化／疎水化についての問題
 (a) シリコン表面をどのように疎水化できるか？
 (b) 金の表面をどのように親水化できるか？
 (c) コーティングの濡れ性，厚さ，構造を調べる手法を提案し，簡潔に説明せよ．

問題 9.2 車のヘッドライトの反射板は，アルミニウムで覆われている．通常，アルミニウムは，50 nm 以下の厚さのプラズマ高分子でコーティングされている．比較的薄い厚さの高分子コーティングがされている理由を説明せよ．

問題 9.3 ニューロンネットワークがどのように相互作用するかを調べるために，固体表面上で，たとえば，ラットの脳由来のニューロンを培養することが盛んに行われている．それらが正常に動いているかは，電気信号によって調べる．ニューロンを培養するためには，やわらかく，親水性の基板を準備する必要がある．さらに，基板は，電気信号のやりとりをすることも必要である．ポリスチレン上に，このような"ニューロチップ"電極を作成するとして，そのデザインを提案せよ．

問題 9.4 図 9.20 のような断面積のマイクロ流体デバイスを作成したい．構造は，下から順番に，シリコン，酸化シリコン，クロム，金，高分子，最後にガラスカバーとなっている．高分子がマイクロ流体デバイスの側面となる．水は，この中を流れる．ガラスは，デバイスを覆い，蒸発の影響を抑えるためである．どのようにして，このデバイスを作成すればよいか考えよ．

作成手順を一つずつ記述せよ．

金と酸化シリコンの間に，クロムがあるのはなぜだろうか？

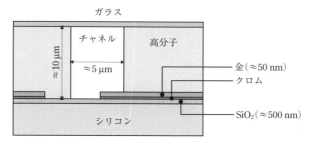

図 9.20 マイクロチャネルの断面積の模式図．
(M. Böhm 氏 (IMT, Siegen 所属) のご厚意による)

10

摩擦，潤滑，磨耗

　摩擦力とは，相互作用している表面間に対して運動を妨げるようにはたらく力のことである．磨耗とはある物質が別な固体，液体または気体と接触し，相対的な運動をすることで物質が徐々に失われていくことである．潤滑の目的は，表面間の摩擦を軽減し，磨耗を最小化させることである．今日では，摩擦，潤滑，磨耗についての研究分野はトライボロジー(tribology)とよばれている．この用語は，古代ギリシア語の「こする」を意味する tribein に由来し，英国の Her Majesty's Stationery Office によって 1966 年に出版された "The Jost Report：Lubrication(Tribology) Education and Research" という本で初めて使用された．これ以降，この分野を表す言葉として一般的に使用されるようになった．入門書は文献[745, 746]である．

　摩擦，潤滑，磨耗現象は経済的に重要であり，多くの研究がなされてきたにもかかわらず，本質的な理解はいまだに初歩的な部分のみである．現象が複雑であるためであり，分野にまたがった研究が必要となる．近年の表面力装置，原子間力顕微鏡，水晶振動子マイクロバランス(QCM)などの装置の開発により，摩擦や潤滑を分子スケールで研究することが可能となった．しかしながら，新たな研究によっても，磨耗を記述したり，摩擦係数を計算するための基礎方程式が存在しないという状況を変えることはできていない．技術者たちはいまだに，経験的な知識と実験の繰返しに頼っている．

10.1　摩　擦

10.1.1　緒　言

　科学技術の歴史のなかで，摩擦はもっとも古い研究対象の一つであり，日常生活でのその重要性は明らかである．それにもかかわらず，二つの物体間の摩擦力を予測できる，巨視的な厳密理論は存在しない．ほとんどすべてのルールに例外が存在する．摩擦現象に関する入門書は文献[747]で，詳しい本は文献[748, 749]である．

　ここで，静摩擦と動摩擦の区別をするのは有用である．動摩擦は滑っているまたは回転している物体間にはたらく，動きを妨げようとする力である．静摩擦とは静止してい

る物体が動き出すために越えなければならないものである．

この章では乾燥摩擦(クーロン摩擦)を扱う．二つの物体の間に潤滑剤や吸着質が存在せず，直接に接触しているときの摩擦である．ここで，すべての表面には不純物が付着しているため，そのような摩擦は存在しないのではないかと思うかもしれない．だが，多くの場合は表面層の影響は無視できる．

10.1.2 アモントン・クーロン法則

記録にある初めての静摩擦に関する研究は，レオナルド・ダ・ヴィンチ[1]によって行われた．すでに彼は摩擦が有効面積に依存しないことと，重さを倍にすると摩擦も倍になることを述べている．摩擦を記述するもっとも重要な経験則は，1699年にアモントン[2]によって出版された．彼は，レオナルド・ダ・ヴィンチと同様に固体表面上で荷重がF_Lのときに，物体をすべらすのに必要な力F_Fを計測した(図10.1)．通常，荷重は物体の重さであるが，物体を下向きに押す外力を足すこともできる．アモントンは摩擦力が荷重に比例して，接触面積には依存しないことを発見した．具体例としての図10.1では，両方の荷重が等しく($F_L^1 = F_L^2$)，摩擦力も等しくなる($F_F^1 = F_F^2$)．換言すると，以下で定義される摩擦係数μは接触面積によらず定数である．

$$F_F = \mu F_L \tag{10.1}$$

アモントンは摩擦係数として1/3を使用していた．現在では，アモントン法則は乾燥摩擦を記述するのに使用されるものの，彼自身はグリース上での実験も行っている．この状態は，今日では境界潤滑とよばれている(境界潤滑については後述)．

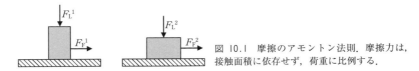

図10.1 摩擦のアモントン法則．摩擦力は，接触面積に依存せず，荷重に比例する．

アモントン法則は純粋な経験則である．現実には非常に複雑な相互作用がはたらき，近年になって徐々に理解が進んでいるところである．直感的には，摩擦が有効面積に依存しないというアモントンの発見は驚きである．

1940年頃に，BowdenとTaborが二つの固体間の実際の接触面積A_{real}は，みかけの接触面積と比べて非常に小さいことを指摘した[750]．これは，表面の粗さのためである．たとえば，ガラスや磨いた金属は光学的に平面にみえるかもしれない．光学的な平面と

---

1 Leonardo da Vinci, 1452〜1519, イタリアの科学者，発明者，芸術家．
2 Guillaume Amontons, 1663〜1705, フランスの軍技術者．

10.1 摩擦

いうのは，粗さのスケールが光の波長と比べると非常に小さいということしか意味しない．nm スケールでみると，そのような表面にも粗さがある．表面粗さのため，二つの表面は微視的な接触点(アスペリティ：asperity とよばれる)でしか互いに接触していない．アスペリティは，微視的接触点(microcontact)や接点(junction)ともよばれる．摩擦力は，これらの接点をずらすのに必要な力ということになる．そのため，摩擦力は以下の式で記述される．

$$F_F = \tau_C A_{real} \tag{10.2}$$

ここで，τ_C はせん断による降伏応力である．実際の接触面積 A_{real} は，物質の弾性コンプライアンスにも依存する．ゴムのようなやわらかい物質のほうが，鋼鉄のような硬い材料よりも実際の接触面積は大きい．どのように実際の接触面積を計測することができるのであろうか？　一つの可能性は，二つの導体間の電気抵抗を計測し，計測値と導体の比抵抗から有効面積を計算する手法である．別な可能性としては，赤外線顕微鏡を用いる．加熱された基板と接触させた，透明な固体表面で加熱されている点を計測する．これらの手法を用いることで，摩擦力が本当は，実際の面積に比例することが示された．つまり，荷重に比例して実際の接触面積が増大することを示唆している．これを理解するために，二つの極端な場合(純粋な弾性変形と純粋な塑性変形)を考える．

- 弾性変形：荷重が小さいときは，単純な近似としてヘルツモデルを使用できる．微視的接触点の形状は球形であると仮定する．式(5.66)より，ある平面上での個々の球面の実際の接触面積が以下のように荷重のべき乗に比例することが予言される．

$$A_{real} \propto F_L^{2/3} \tag{10.3}$$

これでは，荷重と摩擦力の間の比例関係が成立しない．そこで，Greenwood[751] は球の大きさがガウス分布をもつと仮定した．実際に，これは多くの実用上の表面において観測される．彼はこの条件下では，A_{real} が F_L に比例することを示した．結果として，実際の接触面積と垂直方向への荷重が比例することになる．

- 塑性変形：二つの表面を接触させると，微視的接触点での圧力が非常に高くなりうる．圧力が降伏応力 P_m を超えると微視的接触部分が塑性的に変形する．降伏応力は，材料が塑性変形を開始する前の最大圧力である．塑性変形により接触面積が広がり圧力が降伏応力以下に下がるまで塑性変形は続く．それゆえ，実際の接触面積 A_{real} は降伏応力に強く依存する．塑性変形が止まる条件を以下のように記述できる．

$$A_{real} P_m = F_L \tag{10.4}$$

よって，実際の接触面積はみかけの接触面積に依存しない．実際の接触面積は荷重に比例して増大する．金属の降伏応力は $10^8 \sim 10^9$ Pa である．たとえば，10 kg の金属ブロックを考えると，実際の接触面積は $0.3 \sim 1$ mm^2 程度の値となる．

どちらの場合にも，摩擦が実際の接触面積 A_real に比例するとすれば，摩擦のアモントン法則が導かれる．アモントン法則を説明する際の表面粗さの重要性に鑑みると，摩擦は表面粗さにどのように依存するのかという疑問が次に起こってくる．乾燥して清浄な表面では摩擦力は表面粗さにあまり依存しない．一つ目の例外は，表面粗さが巨視的な大きさをもち，物体が上下に動きながらすべる場合である．二つ目の例外は，滑らかで清浄な表面で，摩擦力が非常に高くなる場合である．具体例として，滑らかな金属表面同士の真空中での接触では非常に高い摩擦係数をもつ．理由は，表面同士の密な接触により強い粘着力がはたらくためであり，冷間圧接(cold welding)の起こる可能性もある．潤滑系では，表面粗さによって摩擦力が高くなる傾向がある．

乾燥摩擦に関するもう一つの重要な経験則は，クーロンによるものである．クーロンは電磁気学の研究により有名になったが，乾燥摩擦に関する研究も広範囲に行い経験則を導き出した．"動いている表面間の摩擦力は，相対速度に依存しない"というものである．直感的には，クーロン法則もまた驚きである．実際，流体中で動いている粒子への摩擦力または抗力は粒子の速度に比例することが知られている(例：流体中を運動する球へのストークス摩擦)．この法則の説明は，1929年に Tomlinson[752] によってなされ，10.1.8項で議論する．通常は，高速のときに乾燥摩擦が少し減少する．これは摩擦により表面温度が上昇し，ミクロ接触のせん断応力が減少することと関連している．潤滑系では，摩擦の速度依存性は複雑であり，いくつかの相互作用領域によって異なる．

10.1.3 静的，動的，スティックスリップ摩擦

静摩擦は，動摩擦よりも大きい．そのため，物体を動かし始めるのに必要な力に対応する静摩擦係数 μ_s と，すべりを維持するために必要な力に対応する動摩擦係数 μ_k を区別する必要がある．一般的に，$\mu_\text{k} \leq \mu_\text{s}$ である．

けん引力が物体と弾性的に連動する場合，いわゆるスティックスリップ運動をすることがある[753,754]．スティックスリップ運動の具体例は，バイオリンの弦の弓による振動励起，ブレーキやドアのきしみなどが挙げられる．スティックスリップ運動を説明するために，図10.2のように，質量 m の物体が，ばね(ばね定数 K)を介してフックと連結していて，フックが一定速度 v で運動することを考える．物体の速度がフックの速度と同じで，ばねの伸びが $\Delta x = \mu_\text{k} mg/K$ に等しい場合，系は平衡状態にある．物体が静止している状態で，フックを引っ張ると，ばねによる力が $F_\text{spring} = \mu_\text{s} mg$ となるまで物体は動かない(スティック状態)．その後，物体は動き出し，フックの速度 v より速い速度に加速される(スリップ状態)．これは，動摩擦係数が静摩擦係数よりも小さいためである．よって，ばねの長さが自然長に近づき，物体のけん引力が減少し，物体が止まる．この全過程が繰返されるのである．

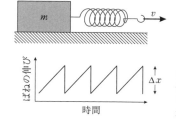

図 10.2 スティックスリップ摩擦を示す系の具体例．ばねを一定速度 v で引っ張った際の伸びと時間の関係の模式図により，スティックスリップ運動を示す．

技術的な応用において，スティックスリップ運動は，磨耗，振動，運動の精度に関して有害である．スティックスリップ運動は，以下の特徴をもつ．

- 速度が遅いときに顕著である．
- μ_k と μ_s の差を大きくすると，スティックスリップ運動も大きくなる．
- やわらかいばねを使用したときに顕著である．

スティックスリップ運動を避けるには，硬い材質で安定な構造をもつ，十分にばね定数の大きなばねを使用することである．スティックスリップ運動は，摩擦係数の速度依存性が原因で発生する可能性があることも示されている[755]．すべり速度とともに摩擦係数が減少すると，スティックスリップ運動が増幅される．速度とともに摩擦係数が増大すると，スティックスリップ運動は消滅する．前者は，通常は速度が遅いときに当てはまる．とくに，静摩擦から動摩擦へ変化するときには，必ず観測される．後者は，速度が速いときに広くみられる．

スティックスリップ現象の重要な具体例は地震である．地震がスティックスリップ摩擦の不安定性によるものであることは，古くから知られていた．μ_s の時間依存性と μ_k の速度とすべり距離依存性を考慮した岩石摩擦の構成則を使用することで，地震に関する多くの現象を説明することができる．地震発生と地震カップリング現象，前震・余震現象，地震の応力過渡現象への非敏感性などである[756]．

ここまでで説明した巨視的なスティックスリップ運動は，物体の質量中心に対して適用される．しかし，全体の物体の運動が滑らかで，定常状態にある場合でも，局所的で微視的なスティックスリップ運動が起こりうる．この場合には，単原子，単分子またはアスペリティの運動が関わっている．実際，このようなスティックスリップ運動が摩擦の微視的なモデルの基礎となっており，なぜ摩擦力がほぼ速度に依存しないのかが説明される（10.1.8 項）．

10.1.4 転がり摩擦

日常の経験から，車輪や円筒形のものを転がすほうが，すべらせるよりもずっと小さ

な力で済むことを知っている．転がり摩擦の係数は，以下のように定義される．

$$M = \mu_r F_L \quad \text{または} \quad F_F = \mu_r \frac{F_L}{R} \tag{10.5}$$

ここで，M は転がる物体のトルク，μ_r は転がり摩擦係数，F_L は垂直抗力（荷重），F_F は摩擦力，R は転がる物体の半径である（図10.3）．この場合の摩擦係数は，無次元量ではなく長さの次元をもつ．他の定義として，アモントン法則との類似性から以下のような定義もあり，この場合は摩擦係数が無次元量である．

$$F_R = \mu_r F_N \tag{10.6}$$

一般的な転がり摩擦係数は，10^{-3} のオーダーである．

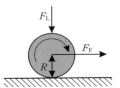

図10.3　平坦な表面を転がる球またはシリンダーの模式図

　無限大の硬さをもつ球または円筒を考える．転がるときには，点または線で表面と接触するため接触表面の相対運動がなく，転がり摩擦がゼロになるはずである．現実的には5.8節で議論したようにつねに有限の接触面積をもつため，いくつかのエネルギー散逸の経路をもち，転がり摩擦が起こる．

- 接触表面の相対的すべり（微小すべり）．二つの物体の弾性率が異なる場合，接触面での二つの物質の引き伸ばされる長さが異なり，すべりが起こる．これは，1876年にレイノルズ(Reynolds)によって認識された[757]．Heathcote[758] は，球がやわらかい表面上を回転するときの瞬間転がり中心点は球の中心ではなく，接触している最下点の直上にあることを示した．表面の単一接触点と瞬間転がり中心との距離が異なるため，すべりが生じる．転がり摩擦の潤滑依存性が非常に小さいことから，全転がり摩擦へのすべりの寄与は小さいと考えられる[753,754]．しかしながら，技術的には，歯車伝動装置をつくるときに固定された接触面積とすべりの起こっている面積を分離することは重要である．
- 粘着．転がるときには，前方での新たな接触面積の生成と，後方での接触部位の剥がれが絶えず起こっている．表面エネルギーの観点で考えると，二つの効果は打ち消し合うはずである．しかしながら，通常の場合はそのようにならない．詳細な相互作用と後方での材料接触の破壊によって，エネルギーの散逸が起こる．極端な具体例は，粘着テープ上での転がり摩擦である．

- 塑性変形．垂直応力または接線応力が高くなりすぎると，接触面での塑性変形が起こる．ある種の条件下では表面に垂直な方向への塑性変形の伝搬はなしで，表面に平行な方向へのせん断塑性変形のみが起こる．
- 粘弾性履歴．物質の緩和過程が転がり摩擦に寄与する可能性がある．粘弾性物質の場合に顕著である．

転がり摩擦は速度に比例することが多いものの，物体の組み合わせによっては，より複雑な関係が観測されることもある．Brilliantovら[759]は硬い基板上のやわらかい粘弾性の球では，転がり摩擦と速度が比例の関係にあることを予測した．粘弾性表面上の硬い円筒の場合には複雑な関係が発見された[760,761]．速度が遅いときは，転がり摩擦が速度の上昇とともに大きくなり最大値となる．さらに速度を上げると転がり摩擦が減少していく．理由は，高速では基板の実効硬化が起こるためである．

10.1.5 摩擦と粘着

二つの固体間の粘着力を上昇させると摩擦は大きくなる．二つの物体間の強い粘着は，ファンデルワールス力などの強い引力によって起こる．粘着力 F_{adh} の効果を考えるには粘着力を荷重に加えるだけでよいため，式(10.1)は以下のように書き直される．

$$F_F = \mu(F_L + F_{adh}) \tag{10.7}$$

通常，巨視的な物体の場合は荷重に比べて粘着力は小さいが，微視的な物体の場合にはそうでない場合もある．表面をすべる物体の重さは直径(または，物体のサイズを特徴づける他の長さ)の減少とともに，その3乗に比例して減少する．粘着力の減少は，有効接触面積の減少と関連し大きさに対する依存性が弱い．そのため，巨視的な物体の場合には粘着力を無視できることが多いのに対して，微視的な物体の摩擦は粘着力が支配的である．

〈具体例 10.1〉

球状シリカ粒子(SiO_2)と平面シリコンウェハー間のすべり摩擦力は，JKRモデルでの一定降伏応力を仮定した計算が示すように，有効接触面積とともに増大する(図10.4)．この場合は，重力による力は $4\pi/3 \cdot R^3 \cdot \rho g \approx 0.0019$ nN しかないため，荷重のほとんどは外力によるものである．荷重が負の値にもなっているのは，粘着力のためである．微小球を引っ張ったとしても引力によって接触したままである．850 nN の粘着力よりも強い力で引っ張ったときだけ，粒子を表面から剥がすことができる．このような実験は，コロイドプローブ法を用いて行われている[762]．重要なのは，一つの微小接触に対しては，アモントン法則が成り立っていないことである！ 摩擦力は荷重に線形に増大していない．炭化水素の単分子層は，粘着力(150 nN まで)と摩擦力を劇的に減少させる．

292   10 摩擦，潤滑，磨耗

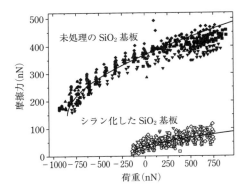

図 10.4 単一ミクロ接触のときの摩擦の荷重に対する依存性．直径 5μm のシリカ球と酸化シリコンウェハー間にはたらく摩擦力を示す（黒塗りの点）．測定点の形状は，それぞれ異なったシリカ粒子の結果に対応している．JKR モデルを使用し，真の接触面積を計算し（式(5.70)を使用），せん断強度を一定として摩擦力をフィッティングしたものを実線で示す．シラン化したシリカ基板上での，5 種類のシラン化粒子（hexamethyldisilazane を使用）に対する結果を白抜きの点で示す．（文献[762]をもとに作成）

10.1.6 摩擦を計測する手法

ある荷重に対する摩擦力を計測する古典的で巨視的な装置は，トライボメータとよばれる．動摩擦係数を決定するのにもっとも直接的な実験は，ある荷重のもとで一つの表面をもう一つの表面に対してすべらせ，必要なけん引力を測定することである．静摩擦係数は，斜面摩擦計を使用して測定することができる．物体がすべり出すまで斜面の角度を徐々に上げていく．トライボメータとしてもっともよく使用される配置の一つは，図 10.5 に示すピンオンディスク型である．この装置ではピンと回転ディスク間の摩擦が計測される．ピンの先端は，平らなものも球状のものもある．ピンへの荷重をコントロールすることができる．ピンを硬いレバーに固定し，レバーの偏位から摩擦力を求める．磨耗係数は実験中にピンから失われた物質の体積をもとに計算する．

1987 年に Mate ら[763]は，nm スケールの摩擦力計測のために，初めて原子間力顕微鏡（AFM）を用いた（総説は文献[764]）．この手法は，摩擦力顕微鏡法（friction force microscopy：FFM）または，水平力顕微鏡法（lateral force microscopy：LFM）として知られるようになった．AFM を用いて摩擦力を計測するために，試料の速いスキャン方向をカンチレバーに対して垂直な方向に選ぶ．チップと試料の摩擦により，柔軟性のあるカンチレバーがねじれる（図 10.6）．レーザー反射光の位置を位置敏感 4 分割フォトダイオード検出器で評価することにより，このカンチレバーのねじれを計測する．この手法により，初めて nm スケールの摩擦と潤滑を研究できるようになった．

1988 年には，摩擦を計測するために改良された表面力装置（SFA）が開発され

10.1 摩擦

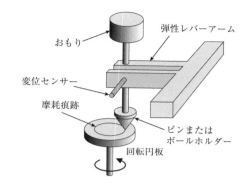

図 10.5　ピンオンディスクトライボメータの模式図

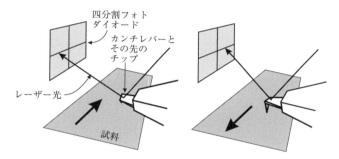

図 10.6　水平力顕微鏡または摩擦力顕微鏡の動作原理

た[765,766]．SFA の原理については 5.4 節で解説した．改良されたものでは，2 枚のマイカ表面に相対的なせん断の印加が可能となっている．SFA では基板表面が原子レベルで平坦で透明である必要がある．そのため，ほとんどの場合マイカが基板として使用される．使用できる材料に強い制約があるものの，垂直方向への分解能が高いため SFM は分子レベルの薄膜の摩擦，潤滑物性を研究する重要な技法となっている．

分子レベルの摩擦研究に用いられる他の手法は，8.4.1 項で説明した水晶振動子マイクロバランス (QCM) である．QCM は，表面への薄膜の吸着を周波数シフトによって計測するのに使用されてきた．1986 年に，Krim らは QCM 上の吸着層のすべりによって振動子の減衰が起こることを示した[767,768]．減衰が起きるのは，振動子の Q 値 (quality factor) が減少するからである．Q 値の変化から，特徴的時定数 τ_s いわゆるすべり時間が求まる．これは，動いている物体の速度が $1/e$ に落ちる時間に対応する．すべり時間が長いと摩擦が弱いということである．τ_s の一般的な値は 10^{-9} s 程度である．この手法の制約は，弱く吸着している層にしか使用できない点である．

10.1.7 巨視的摩擦

最初の研究で，アモントンは摩擦係数を 0.3 と求めた．その後，摩擦係数は広い範囲の値をとることが徐々に明らかとなってきた．金属の場合，清浄な表面，酸化物の表面，気体が吸着した表面とで明らかな違いがある．清浄な表面の金属の場合，3〜7 の摩擦係数をもつ．酸化によって，この値は 0.6〜1.0 まで減少する．また，摩擦係数が荷重に依存するという結果もある．荷重が小さいときは，摩擦は酸化物層によって決まる．荷重が大きくなると微視的な接触が酸化層へ侵入して，純粋な金属と接触し摩擦係数が増大する．

同様の効果は，ダイヤモンドでもみられる．空気中での摩擦係数は，$\mu = 0.1$ であるが，真空中で加熱して不純物と酸化物層を除いたあとで計測すると，μ が約 7 倍になる．これもまた，酸化物層により説明することができる．クリプトンや塩化ナトリウムなどの比較的等方性でやわらかい結晶など，多くの材料の摩擦係数は 0.5〜1.0 の範囲である．

摩擦係数は，物質だけではなく表面特性にも依存するため，摩擦係数の一覧表に載っている値を使用するときには注意が必要である．多くの場合，表面に関する情報が含まれていない．塑性変形の場合には，静摩擦係数が接触時間にも依存する可能性がある．熱活性過程のクリープによって，真の接触面積が増大し摩擦係数が時間とともに増大する．通常，対数時間依存性によって記述される．

$$\Delta A_{\text{real}} \propto \ln\left(1 + \frac{t}{\tau}\right) \tag{10.8}$$

ここで，τ は時定数である．

氷では，非常に小さな摩擦係数($\mu \approx 0.03$)が観測される．これを説明するために，いくつかの試みがなされた(総説は文献[769])．レイノルズは，局所的な圧力によって氷が融解し水が潤滑剤としてはたらいていると考えた．この説明は，いまだに教科書に載っている場合もあるが正確でない．この説明が正しいとすると，摩擦が速度に依存しない，または速度が上がるにつれて融解する時間がなくなり摩擦力が上昇することが予想される．実際には，その逆が観測される．たとえば，スキーの場合である．速度が遅いときは，$\mu = 0.4$ である一方，速度が速くなると $\mu = 0.04$ となる．別な説明として，局所的な加熱によって氷が融解し水の層をつくるというものもある．摩擦熱が重要な役割を果たすのは間違いないものの，この説明だけでは異なるワックスを試用したときのスキーの実験を説明することができない．この現象を完全に理解するには，バルク融点より大幅に低い温度で起こる表面融解の効果も考える必要がある[770]．

10.1.8 微視的摩擦

　以前の節で，摩擦の重要な過程が微視的接触点で起こることを学んだ．それゆえ，摩擦現象をより深く理解するには，ミクロまたはナノスケールでの摩擦を研究する必要がある．ミクロまたはナノトライボロジーの分野は，FFM，SFA，QCM などの適した実験装置が使用可能になったことで大きく発展した(最近の教科書は文献[771,772]，総説は文献[773,774]である)．FFM を用いた原子分解能での摩擦の測定は，Mate らによって初めて行われた[763]．彼らは，タングステンチップと高配向パイログラファイト基板を用い，原子のスティックスリップ摩擦を観測した．スティックスリップの周期がグラファイトの格子間隔と一致した．それに続く数年間で，原子のスティックスリップ摩擦は他の多くの結晶表面で観測された．たとえば，NaF，NaCl，AgBr[775]，MoS_2[776]，ステアリン酸結晶[777]，KBr[778]，CuP_2[779] である．これらの実験では，AFM チップにより穏やかな荷重がかかるが，原子分解能の表面では磨耗は観測されなかった．

　磨耗のない摩擦の可能性は，1929 年の時点で Tomlinson によって提案されていた[752]．彼は，相対的に運動する二つの表面の相互作用を図 10.7 に示すような単純なモデルで記述した．下の表面(2)は，単純に周期ポテンシャル $V(x)$ で表されている．表面原子(A)は上の表面と弾性的に連結していて，表面(1)が左から右に動くのにつれポテンシャル $V(x)$ の中を動く．

① 初期状態で(A)は，ポテンシャルの極小値のところにある．
② 表面(1)が動くにつれて，(A)にはたらく力が増大する．
③ 一定以上の力になると，原子は次のポテンシャル極小値へ移動する．

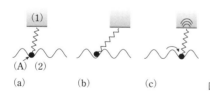

(a)　　(b)　　(c)　　　図 10.7　Tomlinson モデルの模式図

これは，極端に速い過程でエネルギーが散逸される．エネルギーは上の物体の格子振動すなわち，フォノンの生成によって散逸する．Tomlinson モデルでは，この散逸は原子の速度 v_A に比例する単純な減衰項によって記述される．このモデルは，摩擦のクーロン法則を説明する．表面原子の散逸速度が速いため，この速い緩和速度よりも表面の移動速度が十分に遅いときは，散逸は表面の速度に依存しない．単純であるにもかかわらず，Tomlinson モデルを二次元に拡張したものは，ミクロ摩擦の実験について非常によい定量的解釈を与える．

〈具体例 10.2〉

図 10.8 では，摩擦力顕微鏡法による実験結果と拡張二次元 Tomlinson モデルによるシミュレーションを比較している[780]．チップは，表面に対して速度 v で移動しているフォルダ（座標 x_0, y_0）と，弾性的に結合していると仮定した．チップ経路 $(x(t), y(t))$ は，有効質量 m_x, m_y，ばね定数 K_x, K_y，減衰係数 γ_x, γ_y を使用して計算される．この系に対する運動方程式は，以下のようになる．

$$m_x \ddot{x} = K_x(x_0 - x) - \frac{\partial V(x,y)}{\partial x} - \gamma_x \dot{x}$$

$$m_y \ddot{y} = K_y(y_0 - y) - \frac{\partial V(x,y)}{\partial y} - \gamma_y \dot{y}$$

原著者の選んだ相互作用ポテンシャルは，以下である．

$$V(x, y) = -V_0 \left[2 \cos\left(\frac{2\pi}{a} x\right) \cos\left(\frac{2\pi}{a\sqrt{3}} y\right) + \cos\left(\frac{2\pi}{a\sqrt{3}} y\right) \right]$$

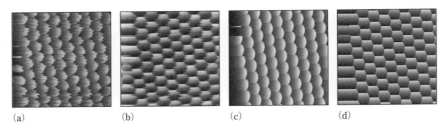

(a)　　　　　　(b)　　　　　　(c)　　　　　　(d)

図 10.8　摩擦力顕微鏡（FFM）の写真．グラファイト（0001）表面の実験データ (a, b) とシミュレーションデータ (c, d) を示した．Tomlinson モデルと等価な二次元モデルを使用して，スティックスリップ摩擦を求めた．スキャン方向と平行な方向への摩擦力 (a, c) とスキャン方向と垂直な方向への水平力 (b, d) を示した．スキャンサイズは，$2 \times 2 \, \text{nm}^2$ である．(R. Wiesendanger 氏の許可の下，文献 [780] より使用)

原子摩擦についての Tomlinson モデルでは，散逸が単純な減衰項で記述されていた．この現象論的なアプローチでは，その背後にある機構がわからない．絶縁体表面の場合は，フォノンが散逸の機構であると考えられている．導電性表面の場合は，電気的励起（たとえば，電子-正孔ペアの生成）も寄与する可能性がある．二つの機構がどのように寄与しているかについては，いまだに議論が続いている．超伝導基板（鉛）上での窒素のすべりを水晶振動子マイクロバランスで計測した実験では，転移温度 T_c 以下ではすべり摩擦が T_c 以上での値に比べて，約半分になることが示された[767]．ここで，この低下が電子摩擦の完全な消失によると仮定すると，少なくともこの系では電子とフォノンがほぼ同じオーダーで寄与しているということになる．化学反応，トライボ発光，電荷

粒子などの他のエネルギー損失も起こりうる[781].

〈具体例 10.3〉
　　初めて単原子からのエネルギー散逸を直接観測したのは Giessibl ら[782]であった. 彼らは, チップが水平方向に振動する, 改良された FFM を使用した. 散逸エネルギーは, チップと試料の間のトンネル電流を計測しながら, 振動の周波数シフトを使用することで求めることができる. この手法で, Si(111)7×7 表面の単一吸着原子とチップの相互作用によるエネルギー散逸を計測することができた. チップが吸着原子上にくると, 散逸は小さい. 振動の周波数が正の方向へシフトすると, 振動子の有効ばね定数が増えたことを示している. これは, チップと吸着原子の間に"結合"が形成されたと解釈することができる. チップ位置をさらに離すと, 振動のサイクルごとに"結合"の形成と破壊が起こるようになり, より多くのエネルギーが散逸される. この場合は, 吸着原子の平衡位置からの変位が大きくなり, 強い振動が起きフォノンが生成される.

　クーロン法則の有効性はナノスケールでも確かめられている. Zwörner ら[783]は, 異なった炭素化合物表面において, $0.1\,\mu m\,s^{-1}$ から $24\,\mu m\,s^{-1}$ の速度範囲では摩擦がすべり速度に依存しないことを示した. 速度が遅い場合には摩擦の速度への弱い(対数の)依存性があることを, NaCl(100) 基板に対して Gnecco ら[784]が, また Cu(111) 基板に対して Bennewitz ら[785]が報告している. これは, 原子のスティックスリップ運動における不可逆的ジャンプ過程の熱活性化を考慮することでモデル化される[786].

　巨視的な物体の場合には, 実際の接触面積とみかけの接触面積が異なる. そのため, 表面突起の変形を考慮することによって, アモントン法則は説明された. 単一ナノ接触を考えると, みかけの接触面積と実際の接触面積は等しい. せん断変形に対する接触強度が垂直荷重に依存しないと仮定して, 接触力学を用い, 実際の接触面積を予想することにより, 摩擦力の荷重依存性を求めることができる. 一般的に, これにより F_F の F_L への非線形な依存性が得られる. 単一ナノ接触に対する摩擦の荷重依存性依存性は, 多くの科学者によって FFM を用いて研究されてきた. 得られた異なった系に対する摩擦力は, 式(5.70)の JKR モデルのような連続体理論を用いて真の接触面積を計算することにより記述される[787〜789]. この結果は, 電気伝導率の測定によって実際の接触面積を求めることによって確かめられた[790].

　FFM を使用した実験では, チップは基板と直径数 nm のいわゆるナノコンタクトを生成する. 実際には, 巨視的物体の摩擦は微視的な接触によって決まる. FFM 手法を, より広い接触面積に拡張する一つの方法は, 小さな球を AFM カンチレバーの先につけるコロイドプローブ法の使用である(5.4節). これにより, 微視的な接触に対しても, 実際の接触面積と摩擦力の比例関係が観測される(具体例 10.1).

298   10 摩擦，潤滑，磨耗

〈具体例 10.4〉
McGuigganら[791]は，ペルフルオロポリエーテル（PFPE）とポリジメチルシロキサン（PDMS）の薄膜でコーティングされたマイカ表面の摩擦を三つの手法で計測した．SFA（接触物体の曲率半径 $R \approx 1\,\mathrm{cm}$），鋭利な AFM を使用した FFM（$R \approx 20\,\mathrm{nm}$），コロイドプローブを使用した FFM（$R \approx 15\,\mathrm{\mu m}$）である．SFA では二つの物質の摩擦係数が 100 程度異なった一方，窒化ケイ素の AFM チップで計測した結果はどちらも同じであった．コロイドプローブを使用して計測した結果は 4 程度の違いであった．これは，AFM を用いた摩擦力実験では，接触圧力が非常に大きくなることで説明できる．高い圧力によって，AFM チップが潤滑層を貫通し，潤滑を無効化してしまうのである．コロイドプローブの場合，圧力が低くなり潤滑層を完全には貫通しない．

10.2 潤 滑

潤滑剤によって摩擦を低減することは，産業革命の必要条件であった．潤滑はエネルギーの消費を低減し，磨耗を小さくすることで機械の寿命を延ばす．潤滑がなければ，金属でできた機械のほとんどは動かないだろう．摩擦と潤滑が古代より興味の対象であったことは，驚きではない．古代エジプトでは，砂を濡らすことで石を運ぶときの摩擦を低減していたことが知られている[792]．

潤滑層の厚さによって，二つの潤滑領域を区別する．流体潤滑（hydrodynamic lubrication）では，潤滑層が突起の最大高さよりも厚く摩擦物体が完全に分離されている．境界潤滑（boundary lubrication）では，潤滑層が数分子層の厚さで表面凹凸よりも薄い．多くの実用的な応用では，この二つの間の領域であり混合潤滑（mixed lubrication）とよばれる．

10.2.1 流体潤滑

流体潤滑の原理は，図 10.9 に示す単純な図からすぐに理解できる．この図では，物体が潤滑剤の存在する基板上を一定速度 v で動いている．二つの表面間の潤滑膜への粘性抵抗力が，流体力学的くさびを形成する．このような系では摩擦係数が流体力学，とくに潤滑剤の粘度 η に依存する．そのため，流体潤滑（hydrodynamic lubrication）は，fluid lubrication（日本語では，どちらも同じ流体潤滑となる）ともよばれている．流体潤滑のよく知られている具体例は，ハイドロプレーニング効果である．濡れた道で車を高速で運転すると，タイヤの表面の水が逃げることができなくなり，車と道路を分けてしまい粘着摩擦がはたらかなくなる．潤滑膜の形成はおもに軸受け表面の相対的運動または，潤滑剤の能動的注入により起こる．

10.2 潤　滑

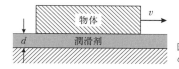

図 10.9　潤滑剤が存在する条件で，二つの平行で平坦な固体がすべる様子

　流体潤滑では，摩擦力が潤滑剤の粘性摩擦で決まるため，摩擦係数は流体力学のナビエ・ストークス方程式から計算することができる．これは，すでに 1886 年に出版されたレイノルズの流体摩擦の古典理論の中で計算されていた[793]．面積 A，距離 d の二つの平行平面への摩擦力は，以下の式で与えられる．

$$F_\mathrm{F} = \frac{A}{d}\eta v \qquad (10.9)$$

ここで，v は相対速度，η は潤滑剤の粘度である．この速度との比例関係は，二つの仮定をすることで，ナビエ・ストークス方程式から導き出すことができる．一つ目の仮定は，潤滑剤の流れは，層流で乱流ではないことである．これは，ほとんどの潤滑において成り立つ．距離 d が短いため，式(6.38)のレイノルズ数 $Re = \rho v d/\eta$ が 1 よりも十分に小さい値となるためである．通常，潤滑層の厚さは 1 μm のオーダーである．二つ目として，潤滑剤がニュートン流体であるとする．つまり，粘度がせん断速度に依存しない．二つの板の間のせん断速度 $\dot{\gamma}$ は速度を距離で割ったものである ($\dot{\gamma} = v/d$)．この条件は，せん断速度が極端に高くない限り，多くの潤滑剤に対して成り立つ．せん断速度がとても大きい場合は，粘度が小さくなることがある．この現象はずり薄化(shear thinning)として知られている．

〈具体例 10.5〉

　一辺の長さが 10 cm の滑らかな鋼鉄板がもう一つの鋼鉄板の上を 1 m s^{-1} ですべる．両方の板は，4 μm の厚さのヘキサデカン潤滑膜(25℃での粘度：3.03 mPa s)で分離されている．すべり続けるために必要な力は，以下のように計算できる．

$$F_\mathrm{F} = \frac{(0.1\,\mathrm{m})^2 \cdot 3.03 \times 10^{-3}\,\mathrm{Pa\,s} \cdot 1\,\mathrm{m\,s}^{-1}}{4 \times 10^{-6}\,\mathrm{m}} = 7.58\,\mathrm{N}$$

　配置が固定されている場合の摩擦力は，おもに潤滑剤の粘度に依存する．それゆえ，摩擦を減少させるために，潤滑剤の粘度を下げることを考えるかもしれない．しかしながら，これには制限がある．潤滑剤の膜厚がつねに表面粗さよりも厚くなければならない．そうでなければ，表面が直接接触してしまい摩擦が非常に大きくなるからである．そのため，連続潤滑層を形成するのにちょうど十分な粘度をもつ油を使用することが一般的である．

実際の応用では，速度による粘性摩擦の上昇が式(10.9)で予想される値よりも低くなる．理由は摩擦により潤滑剤の温度が上がり，粘度を低減するためである．ほとんどの潤滑剤において，粘度の温度依存性は以下の式で与えられる．

$$\eta = \eta_0 e^{E_a/(k_B T)} \tag{10.10}$$

ここで，E_a は有効活性化エネルギーである．このため，流体潤滑は固有安定性をもつ．温度が上がると，ずり薄化により摩擦が小さくなりさらなる加熱を防ぐからである．

ギアやボールベアリングでは，少なくとも短時間，局所圧力が非常に高くなる．短い時間であれば，潤滑剤が高圧領域から流れ出すことはない．このような条件下で，これまでに述べた流体潤滑理論を用いると，潤滑剤の厚さが表面粗さよりも薄くなることが予想される．しかしながら，実験によるとそのような状況でも流体潤滑が成り立つ．この現象を理解するには，以下の二つの効果を考慮する必要がある．これらの効果を含んだ潤滑は弾性流体潤滑とよばれる(このトピックに関する教科書は文献[794], 理論の総説は文献[795]である)．

- 粘度は圧力に依存する．ほとんどの潤滑剤の粘度は，圧力の増加に伴って，おおよそ指数関数的に増大する．これは，1893年に Barus によって発見された[796]．

$$\eta = \eta_0 e^{\alpha P} \tag{10.11}$$

 ここで，α は定数で，η_0 は圧力ゼロのときの粘度である．式(10.11)は，圧力が高いほど潤滑剤をギャップから押出しにくくなることを意味する．加えて，潤滑剤が相転移し固化する可能性もある．
- 潤滑剤を束縛するまわりの固体は完全に硬いわけではなく，高圧では弾性的に変形する．結果として，静水圧のかかる面積が広がる．この効果により表面同士の直接の接触が妨げられるようになる．

実際，そのような状況で荷重を増やしても，潤滑膜の膜厚にはほとんど影響がないこともある．実は，油膜は金属よりも硬くなるのである．それゆえ，荷重を増やしても膜厚はあまり変化せず，ベアリング表面の変形により高圧となる面積が増える．実際には，局所高温や局所高せん断率となる可能性もあり，さらに複雑になる．このような状況では，もはや潤滑剤はニュートン流体としては振舞わず，ずり薄化のような効果が重要となる場合もある．

(弾性)流体潤滑の大きな利点は，摩擦が非常に小さくなり可動部の磨耗が原理的には起こらない点である．さらに，基本的なメカニズムがよく理解されていて，ベアリングを作成するのに必要なパラメータを計算することも可能である．しかしながら，起動時と停止時には流体潤滑が成り立たないため，磨耗は起こる．弾性流体潤滑の場合は，ベアリング表面が繰返し変形するため，疲労破壊が起こりうる．

10.2.2 境界潤滑

　すべり速度が遅く荷重が大きいとき，潤滑膜は隙間から押出されてしまう．この場合は，いわゆる境界潤滑となる．このような条件下での摩擦係数は，流体潤滑条件よりも100倍ほど高い値となるものの，UHV条件での乾燥摩擦と比べると十分に小さな値となる．局所圧力が表面突起を変形させるほど高い状況でも，表面は潤滑剤の分子層によって濡れているためである．この場合，摩擦が粘度よりも潤滑剤の化学的特性に依存するようになる．

　潤滑剤の一つの効果は，固体同士の粘着力を低減することである．通常，固体間の粘着力はファンデルワールス力によって支配されている．炭化水素のハマカー定数は小さいため，それらが存在すると粘着力が小さくなり，摩擦も小さくなる．単分子層膜であっても顕著な効果を示す．この効果は，具体例10.1のように単分子層膜で覆われた固体の摩擦を計測することにより観察される．摩擦力は十分な潤滑油がある場合と同じくらいまで低くなりうる．単分子膜は摩擦力に非常に大きな影響を与える[797]．少なくとも金属の場合は，潤滑剤によってミクロ接触点の数は変わらず，接触強度のみが減少する．それにより，ファンデルワールス力が減少し実際の接触面積が小さくなる．

　ここで，ほとんどの"清浄"表面は不純物薄膜で覆われていることを指摘しておく（UHV中で作成し保存している場合を除く）．そのため，大気中での実験では乾燥摩擦よりも境界摩擦を考える必要がある．

　実際の応用では，境界潤滑と流体潤滑の組み合わせとなることが多い．これは混合潤滑とよばれる．たとえば，流体潤滑のベアリングも起動時と停止時には混合潤滑となる（図10.10）．この様子は，Stribeckダイヤグラムを用いて図10.11に示している．速度が遅いと，境界摩擦による高い値の摩擦力が支配的となる．速度を上げていくと，流体

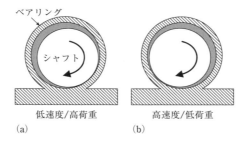

図10.10　ジャーナル軸受の異なった潤滑状況．(a) 低速度／高荷重のときには，高い摩擦係数の境界潤滑が支配的である．シャフトは，軸受けの右側を登る．(b) 高速度／低荷重のときには，流体潤滑により，摩擦力が大きく低減される．流体くさびが形成され，シャフトが左上に移動する．

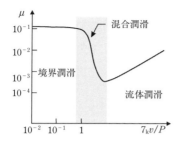

図 10.11 Stribeck ダイアグラム．摩擦係数 μ の $\eta_k v/P$ に対するプロット．ここで，η_k は動粘性率，v は速度，P は接触圧力である．左から右へ向かって，三つの異なった摩擦領域がある．境界潤滑では，摩擦と磨耗が大きい．混合潤滑では，中間の摩擦と磨耗である．流体潤滑では，摩擦も磨耗も小さい．

潤滑膜が形成され摩擦を大きく低減する．さらに速い速度で摩擦が直線的に大きくなるのは，潤滑剤の内部摩擦(粘度)によるもので，式(10.9)で記述される．

流体潤滑が自己安定的であったのに対して，混合摩擦では温度上昇により膜が不安定化する傾向がある．温度上昇により粘度が減少すると，膜厚を減少させ断続的な接触確率が高くなる．これにより，摩擦力が大きくなりさらに温度が上昇してしまう．

10.2.3 薄膜潤滑

微小電気機械システム(MEMS)やナノテクノロジーなどの分野で，非常に平らな表面を使用した精密部品をデザインする必要性から，分子厚さの膜による潤滑の使用が促進された．このような条件下では，潤滑剤の流体潤滑特性を連続体理論で記述できるかは疑問である．これは，薄膜潤滑とよばれる新たな潤滑の領域である(総説は文献[798])．

5.6.1項で議論したように，束縛液体はバルク液体とまったく異なる可能性がある．表面近傍では，層構造をつくり密度プロファイルが振動する可能性もある(図5.13参照)．これらの層構造が重なり合うと，SFA実験で観測されているように束縛液体は相転移によって結晶状態またはガラス状態になる可能性がある[766,799~802]．これは，粘度の急激な上昇と関連している．そのような固化した膜にせん断を与えることは，スティックスリップ運動を引き起こすこともある．ある臨界せん断強度を超えると，膜が液化する．系は表面の相対的運動によって緩和し，潤滑剤は再び固化する．

薄膜潤滑では，他の現象も考慮する必要がある．これはスリップである．流体力学では液体が固体表面を流れるとき，固体表面近傍の液体は固体に対して静止していると仮定する．これは，いわゆるスリップなしの境界条件である．この境界条件を使用して，巨視的な系の流れはうまく記述することができる．だが，コンピュータシミュレーション[803~805]と実験[806~809]によると，固液相互作用が弱い液体の場合には，必ずしもこの条件が満たされておらず，実際には，スリップが観測されることが知られている．一見すると，潤滑剤とは無関係に思える．というのも，潤滑剤は固体表面を濡らす必要があ

り，固液相互作用が液液相互作用よりも強いことを示しているためである．しかしながら，近年，固液相互作用が強い場合でもせん断率が高い場合はスリップが観測されている[810,811]．このように，薄膜潤滑ではスリップが起き摩擦を低減する可能性がある．

10.2.4 超潤滑

技術応用として，潤滑剤によって巨視的な摩擦を抑えることは非常に重要である．そして，それに関連して広範囲にわたる経験的知識が蓄積されている．しかしながら，微小機械やナノテクノロジーの重要性が高まるとともに，摩擦を減少させることに関して新たな概念を構築することが必要となってきた．MEMS では表面体積比が高いため張りつきと摩擦が重要な役割を果たし，操作性と寿命は制限される[812,813]．清浄で乾燥した表面では，通常スティックスリップ運動が支配的である．それゆえ連続した摩擦のないすべりを得るためには，スティックスリップ運動を抑えることが望ましい．

構造超潤滑． 1990 年に，平野と新上[3][814] は，もしも水平方向の相互作用が十分に小さければ理論的には二つの結晶面をすべらすときの摩擦を消すことができることを予想した．結晶の格子不整合によってそのような配置が可能となると提案した．彼らは，超伝導 (superconductivity) という言葉を真似て，このようなすべりを超潤滑 (superlubricity)[815] と名づけた．ただ，超潤滑という用語は現象が量子性に関連していると誤解される恐れがあるため，構造超潤滑 (structual superlubricity) という用語も提案され，こちらのほうがより適切である[816]．その後，他のメカニズムでも摩擦がほぼ消滅しうることがわかったため，超潤滑は摩擦がほぼゼロになる現象に対して一般的に用いられる用語となった．最近の総説は，文献[817]である．この分野に関する相補的な専門書は文献[818]である．

構造超潤滑の概念を証明するための最初の実験の試みは，平野らによってなされた[815]．彼らは，マイカシートの格子をミスマッチさせることでトライボメータの摩擦力を 1/4 に低減できることを示した．この結果は，表面の整合性が摩擦に大きな影響を与えることを示しているものの，完全な超潤滑は得られなかった．Martin ら[819] は UHV 中でのトライボメータによる，清浄な MoS_2 表面同士の摩擦係数として 10^{-3} 以下という値を計測した．これは超潤滑と帰属された．平野ら[820] による二度目の試みは，STM を用いて W(011) でできたチップと Si(001) の表面の間の摩擦を計測するというものであった．チップの向きを回転させることで，摩擦が 1/25 まで減少することを観測した．超潤滑に関するもっとも説得力のある証明は Dienwiebel らによってなされた[821]．彼らは，FFM のチップ上にある黒鉛薄片と HOPG 間のすべり摩擦を計測した．

---

3 訳注：平野元久，新上和正，当時 NTT（日本電信電話株式会社）所属

特別な FFM を使用し,両方向への水平力を 15 pN の分解能で計測することができる.試料をチップに対して小さなステップで徐々に回転させることで,摩擦の角度分布をマッピングした.角度が 60° ごとに明らかな摩擦力のピークが存在し,その間で摩擦力が 1/10 以下になることが水平力によって観測された.実験結果は,二次元の Prandtl-Tomlinson モデルでフィッティングすることができた[822].

摩擦がすべり表面間でのある種の格子整合性を必要とするだけならば,ほとんどすべての状況で摩擦は消失しないのではないだろうか? 二つの表面が類似の格子定数をもち,互いに整合して配列するのは,とてもまれな一致ではないのではないだろうか? 構造超潤滑によって摩擦がゼロになることが起こらない理由は,いくつかある.

- 構造超潤滑によって除かれるのは,スティックスリップ運動による散逸だけである.他の散逸機構は除かれず,それらが支配的となる.
- 単一結晶薄片は,高摩擦状態の配置に自己整合する傾向がある[823].
- 表面間の"第三物体"(吸着分子や不純物)の存在によって摩擦が非常に大きくなる[824].
- 前述のモデルでは,理想的に平らな表面で剛体であることを仮定している.剛体であるという仮説が成り立たなければ,超潤滑は起こらない.これは,界面相互作用とバルク弾性力のつり合いと関連している[816].

原子レベルで平らで,結晶性の表面を不純物なしに使用し,超潤滑として応用するというのは,現時点では困難である.だが,構造超潤滑という現象は,よく知られていた黒鉛や MoS_2 のような材料の非常によい潤滑現象に対して,新たな視点を与えた.これらの材料は,長い間,固体潤滑剤として知られていた.一般的には,この効果は結晶層の弱い相互作用によるとされてきた.しかしながら,潤滑剤薄片の相対的なすべりには大きな力が必要とされると予想される.そのため,不整合薄片の相対的なすべりという考えは摩擦力が低くなることのより現実的なシナリオである.

静的超潤滑. 10.1.8 項で議論したように,Prandtl-Tomlinson モデルによると,水平相互作用ポテンシャルの強度が減少するとスティックスリップ運動が抑制される.実験的には,高野と藤平[4][777] がステアリン酸結晶に FFM を使用することで初めてこのことを確認した.続いて,Socoliuc ら[825] が UHV 中の NaCl(001) に FFM を使用することでより詳細に研究した.どちらの場合も,有効接触圧力を最小化することで,相互作用強度を減少させることができた.静的超潤滑では,すべる表面間の荷重が小さい(場合によっては負の値)ことが要求されるため,この効果は,実際の応用に際して制限を加えることになる.しかしながら,Feiler ら[826] が示したように,表面間にファンデ

---

4 訳注:高野肇,藤平正道,当時東京工業大学

10.2 潤滑

ルワールス力がはたらく系の使用は興味深いアプローチである．彼らは，シクロヘキサン中での金で表面修飾したコロイドプローブとテフロン間の摩擦力が，30 nN ほどの荷重を与えた場合でも検出できないことを発見した．これは，摩擦係数が 0.0003 以下であることを示している．

動的超潤滑．垂直方向への振動による摩擦の低減を指す．これは，断続的な接触の消失を伴う巨視的摩擦として知られる現象である．比較的強い振動の励起が必要であるために，応用が制限される．ナノスケールの摩擦に関しては，境界潤滑の条件で，際立った摩擦の軽減が起こることを振動振幅が 0.1 nm の SFA による実験によって Heuberger ら[827]が示した．また，FFM の実験によって Jeon ら[828]も同様のことを示した．UHV 中での KBr と NaCl 上の原子摩擦によるスティックスリップ運動は，シリコンチップと絶縁体試料の裏側に AC 電圧をかけることで軽減することができる[829]．導電性試料の場合にも，ピエゾ素子による力学的振動を用いることで同様の効果が得られている[830]．さらに，このような手法は，大気圧条件でも使用できることがわかったため，MEMS 応用における摩擦を制御する可能性の一つとしても期待できる．

熱超潤滑．Prandtl-Tomlinson モデルでは，温度上昇とともに摩擦が減少することが予想される．熱励起がポテンシャルバリアを越えることを促進するからである．また，すべり速度を遅くすると摩擦は小さくなる．しかしながら，どちらの場合でもある程度の波形表面ポテンシャルをもつ場合にはスティックスリップが起こる．より詳細な理論的解析によって，Krylov ら[831]は，スティックスリップから熱ドリフト運動への遷移によって摩擦が消える転移が存在することを示した．この転移は FFM を使用した実験によって確認された．黒鉛表面とタングステンチップ間の摩擦を黒鉛薄片がある場合とない場合について，1 nm s^{-1} 以下の速度でスキャンする実験が行われた[832]．

10.2.5 潤 滑 剤

潤滑剤のおもな役割は，摩擦を低減し，磨耗を最小化することである．1999 年には，3700 万トン（訳注：2012 年のデータでは，3870 万トン）の潤滑剤が世界で消費された．ほとんどの潤滑剤は，油を基本として欲しい特性をもたせるために添加剤が加えられている．通常，基本となる油（基油）は原油の精製か低分子量物質からの合成によって得られる．精製した基油は，おもにパラフィンとナフタレンからなる．自然界から収穫可能な原料からの油は，環境適合性が高いため重要性が増している．他のタイプの潤滑剤はグリースである．グリースは液体潤滑剤中へ増粘剤（通常はセッケン）が分散したものである．特別な条件（超高圧，高温，UHV）では，MoS_2 や黒鉛などの固体潤滑剤を用いなければならない．潤滑剤に関連した広範囲をカバーした文献は[833]である．

潤滑剤は，いくつかのパラメータによって特徴づけられる．もっとも重要なものは粘

度で，動的粘度とよばれることもある．潤滑剤産業では，しばしば運動学的粘度が使用される．運動学的粘度とは，動的密度を液体の密度で割ったものである（$\eta_k = \eta/\rho$）．この単位は，$m^2 s^{-1}$ であり，ストークス(stokes)という単位も用いられる（1センチストークス $= 1 mm^2 s^{-1} = 0.001 m^2 s^{-1} = 10^{-2}$ ストークス）．

すでに述べたように，基油の粘度は温度上昇に伴って減少する．そのため，ある温度での粘度だけでなく使用する温度範囲での粘度を調べておくことが重要である．粘度の温度依存性を特徴づけるために，1929年に米国材料・試験協会は，いわゆる粘度指数(viscosity index：VI)を策定した．VI では，40℃と100℃での運動学的粘度が使用される．これらは二つの基準基油の値と比較される．一つの基準基油は標準パラフィン油である．この粘度は，温度に少ししか依存しない．パラフィンの粘度指数を100とする．もう一つの基準基油は標準ナフテン油である．この粘度は，温度に強く依存する．この粘度指数をゼロとする．粘度指数が低いということは温度への依存性が強いことを意味し，粘度指数が高い場合は温度にあまり依存しないことを意味する．

揮発度は，潤滑剤にとって次に重要な特性である．できる限り低い値でなければならない．揮発度は大部分を占める基油によって決まる．添加物は揮発度に大きな影響は与えない．そのため，基油は沸点の高い低揮発性油が使用される．

応用においてはエイジング現象(aging behavior)も重要である．どのくらいの期間，潤滑剤はその性質を保つことができるのだろうか？　これは，使用する環境に強く依存する．温度，酸化されやすさ，不純物として含まれる水，酸性の燃焼残余物，微粒子などである．不純物以外に，おもなエイジングの原因は二つある．酸化と熱分解である．炭化水素が酸化されると，より高分子量の化合物が生成する[834]．潤滑剤の粘度は上昇し，最終的には不溶性高分子が残余物として残る．多くの場合，基油の酸化がエイジング現象の原因である．酸素の関与しない熱分解では，炭化水素がより小さな分子量の分子となる．

潤滑剤の性能は，添加物によって大きく向上させることが可能である．加える添加物の量は，潤滑剤のppm程度から潤滑剤の30%(w/w)を占めるまで幅があるが，一般的には5%程度の場合が多い．しばしば，複数の性質を向上させるために異なった添加物を組み合わせることがある．うまく添加物を組み合わせると相乗作用で非常によい特性を引き出すことができるが，組み合わせが悪いと特性を消してしまうこともある．添加物に関して重要なことの一つは，固体表面および高分子またはゴムでできた密閉パッキングと添加剤の適合性である．表10.1に最重要な添加物を一覧にしてまとめた．一覧には，潤滑剤をつくるときに起こりうる実用的な問題点もまとめた．

表 10.1 潤滑添加剤の種類

酸化防止剤	ラジカルを中和することで,酸化を防ぐ.
分散剤	潤滑剤中の不純物を分散させたままにし,不純物の凝集を防ぐ.分散剤は,両親媒性分子である.長鎖炭化水素鎖からなる尾基により,基油の中での極性分子の溶解が促進される.極性頭部基が不純物と相互作用し,逆ミセルを生成する.
粘度調節剤	潤滑油の粘度または粘度指数を上昇させる.通常,高分子が使用される.
流動点降下剤	基油中でのパラフィン樹脂の結晶化は,低温での潤滑油のゲル化を引き起こす.流動点降下剤は結晶化を妨げることはできないが,結晶の形を針状から密に詰まった球状のものに変える.これにより,流動性が大きく向上する.
消泡剤	泡の生成を抑制する.潤滑油中での泡の生成が有害な理由は二つある.一つは,潤滑油の流れを止めてしまう可能性があることである.次に,表面積が広がることで,酸化が加速されることである.
解乳化剤	解乳化剤を加えなければ,不純物として含まれる水が,水/油(W/O)エマルションを形成してしまう.おもに,ポリエチレングリコールが使用されている.
摩擦調整剤	脂肪酸のような化合物は,金属表面上に物理吸着した層を形成する.それによって,混合潤滑のときの摩擦を小さくし,スティックスリップ運動を避けるはたらきをする.
磨耗防止(AW)添加剤, 超高圧(EP)添加剤	AW添加剤とEP添加剤は金属表面に化学吸着し,金属の直接接触を妨げる.
腐食抑制剤	腐食抑制剤は,金属表面を覆い,酸素や湿気との接触を防ぐ.通常,腐食抑制剤は,両親媒性物質で,その極性基が金属と結合する.

10.3 磨耗

磨耗とは,物質が他の固体,液体または気体と接触し相対的に動くことによって,徐々に物質が失われていくことである.磨耗を理解して最小化することの技術的重要性は明らかである.しかしながら,今日でも理論的に新たな系の磨耗による寿命を予想する信頼できる手法は存在しない.磨耗速度を記述するには,いくつかの方程式が使用される.一つの例は,よく知られた付着摩耗に関するArchard法則である[835].これは,単位時間あたりに失う物質を記述する.

$$\Psi = k_\mathrm{w} \frac{F_\mathrm{L} v}{H} \qquad (10.12)$$

ここで,Hは物質の硬度,k_wは磨耗係数(単位は$\mathrm{m^3\,s^{-1}}$)である.しかしながら,このような方程式の実用的な使用は制限されている.Ludema[745]は多くの文献を調査し[836],いろいろな条件での摩擦を記述するために300以上の異なった方程式が使用されていることについて以下のようなコメントをした."多くの方程式がお互いに矛盾してしまい,統一的に理解できる方程式は少ししかない.たとえば,ある方程式ではヤン

グ率が分子に使用される一方，別な方程式では分母に使用されるといったことが頻繁にある．"加えて摩擦と磨耗の関係も，理解にはほど遠い．すでに述べたように，原子摩擦はまったく磨耗を起こさずに起こりうる．機器の運転中に，少しの磨耗が起こるとそれにより摩擦が小さくなる可能性もある．また，摩擦が比較的小さいにもかかわらず磨耗が大きい場合もある．

磨耗に関する用語は多岐にわたる．用語によっては，損傷の症状を示す言葉を使用したりあるいは，複雑な機構を数語で記述しようとしたりする．

以下に，完全ではないが最重要な用語をまとめる．

磨り減り(abrasion)は，ある物質がより硬い物質と接触する場合に起こる．硬い材料の突起によって，引っかき傷のような溝をつくる(二体磨り減り)．また，硬い材料の粒子が二つの物質間に挟まった場合にも起こる(三体磨り減り)．小さなくぼみの不規則な傷ができる．潤滑剤中の不純物によって，このタイプの磨り減りが起こる．

浸食(erosion)は，固体粒子を含んだ液流や気流の衝突によって引き起こされる．サンドブラスト(訳注：表面に砂などの研磨剤を吹きつける工業技術)による研磨がよく知られた具体例である．この機構は，粒子と表面の硬度比に依存する[837]．金属表面の場合，粒子の衝突によって表面の硬化が起こり，それに続いて水平方向への亀裂や小さな切れ込みが生成する[838]．

過重負荷，流体粘度の低下，速度の低下が起きると金属−金属接触の点で，潤滑剤層が失われる可能性がある．直接的な粘着接触が起こると，この分子相互作用が強く表面から物質を剥がしてしまう．この過程は**冷間圧接**(cold welding)として知られている．大気中での金属表面は酸化物層で覆われており，通常の荷重の場合の冷間圧接を防いでいる．

表面疲労(surface fatigue)とは，接触範囲で周期的に高い荷重がかかるため物質の構造を変えてしまい，最終的に表面での物質破壊が起こることをいう．

フレッティング摩耗(fretting wear)は，二つの表面が小さな振動をしながらすべる(＝フレッティング)ときにみられる．この磨耗は，通常振動による．原理的には，普通のすべりの場合と同じ磨耗が起こるはずである．しかしながら，磨耗によって生じた粒子が接触領域に残りやすく，これが研磨剤のような役割を果たすため磨耗が促進される．

潤滑剤と金属表面の酸化に加えて，複雑な**摩擦化学反応**(tribochemical reaction)も起こりうる．表面での化学反応は，いろいろな要因によって引き起こされる．一つの要因は，摩擦による加熱である．これは，全体的な効果(表面と潤滑剤の平均温度が上昇する)をもつときもあれば局所的な現象であることもある．とくに，混合または境界潤滑のとき，表面突起との直接接触は瞬間高温を生じる．そのような"ホットスポット"で

は，温度が1000℃を超え，化学反応と表面融解を促進する．化学反応を促進するほかの要因として，以下のものが挙げられる．

- 低エネルギー電子のトライボ放出．これにより，高反応性のラジカルが生成される[839]．
- 保護層の酸化物の除去．
- 粗さの増加による反応性表面の増加．
- 表面の塑性変形によるダングリングボンドの生成．

気泡の破裂も物質表面を傷つける可能性がある．キャビテーション(cavitation)は，しばしば，腐食過程を促進し表面の急速な分解を引き起こす．具体例としては，船のスクリューやエンジンの振動シリンダーなどで起こる．潤滑剤を使用した系で，キャビテーションを最小化させるために，高沸点の潤滑剤の使用，空気の侵入防止，気泡の大きさを減少させる表面活性添加剤の使用などが行われている．

10.4 まとめ

- 巨視的乾燥摩擦に対するアモントン法則は，摩擦が荷重に比例するがみかけの接触面積によらないことを主張する．

$$F_F = \mu F_L$$

  比例係数 μ は摩擦係数である．微視的な分析によれば，実際，摩擦力は真の接触面積に比例する．そして，接触面積が荷重に比例して増大する．静摩擦係数は，動摩擦係数よりも大きい．
- 巨視的な乾燥摩擦に対する二つ目の経験則は，「摩擦はすべり速度に依存しない」ことを主張するクーロン法則である．
- 1980年代に開発された新たな技術によって，原子スケールでの摩擦を研究することが可能になり，新たなナノテクノロジーの分野が生み出された．原子スケールの磨耗が起こらない摩擦は，Tomlinson モデルによって理解することができる．このモデルでは，ある原子が別な原子によって動かされることでフォノンが生成し，エネルギー散逸が起こると考える．
- 潤滑剤は，摩擦と磨耗を低減するために使用される．潤滑層の厚さによって潤滑の領域を区別する．流体潤滑は潤滑層が十分に厚く，表面同士が完全に分離されているときに起こる．この場合の潤滑は，潤滑剤の粘度によって決まる．もし表面同士が，吸着層や酸化層のみによって分離されているときには，境界潤滑が支配的である．潤滑層の厚さが表面粗さと同じくらいで，表面の断続的な接触が起こるときを混合潤滑と

よぶ．ボールベアリングのような転がり摩擦のときに，摩擦係数がもっとも低くなる．

摩擦状態	摩擦係数
乾燥摩擦	$0.1 \sim \geq 1$
境界潤滑	$0.01 \sim 0.2$
混合潤滑	$0.01 \sim 0.1$
流体潤滑	$0.001 \sim 0.01$
転がり摩擦	$0.001 \sim 0.005$

- 潤滑剤は，原油の精製または化学合成によって得られる基油と特性を上げるための添加剤からなる．
- 磨耗は，物質同士の接触と相対的運動により物質が徐々に失われていくことである．技術的にも経済的にも重要であるにもかかわらず，磨耗を統一的に記述する一般的な理論は存在しない．技術者は磨耗を低減させるのに経験知に頼るしかない．

10.5 演習問題

問題 10.1 重さ 5 kg の金属物体がある．これを，同じ金属の板の上に左端から 1 m 離れた位置に置く．金属の静摩擦係数は 0.5，動摩擦係数は 0.4 である．金属物体がすべり出すまで，板の右端を徐々に傾ける．どの角度のところで金属物体はすべり出すか？ すべり出しの角度で板の角度を固定すると，左端に着いたときの速度はいくらか？

問題 10.2 鋼鉄板の上に，一辺の長さ 10 cm の金属立方体を置く．鋼鉄の降伏応力は，$\sigma_y \approx 10^9 \, \mathrm{N \, m^{-2}}$ である．実際の有効面積を見積もれ．ミクロ接触の面積として，一般的な値 10 μm^2 を仮定すると，板と物体の間にはいくつの接触点が存在するか？

問題 10.3 直径が 1 cm，長さが 10 cm の円柱軸が，内径が 6 μm だけ大きい精密ベアリングの中を回転している．潤滑剤としてオクタデカンを使用する．摩擦により温度は 50℃ になり，粘度が 2.49 mPa s となる．円柱軸は，80 回転 s^{-1} の速度で回転する．粘性摩擦による速度減少を補うために加えなければならないトルクを求めよ．

11

界面活性剤, ミセル, エマルション, 泡

11.1 界面活性剤

この章では，可溶性両親媒性分子によって支配される界面現象について議論する[840]．両親媒性分子は日常生活でも用いられ，また多くの産業プロセスにおいて必要不可欠である(総説は文献[841])．応用の具体例は，清掃での使用，洗濯での使用，化粧品や医薬品の乳化剤としての使用，鉱業での浮遊剤としての使用などである．

可溶性の両親媒性分子は，洗剤(detergent)，界面活性剤(tenside または surfactant)として知られる．おそらく，これらの中でもっとも意味がわかりやすい用語は，界面活性剤(surfactant)である．これは，surface active agent の短縮形である．セッケン(soap)という用語は，長鎖脂肪酸をもつアルカリ金属塩にのみ使用される(表11.1)．両親媒性という用語は，分子のある部分はある溶媒と親和性がある一方，別の部分は他の溶媒と親和性があり，そしてこの二つの溶媒は非相溶ということを意味する．通常，片方の溶媒は水で，水と親和性のある部分は親水性基とよばれる．もう片方の部分は油と親和性があり，疎水性基とよばれる．多くの場合，疎水性部分は分岐なしの長鎖アルキル基$(CH_3(CH_2)_{n_C-1}\sim$，$n_C = 8-20)$からなる．特別の応用の場合には，炭化水素基の一部または全部をフッ素化することもある．

界面活性剤は四つに分類することができる(表11.1)．
- **アニオン界面活性剤**は，カルボン酸塩，スルホン酸塩，または硫酸基などの負の電荷をもつ親水基を有する．重要で広く使用されているアニオン界面活性剤は，ドデシル硫酸ナトリウム(sodium dodecylsulfate：SDS)，$C_{12}H_{25}OSO_3Na$である．アルキル硫酸ナトリウムに分類され(3.5.3項または具体例6.12参照)，水中では以下の化学式によって電離する．

$$C_{12}H_{25}OSO_3Na \longrightarrow C_{12}H_{25}OSO_3^- + Na^+$$

他のアニオン界面活性剤には，ドデカン酸ナトリウム $C_{11}H_{23}CO_2Na$ がある．アルキルカルボン酸ナトリウム塩に分類され，脂肪酸やセッケンともよばれる．ちょうど水中の SDS の場合と同様に中性 pH でアルカリ金属がカチオンとして電離し，

表 11.1 25℃の水中での一般的な界面活性剤の構造と臨界ミセル濃度(CMS, 単位は mM). CMC は, 文献[190, 843, 844]のデータを使用.

界面活性剤		CMC
アニオン性		
アルキル硫酸ナトリウム $CH_3-(CH_2)_{nC-1}-O-SO_3^- \ Na^+$	$n_C = 8$, オクチル硫酸ナトリウム $n_C = 10$, デシル硫酸ナトリウム $n_C = 11$, ウンデシル硫酸ナトリウム $n_C = 12$, ドデシル硫酸ナトリウム(SDS)	139 34 17 8.3
アルキルベンゼンスルホン酸ナトリウム $CH_3-(CH_2)_{nC-1}-C_6H_4-SO_3^- \ Na^+$	$n_C = 7$, ヘプチルベンゼンスルホン酸ナトリウム $n_C = 8$, オクチルベンゼンスルホン酸ナトリウム $n_C = 12$, ドデシルベンゼンスルホン酸ナトリウム	24 12 3.6
アルキルエーテル硫酸エステルナトリウム (AES) $CH_3-(CH_2)_{nC-1}-(O-CH_2CH_2)_m-O-SO_3^- \ Na^+$	$n_C = 12\sim14$, $m = 2\sim4$	
アルキルカルボン酸塩ナトリウム $CH_3-(CH_2)_{nC-2}-COO^- \ Na^+$	以下の酸のナトリウム塩 $n_C = 10$, デカン酸 $n_C = 11$, ウンデカン酸 $n_C = 12$, ドデカン酸(ラウリン酸) $n_C = 13$, トリデカン酸 $n_C = 14$, テトラデカン酸(ミリスチン酸) $n_C = 16$, ヘキサデカン酸(パルミチン酸) $n_C = 18$, オクタデカン酸(ステアリン酸) $n_C = 20$, イコサン酸(アラキジン酸) $n_C = 22$, ドコサン酸(ベヘン酸)	100 50 25 13 6.3 1.8
スルホコハク酸ビス(2-エチルヘキシル)ナトリウム	Aerosol OT(AOT)とも表記される.	1.4

11.1 界面活性剤

表 11.1 つづき

界面活性剤		CMC
カチオン性		
アルキルトリメチルアンモニウムブロミド $CH_3-(CH_2)_{n_C-1}-\overset{CH_3}{\underset{CH_3}{\overset{|}{N}}}(+)-CH_3 \quad Br^{(-)}$	$n_C=10$, デシルトリメチルアンモニウムブロミド $n_C=12$, ドデシルトリメチルアンモニウムブロミド $n_C=14$, テトラデシルトリメチルアンモニウムブロミド(TTAB) $n_C=16$, ヘキサデシルトリメチルアンモニウムブロミド(CTAB)	66 15 3.5 0.9
アルキルトリメチルアンモニウムクロリド $CH_3-(CH_2)_{15}-\overset{CH_3}{\underset{CH_3}{\overset{|}{N}}}(+)-CH_3 \quad Cl^{(-)}$	ヘキサデシルアルキルトリメチルアンモニウムクロリド	1.3
ジアルキルジメチルアンモニウムブロミド $CH_3-(CH_2)_{11}\underset{CH_3-(CH_2)_{11}}{\overset{CH_3}{\overset{|}{N}(+)}}CH_3 \quad Br^{(-)}$	ジドデシルジメチルアンモニウムブロミド (DDAB)	0.15
非イオン性		
アルキルエチレングリコール $C_{10}H_{21}(OCH_2CH_2)_4OH$ $C_{10}H_{21}(OCH_2CH_2)_6OH$ $C_{10}H_{21}(OCH_2CH_2)_8OH$ $C_{12}H_{25}(OCH_2CH_2)_8OH$ $C_{14}H_{29}(OCH_2CH_2)_8OH$	$C_{10}E_4$ $C_{10}E_6$ $C_{10}E_8$ $C_{12}E_8$ $C_{14}E_8$	0.79 0.9 1.0 0.071 0.009
アルキルグルコシド	$n_C=8$, オクチル-β-D-グルコシド $n_C=10$, デシル-β-D-グルコシド $n_C=12$, ドデシル-β-D-グルコシド	25 2.2 0.19
ポリエチレンオキシド	$m=7,8$, Triton® X-114	0.2

表 11.1 つづき

界面活性剤		CMC
イソオクチルフェニルエーテル	$m=10$, Triton® X-100	0.24
(構造式: イソオクチル-C6H4-(OCH2CH2)m-OH)	$m=40$, Triton® X-405	0.81
ポリオキシエチレンソルビタンモノラウレート	$R = \sim OCO(CH_2)_{10}CH_3$：モノラウレート Tween®20	0.08
(ソルビタン構造: $m+x+y+z=20$)	$R = \sim OCO(CH_2)_{16}CH_3$：モノラウレート Tween®60	0.0027
両性		
アルキルジメチルプロパンスルタイン $CH_3-(CH_2)_{11}-N^{(+)}(CH_3)_2-(CH_2)_3-SO_3^{(-)}$	N-ドデシル-N,N-ジメチルプロパンスルタイン	

界面活性剤は負に帯電する．

- **カチオン界面活性剤**は親水性部位に正の電荷をもつ．具体例は，ドデシルトリメチルアンモニウムブロミド $C_{12}H_{25}N(CH_3)_3Br$ とヘキサデシルトリメチルアンモニウムブロミド $C_{16}H_{33}N(CH_3)_3Br$ である．以下のように水中で電離する．

$$C_{16}H_{33}N(CH_3)_3Br \longrightarrow C_{16}H_{33}N^+(CH_3)_3 + Br^-$$

正の電荷は窒素原子の所に局在化する．セチルトリメチルアンモニウムブロミド（CTAB）とよばれることもある．

- **非イオン界面活性剤**は電荷をもたない界面活性剤である．ポリエチレンオキシドや糖類などの極性の高い官能基が親水性部位としてはたらく．アルキルエチレンオキシドあるいは，アルキルエチレングリコールとよばれるものは，非イオン界面活性剤に分類される．具体例は，$C_{10}H_{21}(OCH_2CH_2)_8OH$ と $C_{12}H_{25}(OCH_2CH_2)_6OH$ の二つがある．アルキルエチレングリコールは，通常，$C_{n_C}E_{n_E}$ と記す．ここで，n_C はアルキル鎖の炭素原子の数を示し，n_E は親水性の頭部基のエチレンオキシド単位の数を示す．具体例として挙げた分子の短縮記法は $C_{10}E_8$ と $C_{12}E_6$ である．非イオン性の別な種類の界面活性剤としてアルキルグリコシドあるいは，アルキルポリグ

11.1 界面活性剤

リシドとよばれるものがある[842]. それらは,疎水性の尾基としてアルキル鎖をもち,親水性の頭基としてモノスクロース,オリゴスクロース,グルコース,またはソルビトールをもつ.

- **両性**(amphoteric または zwitterionic)**界面活性剤**は正の電荷と負の電荷をもち,全体の電荷がゼロとなる. ホスファチジルコリンなどの脂質の一部は,両性界面活性剤である. ただし,脂質は水に不溶であるため厳密な定義では界面活性剤ではない.

使用されるほとんどの界面活性剤はアニオン性のもので,たまに非イオン性のものも使用される. カチオン性の界面活性剤は,生分解性が悪いため環境問題を引き起こすことがある. 両性界面活性剤は高価であるため特別な場合にしか使用されない.

一つの極性頭部基と一つの非極性尾基をもつ通常の界面活性剤に加えて,二量体界面活性剤やオリゴマー界面活性剤が大学と企業で興味をもたれるようになってきた[845]. 二量体界面活性剤,あるいはジェミニ界面活性剤ともよばれるものは二つの両親媒性部位からなり,それらは頭部基がスペーサーによって連結している(図 11.1). ボラ型界面活性剤は,アルキル鎖の真ん中または端で連結していて,二つの極性頭部基が長い疎水性鎖で連結された形になっている.

二つ以上の界面活性剤を結合させ,三量体,四量体としたり,高分子性の界面活性剤にしたりすることもできる. しばしば,三量体や四量体界面活性剤は普通の界面活性剤よりも優れた特性をもつ. 加えて,それらは一般的な界面活性剤と高分子界面活性剤の中間に位置する. 通常の高分子界面活性剤では,それぞれのモノマーユニットが両親媒性である. 他のタイプの高分子界面活性剤はブロックコポリマー[846, 847]である. ブロックコポリマーは少なくとも二つの部位からなる. 片方はAタイプのモノマーからなり,もう片方がBタイプのモノマーからなる. もしAが極性でBが非極性であれば,ブ

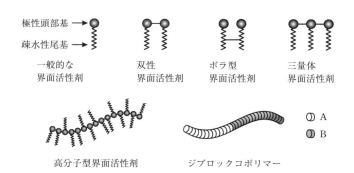

図 11.1 界面活性剤の種類

ロックコポリマーは強い表面活性をもち，一般的界面活性剤と同様の特性を示す．二つのブロックからなる場合をジブロックコポリマーとよび，三つのブロックの場合はトリブロックコポリマーである．トリブロックコポリマーの具体例は，poly(ethyleneoxide)-poly(propyleneoxide)-poly(ethyleneoxide)(PEO-PPO-PEO)で，商品名 Pluronics® として知られておりさまざまな分子量と PEO/PPO 比のものが流通している．この章の以下の部分では，一般的な表面活性剤について議論する．

11.2 球状ミセル，シリンダー，二重膜

11.2.1 臨界ミセル濃度

界面活性剤の一つの特徴的性質は，水中で自発的に会合し，球状ミセル，シリンダー，二重膜などの明確な構造を形成することである(総説は文献[848, 849])．これらの構造は会合コロイドともよばれる．ミセルがもっとも単純でよく理解された系である．水にSDSを徐々に加えていく場合で解説する．低濃度のときアニオン性のドデシル硫酸塩の分子は個々のイオンとして存在する．炭化水素鎖をもつため，炭化水素鎖を気相に向けて，空気—水の界面に吸着しやすい．SDS濃度の増加とともに，表面張力は大きく減少する(図3.8)．しかし，ある濃度で表面張力の減少は止まる．この濃度は臨界ミセル濃度(critical micelle concentration：CMC)とよばれている．25℃の水の場合，SDSのCMCは$8.3 \, \text{mM}$であり，これを超えると表面張力はほとんど一定である．

似たような傾向は，浸透圧や溶液の電気伝導率の濃度依存性を調べても観測される．一方で，光学的濁度を調べると反対の傾向が観測される．低濃度の場合の溶液は透明である．濃度がCMCに達すると多くの溶液は不透明になり始める．他の特性として実用上非常に重要なのは，他の疎水性物質をどのくらいの量，溶解することができるかである．界面活性剤の濃度がCMC以下のとき，疎水性物質はほとんど溶解しない．CMCに達すると疎水性物質が溶解し始める．そして，界面活性剤の量を増やすにつれ，可溶量も増大する．それぞれの物性が突然変化する濃度が若干異なるため，計測手法によってCMCがずれることがある．しかしながら，一般的な傾向と温度や塩濃度などの外部パラメータに対する依存性はつねに同じである．

CMCで突然物性が変化する理由はなぜであろうか？ CMC以上では界面活性剤が自発的に集合体，すなわちミセルを形成する．炭化水素鎖が集合体の内部を向き，極性頭部基が水相のほうを向く．結果として，通常，油相を内部にもつ30〜100界面活性剤分子の集合体となる(図11.2)．通常の外径は$3 \sim 6 \, \text{nm}$であり，光散乱，小角X線散乱(SAXS)，重水(D_2O)中での小角中性子散乱(SANS)によって求めることができる．核磁気共鳴(NMR)によると，ミセルの内部は液体の性質をもつ[850]．

11.2 球状ミセル，シリンダー，二重膜

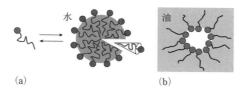

(a) (b)

図 11.2 (a) 水中の球状ミセルの断面の模式図．極性の頭部基が，疎水性の炭化水素鎖からなる中心部を囲むような形状をとる．溶液中でのミセル構造は，モノマーと平衡状態にある．(b) 油中での逆ミセル構造．

ミセルはある程度の数の界面活性剤分子から形成され，その平均を平均ミセル会合数 N_{agg} という．すべてのミセルが同じ分子数からなるわけではない．つねに，分子数の多いミセルと少ないミセルが存在し広い多分散性をもつ．会合数の分布に関する模式図を図 11.3 に示した．CMC より少し濃度が低いとき，ほとんどの界面活性剤は単一分子として存在するか，小さな集合体をつくる．一部，ミセルも存在する．界面活性剤濃度を少し上昇させると単一分子の数が増える．ミセル濃度も上昇するがあまり変わらない．この傾向は CMC で変わる．CMC に達すると，単一分子の濃度はほとんど変わらず，加えた界面活性剤は新たなミセルの形成に使用される．会合数の分布はガウス分布（正規分布）に近い．その標準偏差 ΔN_{agg} は，平均会合数の平方根 $\Delta N_{agg} \approx \sqrt{N_{agg}}$ によって与えられる[190]．さらに，平均集合数は定数ではなく，界面活性剤濃度を上昇させるとともに徐々に上昇する．

ミセルは動的な構造である．ある界面活性剤分子はミセルから離れて溶解し，逆に水中の界面活性剤分子がミセルに加わったりする．この時間スケールは，界面活性剤の構造，とくに炭化水素鎖の長さに強く依存する．たとえば，25°C で SDS ミセル中にドデ

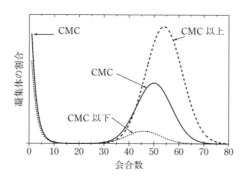

図 11.3 三つの異なった濃度の場合での界面活性剤会合体の会合数の分布．界面活性剤濃度が CMC と等しいとき，平均会合数が $N_{agg} = 50$ であると予想される．

シル硫酸塩イオン($CH_3(CH_2)_{11}OSO_3^-$)が滞留する時間は，6 μsである[851]．メチレン基二つ分だけ炭化水素鎖を短くしてデシル硫酸塩イオン($CH_3(CH_2)_9OSO_3^-$)とすると，滞留時間はおおよそ0.5 μsに減少する．逆に，メチレン基二つ分だけ炭化水素鎖を長くして，テトラデシル硫酸塩イオン($CH_3(CH_2)_{13}OSO_3^-$)にすると，滞留時間はおおよそ83 μsとなる．

11.2.2 温 度 の 影 響

集合過程であることを考えると，イオン性界面活性剤のミセル化の温度依存性は驚くほど小さい．一方，塩依存性がずっと強いことは後で議論する．溶液をある温度以下まで冷却した場合のみ，含水結晶すなわち液晶相を形成して沈殿する（図11.4）．この温度は，クラフト[1]温度またはクラフト点とよばれている[852]．クラフト温度は，界面活性剤の溶解度がCMCと同じになる点である．クラフト温度以下では，溶解度が非常に低く溶液はミセルを含まない．クラフト温度以下では，界面活性剤はほとんど機能を発揮しない．クラフト温度以上で，ミセル化が可能となり溶解度も急激に上昇する．

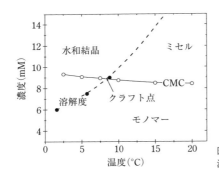

図11.4 水中でのSDSの溶解度およびCMCの温度に対するプロット．（文献[853]をもとに作成）

非イオン界面活性剤は，逆の温度依存性を示す．温度を上昇させていくと，あるところで集合体の沈殿が起こる．この現象の起こる温度は曇り点とよばれている．通常，クラフト温度ほど急激な変化は起こらない[2]．温度上昇によって，非イオン界面活性剤の溶解性が下がる現象はエマルションの相挙動を議論するときに重要になる．

---

1 Friedrich Krafft，1852〜1923，ドイツの科学者．ハイデルベルク大学で有機化学と物理化学の教授を務めた．
2 この効果は，水中でのポリエチレンオキシドの挙動に似ている．温度を上げるとともに，水がポリエチレンオキシドに対して，良溶媒でなくなる．

11.2 球状ミセル，シリンダー，二重膜

11.2.3 ミセル化の熱力学

ミセル化のギブズ自由エネルギーを導出する方法はいくつかある．ここでは，そのなかでも相分離モデルとよばれるものについてのみ議論する．ただし，このアプローチでは非イオン界面活性剤の場合についての近似値しか求まらない．ミセル化についてのより詳細の議論は文献[2, 854, 855]にある．

相分離モデルではミセル化と液体の相分離が似た現象であることを利用する．濃度が低いとき，溶解している界面活性剤の化学ポテンシャルは以下のように記述できる．

$$\mu_{sur}(solvent) = \mu_{sur}^0 + RT\ln[S] \tag{11.1}$$

ここで，μ_{sur}^0 は希薄溶液の有効基準化学ポテンシャル，[S]は界面活性剤の濃度である．[S] = CMC のとき，ミセル中の界面活性剤の化学ポテンシャル（μ_{sur}(micelle)）が，溶解している界面活性剤の化学ポテンシャルと等しくなる．このとき，以下のように記述できる．

$$\mu_{sur}(micelle) = \mu_{sur}^0 + RT\ln CMC \tag{11.2}$$

ミセル化のモルギブズ自由エネルギーは，ミセル中の界面活性剤の化学ポテンシャルと希薄溶液の標準化学ポテンシャルの差である．

$$\Delta G_m^{mic} = \mu_{sur}(micelle) - \mu_{sur}^0 = RT\ln CMC \tag{11.3}$$

非イオン性の界面活性剤の場合は，ミセル化のギブズ自由エネルギー変化を計算するのに，この式を使用することができる．イオン性界面活性剤の場合には，電離が起きるため結果に影響を与える．

CMC は通常，1 M 以下である．そのため，ミセル化のギブズ自由エネルギーは，負の値となる．つまり，自発的な過程である．たとえば，$C_{10}E_8$ の CMC は，1 mM である．そのため，25℃ でのミセル化のギブズ自由エネルギーは，$\Delta G_m^{mic} = RT\ln 0.001 = -17.1$ kJ mol^{-1} である．

ミセルが形成されるのは，二つの競争的要因がはたらくためである[856]．

- 炭化水素基が水中から内部の油性の部分へと移動することにより，ミセル化が引き起こされる．これはおもにエントロピー効果で，疎水性効果ともよばれる[857]．ここで，次の疑問を抱くかもしれない．ミセルに会合した界面活性剤は，液体中に溶解している界面活性剤よりも明らかに高い秩序をもっている．それゆえ，ミセル内のエントロピーは低いはずである．しかしながら，この効果はまわりの水分子によるエントロピーの利得に比べると小さい．炭化水素鎖のまわりには，水分子が秩序高く配向している．すべての炭化水素鎖がミセル中に移動すると水分子のエントロピーが劇的に上昇する．これが，界面活性剤分子の負の会合エントロピーを打ち消す以上の効果をもつ．疎水性効果の結果として，アルキル鎖の長さが増大するにつ

れて CMC が減少する．

- 極性の頭部基が近づくことによる反発力が会合を打ち消す方向にはたらく．この横方向への反発力の起源は複雑である．頭部基が互いに近づくと，水和反発力がはたらくので，ミセル形成のためには水和構造を壊す必要がある．加えて，立体効果も寄与する．頭部基が集まると，それらは隣接した頭部基によって束縛されるため熱揺らぎが小さくなる．運動性が失われるとエントロピーが減少してしまうため，この効果も反発力として寄与する．頭部基が電荷をもっている場合は，同じ電荷を近づけることにエネルギーが必要であることから静電反発力もはたらく．このため，通常，イオン性界面活性剤の CMC は，非イオン界面活性剤の CMC よりも高い値となる．また，溶液に加えられた塩は電荷をもった界面活性剤のミセル化に非常に大きな影響を与える．イオン性界面活性剤の CMC は塩濃度の上昇とともに減少する．塩は効果的に頭部基同士の静電反発を遮蔽し，イオン性界面活性剤を集めるのに必要なエネルギーが小さくなるからである．

具体例として，図 11.5 はいくつかのアルキル硫酸界面活性剤の CMC が塩濃度の増加とともに，いかに減少するかを示したものである．塩による静電反発の減少の結果ミセル化のギブズ自由エネルギーはより負の値になる．たとえば SDS の場合，塩が存在しないときの $\Delta G_{\mathrm{m}}^{\mathrm{mic}}/(k_{\mathrm{B}}T) = -13.0$ から，0.3 M NaCl 中での $\Delta G_{\mathrm{m}}^{\mathrm{mic}}/(k_{\mathrm{B}}T) = -14.2$ に減少する[854]．加えて，CMC は疎水性効果により，アルキル鎖の長さを長くすることで劇的に減少する．アルキル鎖が長いほど会合する傾向が強くなる．

ミセルの表面は，完全な親水性ではない．通常，頭部基同士の反発力が強いため頭部基間の疎水性ミセル内部が直接水中にさらされてしまう．

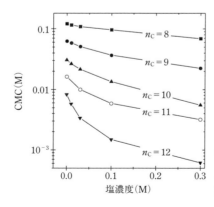

図 11.5 21℃の水溶液中での，さまざまなアルキル硫酸（オクチル硫酸（$n_{\mathrm{C}}=8$）からドデシル硫酸（$n_{\mathrm{C}}=12$）まで）の CMC と添加 NaCl 濃度の関係（文献[3]の p. 189 参照）．

11.2 球状ミセル，シリンダー，二重膜

〈具体例 11.1〉

$C_{12}E_7$ の室温での CMC は 0.083 mM である．SANS と動的光散乱を使用して，界面活性剤の濃度が 2 mM のとき，炭化水素のコア半径が 1.70 nm であることが調べられた[858]．平均会合数は 64 である．コアの全表面積を界面活性剤の分子数で割ることにより，1 分子あたりの面積が $4\pi (1.7 \text{ nm})^2 / 64 = 0.57 \text{ nm}^2$ と求まる．ポリエチレンオキシドの断面積は 0.2 nm^2 以下であるので，コアの表面の半分以上でミセル内部が水または極性溶媒と接触する．

11.2.4 界面活性剤集合体の構造

界面活性剤は球状ミセルとして会合するだけでなく，シリンダー，二重膜，逆ミセルなどを形成する[849]．形成される会合体の構造は，さまざまな因子に依存する．一つの重要な因子は，界面活性剤パラメータとよばれるものでパッキング比ともよばれる[859]．

$$N_S = \frac{V_C}{L_C \sigma_A} \tag{11.4}$$

ここで，V_C は界面活性剤の疎水性部位の体積，L_C は炭化水素鎖の長さ，σ_A は頭部基の有効面積である．

純粋な炭化水素の密度から飽和炭化水素鎖（二重結合をもたない）の体積を求める単純な方程式が得られる（演習問題参照）．

$$V_C \approx (0.027 n_C + 0.060) \text{ nm}^3 \tag{11.5}$$

長さは，以下の式によって見積もることができる．

$$L_C \approx (0.127 n_C + 0.15) \text{ nm} \tag{11.6}$$

ここで，0.127 nm は炭素—炭素結合の長さ（0.154 nm）を全トランス配置の炭化水素鎖軸に投影したものである．0.15 nm というのは，末端のメチル基のファンデルワールス半径から 0.127 nm を引いたものである．

界面活性剤のパラメータの中で，定義するときにもっとも問題のある量は頭部基の表面積である．イオン性界面活性剤の場合，σ_A は電解質濃度と界面活性剤濃度の両方に依存する．この場合，定量的な記述に際しての界面活性剤パラメータの有用性は制限される．非イオン性または両性界面活性剤の σ_A は，比較的外部条件の影響を受けないため，界面活性剤を特徴づけるパラメータとして使用できる．とはいえ，この値を計算によって求めるのは困難である．

〈具体例 11.2〉

SDS の水中での頭部基の表面積は 0.62 nm^2 である．そのため，界面活性剤パラメータは，以下のように計算できる．

11 界面活性剤，ミセル，エマルション，泡

$$N_S = \frac{V_C}{L_C \sigma_A} = \frac{(12 \cdot 0.027 + 0.060)\,\text{nm}^3}{(12 \cdot 0.127 + 0.15)\,\text{nm} \cdot 0.62\,\text{nm}^2} = 0.37 \tag{11.7}$$

界面活性剤パラメータは，分子の形状と形成される会合体の好ましい曲率を関連づける．N_S が小さい場合は，曲率の高い会合体が形成される．これを理解するために，図 11.6 に示した単純形状をもつ物体の界面活性剤パラメータを最初に考える．図のように，同じ高さ L_C，底面積 σ_A をもつ円錐，くさび，円柱に対して，界面活性剤パラメータを求めると，それぞれ $N_S = 0.33, 0.5, 1.0$ となる．

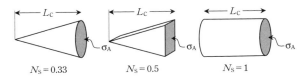

図 11.6　円錐型，くさび型，円柱型の場合の界面活性剤数

球状ミセルが形成されるのは，$N_S \approx 0.33$ のときである．たとえば SDS は，水中で球状ミセルを形成する傾向がある．SDS の場合，会合数が 56 で疎水性内部の半径がおよそ L_C と等しく，1.7 nm である．有効頭部基表面積は 0.62 nm^2 である．これは，実際の硫酸基の断面積 0.27 nm^2 と比べて非常に大きい．すでに議論したように，ミセル表面の 50% 以上は疎水性である．これは，有効頭部基表面積 σ_A が二つの反対の効果によって決まることを示している．疎水性引力と頭部基同士の水平方向への反発力である．静電反発により有効頭部基表面積が大きくなるため，ほとんどの電荷をもった界面活性剤は低濃度のときには球状ミセルを形成する．塩濃度を上げていくと（頭部基間の静電斥力がしゃへいされ，有効頭部基表面積が小さくなるので），界面活性剤パラメータは増加し，他の構造が形成される．

円柱状（棒状）ミセルが形成されるのは $N_S \approx 0.5$ のときである（図 11.7）．円柱の端は内部が水と接触しないように半球の界面活性剤で閉じられる．円柱の直径は界面活性剤の長さによって決まる一方，円柱は会合した界面活性剤分子の数が多ければ多いほどより成長し，長さが変化するので，円柱状ミセルは，通常，多分散性をもつ．界面活性剤濃度が高いとき，円柱はしばしば六方最密充填をとる．円柱状ミセル構造をとるのは，頭部基が電荷をもった単一鎖界面活性剤（SDS，CTAB など）を高い塩濃度条件にした場合と，非イオン性（C$_{12}$E$_5$ など）または両性イオン頭部基をもつ界面活性剤の場合である．

11.2 球状ミセル,シリンダー,二重膜   323

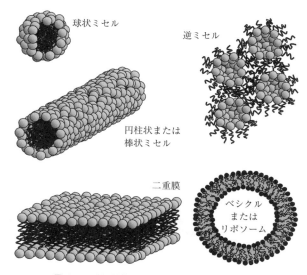

図 11.7 界面活性剤によって形成される凝集体

〈具体例 11.3〉

水中で形成された CTAB の円柱状ミセルを金(111)表面に吸着させたものの AFM 像を下図に示す.ミセルを破壊しないために,AFM 像は特別なナノコンタクトモードでとられた.円柱は,金のステップに平行になるように配向した.

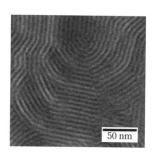

金(111)表面に吸着した CTAB の円柱状ミセルの AFM 像

二重膜が選択的に形成されるのは,$N_S = 0.5 \sim 1$ のときである.二重膜を形成する脂質は,球状ミセルや円柱状ミセルを形成することができない.頭部基の表面積が小さすぎるのと,アルキル鎖が嵩だかすぎてミセルに整合しないためである.脂質は,2 本のアルキル鎖をもつ.そのため,頭部基表面積 σ_A と分子鎖長 L_C が同じである場合,アル

キル鎖を1本しかもたない界面活性剤と比べてアルキル鎖が占める体積は2倍になっている．結果として，脂質は二重膜を形成しやすい．具体例は，ホスファチジルコリンやホスファチジルエタノールアミンのような2本の鎖をもつリン脂質である．界面活性剤パラメータが1よりもやや低い値をもつものは，柔軟な二重膜またはベシクルを形成する傾向がある．$N_S = 1$のとき，本当の平面二重膜を形成する．脂質濃度が高いときは，いわゆるラメラ相を形成する．ラメラ相は，ほぼ平行な平面二重膜の積み重ねからなる．場合によっては，共連続相などより複雑な共連続相も形成される．名前からもわかるように，共連続構造は二対の連続相のネットワーク構造からなる．

コレステロールのような頭部基が非常に小さい界面活性剤は，逆ミセルを形成する傾向がある（図11.7）．頭部基がミセルの中心を向き，疎水性尾基が連続疎水性外部領域を形成する．リポソームなどの逆構造は，水の代わりにトルエン，ベンゼン，シクロヘキサンなどの非極性溶媒を使用することでも形成される[860]．

11.2.5 生体膜

脂質二重膜は生物において本質的に重要である．すべての生体膜は脂質二重膜からなる．細胞の内部を外界から隔て，真核細胞をそれぞれの区画に分ける．なぜ，脂質二重膜は膜として理想的な形状をつくるのであろうか？　それらのおもな役割は，極性分子（糖やヌクレオチドなど）やイオン（とくに，Ca^{2+}，Na^+，K^+，Cl^-）がある区画から別な区画へ拡散するのを防ぐことである．脂質二重膜の疎水性内部はこの役割を効率的に果たしている．極性分子と，とくにイオンは疎水性内部を通り抜けることができない．たとえば，半径$R = 2$ Åのイオンを水相（$\varepsilon = 78$）から疎水性環境（$\varepsilon = 4$）に移動させるために必要なギブズ自由エネルギーの変化は以下のように計算することができる[861]．

$$\frac{e^2}{8\pi\varepsilon_0 R}\left(\frac{1}{\varepsilon_2} - \frac{1}{\varepsilon_1}\right) = 5.77 \times 10^{-19} \text{ J}\left(\frac{1}{4} - \frac{1}{78}\right) = 1.37 \times 10^{-19} \text{ J} \quad (11.8)$$

この値は，$33\, k_BT$であり，イオンが脂質二重膜の内部を通り抜ける可能性はほとんどないことがわかる．結果として，脂質二重膜の水溶性電解質での電気抵抗は非常に大きい．一般的に，膜の電気抵抗R_eはその表面積Aの逆数に比例する．

$$R_e = \frac{R_{\text{mem}}}{A} \quad (11.9)$$

ここで，R_{mem}は比膜抵抗であり，単位は$\Omega\, \text{cm}^2$である．脂質二重膜の場合，R_{mem}は$10^8\, \Omega\, \text{cm}^2$のオーダーである．同程度の厚さ（≈4 nm）の膜を非常によい絶縁体である磁器（比抵抗≈$10^{14}\, \Omega\, \text{cm}$）を使用して作成したとしても，膜抵抗は，$10^{14}\, \Omega\, \text{cm} \cdot 10^{-7}\, \text{cm} = 10^7\, \Omega\, \text{cm}^2$のオーダーにしかならない．加えて，二重膜は200 mVほどの電位差まで耐えることができる．この電位差は，≈10^8 V m^{-1}という非常に強い電場と対応する．

11.3 マクロエマルション

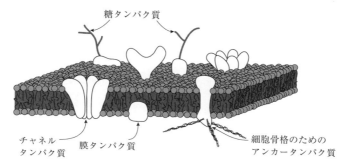

図 11.8 生体膜と膜タンパク質の模式図. 一部は, 大幅に単純化して描かれている. たとえば, 現実には, 脂質の頭部基 (通常, 直径 0.6 nm ほど) は, タンパク質 (通常, 3〜5 nm) と比べると非常に小さい. また, 脂質二重膜は柔軟であるため, 完全な平面ではない.

電荷をもった, または極性の分子が疎水性の膜内部を通り抜けられないとすると, どのように栄養素やイオンが細胞内へ移送されるのであろうか? どのようにシグナルが細胞外から細胞内へ伝達されるのであろうか? これらの機能はすべて, 膜タンパク質によって行われる (図 11.8). それらの膜タンパク質は, 脂質二重膜と統合されている. たとえば, チャネルタンパク質はチャネルを開けろという信号を受けとると, 特定のイオンまたは水溶性物質の膜通過を許す. このような信号は, ある種の化学物質の結合によるものであったり, 膜を隔てた電位差であったりする. ほかにも, 能動的に物質やイオンを, 膜を通して運ぶタンパク質がある. 受容タンパク質はホルモンのような特別な伝達物質と結合することで, 構造変化し膜の反対側での反応を開始する. 細胞の膜タンパク質の中には細胞の外側に糖鎖が結合しているものもある. それらの糖鎖は細胞認識に重要である. 細胞の内部には, 細胞の形状を固定する役割をもつ細胞骨格とよばれるタンパク質が存在する.

11.3 マクロエマルション

11.3.1 一般的な性質

油と水は混じらない. 室温では, 多くの極性液体が非極性液体とは混じらない. 同様の現象は, 炭化水素とフッ素化した炭化水素の間にも成り立つ. 水と油を混ぜて撹拌しても, すぐに相分離して油リッチ相と水リッチ相に分かれる. ここで相分離した後でも, 油リッチ相には多少の水が, 水リッチ相には多少の非極性分子が溶けている点に注意が必要である. しかしながら, それらの濃度は比較的低い. たとえば, 水と n-ヘキ

サンは25℃で相分離し，0.001 wt%(0.12 mM)のヘキサンを含んだ水相と0.015 wt%の水を含んだヘキサンに分かれる．水とトルエンの場合，0.05 wt%(5.6 mM)のトルエンを含んだ水相と0.054 wt%の水を含んだトルエンに分離する．単純化のため，それぞれを単に水相と油相とよぶ．油相のほうが水相よりも低密度であることが多く，その場合は容器の底に水相，上の部分に油相となる．

水と油は混じらないが，それらを混ぜたい場合もある．そのようなときには，乳化(emulsification)を利用する．エマルションとは，二つの混じらない液体の分散液である．一つの相は，分散剤からなり外部相または連続相とよばれる．少なくとも他の一つの相は，細かく分散していて内部相または分散相とよばれる．エマルションは，応用において非常に重要で石油回収，医薬品や化粧品のクリームなど多くの分野で使用されている．また，料理や食品産業の分野ではマーガリン，スープ，ソース，チョコレートドリンクなど多くのものがエマルションである[862, 863]．

エマルションは，マクロエマルションとミクロエマルションの二つに分類される．マクロエマルションは，速度論的に安定化されておりエネルギー(通常は運動エネルギー)が系に加えられた場合にのみ生成する．マクロエマルションは，安定しているように振舞うこともあるが最終的には相分離してしまう．構造と物性はどのように形成されたか，とくに与えられたエネルギーに依存する．マクロエマルションを安定に保つには(少なくとも，ある程度の時間)，界面活性剤を加えて界面張力を減少させる必要がある．界面活性剤の濃度としてはちょうどCMCか，それよりもやや高い濃度が使用される．生成された構造は，局所的には最小の表面積/体積比をもつ．そのため，大きさが0.1〜10 μmの多分散性の球状の滴を形成する．大きさが可視光の波長と同程度かやや大きいため，可視光を効果的に散乱させ，乳白色となる．具体例は，牛乳である．牛乳は，水中に油滴が分散している．

ミクロエマルションは，熱力学的に安定である．すなわち，自発的に生成する．また，構造と物性が試料履歴に依存しない．ドメイン構造と大きさは熱力学的に制御することができる．それらは，組成と成分の物性に依存する．ミクロエマルションの構造の特性長は2〜50 nmである．可視光の波長以下であるため，ミクロエマルションは透明である．ミクロエマルションは多量の界面活性剤を含み，その濃度はCMCよりも非常に高い．

マクロエマルションはやがて二つの相に分離する．これは解乳化とよばれる．解乳化は二つの効果による．まず，一つ目が分散相の滴の合体である．これは界面活性剤を加えて滴同士の反発を起こし，防ぐことができる．二つ目は，分子が分散している，ある滴から連続相を通って拡散し，別な滴の中に入るという効果である．分子は大きな滴内にいるほうが安定なので，大きな滴が成長し小さな滴が徐々にしぼんでいく．この過程

11.3 マクロエマルション

はオストワルド熟成とよばれる．粒子合成という文脈で，しばしばミニエマルションという用語が使用される[864]．ミニエマルションのオストワルド熟成を避けるには，分散相に，ほとんど不溶な第三の組成を加える．第三の組成による浸透圧が滴の収縮を妨げる．厳密な熱力学的な意味ではミニエマルションは安定ではないが，解乳化が非常に遅いため安定して存在するようにみえる．

しばしば，マクロエマルションのことを単にエマルションとよぶ．油と水からなる古典的な分散液はすべてマクロエマルションだからである．この節では，マクロエマルションとミクロエマルションに共通する物性を議論するときにエマルションという用語を使用する．マクロエマルションのみの物性のときにはマクロを省略しない．マクロエマルションの特性の一部をまとめて議論するものの，実用上の観点からはミクロエマルションとマクロエマルションはまったく異なったものである．

もっとも重要なエマルションは，油中の水(water-in-oil，W/O エマルション)と水中の油(oil-in-water，O/W エマルション)である．ここでの"油"は，水に溶解しないすべての液体のことを意味している．O/W エマルションでは水が連続相を形成し，油滴が分散相となる(図 11.9)．たとえば，牛乳である．逆に，油が連続相である場合を W/O エマルションという(入門書は文献[3, 865, 866])．

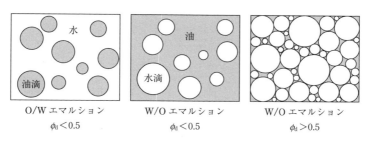

図 11.9 分散相の体積分率 ϕ_d が小さいときの O/W エマルションと W/O エマルション．加えて，体積分率が高いときの W/O エマルションの模式図も示した．異なった大きさの滴が存在する場合には，体積分率が 0.74 以上になりうる．その場合は，大きな滴の間の空間を，小さな滴が埋める．

では，実験的に外相がどちらで，内相がどちらからなるというのをどのように決めることができるだろうか？　一つの可能性は電子顕微鏡の使用である．これにより，エマルション構造の詳細がわかる．電子顕微鏡は比較的高価であるのに加え，試料準備に経験と時間が必要である．そのため，別な手法が使用されることが多い．

- 一つ目は電気伝導率の計測である．連続相の水は油よりもずっと高い電気伝導性をもつので，O/W エマルションのほうが高い電気伝導率をもつ．

- 静かに水または油をエマルションに加える．加えたものが連続相と同じであれば，混ざり合い，異なれば新たな相が形成されるはずである．
- 可視光の波長をもつ染料分子を加える．その分子が連続相に溶解した場合のみ，全体に色がつく．連続相に不溶である場合は，染料分子が全体に分布することができない．

マクロエマルションを特徴づける重要な物理量は分散相の体積分率 ϕ_d（内相体積分率）である．直感的には，分散相の体積分率は 50% 以下であるはずだと思うかもしれない．実際にはさらに高い体積分率にもなりうる．内相が同じ体積の球からなるとすると，最大体積分率は最密充填球の体積分率となり，$\phi_d = 0.74$ となる．これよりも高い体積分率のマクロエマルションを作成することも可能である．体積分率が 99% 以上のマクロエマルションが報告されている．そのようなエマルションは，高内相エマルションとよばれている．このようになるには二つの効果が必要である．まず一つ目は，滴の大きさ分布の不均一性である．これによって，大きな滴間の自由体積を小さな滴が埋めることができる（図 11.9）．次に，滴が変形できることが必要である．最終的に滴の間に連続層の薄膜しか残らなくなる．

内相体積分率がエマルションの多くの物性を決定する．一つの具体例は，粘度 η_{em} である．体積分率が小さいときには，分散相を液体で柔軟な滴ではなく，剛直な球状粒子と扱うことができる．その場合にはアインシュタイン[3] 方程式が使用できる[867,868]．

$$\eta_{em} = \eta(1 + 2.5\phi_d) \qquad (11.10)$$

ここで，η は純粋な分散相の粘度である．

希薄エマルションの電気伝導率は，古典電磁気学から求めることができ以下の式で与えられる．

$$\kappa_e = \kappa_e^c \frac{1 + 2a\phi_d}{1 - a\phi_d} \quad \text{ここで，} \quad a = \frac{\kappa_e^d - \kappa_e^c}{\kappa_e^d + \kappa_e^c} \qquad (11.11)$$

κ_e^c と κ_e^d は，それぞれ純粋な連続相と純粋な分散相の伝導度である．式 (11.11) は，体積分率が低く（$\phi_d \leq 0.2$），球状の滴間距離が大きいときにしか成り立たない．体積分率が高い場合には，より複雑な方程式を使用する必要がある[869]．

実用上は，すべてのエマルションは単分散性ではなく，さまざまな大きさの内相が存在する．サイズ分布を特徴づけるには，以下の対数正規分布関数が有用であることが確認されている．

3　Albert Einstein, 1879～1955, ドイツ出身の物理学者．チューリヒ大学，プラグ大学，ベルリン大学で教授を務めた後，1933 年にアメリカ（プリンストン大学）に移住した．1921 年にノーベル物理学賞受賞．

$$P = \frac{1}{\Delta R \sqrt{2\pi}} \exp\left[-\frac{(\ln R - \ln \overline{R})^2}{2\Delta R^2}\right] \tag{11.12}$$

$P(R)$ は確率密度関数である．したがって，$P(R)\,dR$ は半径が $R \sim R + dR$ の範囲にある滴が存在する確率である．$\overline{R}$ は平均半径で，ΔR は標準偏差である．$\overline{R}$ は光散乱によって求めることができる．

11.3.2 形成

水とデカンなど二つの混ざり合わない純粋な液体を同じ試験管に入れかき混ぜると，それらは分散液を形成する．混ぜるのをやめるとすぐに相分離してしまうため，エマルションという用語をこの系に対して使用するのが適切なのか疑問のあるところである．相分離の駆動力は二つの相間の表面張力である．合体により，全体の表面積が減少するため系のギブズ自由エネルギーが低下する．十分に安定なマクロエマルションを作成するには，界面活性剤が必要である．たとえば，少量のセッケンを水とデカンの混合液に加えてかき混ぜると，非常にゆっくりとしか相分離しない真のマクロエマルションが生成される．体積 V の液体を溶媒の中に分散させるのに必要な最小の仕事は，

$$\Delta G_{\mathrm{em}} = \gamma \frac{3V}{R} \tag{11.13}$$

で与えられる．ここで，R は滴の半径，γ は液液界面張力である．ΔG_{em} は，解乳化によって得られるギブズ自由エネルギーの変化量と等しい．

〈具体例 11.4〉
0.1 L の水を，油の中に直径 100 nm の滴として分散させるのに必要な最小エネルギーは 246 J である．ここで，油−水の界面張力は，41 mN m^{-1} であるとしている．全体で，2×10^{17} 個の滴が形成されるとすると，モル体積が 18 cm^3 であるとして，乳化によるモルギブズ自由エネルギーは，$\Delta G_{\mathrm{em}} = 44$ J mol^{-1} となる．一般的な化学結合エネルギーが 10^4 J mol^{-1} であることと比べると非常に小さな値である．滴を大きくするか，界面活性剤を加える（γ を減少させる）ことで ΔG_{em} を減少させることができる．

実際には，さらに多くのエネルギーを加える必要がある．マクロエマルションの形成のために，化学エネルギーがどのように使用されるのかを示す例はたくさんある（文献[3, p.573]）．だが，一般的にはマクロエマルションは力学的混合によって形成され，ほとんどのエネルギーは粘性散逸によって熱に変換される．力学的混合をしている間は大きな滴が小さな滴に分割していくこともあれば，すでに存在する小さな滴が衝突，合体して大きくなることもある．大きな滴から小さな滴が形成されるためには，あるエネルギー障壁を越える必要がある．

マクロエマルションを形成するには，ホモジェナイザ，撹拌器，超音波振動子などの装置が使用される．細孔径のわかっているフィルタを使用し，ある液体をそれとは不相溶性の液体中に押出す手法も使用できる．重要な疑問の一つは，さまざまな乳化手法において滴の平均サイズがエネルギー注入量とともに，どのように変化するのかということである．ある滴を小さな滴に分割するには，変形が必要であることを認識し，定性的な議論を始めよう．半径 R の滴が変形すると，滴の内部圧力によってそれに抗う力がはたらく．これはラプラス圧であり，$\Delta P = 2\gamma/R$ (式(2.6)) である．この滴を二つに分割するには，圧力勾配が必要である．必要とされる外部からの圧力勾配は，ラプラス圧を滴の特徴的長さ R で割ったものに比例する．

$$\frac{\Delta P_{\text{ext}}}{\Delta x} \propto \frac{2\gamma}{R^2} \tag{11.14}$$

滴の大きさが小さいほど，必要とされる圧力勾配が大きくなる．この式から，界面活性剤が乳化を促進するのは表面張力の項を減少させるためであることが見てとれる．

異なった力学的乳化手法に対して，圧力勾配と必要な仕事 W を関連づけると，ほとんどの装置において，滴の平均半径が以下のスケーリング則に従うことが観測される．

$$\overline{R} \propto W^{-0.4 \sim 0.6} \tag{11.15}$$

マクロエマルションは非平衡状態であり，それらの物性は温度や組成といったパラメータに加えて，試料準備をした手法にも依存する．そのため，科学として実験的研究や実際の応用を行う際には複雑になる．ある場所ではうまくいった方法が，別の場所ではうまくいかないということがしばしば起きるのは，些細に思える細かな条件が大きな影響を与えることがあるためである．たとえば，油と水を混ぜるときに振ったのか，かき混ぜたのか，泡を通したのか，といった点や試験管の濡れ特性という点が最終結果の大きな違いを生むこともある．

11.3.3 安定化

界面張力を減少させるとエマルションが安定化する．理由は単純に界面張力が解乳化の駆動力だからである．つまり，界面張力を減少しさえすれば駆動力も減少する．界面張力を計測する手法については6.6節で議論した．

マクロエマルションを安定化させるために，分散相同士が分子接触するのを防ぐ必要がある．エマルションはさまざまな物質によって安定化することができる．それらはすべて，液液界面に強く吸着する．それらは乳化剤とよばれる．界面活性剤以外にも効果的な乳化剤は存在する．その中で，産業界で重要なものとしてタンパク質，多糖類，合成高分子などが挙げられる．それらが安定化作用をもつ理由は，その大きさゆえにほぼ

11.3 マクロエマルション

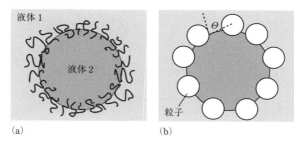

図 11.10 (a) 高分子と(b) 吸着固体粒子によって安定化された滴. 固体粒子の連続相との接触角 Θ が 90°以下である必要がある.

不可逆的に界面に吸着するからである. 弱い表面活性モノマーを含む高分子は油水界面に吸着し, その高分子鎖は両方の相に侵入する. 効果的な高分子乳化剤は連続相を好み, 強い立体反発が起こるようなものである必要がある (図 11.10 および 5.7 節参照).

1903 年に Ramsden は, ある種のタンパク質とコロイド粒子が水油界面または油水界面に集まりやすいことに気づいた[870]. その 4 年後, ピッカリングは油水界面に吸着したコロイド粒子によって安定化されたエマルションに関する系統的研究を発表した[871]. これらは, ピッカリングエマルションまたは固体安定化エマルションとよばれている(総説は文献[872]). この効果を理解するために, 接触角がゼロでない場合には粒子は液液界面で安定位置をもつことを思い出す必要がある(6.2.2 項). 二つの滴が合体するには, 固体粒子が界面から脱離する必要があるが, エネルギー的に好ましくない. 固体粒子による安定化のよく知られた例はマーガリンとバターである. どちらも, W/O エマルションである. 水滴は小さな脂肪の結晶によって安定化されている. 粒子による安定化により, W/O エマルションと O/W エマルションのどちらが形成されるかは接触角に強く依存する[873]. また, 界面活性剤を加えることによる効果は, その界面活性剤の接触角への効果によって説明することができる. 近年, ピッカリングエマルションは, ナノサイズの粉末を作成できるという観点から再び注目されている.

〈具体例 11.5〉
　粒子がエマルションを安定化する能力に関する見事な例は, 空気中でのリキッドマーブル(液体のビー玉)の作成である[874,875]. 図 11.11 に示すリキッドマーブルは, 少量の水を(1 mm³ 程度)疎水性粒子の上に転がすことで作成できる. 粉末粒子は界面へ吸着し, 液体を完全に覆う. リキッドマーブルが自発的に生成した後に基板と接触するのは, 粉末部分のみである.

332   11　界面活性剤，ミセル，エマルション，泡

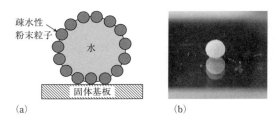

図 11.11　疎水性粉末によって安定化された平面固体表面上のリキッドマーブル．(a) 模式図，(b) 光学顕微鏡写真を示した．この写真(b)では，リキッドマーブルとその鏡像がみえる．(David Quéré 氏提供)

　無機電解質の中にも O/W エマルションを安定化させるものがある．具体例は，チオシアン酸カリウム (KSCN) で，水溶液中で解離する．そして，負に帯電したアニオンが界面に吸着する．結果的に油滴は互いに静電的に反発する．

　エマルションを安定化させるのに使用するもっとも汎用的なものは，界面活性剤である．これには，いくつかの効果がはたらいている．界面活性剤の連続相に存在する部分間の立体反発は，一つの重要な効果である．W/O エマルションの場合，二つの水滴が近づきすぎると炭化水素鎖の熱運動がそれを妨げるようにはたらく．O/W エマルションの場合，別な効果もある．二つの油滴を近づけるには親水性頭部基のまわりの水和構造を壊す必要がある．この水和反発がエマルションを安定化させる．

　二つの滴の電気二重層が重なるときにはたらく静電力 (4 章参照) も重要な役割を果たす．すでに述べたように，油滴ではアニオンのほうがカチオンよりも油に溶解しやすいため，油滴は負に帯電していることが多い．それゆえ，塩濃度を上げると油滴の負電荷が上昇する (つまり，静電反発力が強くなる)．同時に，塩濃度の上昇はデバイ長を短くして静電力を弱くする効果ももつ．このため，エマルションの安定性はある塩濃度で最大となる．

　一方，イオン性界面活性剤を含むエマルションは，塩を加えることで安定化する．塩が存在しない場合，静電反発のために界面での界面活性剤分子間の距離は大きい．これにより，界面余剰は大きくなれない．塩を加えることにより水平方向への反発力が弱くなり，より多くの界面活性剤が界面に吸着できる．ギブズ吸着等温線 (式(3.64)) に従い，表面張力が減少するためエマルションは安定化する．

〈具体例 11.6〉
　パラフィン油と水の間の界面張力は，25℃ で $\gamma = 41\,\mathrm{mJ\,m^{-2}}$ である．1 mM のオレイン酸を加えると，界面張力が $\gamma = 31\,\mathrm{mJ\,m^{-2}}$ まで減少する．ここで，溶液は酸性である．1 mM

の NaOH を加えて,中性化すると界面張力は $7.2~\mathrm{mJ\,m^{-2}}$ まで減少する.さらに 1 mM の NaCl を加えると,界面張力はさらに $0.01~\mathrm{mJ\,m^{-2}}$ まで下がる[876].

油,水,界面活性剤からなる系で,O/W エマルションと W/O エマルションのどちらが形成されるのかというのはエマルション技術の中心的な問題の一つである.水と油の体積分率はたいして重要ではなく,基本的には界面活性剤の性質によってエマルションの種類が決まるということは,かなり早い段階から認識されていた.簡単に述べると,$N_S<1$ の界面活性剤は O/W エマルションを形成する傾向があり,逆に,$N_S>1$ の界面活性剤は W/O エマルションを形成する傾向がある.エマルション形成に関して,実用的に使用されているより詳細な法則は,バンクロフト則と定量的な HLB 方式である.

- 界面活性剤は界面に集まるが一部は水相と油相にも溶解している.界面活性剤によっては,水相に溶解しやすいものと油相に溶解しやすいものがある.要約すると,バンクロフト則によれば分散剤が選択的に溶解している相がエマルションの連続相であるといえる[877~879].
- Griffin は経験則による数値的な方式である親水性 - 親油性バランス値(hydrophile-lipophile balance:HLB 方式)を使用し,W/O と O/W のどちらのエマルションが形成される傾向にあるかを評価することを提案した[880, 881].HLB は界面活性剤の親水性の直接的な尺度である.HLB が高いほどその化合物は親水性である.ほとんどの界面活性剤は,3〜20 の間の数値となる.HLB が低い(3〜6)界面活性剤の場合 W/O エマルションが安定化し,HLB が高い(8〜18)とき O/W エマルションが安定化する傾向がある.どのように HLB 値を決定するかについては,文献[882]および文献[865, p.232]にある.

非イオン界面活性剤によって安定化されたエマルションの構造を予測するためのパラメータとして,転相温度(phase inversion temperature:PIT)が見出された.PIT という概念は,界面活性剤膜の曲率によってエマルションのタイプが決まるという考えに基礎をおいている.HLB と PIT に関する現代的な総説は文献[883]である.

ここまでは,静的な効果のみを考えてきた.エマルションを安定化するには,動的効果が同様に重要であることもある.界面からゆっくりとしか溶け出すことのできない分散剤は,安定化効果をもつ.なぜなら,二つの滴が合体すると全表面積は減少し,分散剤が界面から脱離する必要があるからである.

大きな滴が分割したときや二つの滴が合体した直後は,界面活性剤は界面で均一には分布していない.その後,マランゴニ効果(3.5.4 項)が現れる.界面活性剤濃度の不均一性のために,界面活性剤濃度が低い場所では表面張力が高くなる.また逆もしかりである.界面活性剤は濃度の高い場所から低い場所へ流れる.このマランゴニ効果によ

り，すぐに界面活性剤の分布は均一になる．これは，拡散平衡よりも速い．

11.3.4 成長とエイジング

マクロエマルションを作成すると，その性質は時間とともに変化していく．この時間スケールは数秒から何年にも及ぶ．エマルションの成長を理解するには，いくつかの効果を考慮する必要がある．一つ目は界面張力の減少である．これにより，合体の駆動力が小さくなりエマルションが安定化する．二つ目は膜界面や滴同士の反発力であり，滴の合体が妨げられ解乳化が遅れる．ここでは，5.5.2項で議論したすべての力が関連している．三つ目は，界面活性剤の界面から，もしくは界面への拡散のような動的効果である．これも大きな影響を与える可能性がある．

エマルションの成長から最終的な解乳化までの過程は，いくつかの段階を経て起こる（総説は文献[884]）．マクロエマルションの種類によって，それぞれの段階が異なる可能性もある．はじめの段階として，分散滴が個々の滴は独立した状態でゆるいクラスターを形成するのが一般的である．この過程は，軟凝集(flocculation)[4]とよばれている（図11.12）．これは，5.5.2項で議論した二次極小エネルギーによるものである．実際，O/Wエマルションの場合には，5.5.2項の議論と同様の効果がある．油滴同士のファンデルワールス引力がエマルションを不安定化する一方，電気二重層による静電反発力がエマルションを安定化する．W/Oエマルションの場合には相互作用が異なっている．油の誘電率が低いため，油中にほとんどイオンが溶解していない(式(11.8)参照)．そのため電気二重層による反発力がほとんどない．とはいえ，二次極小エネルギーが存

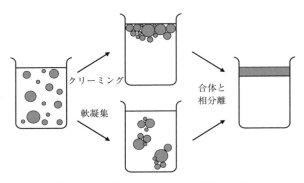

図 11.12 一般的なマクロエマルションの成長の様子

---

[4] 化学工学と浮遊選鉱の分野では，高分子を加えることによる凝集を"flocculation"とよび，電解質を加えることによる凝集を"coagulation"とよぶ．

在する可能性もある．二次極小エネルギーでは，反発力のエネルギー極大により接触が妨げられるので，二つの滴の表面膜の分子同士は直接には接触していない．

軟凝集の速度論はいくつかの方法で記述することができる．ここでは，Smoluchowski[885]によって提唱されたものを文献[865, p. 417]に沿って解説する．この議論は，ゾルの凝集に対しても用いることができる．合体が起きるためには二つの滴が衝突する必要がある．Smoluchowskiは，半径Rの滴が拡散によって衝突する速度を計算した．拡散律速での衝突頻度は$8\pi DRc^2$である．ここでcは滴の濃度（単位体積あたりの滴数）である．拡散係数Dとしてストークス・アインシュタイン関係式（$D = k_\mathrm{B}T/(6\pi\eta R)$）を使用する．拡散律速による衝突速度は，滴濃度の減少速度の最大値でもある．衝突すれば必ず合体が起こる場合に，この二つの速度は等しくなる．拡散律速による衝突速度は，以下のように定式化できる．

$$\frac{\mathrm{d}c}{\mathrm{d}t} = -8\pi DRc^2 = -\frac{8\pi Rk_\mathrm{B}T}{6\pi\eta R}c^2 = -\frac{4k_\mathrm{B}T}{3\eta}c^2$$

または，

$$\frac{\mathrm{d}c}{\mathrm{d}t} = -k_\mathrm{f}c^2 \quad \text{ここで，} \quad k_\mathrm{f} = \frac{4k_\mathrm{B}T}{3\eta} \tag{11.16}$$

軟凝集の速度定数k_fは溶液の粘度のみに依存し，滴の大きさには依存しない．

式(11.16)は，同じ大きさの滴の場合のみ有効である．幸運にも，この式に滴の大きさ依存性はないため，凝集体が生成し，すべての滴の大きさが同じでないとしても，軟凝集速度は劇的には変化しない．凝集体が生成する効果も考慮する場合は，軟凝集速度定数を$k_\mathrm{f} \approx 8k_\mathrm{B}T/(3\eta)$とするだけでよい．

〈具体例11.7〉
25℃の水の場合（$\eta = 8.91\times 10^{-4}\,\mathrm{kg\,m^{-1}\,s^{-1}}$），軟凝集速度定数は$k_\mathrm{f} = 6.19\times 10^{-18}\,\mathrm{m^3\,s^{-1}}$である．これは濃度の単位として$1\,\mathrm{m^3}$あたりの滴数（または粒子数）を用いる場合に有効である．濃度の単位が粒子の$\mathrm{mol\,L^{-1}}$(M)であるときは$k_\mathrm{f} = 3.71\times 10^9\,\mathrm{M^{-1}\,s^{-1}}$となる．不均一軟凝集の場合には値が2倍になる．

合体のエネルギー障壁E^*が存在するとき，有効衝突速度は減少する．ボルツマン因子を加えることで，この効果に対応できる．

$$\frac{\mathrm{d}c}{\mathrm{d}t} = -k_\mathrm{r}\mathrm{e}^{-E^*/(k_\mathrm{B}T)}c^2 \tag{11.17}$$

この微分方程式を解くと，以下のようになる．

$$\frac{1}{c} = \frac{1}{c_0} + k_\mathrm{f}^* t \quad \text{ここで，} \quad k_\mathrm{f}^* = k_\mathrm{f}\mathrm{e}^{-E^*/(k_\mathrm{B}T)} \tag{11.18}$$

ここで，c_0は滴の最初の濃度である．$\mathrm{d}(1/c)/\mathrm{d}t$は，$k_\mathrm{f}$または$k_\mathrm{f}^*$と等しく，初期軟凝

集速度の指標として用いられる．

軟凝集する，しないにかかわらず滴は重力場下において移動し，容器の底または上部での濃度が上昇する．上部の濃度が上昇する効果をクリーミングとよぶ．複数の滴が近傍に集まるとそれらは凝固し，一次エネルギー極小状態へと移行する．このとき，表面膜の分子同士が直接的に接触しているが，膜は依然として分離した滴としての特性を保っている．最終的には表面膜が裂け二つの滴が合体し，より大きな滴へとなる．そして，最終的には解乳化が起こる．

11.3.5 合体と解乳化

ここで，最終過程である合体について議論する．滴の合体は三つの重要なステップに分割することができる (図11.13)．

- 二つの滴が合体するためには，二つの滴の界面活性剤膜が分子接触する必要がある．つねに存在するファンデルワールス力によって，二つの近接滴は変形し，平らな接触面が生じる．2 枚の界面活性剤膜間の反発力に応じて，接触した状態のラメラ構造は，より安定にも少し不安定にもなりうる．
- 二つの界面活性膜は融合し，二つの滴内の分散液体が直接的に繋がったくびれを形成する．二つの界面活性剤膜の質が高くない場合にはラメラ構造が簡単に壊れる一方で，界面活性剤膜の質が高く完全な構造が形成されている場合には合体過程に抵抗する場合もある．界面活性剤の表面密度の揺らぎが，合体過程を引き起こす場合もある．その場合は，揺らぎにより一時的に界面活性剤濃度の薄くなった場所が引きつけ合いラメラ構造が局所的に壊される．
- 局所的に融合したくびれの部分が広がり最終的に完全に合体する．この過程では，界面活性剤膜は損なわれることはないが，膜の面積と曲率が変化する．

系の特性に応じて，上の三つの過程のどれもが，律速段階になる場合がある．詳細の議論は文献 [886] にある．

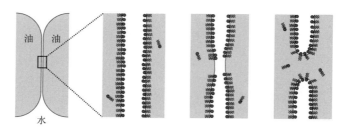

図 11.13 軟凝集またはクリーミング後に O/W エマルションで液滴が合体するときの三つのステップ

多くの応用において，必要とされるのはエマルションを不安定化することである．エマルションを分解して，もとの二つの相に戻すプロセス，解乳化は産業応用において多く使用される一般的な手法である．いくつかの具体例は表10.1にまとめた．もっとも一般的に使用されるのは力学的手法である．たとえば，遠心分離機を使用するとクリーミングが起こる．ゆっくりかき混ぜることでも，合体を促進することが多い．場合によっては，別の界面活性剤や塩を加えることでエマルションを不安定化できることもある．次の節で議論するように，エマルションが安定なのは，実際の滴の曲率と界面活性剤の自然曲率が一致する場合のみである．そのため，もともとの界面活性剤と自然曲率の異なる界面活性剤を加えることで，系を不安定化できることがある．

11.4 ミクロエマルション

熱力学的に安定なエマルションは50年ほど前に発見され[887~890]，特別な場合と考えられてきた．「熱力学的に安定」ということは時間とともに変化しないことに加えて，温度や組成に応じて可逆的に変化することを意味する．ミクロエマルションは自発的に生成し，強い撹拌は必要でない．マクロエマルションとは違い，大きさと構造が生成するときのエネルギーに依存しない（式(11.15)）．また，界面活性剤の体積分率が非常に大きい．ミクロエマルションの総説は文献[8, 891]である．

11.4.1 滴の大きさ

ミクロエマルションを記述するのに，以下の質問から始める．それぞれの体積分率（連続相，分散相 ϕ_d，界面活性剤 ϕ_s）が既知であるとき，形成される滴の半径 R はどうなるであろうか？ 半径 R は二つの方程式を用いて見積もることができる．一つ目は，分散相の全体積で以下の式で記述できる．

$$V\phi_d = n \frac{4}{3}\pi R^3 \qquad (11.19)$$

n は全体積 V の中にある滴の数である．二つ目の方程式を導くにあたって，すべての界面活性剤は界面に存在し連続相と分散相に溶解する界面活性剤は無視できると仮定する．さらに，界面活性剤は界面に垂直に配向し界面活性剤膜の厚さと界面活性剤分子の長さ L_s が等しいと仮定する．すると，界面活性剤によって占有される体積が以下の式によって記述される．

$$V\phi_s = n \cdot 4\pi R^2 \cdot L_s \qquad (11.20)$$

式(11.19)を式(11.20)で割ると，

338   11 界面活性剤，ミセル，エマルション，泡

$$R = \frac{3L_s \phi_d}{\phi_s} \tag{11.21}$$

となる．これが，分散相の滴の半径であり，エマルションが熱力学的に安定であるための必要条件でもある．実際には，パラメータ L_s は界面活性剤分子の有効長と考えるべきであり，その長さは分子の幾何的な長さとは最大で2倍異なっている．

〈具体例 11.8〉
界面活性剤の体積分率 10%，油の体積分率 30% の O/W エマルションを考える ($\phi_s = 0.1$, $\phi_d = 0.3$)．長さ 2 nm の界面活性剤の場合，油滴半径は，$R = 18$ nm である．同じ条件の W/O エマルションは，$\phi_d = 0.6$ となり，$R = 36$ nm となる．

ミクロエマルションの滴は非常に小さく，しばしば界面活性剤の長さを無視できなくなり，半径をどのように定義するかが難しくなる．界面活性剤全体の長さを加えて半径と定義するか，界面活性剤の尾基までを半径と定義するのかにより大きな相違が生じる．一般的に使用されるのは，曲げに対して面積が変化しない，いわゆる中立面での半径である．この中立面は頭部基と炭化水素鎖の境目の所に位置するため，コア半径 R_c と定義する(図 11.14)．

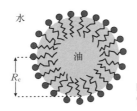

図 11.14 界面活性剤によって安定化された O/W 滴の模式図

11.4.2 界面活性剤膜の弾性特性

界面活性剤は，界面である程度柔軟な弾性膜を形成する．一般的に，界面活性剤膜のギブズ自由エネルギーはその曲率に依存する．ここでは，ラプラス圧による間接的な効果ではなく実際の力学的効果のことを議論している．実際，ほとんどのミクロエマルションの界面張力はとても小さくラプラス圧は小さい．曲率が重要な役割を果たすため，二つのパラメータとして曲率

$$C_1 = \frac{1}{R_1} \quad \text{および} \quad C_2 = \frac{1}{R_2} \tag{11.22}$$

を導入するのが有用である．これらは，二つの曲率半径の逆数である(2.3.1項)．曲率は正の値も負の値もとる．本書では，界面が油相の方向へ出ている場合を正とする．

11.4 ミクロエマルション

Helfrich に従って,曲率のギブズ自由エネルギーを対象とする面全体にわたっての積分形として以下のように書き下す[892].

$$G = \int \left[\frac{1}{2}k(C_1 + C_2 - C_0)^2 + \bar{k}C_1C_2\right]dA \qquad (11.23)$$

C_0 は自然曲率とよばれるもので,式(11.4)で定義した界面活性剤パラメータ N_S よりもより一般的なパラメータである.自然曲率を使用することで,単純な幾何的な捉え方から離れることができるため,ミクロエマルションの相挙動を議論しやすくなる.パラメータ k と $\bar{k}$ は,エネルギーの次元をもち,曲げ剛性率(曲げ弾性率ともよばれる)およびサドル・スプレイ弾性率(ガウス曲率の弾性率ともよばれる)を意味する.この方程式は,われわれの単分子層および二分子層の理解にきわめて重要な役割を果たす[893].膜はギブズ自由エネルギーが最小となる条件 $C_1 = C_2 = C_0 k/(2k + \bar{k})$ に対応する,安定な平衡曲率によって特徴づけられる.

〈具体例 11.9〉

自然曲率がゼロの膜を考える $(C_0 = 0)$.この膜を半径 R の球状へ曲げるのに必要な弾性エネルギーはいくらか? $C_1 = 1/R$ および $C_2 = 1/R$ であることから,以下の結果を得る.

$$G = \int \left[\frac{1}{2}k\left(\frac{2}{R}\right)^2 + \frac{\bar{k}}{R^2}\right]dA$$
$$= 4\pi R^2 \left[\frac{2k}{R^2} + \frac{\bar{k}}{R^2}\right] = 4\pi(2k + \bar{k})$$

重要なのは半径に依存しないことである! 半径に依存しないのは,半径の減少とともに単位面積あたりの曲げエネルギーが上昇する一方で,全体の表面積が減少するからである.それらの効果が打ち消し合う.演習問題 11.6 も参照.

パラメータ k と $\bar{k}$ の一般的な値はどのくらいだろうか? 室温での曲げ剛性率は $1 \sim 20$ $k_B T$ のオーダーである.k の値を減少させる要因は,短いアルキル鎖,共界面活性剤,長さの異なる 2 分子鎖をもつ界面活性剤,cis-不飽和結合の存在である.サドル・スプレイ弾性率の計測は,ほとんど行われていない.この弾性率は,同じ系の曲げ弾性率と比較して絶対値が非常に小さな負の値をとることが多い.

自然曲率の値は,-0.5 nm^{-1} から $+0.5 \text{ nm}^{-1}$ の範囲となる.これは,極性の頭部基,非極性鎖の長さと数,油の物性に依存する.今までに研究されたミクロエマルションのほとんどは四つ以上の組成をもつ.水,油,界面活性剤に加えて,共界面活性剤も加える.共界面活性剤として,よく使用されるのはアルコールである.頭部基が小さく,疎水性鎖が比較的長いため,界面活性剤の自然曲率を減少させる性質をもつ.

界面活性剤の自然曲率がミクロエマルションの構造を決める.ここで,O/W ミクロ

エマルションの場合を考え，サドル・スプレイ弾性率の影響は無視できるものとする．膜の自然曲率が油滴の曲率に等しい $C_0 = 2/R$ 場合，膜の構造は安定することが予想される[894]．自然曲率が $2/R$ 以上の場合，膜は滴の大きさを小さくすることで，より低いギブズ自由エネルギーへと緩和することができる．このときに，エマルション中の油をバルク相へ吐き出す．逆に，C_0 が $2/R$ よりも小さい場合には，より大きな滴を形成することで膜は緩和する．

11.4.3 ミクロエマルションの構造に影響を与える因子

ミクロエマルションのタイプに影響をもたらすもっとも重要な因子は何であろうか？ここで，再び非イオン性とイオン性の界面活性剤を区別しなければならない．非イオン界面活性剤（アルキルエチレングリコールなど）の場合は，温度がミクロエマルションの構造の決定因子である．イオン性界面活性剤（SDSまたはCTABなど）の場合は，塩濃度が相挙動を決定する．アルキルポリグリコシドは非イオン界面活性剤に分類されるものの，中間的な挙動を示す．ここでは非イオン界面活性剤のみを議論し，いくつかの原則について議論する．

一般的な記述から始める．非イオン界面活性剤によって安定化されたミクロエマルションは，低温ではO/Wミクロエマルションを形成し，高温ではW/Oミクロエマルションを形成する傾向がある．O/Wタイプから，W/Oタイプへの転相温度（PIT）が存在する．PITはミクロエマルションの系を記述するのに重要なパラメータである[895]．転相が起こる理由は，頭部基が水と結合する傾向が温度上昇とともに弱くなることを思い出せば（11.2.2項参照）明らかであろう．結果として，頭部基の面積が減少する．逆に，炭化水素鎖は熱揺らぎが大きくなることでより広い体積を占めるようになる．その結果，自然曲率が変化し，ある温度でO/WエマルションよりもW/Oエマルションが好ましくなる．

この挙動を記述するために，図11.15に水/オクタン/$C_{12}E_5$エマルションの相図を示した．現実の挙動は，上で一般化した記述よりもやや複雑であることがわかるだろう．相図中の矢印に沿って，界面活性剤の体積分率が $\phi_s = 0.15$ の場合を考える．温度が低いとき，たとえば20℃では系は二つの相をもつ．一つは小さな油滴を含むO/Wミクロエマルションで，もう一つは上澄みに存在する油相である．滴の大きさは界面活性剤の自然曲率によって決まる．なぜすべての油が乳化されないのだろうか？ 理由は，すべての油が乳化されると安定相の必要条件である式(11.21)が破れるからである．

温度を上昇させていくにつれて，界面活性剤の自然曲率が減少するため油滴が大きくなる．それに伴い，油相の体積が減少し23℃に達するとすべての油が比較的大きな油滴の中に取り込まれ，水中に分散する．この時点で，O/Wエマルションの一相領域（通

11.4 ミクロエマルション

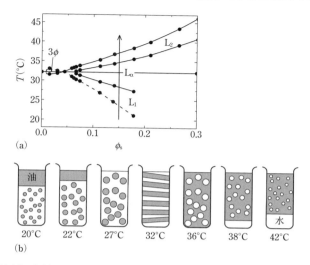

図 11.15 水/オクタン/$C_{12}E_5$エマルションの相図. 温度と界面活性剤の体積分率に対するプロット. それぞれの相が, 3ϕ, L_1, L_2, L_α(ラメラ相)によって示されている. 水とオクタンの体積分率は, 1:1である[896]. $\phi_s = 0.15$での図(a)中の垂直な矢印に沿って観測される相を(b)に示した. (D. Vollmer 氏の実験結果)

常, L_1と記される)となる. ここが, 自然曲率半径を求めるのに適した点である. 理由は, 加えた体積分率の値から式(11.21)を用いて, 油滴の半径が計算できるからである. 続けて温度を上昇させると, C_0がさらに減少し29℃になるとラメラ構造(L_α)が形成される. 32℃になるとPITに達し, 自然曲率がゼロになる.

さらに温度を上昇させると負の曲率(親水性頭部基に向かって)をもつようになり, 界面活性剤は, W/Oエマルションを好むようになる. ここから, 油滴に対して起こったことの逆が水滴に対して起こる. 35〜37℃の範囲で大きな水滴のサイズが温度上昇とともに減少していく(L_2). そして, 37℃以上で二つの相が現れる. 下層に水相が存在し, 上層に W/O ミクロエマルションが存在する.

図 11.15 において, PIT は $T = 32$℃での横線で示した. 温度を $T =$ PIT で一定に保ち, 界面活性剤分率を低いほうから高いほうへ移動させると $\phi_s \approx 0.01 \sim 0.05$ のところで三相領域を通過する. ここでは, 水相(界面活性剤がモノマーとして溶解している), 油相(同様に, モノマーが存在する)と共連続構造のミクロエマルションが共存する. ϕ_s の上昇とともに油相と水相が小さくなり, より多くの体積が共連続ミクロエマルションによって占められるようになる. 三相領域の形状が魚の尻尾に似ていることから, この相図は"fish cut"ともよばれる[897,898]. $\phi_s = 0.05$以上になると, 共連続ミクロエマル

ションのみからなる一相領域となる．実用的な観点からは，この濃度は界面活性剤の効果の指標となるため，重要な濃度であり，しばしば $\tilde{\phi}$ と記される．$\tilde{\phi}$ の値が小さい界面活性剤ほど，より効果的に界面活性剤はエマルションを安定化する．この相図では，ϕ_s を 0.07 以上にするとラメラ相(L_α)となる．

11.5　泡

11.5.1　分類，応用，形成

　泡とは気体が液体または固体中に分散したものである．泡の特性の一部は，エマルションの特性と似ている．泡のことを分散相が気体になった特別なエマルションとみなすことができるため，驚くべきことではない．泡は速度論的にその状態を保っているにすぎず，熱力学的に平衡状態になることはない．これが泡の定量的記述がいまだに十分に発展していない理由の一つである．この分野に関するすばらしい入門書は文献[8, 899～901]である．

　泡には非常に多くの応用がある．発泡固体は断熱材として広く利用されている．空気の泡の存在により，それらの材料は低い熱伝導率をもつ．発泡ポリウレタンや発泡スチレン(訳注：発泡スチロール)が具体例である．発泡スチレンは梱包材としても用いられる．軽量な発泡高分子は，複雑な形状の物を梱包するときにまわりを満たす材料として有用である．自然界に存在する発泡固体としては軽石が挙げられる．発泡金属は，軽くて強い材料として自動車産業や宇宙産業で用いられている[902]．発泡セラミックスは圧電変換器や低誘電性材料として用いられている[903]．

　発泡固体をつくるには，まず発泡液体を作成し，固化させる．これは，化学的に高分子重合を行う(発泡スチレン)，温度を下げる(軽石やスフレ)，または構造転移を引き起こすために温度を上昇させる(パンを焼く)ことで得られる．固体の密度が小さく気体の容量が大きい場合は，発泡固体が多孔性固体となることがある．両者の違いは，多孔性固体では共連続な孔をもつのに対して，泡の個々の穴はそれぞれが独立し閉じている点である．多孔性固体の場合は毛管効果により液体を吸着する傾向をもち，その場合の物性が大きく変わってしまうため，この区別は重要である．

〈具体例 11.10〉

　発泡ポリウレタン(PUR)は建築業界で広く用いられる．名前の意味するところは，官能基としてウレタン(～O-CO-NH～)をもっているということである．この高分子は通常，ジイソシアネートとジオールから作成される．ジイソシアネートとは二つの～N=C=O 基をもつ分子である．ジイソシアネートとしてよく用いられるのはトルエンジイソシアネートと

ジフェニルメタンジイソシアネートである(図 11.16).ジオールは二つのヒドロキシ基をもつ.これらの二つの組み合わせで高分子重合が起こり,PUR が形成される.加水反応によりイソシアネート基が不安定なカルバミン酸を生成し,一部が二酸化炭素として抜ける.これにより,気体が生成し泡が形成される.この反応によって高分子重合も停止する.

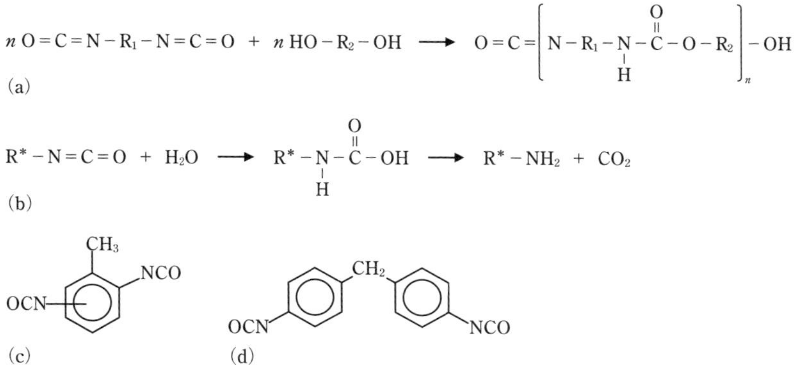

$$n\ O=C=N-R_1-N=C=O\ +\ n\ HO-R_2-OH \longrightarrow O=C=\left[N-R_1-N-\underset{H}{\overset{\overset{O}{\|}}{C}}-O-R_2\right]_n-OH$$
(a)

$$R^*-N=C=O\ +\ H_2O \longrightarrow R^*-\underset{H}{N}-\overset{\overset{O}{\|}}{C}-OH \longrightarrow R^*-NH_2\ +\ CO_2$$
(b)

(c) (d)

図 11.16 (a) ポリウレタンを合成する化学反応.(b) 発泡のための CO_2 を生じる化学反応.R^* は,ジイソシアニド分子または高分子である.(c) TDI および (d) MDI の構造も示した.

発泡液体を形成する基本的な過程は泡の生成である.ノズルを通して,気体を供給することでも可能である.あるいは,ビールのように過飽和溶液から泡を核形成させることや,過加熱による作成(沸騰)でも可能である.泡を形成する別な方法としては力学的撹拌も挙げられる.これは,洗濯機の中や海で波が壊れる際にみられる現象である.

発泡液体を考えたときに真っ先に思い浮かぶ応用例は,シャンプーや髭剃りクリームである.しかし,より重要な応用は鉱物泡沫浮遊選鉱や,似た技術を用いるリサイクル用紙からのインク抜きである.ほかには消火剤としても応用されている.食生活では,ホイップクリームや卵白などが泡の具体例である.

泡はやっかいなものともなりうる.たとえば,産業過程で二つの溶液を混ぜるときに泡が生じてしまうと全体の速度が非常に遅くなる.ガラス産業では,溶融ガラスからの気体の放出が最終的なガラスの中に泡の生成につながることがある.

11.5.2 泡の構造

二つの泡の構造を区別する.気体の体積分率が低いとき,個々の泡は球状で厚い液体の膜によって別々に隔てられている.液体分率が高いため,それらは湿潤状態の泡(wet foam)とよばれる."Kugelschaum" という用語が使用されることもある[904]が,これ

は，ドイツ語の球(Kugel)と泡(Schaum)からきている．もう一つは，乾燥状態の泡(dry foam)である．液体分率は少なく，大部分を占める気相が薄膜または薄いラメラによって隔てられている．個々の泡の形状は多面体で，泡が多面体の形状をとり空間を満たしている．そのため，多面体泡とよばれることもある．乾燥状態の泡は湿潤状態の泡から適切に水を除くことで得られる(図11.17)．

ここで，準安定の乾燥状態の泡についてより詳細に議論する．Joseph Plateau[5]による先駆的な実験により，19世紀後半にいくつかの単純な原理が確立した．それらの原理のうちの三つを以下に示す．

- 多角形の三つの平らな面がぶつかる場所での角は120°となる．
- 四つ以上の面が一直線でぶつかる場合，これは不安定な配置である．
- 多角形のすべての角では，四つの縁が四面体形状でぶつかる．すべての二つの縁の角度は109.5°となる．

多面体の数と体積が一定の場合，泡のもっとも理想的な構造はその表面積が最小となる構造である．この条件は数学の最適化問題となり，解くのは大変であるものの，問題設定そのものは単純である．この問題の答えは，平均して多角形は13.4の面をもつことになる．そして，実験的にももっとも多く現れる多面体が14面体で，次に多く現れるのが12面体であることが観測されている．

11.5.3 セッケン膜

泡の安定性に関する本質的な疑問の一つは，"なぜ二つの隣り合った気泡の間の液体膜が，少なくともある程度の時間，安定なのか？"という点である．実際，純粋な液体膜はまったく安定ではなく，すぐに破壊してしまう．一般的には，その理由は液体を挟んだ両側の気相間のファンデルワールス力によるものであるとされる．エマルションの場合には，液体膜を安定化させるために界面活性剤を加えなければならない．界面活性剤は両側の界面に吸着し，界面張力を減少させる．だが，より重要なのは界面活性剤によって二つの平行な気液界面間に反発力が生まれることである．さまざまな相互作用が泡の膜を安定させる[905]．たとえば，イオン性界面活性剤を使用した場合，静電二重層反発力が泡を安定化する．

泡膜を横切る二つの気液界面間の相互作用は薄膜計によって直接計測することができる[906〜908]．単一の薄い泡膜は，図11.18に示すように多孔性ガラス基板に開けた穴に形成される．基板と泡の中の液体は，毛管を介して一定の参照圧力 P_r の貯蔵器とつながっている．試料フォルダーは閉じられた空間の中にある．ある一定圧力 P_g を箱の中

---

5 Joseph Antoine Ferdinand Plateau, 1801〜1883, ベルギーの物理学者．

11.5 泡

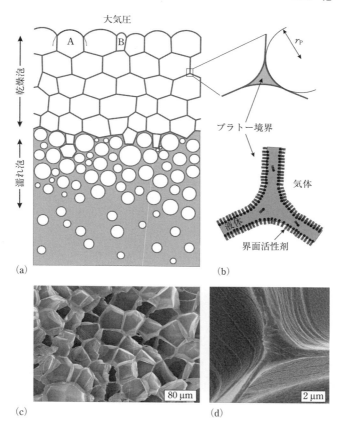

図 11.17 (a) 上昇してくる気泡によって形成された水面上の泡．泡を安定化させるために，界面活性剤を加えた．下のほうの泡は，より密に詰まっていて，球状泡（Kugelschaum）を形成する．重力によって，液体が十分に排出されると，多面体の泡が生成される．（W. Drenckhan 氏提供）
(b) プラトー境界での断面の詳細な模式図．曲率半径 r_P によって，ラプラス圧によるプラトー境界での減圧の度合いが決まる．この減圧により，液体が平面膜内部から外に出てくる．(c) ポリスチレン泡の走査電子顕微鏡の写真．(d) プラトー境界での断面図．ラメラを観測するために，泡を切断した．そのため，プラトー境界に引っかき傷がみられる．

11 界面活性剤,ミセル,エマルション,泡

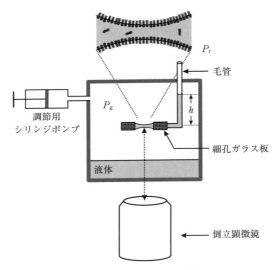

図 11.18　薄膜バランスの模式図

の気体,さらには膜にもかける.液体膜中の圧力は分離圧に等しく,

$$\Pi = P_\mathrm{g} - P_\mathrm{r} + \frac{2\gamma}{r_\mathrm{C}} - \rho g h \tag{11.24}$$

と書ける.ここで,r_C は毛管の内径,h は液柱の高さ,ρ は液体の密度である.液体は毛管の内表面を濡らすと仮定する.液体中の圧力は,ポンプで P_g を変えることで調整することができる.膜の厚さ(つまり,二つの気液界面間の距離)をはかるために,膜面の垂直方向から白色光を集光して照射する.光が膜の両界面から反射され,干渉する.その干渉縞から膜厚が計算できる.

セッケン膜は虹色にみえる.これらの色は反射光でも透過光でもみられる.この現象は,水面上の薄い油膜がさまざまな色を示すのと同じ効果に起因しており,二つの界面からの反射される光の干渉による.このため,色の具合は膜の厚さに強く依存する.セッケン膜を扱う経験の長い人は色具合をみただけで膜厚がわかるようになる.白色光を照射したときの色と膜厚を関連づけるのは自明なことではない.というのも,すべての波長の反射に加えて,多重反射も考えなえればならないからである.膜厚に関係して観測される色の一覧および数学的取り扱いについては文献[900]にある.

一例として,黒膜は実用上重要で理解しやすい.セッケン膜の厚さが ≈30 nm 以下になると黒色になる.それらの膜は黒膜とよばれる.なぜ,それらは黒いのであろうか? 図 11.19 のように,あまり大きすぎない角度 ϑ でセッケン膜をみると図中の A

11.5 泡

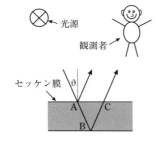

図 11.19 セッケン膜の二つの界面からの反射光が干渉する様子の模式図

と B で反射した光が観測者の目に入る．観測されるのは，干渉した後の光の強度である．二つの光の光路差は，距離 ABC となる（点 A と点 C 間の距離が，観測者と膜の距離に比べて非常に短いため，二つの反射光は実用上，平行である）．黒膜の場合，距離 ABC が可視光の波長 λ と比べて無視できるほど小さい．しかしながら，点 B から反射される光は光学的に密な媒質からの反射であるため，位相が $\lambda/2$ だけずれる．そのため，二つの光の位相差は，$\approx \lambda/2$ であり，打ち消し合うように干渉する．それゆえ，光がまったく反射されないため膜は黒色となる．

11.5.4 膜 の 成 長

液体の泡は，おもに二つの過程によって成長する．粗大化(coarsening)と排水(drainage)である．粗大化の過程は遅く，数分，数時間あるいは数日の時間スケールで起こる．重力の存在下での排水は比較的短時間で起こり，おもな泡の不安定化過程となる．

粗大化から議論しよう．泡の個々の区画は，大きさの分布をもつ．区画が小さいほど，表面—体積比が大きくなる．小さな区画の気体を大きな区画へ運んでいくことで，系全体のギブズ自由エネルギーが減少する．結果的に粗大化が生じ，オストワルト熟成ともよばれる．大きな区画が小さな区画を吸収してさらに大きくなる．この過程が可能なのは，気体分子が薄い液体膜を通り，拡散できるからである．

泡の安定性の洞察を得るために，関与する圧力を考える．ここで，図 11.17 を参照する．泡の外側の圧力（通常，大気圧）は一定である．外側と接している区画の圧力は，ラプラスの式に従って液体膜の曲率半径によって決まる．具体例として，界面活性剤を含んだ水を考え，表面張力が 40 mN m^{-1} であるとする．曲率半径が $R = 1$ mm であるとすると，この区画のラプラス圧は $\Delta P = 4\gamma/R \approx 160$ Pa となる．この式で 4 が出てくるのは，液滴（液滴の場合 $\Delta P = 2\gamma/R$）ではなく，二つの界面をもつセッケン膜を考えているからである．図中の区画 A の曲率を半円で示している．

外界と接しているすべての区画が完全に同じ圧力をもつわけではない．たとえば，図中の区画 B はほかよりも高い圧力をもつ．その場合，液体膜を通して気体が拡散し粗

大化が起こる．大きな区画はますます大きくなり，小さな区画は収縮するのである．

泡の排水を理解するために，液体膜内部の圧力を議論する必要がある．液体膜の接触線近傍では水路が形成される．これは，プラトー境界とよばれる．図 11.17 の曲げ半径 r_P が小さいので，泡の内部と液体相でのラプラス圧による圧力差は大きくなる．液体中の圧力は，気相の圧力よりも十分に小さい．結果として，液体は膜の間からプラトー境界へと移動する．プラトー境界が伝送路の役割をもつことになり，これは泡の排水の重要な効果である．平坦な膜内の流体力学的流れは遅い過程である[909]．粘度が泡の成長に大きな影響を与えるのは，このためである．液体がプラトー境界に達すると流れがより効率的になる．そして，液体は重力に駆動されて下方向に流れる．

多くの応用において，泡の生成を妨げたり，すでに存在する泡を除くことが望まれる．たいていは，極性油，非極性油や，疎水性固体粒子のような化学物質を加えることで，そのような効果をもたせる（総説は文献[910]）．ここで，泡止め剤(antifoamer)と消泡剤(defoamer)を区別する．泡止め剤は泡が生成する前に加え泡の生成を妨げる．一方で，消泡剤はすでに存在する泡を破壊する．それらは，泡の外表面に達することしかできない．

いくつかの化学物質が泡を不安定化するのは，液体の粘度を下げることで排水の速度が速くなるからである．泡を不安定化する別な方法は，界面活性剤を表面から除くことである．たとえば，イオン性界面活性剤は逆符号の電荷に帯電した無機物によって束縛され，不溶性複合体となる．不溶性の油滴は界面に広がり，セッケン膜を破壊する．水系の泡に対して，疎水性粒子が効果的な消泡剤となることもある．ただ，このメカニズムは複雑である．逆に疎水性粒子が泡を安定化する場合もあるからである．しばしば，別な化学種を加えることは製品に不純物が加わることになるため望まれない．そのような場合の代替手法は，弱い衝撃波や弱い振動を加えて泡を破壊することである．

11.6 まとめ

- 界面活性剤は4種類に分類される．アニオン性（たとえば，SDS），カチオン性（たとえば，CTAB），非イオン性（たとえば，アルキルエチレングリコール），両性イオン性（たとえば，ホスファチジルコリン）である．一般的な界面活性剤に加えて，ジェミニ，ボラ型，オリゴマー，高分子界面活性剤が近年，注目されるようになってきている．
- 水中で界面活性剤は CMC 濃度を超えると自発的に球状ミセル，シリンダー，二重膜を形成する．どの形状のものが形成されるかは界面活性剤パラメータに大きく依存する．
- 通常の球状ミセルは 30～100 界面活性剤分子を含み，直径が 3～6 nm である．ミセルは，二つの競合する因子によって形成される．炭化水素鎖を水中から油相に相当す

る内部へと移動させる因子と，頭部基同士による反発力である．
- エマルションは二つの非相溶性液体，通常は水と油の分散系である．マクロエマルションとミクロエマルションに区別される．マクロエマルションは熱力学的に安定ではない．滴の直径は 0.5〜10 μm である．ミクロエマルションは熱力学的に安定で，滴の直径は，5〜100 nm である．
- O/W エマルションと W/O エマルションのどちらが形成されるかは，界面活性剤によって決まる．マクロエマルションに対してはバンクロフト則または，より定量的な概念である HLB が使用できる．それらは界面活性剤の水と油への溶解性を反映する．
- イオン性界面活性剤の特性は，おもに塩濃度によって影響を受ける．非イオン界面活性剤の場合，温度がもっとも重要な因子である．非イオン界面活性剤は PIT 以下では，O/W エマルションとなる傾向がある．PIT 以上では W/O エマルションが好まれる．
- 泡は熱力学的に安定ではない．液体の泡の寿命は，界面活性剤間の反発力と液体の粘度によって決まる．プラトー境界での負のラプラス圧によって排水が起こり，泡が破壊されていく．

11.7 演 習 問 題

問題 11.1 ミセル化は，疎水効果によって駆動される．アルキルエチレングリコールについて以下の計測された CMC (C_8E_6 と $C_{12}E_6$ の CMC はそれぞれ，9.8 mM と 0.008 mM) をもとに，一つのメチレン基 (〜CH_2〜) を水相からミセル中に 25℃ で運ぶことによるギブズ自由エネルギーの変化を見積もれ．

問題 11.2 炭化水素鎖の体積に関する式 (11.5) を以下の密度を用いて導け．n-ヘキサン (C_6H_{14}) の値は，$\rho = 654.8$ kg m^{-3}, $M = 86.18$ g mol^{-1} である．n-ドデカン ($C_{12}H_{26}$) の値は，$\rho = 748.7$ kg m^{-3}, $M = 170.34$ g mol^{-1} である．

問題 11.3 式 (11.13) を導出せよ．

問題 11.4 半径 r の二つの球状の滴が融合すると，どのくらいの表面が消失するか？

問題 11.5 軟凝集の速度論に関する問題．温度 25℃ の O/W エマルションがあり，濃度が (10 μm)^3 あたりに 1 滴だとする．エネルギー障壁が存在しないと仮定して，濃度の初期減少速度を計算せよ．

問題 11.6 界面活性剤膜の弾性エネルギーに関する問題．以下の場合の界面活性剤膜の単位面積あたりの曲げ弾性エネルギーを見積もれ．曲げ弾性率が $10\,k_BT$ で，自然曲率はゼロである．液滴の大きさが，5, 20, 100 nm の場合について求めよ．ここで，サドル・スプレイ弾性率は無視できるものとせよ．

12
液体表面上の薄膜

12.1 緒 言

両親媒性分子の液体表面への吸着は非常に強く,単分子膜が形成される.両親媒性分子の中にはバルク液体にまったく溶解しないものもあり,不溶性の単分子膜が得られる.そのときの表面余剰 Γ は加えた物質の量を表面積で割ったものとなる.単分子層を形成する両親媒性物質の具体例は脂肪酸($CH_3(CH_2)_{n_C-1}COOH$)と長鎖アルコール($CH_3(CH_2)_{n_C-1}OH$)である(11.1 項参照).

不溶性両親媒性物質の中でも重要なのは生体膜の基本材料ともなるリン脂質である(図 12.1).リン脂質は脂肪酸の 1,2-ジエステルとグリセロールからなる.グリセロールは 3 番目の炭素でさらにエステル化され,ホスホリルエタノールアミンやコリンまたは他の極性基となる.脂質はその頭部基の化学組成によって分類される.ホスファチジルコリン(PC)は,水中で双性イオンとして存在する.中性 pH では,リン酸基が負に帯電していて(H^+ が解離している),コリン基が正に帯電している(H^+ が結合している).ホスファチジルエタノールアミン(PE)も双性両親媒性物質の具体例である.アルコールの残基が電荷をもたない一方,リン酸基が負に帯電しているため分子全体として

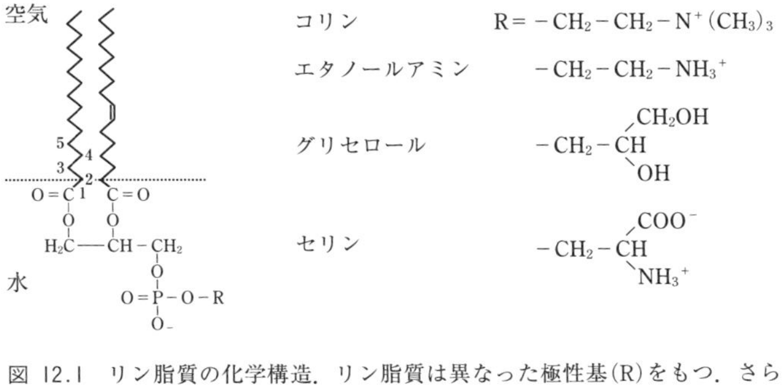

図 12.1 リン脂質の化学構造.リン脂質は異なった極性基(R)をもつ.さらに,アルキル鎖はさまざまな長さをもち,飽和している場合(左の分子鎖)と不飽和の場合(右の分子鎖)がある.

も負に帯電している．具体例はホスファチジルグリセロール(PG)である．ホスファチジルセリン(PS)が負に帯電している理由は残基が双性イオンだからである．

表12.1に示すように，リン脂質はアルキル鎖の長さとアルキル鎖中の二重結合の数によって分類される．単結合のみからなるアルキル鎖は飽和鎖とよばれる．少なくとも一つの二重結合をもつものを不飽和鎖とよぶ．不飽和アルキル鎖のほうが規則正しい構造をとりにくく融点が低い．

表 12.1 類似のアルキル鎖をもつジアルキルグリセロールホスファチジルコリン(PC)とジアルキルグリセロールホスファチジルエタノールアミン(PE)の学術用語

n_C	接頭辞	一般的な省略形
12	Dilauroyl-	DLPC/DLPE
14	Dimyristoyl-	DMPC/DMPE
16	Dipalmitoyl-	DPPC/DPPE
18	Distearoyl-	DSPC/DSPE

液体中に十分な量の両親媒性物質が存在する場合，ギブズ単分子層とよぶ．水への溶解度は，アルキル鎖を短くするか頭部基の極性を大きくすると上昇する．表面張力の減少量をギブズ吸着等温線(式(3.64))に代入することで Γ を求めることができる．

不溶性単分子膜を研究するのにもっとも重要な装置はラングミュアトラフ(訳注：日本語：LBトラフ，英語 film balance[911, 912] または，Langmuir trough)である(図12.2)．近年の装置では，温度調整できるトラフがあり，液体が満たされている．液体は副相とよばれ，通常は水である．脂質を揮発性があり副相と混ざらない溶媒(よく使用されるのはクロロホルム)に溶かす．溶液を液体表面にたらすと溶媒が蒸発した後に脂質膜が残る．この過程を spreading(広がり)とよぶ．ラングミュアトラフの境界を移動させることにより，脂質膜を圧縮したり広げたりすることで，液体表面の分子密度を調整することができる．膜が圧縮されると1分子あたりの面積が減少し，膜が膨張させられると1分子あたりの面積が増加する．

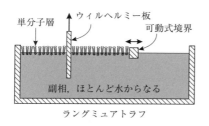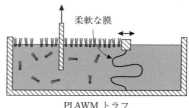

図 12.2 ラングミュアトラフと PLAWM トラフの模式図

12.1 緒言

境界が自由に動くことができる場合は，高い表面張力をもつ液体のほうへ動く．これにより系は全体の自由エネルギーを減少させることができる．この動きは膜圧または水平圧によって駆動されたと考えることができる．膜圧 π は，何もない場合の副相の表面張力 γ_0 と両親媒性物質に覆われているときの副相の表面張力 γ の差

$$\pi \equiv \gamma_0 - \gamma \tag{12.1}$$

によって定義される．膜圧はウィルヘルミープレート法(2.4節と6.3.1項)によって計測される．しばしば，ウィルヘルミー板は副相の水中に浸された吸収紙である(図2.12)．板にはたらく力は表面張力に比例する．あまり一般的ではないが，障壁にはたらく力を直接計測するものもある．

水の上の膜を圧縮するとき，膜圧が上昇するとともに表面張力が減少する．表面張力が減少するのはなぜだろうか？ この減少は式(3.64)のギブス吸着等温線を使用して説明することができる．圧縮によって界面余剰が増大するため，表面張力は減少しなければならないのである．より直観的な説明としては，極性の高い水分子表面(表面張力が高い)が圧縮によってどんどん非極性の炭化水素鎖表面(表面張力が低い)に置き換えられるため表面張力が減少していくのである．

両親媒性分子が液体に可溶である場合には液体を経由して境界の両側へ拡散してしまうので，ラングミュアトラフはもはや使用できない．代わりにPLAWM[1]トラフ[913,914]を使用する．PLAWMトラフでは可動性の境界に柔軟な膜が固定されている．この膜は簡単に動くことができるので，境界の位置は表面にしか依存しなくなる．

表面余剰が小さいとき，ギブス単分子層は二次元気体のモデルで記述することができる．この記述は，低濃度のときの表面張力が，加えた両親媒性物質の濃度 c に対して線形に減少するという観測結果に基づいている．

$$\gamma = \gamma_0 - bc \tag{12.2}$$

ここで，b は溶媒と両親媒性物質に依存する定数である．これをギブス吸着等温線式(式(3.64))に代入する．

$$\Gamma = -\frac{c}{RT}\frac{d\gamma}{dc} = \frac{bc}{RT} \tag{12.3}$$

式(12.2)に膜圧の定義(式(12.1))を代入すると，$\pi = bc$ となる．これを使用することで，

$$\Gamma = \frac{\pi}{RT} \quad \Rightarrow \quad \pi = \Gamma RT \tag{12.4}$$

---

1 この名前は，以下の人名の頭文字からとられている．Agnes Pockels(1862～1935，ドイツのニーダーザクセン州 Braunschweig の女性アマチュア科学者)，Langmuir，Adam，Wilson そして McBain．

となる．表面余剰を1分子あたりの面積の逆数で表す($\Gamma = 1/\sigma_A$)ことで，$\pi\sigma_A = RT$(σ_A の単位はモルあたりの面積)または，

$$\pi\sigma_A = k_B T \tag{12.5}$$

を得る．この式の σ_A の単位は1分子あたりの面積である．

ここで，σ_A の使用法について注意する必要がある．ここでは一つの分子に対する平均面積で，界面余剰の逆数として定義されている．8章では，分子の幾何的な大きさと関連していた．たとえば分子の直径が1 nm だとして，それが表面に吸着すると，接触面積は約 1 nm² である．被覆率が非常に大きくならない限り，表面余剰とは独立している．

〈具体例 12.1〉

1.33 mM の $C_{10}E_4$ [$C_{10}H_{21}(OCH_2CH_2)_4OH$] を水に加えたときの 25℃ での膜圧を求めよ．具体例 3.2 より，1分子あたりの面積は，1.21 nm² である．そのため，膜圧は，

$$\pi = \frac{k_B T}{\sigma_A} = \frac{4.12 \times 10^{-21} \text{J}}{1.21 \times 10^{-18} \text{m}^2} = 3.40 \times 10^{-3} \frac{\text{N}}{\text{m}} \tag{12.6}$$

と求まる．

二次元理想気体方程式の代わりに，排除表面 σ_0 も考慮したファンデルワールス型の方程式が使用されることもある．

$$\left(\pi + \frac{a}{\sigma_A^2}\right)(\sigma_A - \sigma_0) = k_B T \tag{12.7}$$

a は物質依存性の定数である．三次元ファンデルワールス状態方程式がどのように凝集するかを説明する物理化学の基礎講義では，温度一定で体積の関数として圧力がプロットされる．同様にして，温度一定で分子面積 σ_A に対する膜圧をプロットすると，単分子膜の二次元での凝集を少なくともある臨界温度以下において予想することができる．

12.2 単分子膜の相

三次元相図と二次元相図の類似性による理解は，さらに進めることができる．両親媒性物質の単分子膜は，三次元の系と似た秩序相を示す[915]．両親媒性物質の相図は，圧力－面積 ($\pi - \sigma_A$) 等温線によってもっとも便利に記述することができる．この相図は物質に依存して違った様相を示すだろう．長鎖アルコール，長鎖アミン，長鎖酸などの単純な両親媒性物質の挙動は詳細に研究されている(総説は文献[916, 917])．単分子層では，液晶で観測されるような，いわゆるメゾ相が現れることもある．メゾ相では，尾基

12.2 単分子膜の相

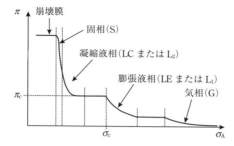

図 12.3 分子あたりの表面積に対する膜圧のグラフ．ここに示した相をとる可能性があるが，ほとんどの両親媒性物質は，すべての相を示すことはない．

が比較的長い距離にわたって秩序を有している一方で，親水性頭部基内の秩序は比較的，短距離的である．

脂肪酸，脂質や他の両親媒性物質は水中で以下のような相挙動を示す[918〜920]（図12.3）．

- 気相(G)．分子の面積が広いとき，膜は気相状態になり式(12.5)によって記述される．ただし，膜圧は非常に小さいため通常は検出することができない．表面での分子あたりの平均面積は，分子の大きさよりも非常に大きい．相転移を起こすことなく，全面積はどこまでも広げられる．
- 液相(L)．気相の膜を圧縮していくと，液相への一次相転移が起こる．液体状態は，両親媒性物質同士の水平方向への相互作用によって特徴づけられる．少なくとも二つの液相が存在する．膨張液相(LE または L_1)と凝縮液相(LC または L_2)である．膨張液相では，圧力−面積グラフの膜圧をゼロへ外挿したときの値 σ_A が実際の分子の大きさよりも大きくなる．長い炭化水素鎖が極性頭部基をもつ場合（たとえば脂肪酸），この面積はおおよそ $\sigma_A = 40〜70\,\text{Å}^2$ となる．分子は互いに接触しているものの水平方向への秩序は存在しない．頭部基はよく水和している．多くの場合，状態方程式はファンデルワールス型(式(12.7))である．ある特性膜圧 π_c（共存圧力）および特性単位面積 σ_c で始まる圧力平坦部をすぎて，さらに圧縮していくと，あるところで一次相転移が起こり凝縮液相が観測される．ここで，両親媒性物質はアルキル鎖が長距離秩序をもった秩序相をとる．通常，副相に対する垂直方向からの傾斜角の減少を示す．膜は比較的硬いものの頭部基の間にまだ水が存在する．
- 固相(S)．頭部基がほぼ脱水和していて，頭部基層が高い規則性をもつ．圧力−面積等温線は直線である．膜圧ゼロへ外挿して得られる面積は，分子の断面積に対応する．たとえば，二つの脂肪酸の鎖をもつ脂質は外挿面積 $\approx 41\,\text{Å}^2$ をとり，分子の

断面積と一致する[921].

実際の等温線は，二つの点で理想的な図に示した等温線と異なる．膨張液相と凝縮液相の相転移は，はっきりとしたものではなく滑らかである．これは，凝縮液相がある程度やわらかく簡単に圧縮されることによる．そのため，相転移での圧力上昇によって，より多くの分子が凝集液相になるだけでなく，すでに形成された凝集液相を圧縮する．加えて，不純物の影響もある．

不純物は二つ目の違いにも関係している．実際には，π_c のところで等温線は完全に水平になるのではなく多少の傾きをもつ．とくに温度が高いほど顕著である．不純物は凝集液相からはじき出される．そのため，単分子層のますます多くの部分が凝集液相になるにつれて，不純物が残りの膨張液相にたまるようになる．これによって，両親媒性物質の膨張液相内での二次元濃度が減少する．結果として，膨張液相から凝集液相へ転移するのに必要な濃度に到達するためにより高い圧力が必要となる．

単分子層の相挙動は，両親媒性物質の分子構造と副相の温度および組成によって決まる．たとえば，リン脂質や脂肪酸ではアルキル鎖間にファンデルワールス力による引力の相互作用がはたらいている．アルキル鎖が長いほど相互作用が強くなる．そのため，LE-LC 転移圧力はアルキル鎖が長くなるほど低くなる（温度一定のとき）．また，アルキル鎖が二重結合をもつと転移圧力が高くなる．これは，アルキル鎖の規則性が低くなりファンデルワールス相互作用が妨げられるからである．頭部基内の電荷や方向性をもった双極子はリン脂質間に斥力を発生させ，転移圧力が上昇する．副相に塩を加えると，この斥力が遮蔽され転移圧力が下がる．

三次元の場合と同様に，温度を上昇させると π_c も上昇する（図 12.4）．同時に，相転

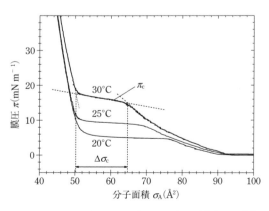

図 12.4　DPPC の異なった温度での圧力―面積（π vs σ_A）等温線[922]．30℃の場合での転移圧力 π_c を示している．

移の範囲が狭まっていき，臨界温度(臨界点)のところで消えてしまう．臨界温度以上では単分子層が凝集することはない．

> 〈具体例 12.2〉
> 膜圧と三次元の圧力を関連づけているのは，教育的である(図 12.5)．長さ l の境界に対して，膜は力 πl をかける．三次元の場合は，表面 ld にかかる圧力 P から力を見積もる．ここで，d は単分子膜の厚さである．この力は，Pld となる．両方の力が等しいとすると，$P = \pi/d$ を得る．L_1 相の一般的な値は，$d = 1$ nm，$\pi = 10^{-3}$ N m^{-1} である．その場合は，三次元圧力が $P = 10^6$ N m^{-2} = 10 atm と見積もられる．

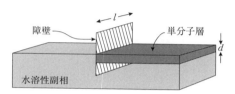

図 12.5 水溶性副相上の単分子層を可動式障壁で圧縮したときの模式図

高分子やタンパク質の圧力―面積等温線に対して，明確な相が現れないことがしばしばある．膜圧が非常に低い場合でさえ理想的に振る舞わない．そのような場合の挙動は，高分子と副相の特定の構造に強く依存し，しばしば等温線は不可逆となる．一般的に，空気―副相界面での分子鎖の形態は，一方で高分子―高分子および高分子―副相の相互作用，他方で高分子鎖によるエントロピー効果，これら二つの効果が妥協した結果である．

12.3 単分子層を研究する実験手法

前節では，単分子膜の生成とその熱力学について述べた．古典的な実験手法と結果に関するよい入門書は文献[923〜925]である．ここでは，単分子層の形態を可視化する手法から議論を始める．続いて，単分子層の構造および電気分子パラメータを測定する手法を議論する．最後に単分子層の力学的特性の記述について述べる．

12.3.1 光学顕微鏡

蛍光顕微鏡では，少量の蛍光染料を単分子層に加える．染料は単分子層の中に取り込まれるように両親媒性のものを使用する．膜へ上から励起光を照射し，蛍光分子の膜内の分布を光学顕微鏡で観察する[926]．単分子層の相状態によって，蛍光分子が不均一に

分布したり異なった量子収率をもつ．通常，蛍光分子は凝縮液相と固相からはじき出される．この手法を使用することで，水中の単分子膜に異なった相が共存することが初めて可視化された[927,928]．

〈具体例 12.3〉

DPPC (L-α-dipalmitoylphosphatidylcholine) は，22℃の水中で，膜圧が $\pi_c \approx 7$ mN m^{-1} のとき，相が共存する．蛍光分子 NBD-DPPC (NBD：4-nitrobenzo-2-oxa-1,3-diazole) は，より秩序高い相である LC 領域からはじき出され（暗領域），LE 領域にたまる（明領域）．図12.6 の蛍光顕微鏡の写真から異なった相をみることができる．圧縮していくことで，LC 領域が広がっていき，暗い場所が増えていく．そして，やがてほとんどの部分が暗くなる．

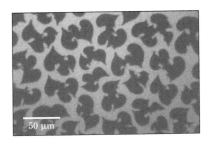

図 12.6 22℃ の水上で，膜圧が 12 mN m^{-1} のときの L-α-DPPC の構造．蛍光色素として，0.5 mol% の NDB-DPPC を加えている．(M. Lösche 氏提供)

具体例 12.3 は，リン脂質が異なった二次元形状の相領域を液体表面上に形成することを示している．領域の形状は，おもに単分子膜の化学組成と，温度，pH，イオン濃度のような条件に依存することが見出されている．領域構造は二つの競合する相互作用を考慮することで理解することができる．ファンデルワールス力による引力と，双極子双極子相互作用による斥力である．分子の双極子モーメントの垂直成分のために，双極子双極子相互作用が斥力的となる．これらの双極子モーメントは，界面に垂直に配向し互いに平行に並んでいる（図 12.11）．平行な双極子は反発する．さらに，LC 領域はまわりの LE 領域に対して境界を生成する．これによって，表面張力と同様に説明できる線張力が生じる．つまり，境界に存在する脂質分子は，領域内の脂質よりも高いエネルギーをもつ．それゆえ，ある面積に対する境界が長くなるほど境界を生成するのに多くのエネルギーが必要となる．領域内での静電斥力が領域を広げようとし，線張力が境界を円形にしようとする．実際の形状はこの二つの効果の競合の結果である[916]．

蛍光顕微鏡法の欠点は，染料分子の存在が単分子層の形状を変化させる可能性がある点である．この問題点は，ブリュースター角顕微鏡[929〜931]を使用することで避けることができる．その原理を以下で簡潔に説明する．通常，液体表面に照射された光は部分

的に反射される．反射光強度は入射角に依存する．入射面に対して平行に偏光した光の場合，反射がまったく起こらない角度が存在する．これがブリュースター角で，水の場合には53°である．水表面を角度53°で観測すると暗くみえる．この手法では，液体をブリュースター角で照射し液体表面を顕微鏡で観測する．単分子膜で覆われている領域では，ブリュースター角が若干ずれるため明るく観測される．この手法では，単分子層の相挙動を水平分解能が2～10 μm程度で観測することができる[932]．蛍光顕微鏡とブリュースター顕微鏡の結果を比較した研究では，それらの間にほとんど差がないことが示された[933]．

12.3.2 赤外分光と和周波発生分光

近年，赤外分光（IR）と和周波発生分光（SFG）が流体表面分子の振動スペクトルを観測する強力な手法となってきた．これらの手法は 7.9.1 項で説明した．IR 分光法では，両親媒性物質の全部または一部に特徴的な振動が計測される．表面のみからの IR シグナルを得るには，以下の二つの方法がある．一つ目は IR 光が基板と連動し，界面の多重反射によって吸収を減衰させる全反射減衰赤外分光法（attenuated total reflection infrared spectroscopy：ATR-IR）[934,935]である．この手法では，計測する薄膜を固体基板の上へおかなければならない．二つ目は，s 偏光した赤外光を界面で反射させる，赤外反射吸収分光法（IR reflection absorption spectroscopy：IRRAS）である[547,936]．

SFG 分光では，ある赤外光と可視光を混ぜる．それらの二つの周波数の和の波長で放出される光のスペクトルを観測する（総説は文献[547,937]）．

振動スペクトルは官能基によって特徴的な波数に現れる．たとえば，2870 と 2955 cm^{-1} のピークは，末端 CH_3 基の対称伸縮と反対称伸縮の特徴的な振動に対応する．CH_2 の対称伸縮と反対称伸縮は，2850 と 2910 cm^{-1} に現れる．単分子層と副相の界面活性剤[938]やイオン[939]などの添加物との相互作用は，単分子層または添加物の特徴的な振動がずれることから観測することができる．重水素化したアルキル鎖の場合には，伸縮振動が 2100～2200 cm^{-1} にずれる．単分子層または添加物のどちらかだけを重水素化しておけば，添加物が単分子層に吸着する様子を観測することができる．

〈具体例 12.4〉

アルキル鎖を重水素化した $DMPC$-d_{54} を水面の上で圧縮して LC 相にした．その後，SDS を副相の中に加えた．CH_2 と CD_2 の伸縮振動の IRRA スペクトルを異なった表面圧に対して計測した．$DMPC$-d_{54} のアルキル鎖が選択的に重水素化されているため，脂質と界面活性剤の構造変化を区別することができる．

表面圧が減少するとともに，CD_2 伸縮振動の強度も減少する（図 12.7）．これは，アルキル鎖の主軸と空気－水界面に垂直な方向からの傾斜角が増大することを示している．加え

て，両方の振動ピークが少し高波数側へシフトしている(図12.7(a))．高波数側へのシフトは，アルキル鎖のゴーシュ欠陥が増大し規則性が低くなっていることを意味する．

同様のことがSDSに対しても起こる．表面圧が減少するとともに，CH_2の対称伸縮振動と反対称伸縮振動の強度が増大する．これは，脂質単分子層が膨張するときにSDSを取り込んだことを示している．この取り込みは，それぞれのグラフで表面圧の等しい(iii)と(v)の曲線が似ていることが示すように可逆である．

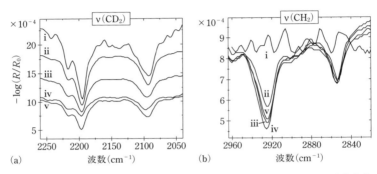

図12.7 1mMのSDS(ドデシル硫酸ナトリウム)からなる副相上での重水素化DMPC-d_{54}単分子膜の(a) CD_2，および(b) CH_2伸縮振動のIRRAスペクトル[938]．(i) 純粋な水の副相上，および膜圧が(ii) 33 mN m^{-1}，(iii) 20 mN m^{-1}，(iv) 10 mN m^{-1}，(v) 再び20 mN m^{-1}に戻したときについてプロットしている．

12.3.3　X線反射と回折

単分子層のナノスケールでの分子秩序の詳細な解析には，波長の十分に短い光，つまりX線が必要である．$\lambda = 1.54$ ÅのCuK_α線が使用されることが多い．一般的なX線手法はX線反射率法とX線回折である．これらは，薄膜に対する異なった情報を与える[921,940]．X線反射率法では入射角と反射角が等しくなるように設定し，これらを同時に変化させる(図12.8)．しばしば，X線回折においては入射角を小さな角度で固定し，回折した光をさまざまな方向，すなわちさまざまな角度で検出する．斜入射X線回折法では，入射角αは全反射の臨界角以下とする．光が空気側から入ってきて固体または液体表面で全反射するのは，X線に特有な現象である．臨界角以下ではすべての光の強度が反射される．可視光の場合には，どんな角度であっても少なくとも一部の光がより密な媒体中へ回折していくので，X線の場合とは好対照である．そのため，X線では入射光のすべての強度が解析に使用でき，十分に強いシグナルが観測される．小さな入射角を使用するもう一つの理由は，表面でのX線の侵入深さを小さくするためである．一般的な垂直照射角αは0.1°であり，その場合の侵入深さは≈5 nmである．

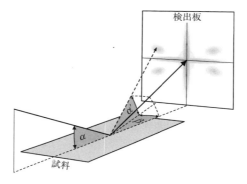

図 12.8 単分子膜のような薄膜の X 線回折実験の原理図

それゆえ，X 線技術は表面近傍での構造に敏感である．

X 線反射率法（$\alpha' = \alpha$, $\beta = 0$）．直接反射した X 線を異なった角度 α に対して計測する（通常は 5° まで）．この実験により，表面に垂直な方向への単位立方 Å あたりの電子密度と表面粗さに関する情報を得ることができる[941, 942]．水平方向に関する情報は得られない．

X 線反射率法を理解するために，この手法を用いてどのように膜厚が決定されるかについて議論する．平らな基板または水などの副相表面の上に存在する薄膜に対して X 線を照射すると，薄膜表面で反射された X 線と，薄膜と基板（または副相）の界面で反射された X 線の二つが生じる（図 12.9）．それらの X 線が角度によって強め合う，または弱め合うように干渉する．これにより，反射強度が極大値と極小値をもつ．強め合う干渉の条件を計算するとブラッグ[2]の法則となる．

$$n\lambda = 2d \sin \alpha \tag{12.8}$$

ここで λ は X 線の波長，n は極大の次数（$n = 1, 2, 3 \cdots$），d は膜厚である．ブラッグの法則によると，ある波長に対して極大値または極小値の見つかる角度が高いほど対応す

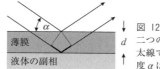

図 12.9 薄膜表面と薄膜液体界面で反射した二つの X 線の干渉．経路差にあたる長さを太線で示した．実際の実験での入射 X 線の角度 α は，図中の角度より非常に小さい．

---

2 英国の物理学者親子，父 William Henry Bragg（1862〜1942）と息子 William Lawrence Bragg（1890〜1971）によって発見された．彼らは，1915 年にノーベル物理学賞を受賞した．

る膜厚は薄くなる．極小値の場合は，式(12.8)において，n の代わりに $n-(1/2)$ を使用する．

X線は物質中の電子と相互作用する．基板上の薄膜を検知するのに必要な条件は，薄膜と基板の電子密度が異なることである．

現実の液体表面は完全に平らではない．外部からの摂動がなくても，液体表面には統計的な波長分布をもった毛管波が存在する[943,944]．これが熱揺らぎによって駆動されているのに対して，表面張力と重力は表面を平らにするようにはたらく．毛管波は液体表面を乱雑にする．水の場合の一般的な表面粗さは 0.3～0.5 nm である．表面張力の小さい液体ほど表面粗さが大きくなる．液体表面の粗さを使用し，表面張力を求めることもできる．このような計測は，X線[941,945] または光散乱[946,947] によって行われる．ただし，実験結果を解析するのは簡単ではない．

〈具体例 12.5〉

ガラクトセレブロシドの X 線反射率測定の結果を図 12.10 に示す[948]．図 12.10(b)は，二つの異なった膜圧の場合の規格化された反射 X 線の強度の入射角 α に対するプロットである．図 12.10(c)は，(b)に対応する膜表面に垂直な方向への電子密度を示す．0 Å が，単

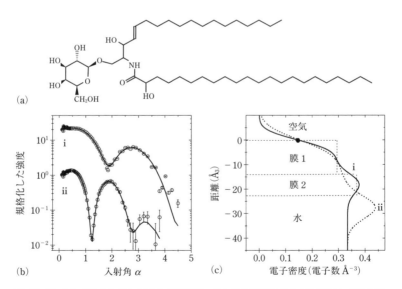

図 12.10 (a) ガラクトセレブロシドの構造．(b) 水上のガラクトセレブロシド単分子膜の X 線反射率測定の実験データ．(i) 膜圧が 1.8 mN m^{-1}（面積が 110 Å^2）のとき，(ii) 膜圧が 42.6 mN m^{-1}（面積が 35 Å^2）のとき[948]．(c) いわゆる 2 箱モデルを使用して X 線データから計算した単分子膜の電子密度プロファイル．

分子層の上表面（アルキル鎖の上部）に対応し，深さが-40 Åでは完全な水になる．その間に膜が存在する．この測定法は，非常に感度が高く単分子膜中の二つの異なった電子密度が見事に計測されている．この状態は図中の"膜1"と"膜2"（曲線iに対してのみ）と印した点線の箱によって図示される．これが，2箱モデルとよばれる単純化した電子密度モデルである．一つの箱は電子密度が一定である．膜の中のある厚さの部分に対応する．2箱モデルでは，膜を二つの層に分けて考えている．より詳細は，演習問題12.3参照．

入射角αの代わりに，波数ベクトルの差Δqの絶対値をx軸に対してプロットする．これは，反射波数ベクトルq_rと入射波数ベクトルq_iの差である．どちらも，逆空間での大きさ$2\pi/\lambda$をもつ．q_rとq_iがどちらも同じ大きさと表面に対する角度をもつため，ベクトル加算をするとΔqは表面に対して垂直な方向を向く．それゆえ，Δqの大きさは，$4\pi/\lambda \cdot \sin\alpha$である．ブラッグ条件は，

$$\text{極大値に対して } d\Delta q = 2\pi n \text{ および，極小値に対して } d\Delta q = 2\pi\left(n-\frac{1}{2}\right) \tag{12.9}$$

となる．よって，Δqに対する反射強度のプロットでの極値から膜厚が簡単に計算できる．

X線回折 X線回折では，$\alpha \neq \alpha'$と$\beta \neq 0$が許される．面内反射の角度β依存性から，分子が何らかの規則的な構造をもつ場合には，面上での分子の二次元パッキングの情報を得ることができる[949〜952]．水表面の上に完全な二次元平面結晶がある場合には，垂直方向にしま状の"ブラッグロッド"が形成される．それらのロッドを角度βに対して解析すると，表面に対して平行方向の電子密度分布に関する情報と分子の傾斜角が得られる．このようなX線回折には放射光のような輝度の強いX線が必要とされる．

12.3.4 表面電位

一般的に，単分子膜を形成する脂質は極性基をもっている．この極性基が副相表面に対して垂直な方向への正味の成分をもつ，双極子モーメントμを生じる．それゆえ，単分子層は気液界面の電位を変化させる．液体表面に分子層が広がることによる表面ボルタ電位の変化を，膜の表面電位とよぶ．χ_0を純粋な副相と気相の間の電位差であるとして，χを間に分子層が存在するときの電位差だとすると，

$$\chi_{\text{Surf}} = \chi - \chi_0 \tag{12.10}$$

が表面電位となる．気相中の電極が液相中の電極よりも高い電位をもつときに，χ，χ_0，χ_{Surf}を正とする．

表面電位は界面での分子の双極子モーメントと関連している．$\mu_\perp$を表面に垂直な方向の双極子モーメントとすると，表面電位は，

$$\chi_{\text{surf}} = \frac{\mu_\perp}{\sigma_A \varepsilon \varepsilon_0} \quad (12.11)$$

と書ける[920]．ここで，ε は副相の液体の誘電率である．実験では，膜圧を変化させたときの表面電位の変化を計測する．ここから，双極子モーメントに関する情報，すなわち，表面での分子の配向についての情報を得ることができる[953～955]．

式(12.11)を理解するために，図 12.11 に示すように，液体上に双極子が均一かつ無限に広がる膜を形成すると考える．電荷 $\pm Q$ をもつ双極子モーメントの大きさは，$\mu_\perp = Qd$ であるとする．単分子膜が液体表面に直接接触していて，そこでの電荷密度が $\sigma = -\Gamma Q$ であるとする．それに続く厚さ d の膜の内部には自由電荷が存在しないとする．そして，その上に電荷密度 $\sigma = \Gamma Q$ をもつ第二の層が存在する．

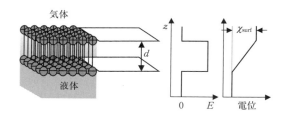

図 12.11 単分子膜に存在する双極子モーメントの模式図．また，膜面の垂直方向に沿った電場強度 E と電位の模式図．

この三つの領域の電場強度を計算するために，液体中には自由電荷が存在しないと仮定する．この場合，液相中のいたるところで，電場をゼロとおける．二つの電荷をもった層の間の電場強度は $E = \sigma/(\varepsilon\varepsilon_0)$ である．気相中での電場は再びゼロである．表面電位を求めるために，電場を液相中のある点から気相中のある点まで積分する．この積分によって，式(12.11)の表面電位を得る．

$$\chi_{\text{surf}} = \int_{\text{liquid}}^{\text{gas}} E\,\mathrm{d}z = \int_0^d \frac{\sigma}{\varepsilon\varepsilon_0}\,\mathrm{d}z = \frac{\sigma d}{\varepsilon\varepsilon_0} = \frac{\mu_\perp}{\sigma_A \varepsilon\varepsilon_0} \quad (12.12)$$

分子が正味の自由電荷をもたない場合には，計測した双極子モーメントが分子内部の双極子モーメントに直接対応する[956]．電荷をもった分子の場合には，電気二重層によって副相中に生じる双極子の影響も考慮する必要がある．

表面電位の計測は，1933 年と 1937 年に初めてなされた[957,958]．図 12.12 に示すような二つの手法が用いられる．振動電極法とイオン化電極法である．振動電極法は，ケルビン卿の研究まで遡ることができ，ケルビンプローブともよばれている．板状の電極を液体表面から距離 D のところに設置する．これは，溶液中の電極とつながっている．表面電位を計測するために，上の電極を周期的に上下に振動させる．これにより，電流

12.3 単分子層を研究する実験手法

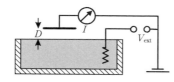

図 12.12 単分子膜の表面電位を計測する測定器の模式図

I が流れる．この生成した交流電流を計測する．電流は表面電位に比例し，

$$I = \frac{dQ}{dt} = \chi_{\text{surf}} \frac{dC}{dt} \tag{12.13}$$

の関係がある[958]．平板コンデンサの電気容量は $C = \varepsilon_0 A/D$ であるため，

$$\frac{dC}{dt} = \frac{dC}{dD} \frac{dD}{dt} = -\frac{\varepsilon_0 A}{D^2} \frac{dD}{dt} \tag{12.14}$$

となる．ここで，A は平板コンデンサの表面積である．式(12.14)を式(12.13)に代入することで，

$$I = -\chi_{\text{surf}} \frac{\varepsilon_0 A}{D^2} \frac{dD}{dt} \tag{12.15}$$

と求まる．

〈具体例 12.6〉

表面積 1 cm² の平板電極が，空気中で水溶性電解質の表面から 0.3 mm だけ離れた位置に設置されている．これを周期的(正弦関数的)に振幅 $D_0 = 2.5$ μm，周波数 $\nu = 330$ Hz で上下に動かす．使用した電流計では，$\Delta I = 1$ pA の電流を計測できる．表面電位はどのくらいの精度で計測することができるか？

$$D = D_0 \sin(2\pi\nu t) \quad \Rightarrow \quad \frac{dD}{dt} = 2\pi\nu D_0 \cos(2\pi\nu t)$$

dD/dt の最大変化幅は，$4\pi\nu D_0$ となる．それゆえ，表面電位の測定精度は，

$$\Delta\chi_{\text{surf}} = \frac{\Delta I \cdot D^2}{4\pi\nu D_0 \varepsilon_0 A}$$

$$= \frac{10^{-12}\,\text{A} \cdot (3\times 10^{-4}\,\text{m})^2}{4\pi \cdot 330\,\text{s}^{-1} \cdot 2.5\times 10^{-6}\,\text{m} \cdot 8.85\times 10^{-12}\,\text{A s V}^{-1}\,\text{m}^{-1} \cdot 10^{-4}\,\text{m}^2}$$

$$= 0.01\,\text{V}$$

となる．

イオン化電極法では，液体中の参照電極(たとえば，AgCl 電極)と液体の数 μm 上に設置された電極の間の電位差を計測する．実験的には，振動電極法と同様の電流測定と外部電圧 V_{ext} の印加が行われる．外部電圧がちょうど表面電位を打ち消すところで，電

流 I がゼロとなる．空気ギャップの電気伝導率を上昇させるために，上部電極はポロニウム ^{210}Po のような α 線放出元素でコーティングする．

12.3.5 液体表面のレオロジー的性質

界面の形状や大きさが変化したとき，表面張力や曲げ弾性率などの平衡状態での物性だけでは，外力に対する応答を記述するのに不十分である．系が急激に変化して平衡状態から離れているときには，界面のレオロジーを考慮する必要がある（総説は文献[959〜961]）．レオロジーとは物質の変形と流れの学問である．以下では，単分子膜の応答を議論する．この議論は一般的に有効で，単分子膜の代わりに界面や二次元の系に対しても成り立つ．

力学的な力が加わると，単分子膜はせん断または伸長変形に対応して応答する．せん断の場合，隣接する分子が互いに横すべりする．伸長変形の場合には，表面が均一に圧縮または延伸される．さらに，ここでは摩擦的応答と弾性応答を区別する．結果として，単分子膜の応答を特徴づけるためには，四つの物理量が必要となる．単分子膜の摩擦的応答の尺度として表面せん断粘度 η_s^o と表面伸長粘度 η_d^o を導入する．弾性応答は，表面弾性率 G^o と伸長弾性率 E^o によって記述される．

せん断粘度は三次元粘度のアナロジーで定義することができる（図 12.13(a)）．単分子層内の 2 本の平行線が互いにスライドすると，多くの場合，単分子膜内での相対速度は線形に変化する．この一定の速度勾配を，二次元せん断応力 $\dot{\gamma}_s = \Delta v_x / \Delta y$ とよぶ．せん断粘度は，

$$\eta_s^o = \frac{\tau}{\dot{\gamma}_s} \tag{12.16}$$

で定義される．τ は外部応力，すなわち平行な線の片方をもう一方に対して動かすときに必要な単位長さあたりの力（単位は N m^{-1}）である．単分子層を変形させるのに必要な応力が高いほど，せん断粘度が高くなる．η_s^o の単位は，三次元の場合の N s m^{-2} ではなく N s m^{-1} である．

単分子膜は，外部せん断応力に対して弾性的に応答することもある．つまり，外力が

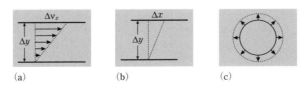

図 12.13 単分子膜にせん断を与えたときの模式図．(a) 完全な塑性変形の場合．(b) 完全な弾性変形の場合．(c) 圧縮または膨張の場合．

12.3 単分子層を研究する実験手法

なくなるともとの状態に戻る．この場合，外部からのせん断力の印加により，一方の線に対して距離 Δy だけ離れたもう一方の線を平行に Δx だけ動かす（図 12.13(b)）．この場合の弾性率の尺度となるのは表面弾性率 G^o であり，

$$G^o = \frac{\tau}{\gamma_s} \tag{12.17}$$

で与えられる．ここで，$\gamma_s = \Delta x / \Delta y$ は表面ひずみとよばれる．表面張力 γ ではないので注意！ G^o の単位は，三次元の場合の $\mathrm{N\,m^{-2}}$ ではなく $\mathrm{N\,m^{-1}}$ である．

表面伸長粘度 η_d^a は表面の等方的な膨張と圧縮に関連している（図 12.13(b)）．単位時間あたりの表面積変化 $\partial A/\partial t$ を用いて，表面伸長粘度は，

$$\eta_d^a = A \frac{\Delta \gamma}{\partial A/\partial t} = \frac{\Delta \gamma}{\partial \ln A/\partial t} \tag{12.18}$$

と定義される．$\Delta \gamma$ は，定常状態での動的表面張力と平衡状態での表面張力の差である．$\partial \ln A/\partial t = (\partial A/\partial t) \cdot A^{-1}$ は表面積の相対的な増大を表す．η_d^a の単位は $\mathrm{N\,s\,m^{-1}}$ である．

伸長も弾性応答を示すことがある．伸長弾性率 E^o は三次元のアナロジーで，

$$E^o = A \frac{\partial \gamma}{\partial A} = \frac{\partial \gamma}{\partial \ln A} \tag{12.19}$$

と定義される．ここまでのすべての場合で，せん断，膨張，圧縮は等温で起こるものと仮定している．弾性率の逆数は圧縮率で $\kappa_d^a = 1/E^\sigma$ と定義される．面積の少しの変化で表面張力が大きく変化するような場合，単分子膜はほとんど圧縮できない．

粘度と弾性率は，どのくらいの速度で外部応力または外部変形が加わったかに依存する．具体例として，ギブズ単分子層を考える．つまり，水面に界面活性剤が吸着していて初期条件では副相と平衡状態にあるとする．水表面を膨張させると，バルク中の界面活性剤分子が表面へ拡散し，表面に吸着する．その結果，しばらくするとはじめと同じ表面余剰となる．膨張後に素早く圧縮し面積をもとに戻すと，ほとんどの界面活性剤分子は表面に到達できないので，応答は弾性的になる．もし十分に待ってからの表面の圧縮を行い，はじめの面積に戻すと，表面張力は初期値に戻っており完全な粘性応答を得る．

そのため，単分子層の物性を分析するには，応答の時間依存性を考慮に入れる必要がある．周期的変形に対する表面粘度と表面弾性率を計測する多くの手法が開発されてきた．せん断の場合，周期的なひずみ

$$\gamma_s(t) = \gamma_{s0} \sin(\omega t) \tag{12.20}$$

を時間 t，角振動数 ω でかける．ひずみが十分に小さければ，周期的な線形せん断応力は，

$$\tau(t) = \tau_0 \sin(\omega t + \delta_s) \tag{12.21}$$

の形式で計測される．応力を変化させて，ひずみを測定してもよい．γ_{s0} と τ_0 は，それぞれ，表面ひずみと表面応力の振幅を示す．δ_s はひずみと応力の位相のずれで，遅れ角や力学損失角ともよばれている．$\delta_s = 0$ のとき材料は理想的な弾性体で，$\delta_s = 90°$ のとき理想的な粘性体である．$0 < \delta_s < 90°$ のときを物質が粘弾性をもつという．

応力またはひずみの振動測定から，せん断に対する表面弾性率と表面粘度を求めることができる．一般的な方法は，表面弾性率を複素関数として，

$$G^{\sigma*}(\omega) = G^{\sigma\prime}(\omega) + iG^{\sigma\prime\prime}(\omega) = G^{\sigma\prime}(\omega) + i\omega\eta_s^{\sigma}(\omega) \tag{12.22}$$

と書く．星印 "$*$" は，実数 $G^{\sigma\prime}$ と虚数 $G^{\sigma\prime\prime}$ からなる複素数であることを示している．実部は表面弾性率として計測され，虚部は損失弾性率として計測される．これは，表面せん断粘度として測定したものから決定される．複素数の計算によって，

$$G^{\sigma\prime}(\omega) = |G^{\sigma*}(\omega)|\cos\delta_s \quad \text{および} \quad G^{\sigma\prime\prime}(\omega) = |G^{\sigma*}(\omega)|\sin\delta_s \tag{12.23}$$

が求まる．ここで，$|G^{\sigma*}(\omega)| = \tau_0/\gamma_{s0}$（式(12.17)）である．レオロジー実験では $|G^{\sigma*}(\omega)|$ と損失角が計測される．そして，式(12.23)を使用して $G^{\sigma\prime}(\omega)$ と $G^{\sigma\prime\prime}(\omega)$ を計算する．さらに，式(12.22)から $\eta_d^{\sigma}(\omega)$ が，

$$\eta_d^{\sigma}(\omega) = \frac{G^{\sigma\prime\prime}(\omega)}{\omega} \tag{12.24}$$

によって求まる．複素表面弾性率の虚部を実部で割ることで，

$$\frac{G^{\sigma\prime\prime}(\omega)}{G^{\sigma\prime}(\omega)} = \frac{\sin\delta_s}{\cos\delta_s} = \tan\delta_s = \omega\frac{\eta_s^{\sigma}(\omega)}{G^{\sigma}(\omega)} \tag{12.25}$$

が計算される．式(12.25)は $\tan\delta_s$ が純弾性的な寄与に対する粘性的な寄与，すなわち，エネルギー散逸の割合を表す尺度となることを示している．秩序状態に対して現れる単分子層の固体的な振る舞いは，式(12.22)に周波数に依存しない定数項を追加することで説明できる．

伸長変形の場合，周期的な変形はせん断の場合と同様の方法で説明される．通常，面積を，

$$A(t) = A_0 + \Delta A_0 \sin(\omega t) \tag{12.26}$$

で表されるように周期的に変化させる．その結果起こる表面張力の変化を，

$$\gamma(t) = \gamma_0 + \Delta\gamma_0 \sin(\omega t + \delta_s) \tag{12.27}$$

の形で計測する．ΔA_0 と $\Delta\gamma_0$ は，表面積と表面張力の変化の振幅である．A_0 と γ_0 は，振動を与える前の表面積と表面張力である．伸長の場合の複素表面弾性率は，

$$E^{\sigma*}(\omega) = E^{\sigma\prime}(\omega) + iE^{\sigma\prime\prime}(\omega) = E^{\sigma\prime}(\omega) + i\omega\eta_d^{\sigma}(\omega) \tag{12.28}$$

で与えられる．前の議論と同様に，

$$E^{\sigma\prime}(\omega) = |E^{\sigma*}(\omega)|\cos\delta_{\mathrm{d}} \quad \text{および} \quad E^{\sigma\prime\prime}(\omega) = |E^{\sigma*}(\omega)|\sin\delta_{\mathrm{d}} \quad (12.29)$$

を得る．ここで，振幅から，$|E^{\sigma*}(\omega)| = \gamma_0/\ln A_0$ である．また，虚部を実部で割ることで，

$$\frac{E^{\sigma\prime\prime}(\omega)}{E^{\sigma\prime}(\omega)} = \tan\delta_{\mathrm{d}} = \omega\frac{\eta_{\mathrm{d}}^{\sigma}(\omega)}{E^{\sigma\prime}(\omega)} \quad (12.30)$$

が求まる．損失角から $\eta_{\mathrm{d}}^{\sigma}(\omega) = \tan\delta_{\mathrm{d}} \cdot (E^{\sigma\prime}(\omega)/\omega)$ と計算できる．

表面弾性率と表面粘度を計測し，解釈するときには，いくつか注意すべき点がある．三次元の場合と同様にどちらも周波数に依存する．そのため，表面の緩和過程と関連している．変形や振幅が大きい場合には，膜の非線形挙動が現れる可能性もある．また，せん断粘度がせん断速度に依存し，ニュートン流体の振る舞いから外れる場合もある．最後に，表面せん断粘度と表面伸長粘度は独立であると考えているが，これが成り立たない場合もある．

二次元せん断を計測する一般的な手法は，表面回転式レオメータである（図12.14(a)）．小さな薄い板を液体表面，液液界面で振動または回転させる．板と容器の壁の間のメニスカスが実験結果に影響を与えることがないように，板の直径は容器に比べて十分に小さなものを使用する．変形の種類に応じたデータ解析を行う必要がある[962]．

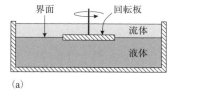
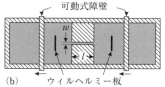

図 12.14 (a) 表面回転レオメータの断面の模式図．(b) チャネル表面粘度計の上面図の模式図．

他の一般的な手法はチャネル表面粘度計である．装置はラングミュアトラフと似ているが，中央に障壁が固定されていて，バランスの面積を半分に分割している．単分子膜が障壁の中央にある長さ l，幅 w の水路を通して押出される．水路の底が深い場合には，膜の下に存在する副相の粘性 η の寄与もある．表面せん断粘度は，以下の式によって計算できる[963]．

$$\eta_{\mathrm{s}}^{\sigma} = \frac{w^3\Delta\gamma}{12l(\mathrm{d}A/\mathrm{d}t)} - \frac{w\eta}{\pi} \quad (12.31)$$

ここで，$\Delta\gamma$ は障壁を挟んだ二つのウィルヘルミー板で計測された表面張力の差を表す．$\mathrm{d}A/\mathrm{d}t$ は単位時間あたりに水路を押出される表面積である．近年では，二次元流れの

プロファイルを分析する手法もある[964,965].

〈具体例12.7〉

1-ヘキサデカノールの単分子膜が 0.01 M 硫酸水溶液 ($\eta = 10^{-13}$ Pa s) の副相上にある．これを，$w = 0.050$ cm，$l = 7.6$ cm のチャネル表面粘度計の水路を通して移動させる．3.0 mN m^{-1} の表面圧力の差の印加により，単分子膜が 5.0×10^{-3} cm^2 s^{-1} の速度で動いた．表面せん断粘度を計算せよ．副相の影響は存在するか？

パラメータを式(12.31)に代入することで，

$$\eta_s^o = \frac{(0.05 \times 10^{-2} \text{ m})^3 \cdot 3 \times 10^{-3} \text{ N m}^{-1}}{12 \cdot 7.6 \times 10^{-2} \text{ m} \cdot 5 \times 10^{-7} \text{ m}^2 \text{ s}^{-1}} - \frac{0.05 \times 10^{-2} \text{ m} \cdot 10^{-3} \text{ N s m}^{-2}}{\pi}$$

$$= (8.22 - 1.59) \times 10^{-7} \text{ N s m}^{-1} = 6.63 \times 10^{-7} \text{ N s m}^{-1} \quad (12.32)$$

と求めることができる．これは，補正のない場合に比べて 19% も低い値である．そのため，副相からの影響は大きい．

表面せん断粘度を計測する他の重要な手法は，小さな磁性針を電磁石[966,967]または粒子[968]の力を利用して単分子膜中を移動させるというものである．

表面伸長粘度の測定は，振動する泡[969]，ラングミュアトラフ中の振動する障壁[970]，毛管波[971]などを用いて実現されている．泡を振動させる手法は，図 2.10 で示した装置と似ている．泡に振動圧力を印加する．$10^{-3} \sim 0.2$ Hz の低周波数領域では，毛管長と同程度の半径をもつ大きな滴を使用する．滴の形状を光学的に決定し，滴の表面張力と表面積を求める．これらの値と，式(12.28〜12.30)を使用することで，表面弾性率と表面伸長粘度を計算することができる．$0.1 \sim 100$ Hz の周波数の場合には，小さな滴を使用する．そして，代わりに毛管圧を計測しラプラス式(2.6)から表面張力を決定する．力学特性のほかに，界面から/界面への，脱離/吸着も計測することができる．100 Hz〜1 kHz の周波数の場合には，電気的または力学的に毛管波が生成され，光学的に計測される．表面波の振動振幅と減衰係数の解析により，液体表面の力学的パラメータが求められる．振動周波数 ≤ 0.2 Hz の場合には，ラングミュアトラフが使用できる．振動障壁を用いて面積を変化させながら，ウィルヘルミー板で表面張力を計測する．

表面粘度を正確に計測する場合には，二つの隣接した流体相の粘性による寄与を正確に分ける必要がある．バルク流体粘度 η_1 と η_2 からの寄与に対する，表面粘度 η^o からの寄与の割合を示す量としてブシネスク数(Bo)を導入する．

$$Bo = \frac{\eta^o}{l_c(\eta_1 + \eta_2)} \quad (12.33)$$

ここで，l_c は実験の特徴的な長さである．もし片方の流体が空気である場合には，その粘性は無視できる．$Bo \gg 1$ のときには，表面粘度による寄与が支配的である．$Bo \ll 1$

の場合は，バルク抵抗が表面からの摩擦を越える．たとえば，回転円板の特徴的な長さは，小さな針と比べて比較的大きい．そのため，回転円板の Bo は小さくバルク相の寄与が大きい．この場合，バルク粘度を分離するのは細心の注意を払って行う必要がある．

12.4　ラングミュア・ブロジェット膜転写

　単分子膜はシリコンウェハーやマイカなどの固体基板上に層ごとに転写することができる．これは，ラングミュア・ブロジェット[3](LB)法[972,973]とよばれる（総説は文献[974～978]）（図 12.15）．

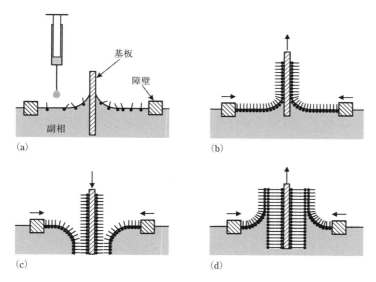

図 12.15　有機単分子層の水面から固体基板へのラングミュア・ブロジェット膜転写の模式図．(a) 分子を広げる．(b) 圧縮と 1 回目の親水性転写．(c) 1 回目の疎水性転写．(d) 2 回目の親水性転写．

親水性表面に対する一般的な手順は，以下のようになる．
① 容易に蒸発し，水と混ざらない溶媒（通常は，クロロホルム，$CHCl_3$）に脂質を溶解させる．親水性固体基板を純粋な水の副相内部に移動させた後，可動式の障壁で囲まれた水の表面に脂質を含む溶液を注射針で注意深く滴下する．溶媒を蒸発させた後，単分子膜を LC 相の目的とする膜圧になるように圧縮する（通常 20～40 mN

3　Katherine Burr Blodgett(1898～1979), 米国の物理学者．

m^{-1}).

② 親水性基板を水の副相内部から，一定速度・膜圧で引き上げる．上方へ動いている間に単分子膜がウェハー上へ，頭部基を基板側へ向け，アルキル鎖が空気中を向くようにして転写される．もともと表面エネルギーが50 mN m^{-1}（シリコンの場合）だった親水性基板が，表面エネルギー20〜30 mN m^{-1} の比較的低い値の疎水性基板へと変わる．

③ 引き続き，もう一度水面に浮かんでいる単分子膜を通って，基板を副相の中へ入れることで第二の層が転写される．このときは，アルキル鎖が基板方向を向き，アルキル鎖同士の向き合った"尾−尾"配置をとる．

④ さらに，上へ引き上げるときに3層目が転写される．このときは，頭部基同士が互いに向き合う"頭−頭"配置をとる．そして，またアルキル鎖が空気のほうを向く．この転写過程を繰返すと，基板上に複数層が堆積する．この層はラングミュア・ブロジェット(LB)膜とよばれる．LB膜の構造を調べるには，すでに説明した，蛍光顕微鏡法，ブリュースター角顕微鏡法，X線反射率測定法および，5.4節（とくにAFM），8.4.1項で説明した手法も用いられる．

　LB膜の質，つまり基板表面に垂直な方向の秩序度は1層目の転写の質に依存する．これは，基板表面と両親媒性分子との相互作用および膜圧や転写速度に依存する[979〜982]．基板との相互作用があるため，水面上に凝縮相が現れる前にシリコンウェハー上に脂質単分子膜が凝集することになる．混合した単分子膜の場合，基板に凝集するときに成分が分離する可能性がある．すなわち，膜転写の際に一つの組成が分離するのである．この過程は，コンピュータチップ用のシリコンの三次元精製に用いられる擬二次元帯域溶融法と似ている．この手法では，不純物を含んだシリコン筒をゆっくりと動かしながら帯域ごとに溶融する．このとき，不純物が溶融領域に集まりやすい性質を利用して不純物を集め，冷却後に不純物を取り除くことができる[983]．

　LB膜の膜厚は，可視光の波長と同程度になりうる．その場合，色がついたり暗くなったりしたようにみえる．膜—空気界面と膜—基板界面で反射した光が強め合う，または弱め合うように干渉するためである．これは，X線反射率法(12.3.3項)やセッケン膜の色(11.5.3項)と似ている．膜厚をdとし，屈折率をn_1とすると，

$$d = \frac{\lambda}{4n_1} \quad (12.34)$$

のときに，光が打ち消し合うように干渉し膜が暗くなる．ここで，λは入射光の波長である．一次の極小位置に対するこの式は，光が膜に垂直な方向から入射し$1 < n_1 < n_2$ が満たされるときに有効である．n_2は基板の屈折率である．太陽光のようなすべての波長を含んだ白色光を使用すると，打ち消された波長の補色が観測されるだろう．たと

えば，干渉によって緑の光が打ち消されると，膜は赤くみえる．

> **〈具体例 12.8〉**
> NaCl のようなナトリウム塩は，ガスバーナーの火にかざすと，明るい黄色の光を発する．この光の波長は 589.0 nm と 589.6 nm で，ナトリウム D 線とよばれる．この光は分析化学では，ナトリウムが存在することを示す手がかりとして使用される．ナトリウム D 線をガラス基板（$n_2 \approx 1.52$）上のステアリン酸バリウム（$n_1 = 1.491$）からなる LB 膜へ照射して，反射を調べる．膜厚が約 100 nm の場合に，膜は完全に暗くなる．

今日では，LB 膜は特別な光学的，電気的，および力学的な特性をもった電子素子の被覆としても使用されている．しかしながら，そのような有機および無機物質の混成からなる系は長期間にわたっては安定ではないことがしばしばみられる（文献[978, 984, 985]の概説を参照）．

12.5 まとめ

- 両親媒性物質は液体表面上に単分子膜を形成する．リン脂質のような大きな疎水性尾基をもつ両親媒性分子はほとんど水に溶解しない．結果として，空気－水界面に不溶性単分子膜を形成する．
- 単分子膜を調べるさまざまな手法が開発されてきた．ラングミュアトラフとよばれる膜圧計では，膜圧が 1 分子あたりの表面積の関数として計測される．単分子膜の電気的性質やレオロジー的な性質は，表面電位と粘度によって計測できる．単分子膜内の形態変化は，蛍光顕微鏡またはブリュースター角顕微鏡によって観測可能である．単分子膜内の分子構造秩序は，X 線反射率法と X 線回折法によって調べられる．X 線反射率法では，水面に直交する方向の膜厚と電子密度分布を決定することができる．位置および配向秩序については，X 線回折で計測できる．
- 単分子膜は気相，液相，固相の異なった相を示す．これは，膜圧計で観測することができる．単分子膜内の相境界の形状は分子の双極子モーメントの静電斥力，ファンデルワールス引力，および縁の線張力を最小化しようとする力のすべてのつり合いで決まる．
- ラングミュア・ブロジェット（LB）法によって，単分子膜を固体基板に転写することができる．これによって，単分子膜から，可視光の波長と同程度の厚さの多層膜まで作成することができる．多層膜の質は 1 層目の質に依存することが多い．

12.6 演習問題

問題 12.1 空気—水界面で，単分子膜を $30 \mathrm{~mN~m^{-1}}$ の膜圧に圧縮した．そのときの厚さは，$25 \mathrm{~Å}$ であった．対応する三次元の圧力を求めよ．

問題 12.2 空気—水界面での単分子膜の等温線は，さまざまな温度 T で計測される．通常，温度上昇に伴って，等温線がより高い（一次相転移の）共存圧力 π_C へと変化することが発見された．典型的な例を図 12.4 に示す．クラウジウス・クラペイロン方程式

$$\frac{\partial \pi_\mathrm{C}}{\partial T} = -\frac{\Delta H_\mathrm{C}}{T \Delta \sigma_\mathrm{C}}$$

を使用することで，LE-LC 相転移に対する転移エンタルピー ΔH_C と転移エントロピー ΔS_C を計算することができる．それぞれの温度の ΔH_C と ΔS_C を求めよ．

問題 12.3 水面上のヒドロキシガラクトセレブロシド（$C_{46}H_{89}NO_9$）からなる単分子膜を X 線反射率法で調べた（図 12.10）[948]．二つの異なった膜圧 π_i と π_ii の場合について，規格化した強度 I/I_0，つまり反射強度を入射強度 I_0 で割ったものを入射角 α に対してプロットした．波長は，$1.54 \mathrm{~Å}$ であった．

a) π_i と π_ii の場合の膜厚を，それぞれの反射率プロファイルの第一極小値から求めよ．ここから求まった値と，アルキル鎖のすべての分子がトランス形で完全に伸びきっていると仮定して計算した値と比較せよ．

b) それぞれの両親媒性物質の有効体積はいくらか？ "有効" というのは，水分子の体積も含むということである．なぜ，それらは膜圧によって異なる値をとるのか？

c) 図 12.10(c) では，二つの得られた電子密度分布を単分子膜表面からの距離に対してプロットしている．加えて，膜圧が i の場合については 2 箱モデルも示している．プロットから水分子の体積を求めよ．求めた結果は妥当な値になっているか？

d) 電子密度分布は，膜の構造に対する詳細情報を与える．膜の局所構造である膜 1 と膜 2 の厚さ，d_1 と d_2 を求めよ．また，対応する電子密度 ρ_1 と ρ_2 を求めよ．求めた結果を分子構造と比較すると，膜 1 と膜 2 の構造はどのようになるか？

e) 式 $n_\mathrm{e} = (d_1 \rho_1 + d_2 \rho_2) \sigma_A$ を使用して，分子全体にわたる全電子数 n_e を求めよ．求めた結果と，分子構造からわかる実際の電子の数を比較せよ．求めた値と実際の値が異なるのはなぜか？

問題 12.4 式(12.34)を求めよ．条件 $n_2 > n_1 > 1$ および，より高い光学密度の物質から光が反射される場合は，位相が π シフトし，より低い光学密度の物質から反射される場合は，位相のずれがゼロである点を考慮せよ．$n_1 > 1$ および $n_1 > n_2$ の場合に，干渉が打ち消し合う条件はどうなるか？

13

回折パターンの解析

　この章では，結晶表面での回折パターンに関して，より一般的な理論を説明する．まず，回折 X 線のどの方向で強め合うように干渉し，回折パターンとして観測されるかを議論する．次に，回折強度の極大値が何によって決まるかを議論する．

13.1 三次元結晶での回折

13.1.1 ブラッグ条件
　周期的構造による電磁波または粒子の回折を理解する単純な枠組みは，ブラッグ (Bragg) によって提唱された．このモデルでは，間隔 d の平行な結晶面から散乱した波の干渉を考える (図 13.1)．まずは，鏡面反射の場合を考える．鏡面反射の場合，入射波と結晶面の角度は散乱波と結晶面の角度に等しい．強め合う干渉の条件は，以下のブラッグ式によって与えられる．

$$n\lambda = 2d \sin \vartheta \qquad (13.1)$$

n は整数で回折ピークの次数とよばれている．回折ピークの得られる角度を測定すれば，格子面の間隔を求めることができる．二次元配置 (結晶表面) または三次元配置 (バルク結晶) の場合は，ブラッグ式をそれぞれの次元で同時に満たす必要がある．強め合う干渉は，異なった次元の回折パターンがお互いに重なる場合にのみ起こるため，回折ピークの数が強く制限される．

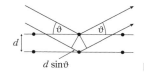

図 13.1　平行な格子面による X 線の散乱

13.1.2 ラウエ条件

鏡面反射以外の，より一般的な条件での回折を議論するために，波数ベクトルを考えると便利である．波数ベクトルの方向は波の進行方向で，長さは以下の式で定義される．

$$|\mathbf{k}| = \frac{2\pi}{\lambda} \tag{13.2}$$

ブラッグ角 ϑ (訳注：この場合，散乱角は 2ϑ で，ϑ はブラッグ角という) の代わりに，散乱ベクトル $\mathbf{q}$ を用いる．散乱ベクトルは入射波数ベクトルと散乱波数ベクトルの差である．

$$\mathbf{q} = \mathbf{k}_f - \mathbf{k}_i \tag{13.3}$$

ここでは，弾性散乱(エネルギーと波長は変化しない)を仮定する．その場合，入射波と散乱波の波数ベクトルの大きさは等しい($|k_i| = |k_f|$)．また，散乱ベクトルの大きさの最大値は $2|k_i|$ である(後方散乱に対応する)．

ここで格子上の二つの原子を考える．一つは原点にあり，もう一つは原点から $R = \sum m_i \mathbf{a}_i$ の位置にある．図 13.2 に示したように，$\mathbf{a}_i$ は基本格子ベクトルであり，m_i は整数である．原点からの散乱波と距離 R の点からの散乱波の経路長の差はいくらだろうか？ 原点の原子と比べて第二の原子へ到達するには，$R\cos\alpha = \mathbf{R}\mathbf{k}_i/k_i$ だけ入射波の移動距離が長くなる．一方で，第二の原子から検出器までの距離は $\mathbf{R}\mathbf{k}_f/k_f = \mathbf{R}\mathbf{k}_f/k_i$ だけ短くなる．

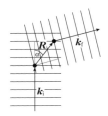

図 13.2 相対距離が R の二つの原子からの散乱波の経路差

この二つの原子から k_f 方向への散乱波の全経路差は $\Delta = (\mathbf{R}/k_i)(\mathbf{k}_i - \mathbf{k}_f) = \mathbf{R}\mathbf{q}/k_i$ となる．強め合う干渉が起こるのは，以下の場合である．

$$\Delta = \frac{1}{k_i} \mathbf{q}\mathbf{R} = n\lambda = n\frac{2\pi}{k_i} \tag{13.4}$$

これは，散乱ベクトルが以下の条件を満たす必要があることを意味する．

$$\mathbf{q}\mathbf{R} = 2\pi n \tag{13.5}$$

式(13.5)は強め合う干渉のためのラウエ[1]条件として知られている．

13.1 三次元結晶での回折

ラウエ条件とブラッグ条件はどのように関連しているのだろうか？ 図13.1のブラッグ反射の入射波と反射波の波数ベクトルおよび散乱ベクトルを図13.3に示した．鏡面反射の場合には，散乱ベクトル $\boldsymbol{q}$ はつねに格子面に対して垂直方向である．

$$|\boldsymbol{q}| = 2|\boldsymbol{k}_i|\sin\vartheta = \frac{4\pi}{\lambda}\sin\vartheta \tag{13.6}$$

強め合う干渉を得るためには，ブラッグ条件を満たさなければならない．式(13.1)を式(13.6)に代入することで，$|\boldsymbol{q}| = 2\pi/d$ を得る．いい換えると，散乱ベクトルが格子面に対して垂直でその大きさが，

$$|\boldsymbol{q}| = n\frac{2\pi}{d} \tag{13.7}$$

に等しいときに，回折ピークが観測される．ここで，d は格子面間隔である．

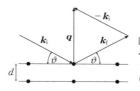

図13.3 ブラッグ反射(図13.1)の場合の入射波数ベクトル $\boldsymbol{k}_i$，反射波数ベクトル $\boldsymbol{k}_f$ および散乱ベクトル $\boldsymbol{q}$．散乱ベクトルの長さは，$|\boldsymbol{q}| = 2|\boldsymbol{k}_i|\sin\vartheta = (\pi/\lambda)\sin\vartheta$ によって与えられる．

13.1.3 逆格子

与えられた結晶格子に対するすべての回折ピークを求めるという問題に戻る．強め合う干渉となる散乱ベクトルの条件は何であろうか？ この問題には，いわゆる逆格子を定義し，洗練された方法で答えることができる．$\boldsymbol{a}_1, \boldsymbol{a}_2, \boldsymbol{a}_3$ を結晶格子の基本ベクトルとしたときに，以下の新たなベクトルを定義する．

$$\boldsymbol{b}_1 = 2\pi\frac{\boldsymbol{a}_2 \times \boldsymbol{a}_3}{\boldsymbol{a}_1\cdot(\boldsymbol{a}_2\times\boldsymbol{a}_3)}, \quad \boldsymbol{b}_2 = 2\pi\frac{\boldsymbol{a}_3 \times \boldsymbol{a}_1}{\boldsymbol{a}_1\cdot(\boldsymbol{a}_2\times\boldsymbol{a}_3)}, \quad \boldsymbol{b}_3 = 2\pi\frac{\boldsymbol{a}_1 \times \boldsymbol{a}_2}{\boldsymbol{a}_1\cdot(\boldsymbol{a}_2\times\boldsymbol{a}_3)} \tag{13.8}$$

確認として，ベクトルの間の点は内積を表し，×は外積を表す．これらのベクトル $\boldsymbol{b}_i$ の単位は m^{-1} であり，実際の結晶格子の格子定数の逆数に比例する．そのため，これらのベクトルによって表される三次元空間は逆格子空間とよばれ，これら基本ベクトルによって定義される格子を逆格子とよぶ．これらの基本逆格子ベクトルは，以下の性質をもつ．

---

1 （前頁） Max von Laue(1879〜1960), ドイツの物理学者. 結晶のX線回折の発見により，1914年にノーベル物理学賞受賞．

- b_1 は，a_2 と a_3 に垂直である．そのため，a_2 と a_3 によって張られる面に対して垂直である．同様に，b_2 は，a_3 と a_1 に，b_3 は，a_1 と a_2 に対して垂直である（この性質は分子の外積によって保障される）．
- それぞれのベクトル b_j の長さは $2\pi/d_j$ である．ここで，d_j は b_j に垂直な格子面間の距離である（これは，式(13.8)の分母の $a_1 \cdot (a_2 \times a_3)$ によって保障される）．それゆえ，それぞれの基本逆格子ベクトルがラウエ条件(式(13.7))を満たし，強め合う干渉の可能な散乱ベクトルとなる．

これらの二つは，以下のようにまとめられる．

$$a_j \cdot b_k = 2\pi \delta_{jk} = \begin{cases} 0 & (j \neq k \text{のとき}) \\ 2\pi & (j = k \text{のとき}) \end{cases} \quad (13.9)$$

もう一つの性質は，すべての平行格子面に対して，それらの面に対して垂直な逆格子ベクトルが存在するということである．それらの逆格子ベクトルのなかでもっとも長さが短いものを面の方位を特徴づけるのに使用する．このベクトルの成分(hkl)はミラー指数とよばれる（訳注：ここで，逆格子ベクトルを $b = hb_1 + kb_2 + lb_3$ と表していることに注意しよう）．面の方向は，一つの面に対する場合には(hkl)，複数の同等面の方位を表す場合には$\{hkl\}$と記される(7.2.1項参照)．なぜこのような複雑なベクトルを導入することが有用なのであろうか？ これは，実空間格子ベクトル R と逆格子空間ベクトル q の内積を計算すると明らかである．これらのベクトルを，基本ベクトルを用いて表し内積を計算する．

$$\begin{aligned} R \cdot q &= (l_1 a_1 + l_2 a_2 + l_3 a_3) \cdot (m_1 b_1 + m_2 b_2 + m_3 b_3) \\ &= l_1 m_1 \pi + l_2 m_2 \pi + l_3 m_3 \pi = n\pi \end{aligned} \quad (13.10)$$

ここで，$n = l_1 m_1 + l_2 m_2 + l_3 m_3$ は整数である．つまり，どんな逆格子ベクトルでも，自動的に式(13.5)のラウエ条件を満たすのである！ それゆえ，すべての逆格子ベクトルは強め合う干渉をする可能性のある散乱ベクトルなのである．さらに詳細に解析すると，強め合う干渉をするすべての散乱ベクトルは逆格子ベクトルでもあることがわかる．つまり，逆格子はすべての可能な散乱ベクトルを含んでいるのである．より厳密にいうと，原点から逆格子のすべての格子点へのベクトルが，対応する実格子の強め合う干渉をする可能性のある散乱ベクトルを与える．無限大の結晶の場合，無限の数のベクトルを与えることになる．では，回折実験によって，いったい何個の回折ピークを得るのであろうか？ この疑問に答えるために，弾性散乱であることを思い出す．散乱ベクトルの長さは，$2|k_i|$ を超えることはない．そのため，

$$|q| \leq 2|k_i| \quad (13.11)$$

となり，少しの回折ピークしか得ることができなくなるのである．

13.1.4 エバルト作図

いわゆるエバルト[2]作図(図13.4)によって,ある結晶格子に対して入射波数ベクトル k_i が与えられたときのすべての可能な散乱ベクトル q を求めることができる.これは簡単な幾何的な手法であり,自動的に境界条件を満たす手法である.前節で議論したように逆格子空間を構成する.一つの格子点を原点としてとり,入射波の波数ベクトル k_i を原点から描く.次に,半径 $|k_i|$ の球を k_i の終点を中心として描く(この球は原点を通る).この球をエバルト球とよぶ.そして,球の中心が終点となるような回折波の反射波数ベクトルを書くと,その始点がつねに球の表面にくる.この始点から原点へのベクトルがそのときの散乱ベクトル $q = k_f - k_i$ となる.強め合う干渉となるためには,散乱ベクトル q は逆格子の格子ベクトル(つまり,二つの格子点を結ぶベクトル)でなければならない.これが可能になるのは,原点に加えてこの球面上にいくつかの逆格子点が存在するときだけである.それゆえ,回折ピークを得ることができるのは特別な k_i と q のときだけである[3].つまり,波長を変える(これはエバルト球の半径を変えることに対応する)または,入射波の方向を変える(これは,原点のまわりで球を回転させることに対応する)ことにより,可能な回折ピークを観測する必要がある.

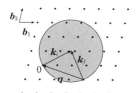

図 13.4 エバルト作図. 入射波数ベクトルを k_i として, k_i の終点から半径 $|k_i|$ の球を描く. 散乱ベクトル q の始点がこの球上にあるときのみ, 回折ピークが観測される.

13.2 表面からの回折

逆格子とエバルト作図の手法は,表面からの回折にも使用することができる.具体例として,LEED実験(図7.22)での回折パターンが表面構造からどのようにして得られるかを考える.もっとも簡単な場合は図13.5に示したように,電子線が表面に対して垂直方向に衝突する場合である.表面に垂直な方向ではラウエ条件を満たさないため,

---

[2] Paul P. Ewald(1888~1985), 物理学者,結晶学者. ミュンヘン工科大学で講師,シュトゥットガルト大学,クイーンズ大学ベルファスト,ニューヨークポリテクニック大学で教授を務めた.

[3] 訳注:本書でのエバルト球の定義は通常のものとは異なっている.通常は,入射波数ベクトルの終点を逆格子空間の原点とし,その始点を中心として,原点を通る球をエバルト球と定義する.このとき,エバルト球の中心からエバルト球面上の逆格子点を結ぶベクトルがブラッグ条件を満たす回折波の波数ベクトルである.また,逆格子空間の原点から,エバルト球面上の逆格子点を結ぶベクトルがブラッグ条件を満たす散乱ベクトルである.

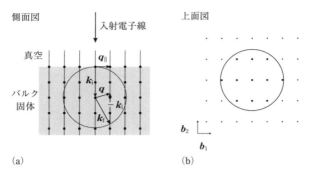

図 13.5 表面回折の場合のエバルト作図．(a) 表面での逆格子の側面図．エバルト球と垂直線の交点に対応して，強め合う干渉が起こる．この条件は，表面に平行な散乱ベクトルの成分が表面格子の逆格子空間ベクトルと等しくなることに対応する．(b) 表面逆格子空間の上面図．円は，エバルト球の投影である．結晶中での多重散乱を無視すると，球の中の格子点の数（エバルト球と棒の交差点に対応する）は，観測される回折ピークの最大数と同じである．

点の代わりに表面から垂直方向へ伸びるロッドを考える．これらのロッドとエバルト球が交わる点が回折ピークを与える．それゆえ，電子の波数ベクトルがもっとも短い逆格子ベクトルよりも長い場合には，つねに LEED での回折ピークが観測される．つまり，電子の波長が十分に短ければよい．これは，波数ベクトルと散乱ベクトルの両方が特別な条件を満たした場合のみ，回折ピークが観測される三次元の回折とは対照的である．図 13.5 よりロッドとエバルト球が交差するのは，表面に平行な散乱ベクトルの成分 $q_\parallel$ が，表面格子の逆格子ベクトルと等しいときである．それゆえ，表面回折に対するラウエ条件は，

$$q_\parallel \cdot R = 2\pi n \tag{13.12}$$

となる．ここで，R は実空間での表面格子の格子ベクトルで，n は整数である．ただし，実際の実験で観測される回折ピークの数は，後方散乱（つまり，表面から直接遠ざかるような k_f）しか検出器に届かないため限られた数になる．

〈具体例 13.1〉
Cu(100) 表面に対して電子エネルギー 70 eV を使用したときの LEED パターンである図 13.6 に示すように，銅は格子定数 3.61 Å の fcc 構造をもつ．それゆえ，(110) 表面は格子定数 $a_1 = 3.61$ Å および $a_2 = 3.61 \times \sqrt{2}/2 = 2.55$ Å（図 7.2）の長方格子をもつ．逆格子は，$b_1 = 2\pi/3.61$ Å $= 1.74$ Å^{-1} および $b_2 = 2\pi/2.55$ Å $= 2.46$ Å^{-1} の長方格子となる．電子の波長は，$\lambda = h/\sqrt{2m_e eU} = 1.47$ Å である．エバルト球の半径は，$|k_\mathrm{i}| = 2\pi/1.47$ Å $= 4.27$ Å^{-1} によって与えられる．電子が表面に対して垂直な方向から入ってきたとすると，得られる回折パターンは長さ比 1.74 : 2.46 の長方格子で，15 個の回折スポットからなる．

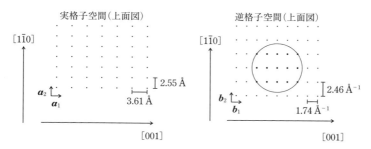

図 13.6 Cu(110)表面からの表面回折の場合のエバルト作図.

13.3 回折ピーク強度

ラウエ条件またはブラッグ条件は，回折ピークの角度分布に関する情報を与える．ピーク強度を計算するには結晶中の原子や分子による散乱の性質をさらに知る必要がある．X 線と電子の散乱確率は結晶中の電子密度 $n_e(\boldsymbol{r})$ に比例する．電子密度 $n_e(\boldsymbol{r})$ は結晶格子と同じ周期性をもつため，これは三次元フーリエ級数を用いて書くことができる（$e^{ikx} = \cos kx + i \sin kx$ を使用する）．

$$\begin{aligned}
n_e(x,y,z) &= \sum_{k,l,m=-\infty}^{+\infty} n_{klm} e^{i(kx+ly+mz)} \\
&= \sum_{k,l,m=-\infty}^{+\infty} n_{klm} e^{i(k,l,m)\cdot(x,y,z)} \\
&= \sum_{g} n_g e^{i\boldsymbol{g}\cdot\boldsymbol{r}}
\end{aligned} \tag{13.13}$$

n_g はフーリエ係数である．格子の周期性を要請すると任意の格子ベクトル $\boldsymbol{R} = h\boldsymbol{a}_1 + k\boldsymbol{a}_2 + l\boldsymbol{a}_3$ に対して，$n_e(\boldsymbol{r}) = n_e(\boldsymbol{r}+\boldsymbol{R})$ が成り立つ．これより，フーリエ級数は以下のように変形できる．

$$n_e(\boldsymbol{r}) = \sum_{g} n_g e^{i\boldsymbol{g}\cdot(\boldsymbol{r}+\boldsymbol{R})} = \sum_{g} n_g e^{i\boldsymbol{g}\cdot\boldsymbol{r}} e^{i\boldsymbol{g}\cdot\boldsymbol{R}} \tag{13.14}$$

$$n_e(\boldsymbol{r}) = n_e(\boldsymbol{r}) e^{i\boldsymbol{g}\cdot\boldsymbol{R}} \quad \Rightarrow$$

$$1 = e^{i\boldsymbol{g}\cdot\boldsymbol{R}} = \cos(\boldsymbol{g}\cdot\boldsymbol{R}) + i\sin(\boldsymbol{g}\cdot\boldsymbol{R}) \quad \Rightarrow$$

$$\boldsymbol{g}\cdot\boldsymbol{R} = 2\pi n \tag{13.15}$$

最後の条件は，式(13.10)と同値である．それゆえ，$\boldsymbol{g}$ は逆格子ベクトルでなければならない．つまり，逆格子は実空間格子のフーリエ変換に対応するのである．

回折実験の結果から結晶構造を求める手続きは，直接的であるはずである．回折パターンから，逆格子ベクトルを得ることができ，逆格子を求めることができる．そして，

原子配置は逆フーリエ変換をすることで簡単に得られるはずである．残念ながら，いくつかの理由でこのようにはならない．得られた回折パターンは回折波の強度のみの情報であり，位相の情報は含まれない．そのため，結晶構造の再構成を一意的に行うことができない．加えて，以上の議論では多重散乱の影響を考慮していないが，実際は多重散乱によって，回折パターンが変わってしまうかもしれない．そのため，実際の解析では逆の方法を使用する必要がある．まず，予想される原子配置を考える．これをもとに回折パターンを計算し，実験結果と比較する．予想原子配置を修正しながら，計算と実験のパターンが一致する構造を探していく．

ここまで，実空間格子については特別な条件を考えていなかった．実空間格子では，一つの格子点が複数の原子をもつ場合や，複数の種類の原子からなる場合がある．そのような場合には，ブラベ格子に加えて単位構造を用いることで記述することができる（7.2.2項参照）．ある単位構造をもつ結晶からの回折強度を求めるには，単位格子内のすべての散乱点からの寄与を単純に足し合わせればよい．N個の単位格子をもち，電子密度$n_e(\boldsymbol{r})$をもつような結晶からの散乱確率は，

$$N\int_{\text{単位格子内}} n_e(\boldsymbol{r}) e^{-i\boldsymbol{q}\cdot\boldsymbol{r}} dV = NS_G \tag{13.16}$$

に比例する．ここで，積分は一つの単位格子の全体積に対して行う．S_Gは幾何構造因子とよばれている．これは，単位格子中の原子位置に関する情報を含み，単位格子内の異なった原子位置からの散乱の干渉効果も含まれている．回折波の強度は振幅の二乗に比例するため，計測される回折ピークの強度は，$|S_G|^2$に比例する．

単位構造が異なった元素からなる原子を含むとき，原子の散乱特性から幾何配置による位相のずれを分離することは有用である．$\boldsymbol{r}_j$を単位格子の原点から原子j（単位格子中のj番目の原子を示している）の中心までのベクトルとする．そして，$n_j(\boldsymbol{r}-\boldsymbol{r}_j)$を原子$j$による場所$\boldsymbol{r}$での電子密度への寄与を示すとする．構造因子は，以下のように記述できる．

$$\begin{aligned}
S_G &= \sum_j \int n_j(\boldsymbol{r}-\boldsymbol{r}_j) e^{-i\boldsymbol{q}\cdot\boldsymbol{r}} dV \\
&= \sum_j e^{-i\boldsymbol{q}\cdot\boldsymbol{r}_j} \int n_j(\boldsymbol{\rho}) e^{-i\boldsymbol{q}\cdot\boldsymbol{\rho}} dV \\
&= \sum_j F_j e^{-i\boldsymbol{q}\cdot\boldsymbol{r}_j}
\end{aligned} \tag{13.17}$$

ここで，$\boldsymbol{\rho}=\boldsymbol{r}-\boldsymbol{r}_j$で原子形状因子は，

$$F_j = \int n_j(\boldsymbol{\rho}) e^{-i\boldsymbol{q}\cdot\boldsymbol{\rho}} dV \tag{13.18}$$

である．これは，原子jの散乱特性から決定できる．$\boldsymbol{r}_j = x_j\boldsymbol{a}_1 + y_j\boldsymbol{a}_2 + z_j\boldsymbol{a}_3$と書くと，

$$\boldsymbol{q}\cdot\boldsymbol{r}_j = (x_j\boldsymbol{a}_1 + y_j\boldsymbol{a}_2 + z_j\boldsymbol{a}_3)\cdot(h\boldsymbol{b}_1 + k\boldsymbol{b}_2 + l\boldsymbol{b}_3) = 2\pi(x_j h + y_j k + z_j l) \tag{13.19}$$

となり，(hkl)面の構造因子が，

$$S_G(hkl) = \sum_j F_j e^{-i2\pi(x_j h + y_j k + z_j l)} \tag{13.20}$$

と得られる．

原子形状因子は異なった原子や分子の内部構造を説明する．この因子は，入射波がX線であるか中性子であるかによっても異なる．理由は，X線が標的の電子と相互作用する一方で，中性子は原子内の原子核と相互作用するからである．それゆえ，反射の位置を解析することで，格子定数と角度を得ることができる．反射の強度は，単位格子内での原子配置の情報(構造因子)と一つの原子による散乱特性(形状因子)に関する情報を含む．

格子と単位構造による結晶の記述は一意的ではない．たとえば，より多くの原子を単位構造に含め結晶格子の大きさを2倍にすることができる．これによって逆格子も変わってくる．回折パターンは，結晶構造によって決まるのであり格子の記述の仕方には依存しないはずなので，このことは矛盾していると思うかもしれない．しかし，具体例13.2でみるように異なった単位構造をとると逆格子だけではなく構造因子も変化し，結果として逆格子と構造因子によって決まる回折パターンはつねに一定なのである．

〈具体例13.2〉

体心立方格子は基本格子ベクトル$(a, 0, 0)$，$(0, a, 0)$，$(0, 0, a)$であり，単位構造として$\boldsymbol{r}_1 = 0$および$\boldsymbol{r}_2 = a/2(1, 1, 1)$に原子が存在する単純立方格子と考えることができる．そのように考えると，逆格子は，

$$\frac{2\pi}{a}(1, 0, 0), \quad \frac{2\pi}{a}(0, 1, 0), \quad \frac{2\pi}{a}(0, 0, 1) \tag{13.21}$$

を基本ベクトルとしてもつ単純立方格子となり，

$$S_G = F(1 + e^{-i(a/2)\boldsymbol{q}\cdot(1,1,1)}) \tag{13.22}$$

の構造因子をもつ．

以下の式，

$$\boldsymbol{q} = \frac{2\pi}{a}\cdot[n_1\cdot(1, 0, 0) + n_2\cdot(0, 1, 0) + n_3\cdot(0, 0, 1)] \tag{13.23}$$

を式(13.22)に代入することで，

$$S_G = F(1 + e^{-i\pi(n_1+n_2+n_3)}) = F(1 + (-1)^{n_1+n_2+n_3})$$
$$= \begin{cases} 2F & (n_1 + n_2 + n_3 = 偶数のとき) \\ 0 & (n_1 + n_2 + n_3 = 奇数のとき) \end{cases} \tag{13.24}$$

を得る．ここで，n_1, n_2, n_3は整数である．単純立方逆格子でn_1, n_2, n_3の合計が奇数と

なる場合には回折ピークは生成しない．これは，単位長さが $4\pi/a$ である面心立方逆格子に等しい．つまり，体心立方格子をブラベー格子として考えた場合に得られるはずの逆格子に等しいのである．以上より，体心立方格子をブラベー格子とする場合と単純立方格子が上述の単位構造をもつ場合は，等価であるといえる．

付録　記号と省略形

　物理や化学において，多くの記号が用いられるが，同じ物理量に対して，異なった記号が用いられることがしばしば起こってしまう．本書では，その分野の重要文献で使用されている記号に準拠するようにつとめた．しかしながら，本書の内容が多くの分野にわたっているため，同じ記号を複数の物理量に対して使用することが避けられない．たとえば，物理や物質科学において，μ は双極子モーメントを表すが，工学の分野で μ は摩擦係数を表す．以下に本書で使用した記号および省略形を示す．

A	面積 (m^2)
A_H	ハマカー定数 (J)
a	活量 ($mol\ m^{-3}$)，接触半径 (m)，頻度因子 (Hz)
$\boldsymbol{a}_1, \boldsymbol{a}_2$	長さ a_1, a_2 の二次元単位格子における基本ベクトル (m)
a_h	細孔サイズを特徴づける水力半径 (m)
$\boldsymbol{b}_1, \boldsymbol{b}_2$	長さ b_1 と b_2 の逆格子ベクトル
C	電気容量 ($C\ V^{-1}$)，ファンデルワールス定数 ($J\ m^6$)，BET 定数
C_A	単位面積あたりの微分電気容量 ($C\ V^{-1}\ m^{-2}$)
C_1, C_2	二つの曲率 (m^{-1})
C_0	自然曲率 (m^{-1})
CMC	臨界ミセル濃度 ($mol\ L^{-1}$)
c	分子の濃度または数密度 (単位体積あたりの個数, $mol\ m^{-3}$，または $mol\ L^{-1} = M$)
$\boldsymbol{c}_1, \boldsymbol{c}_2$	長さ c_1 と c_2 の二次元蒸着層の基本ベクトル (m)
D	距離 (m)，拡散定数 ($m^2\ s^{-1}$)
D_0	接着力を計算するための原子間距離 (m)，代表的な値は 1.7 Å
E	電場強度 ($V\ m^{-1}$)，ヤング率 (Pa)
E^*	換算ヤング率 (Pa)
E_F	フェルミエネルギー (J)
E^σ	表面伸長弾性率 ($N\ m^{-1}$)

F	ヘルムホルツ自由エネルギー(J),力(N)
F_{adh}	接着力(N)
F_F	摩擦力(N)
F_L	荷重(N)
F_σ, f_σ	ギブズ規約の界面(ヘルムホルツ)自由エネルギー(J),単位面積あたりのギブズ規約の界面(ヘルムホルツ)自由エネルギー(J m^{-2})
f	単位面積あたりの力(N m^{-2})
G	ギブズ自由エネルギー(J)
G_m, G_m^0	モルギブズ自由エネルギーと標準モルギブズ自由エネルギー(J mol^{-1})
G_σ, g_σ	ギブズ規約の界面ギブズ自由エネルギー(J)と単位面積あたりのギブズ規約の界面ギブズ自由エネルギー(J m^{-2})
H	エンタルピー(J)
h	基準位置に対しての液滴の高さ(m),プランク定数,層の厚さ(m)
I	電流(A)
J	核形成頻度(s^{-1} m^{-3})
K	ばね定数(N m^{-1}),平衡定数(例 mol L^{-1})
k	曲げ剛性率(J)
$\bar{k}$	サドル広がり係数(J)
l	高分子鎖の単位ユニット長さ(m)
L_0	高分子ブラシの厚さ(m)
L_c	アルキル鎖長(m)
L_s	界面活性剤の有効長さ(m)
M	モル質量(kg mol^{-1}),11 章ではトルク(N m)
m	質量(kg),分子量(kg 分子$^{-1}$)
m_{ad}	吸着剤の質量(kg)
N	分子数(無次元または mol),直鎖高分子のセグメント数(重合度)
N_{agg}	界面活性剤ミセルの凝集数
N_i	特定の種の分子数(無次元または mol)
N_S	界面活性剤パラメータ
n	屈折率,整数
n_c	アルキル鎖中の炭素数
P	圧力(Pa),確率
P_0	平面表面の液体と接触している蒸気の蒸気圧(Pa)
P_0^K	曲率表面の液体と接触している蒸気の蒸気圧(Pa)

P_m	降伏圧力 (Pa)
p	運動量 (kg m s^{-1}),整数定数,Freundlich 吸着等温線のべき指数
Q	電荷 (A s),熱 (J),共鳴装置の Q 値
q	単位面積あたりの熱 (J m^{-2}),整数定数
R	球体の半径 (m),気体定数
R_1, R_2	二つの曲率半径 (m)
R_b	球形の泡の半径 (m)
R_c	液滴のコア半径 (m)
R_d	球形の液滴の半径 (m)
R_g	高分子の慣性半径 (m)
R_e	電気抵抗 (Ω)
R_p	球状粒子の半径 (m)
R_0	高分子鎖の大きさ (m)
r	半径 (m),円筒座標または球座標の動径半径
r_C	毛管の半径 (m)
S	エントロピー (J K^{-1}),単位面積あたりの吸着結合部位 (mol m^{-2}),拡張係数 (N m^{-1})
S_0, S_1	単位面積あたりの空きおよび占有吸着結合サイト数 (mol m^{-2})
S^σ, s^σ	ギブズ規約の界面エントロピー (J K^{-1}),単位面積あたりの界面エントロピー (J K^{-1} m^{-2})
T	温度 (K)
T_θ	シータ温度 (K)
t	時間 (s)
U	界面エネルギー (J),電圧 (V)
U_σ, u_σ	界面内部エネルギー (J),単位面積あたりの界面内部エネルギー (J m^{-2})
V	体積 (m^3)
V_m	モル体積 (m^3 mol^{-1})
v	速度 (m s^{-1})
W	ヘルムホルツ自由エネルギー (J),仕事 (J)
w	二つの表面の間の相互作用における単位面積あたりのヘルムホルツ自由エネルギー (J m^{-2})
x, y, z	直交座標系 (m),y は換算電圧
Z	イオンの原子価
α	分極率 (C m^2 V^{-1}),角度,適応係数

γ	表面張力($N\,m^{-1}$). とくにγ_Lとγ_{SL}は液体—気体界面の表面張力および, 固体—液体界面の表面張力
γ_s	表面ひずみ(単位なし)
Γ	界面余剰($mol\,m^{-2}$), 高分子のグラフト密度($mol\,m^{-2}\,or\,m^{-2}$)
δ	水和層の厚さ(m), インデンテーション(m), 遅れ角(°)
Δ	デルタ(その物理量の差を表す), 偏光解析パラメータ
ε	誘電率
ζ	ゼータ電位(V)
η	粘度($Pa\,s$)
η_d^σ	表面伸長粘度($Ns\,m^{-1}$)
η_s^σ	表面せん断粘度($Ns\,m^{-1}$)
Θ	接触角
θ	吸着分子の被覆率
ϑ	ステップ角(°), ブラッグ角(°)
κ	デバイ長の逆数(m^{-1}), 線張力(N)
$\kappa=\sqrt{\gamma/g\rho}$	毛管定数(m)
κ_e	電気伝導率($A\,V^{-1}\,m^{-1}$)
κ_l	線張力($J\,m^{-1}$)
$\kappa_d^\sigma=1/E^\sigma$	表面伸長圧縮率(mN^{-1})
λ	波長(m)
λ_D	デバイ長(m)
μ	化学ポテンシャル($J\,mol^{-1}$), 双極子モーメント($C\,m$), 摩擦係数
μ_k, μ_s	動摩擦係数と静摩擦係数
μ_r	回転摩擦係数(m)
ν	周波数(Hz)
π	膜圧($N\,m^{-1}$)
Π	分離圧(Pa)
ρ	質量密度($kg\,m^{-3}$), 純粋相の分子密度(ちなみに, 溶解分子の密度はc)
ρ_e	電荷密度($C\,m^{-3}$)
σ	表面電荷密度($C\,m^{-2}$)
σ_A	表面上で1分子によって占有されている面積(m^2), 界面活性剤の頭部基面積(m^2)
Σ	粉体や多孔質物質の比表面積($m^2\,kg^{-1}$), 結晶粒界における対応の度合いを特徴づけるパラメータ

τ	単位長さあたりの力 (N m^{-1})	
τ_c	降伏応力 (N m^{-2})	
τ_s	スリップ時間	
$\varUpsilon$	表面応力 (J m^{-2})	
ϕ	体積分率	
φ	ガルバニ電位 (V)	
$\varPhi$	熱電子仕事関数 (J)	
χ	表面電位 (V)	
ψ	電気ボルタ電位 (V)	
$\varPsi$	偏光解析パラメータ	
ω	角振動数 (Hz)	

付表 1　基本定数

原子質量単位	u	1.66054×10^{-27} kg
アボガドロ定数	N_A	6.02214×10^{23} mol^{-1}
ボルツマン定数	k_B	1.38066×10^{-23} J K^{-1}
電子質量	m_e	9.10939×10^{-31} kg
単位電荷	e	1.60218×10^{-19} C
ファラデー定数	$F_A = eN_A$	96485.3 C mol^{-1}
気体定数	$R = k_B N_A$	8.31451 J K^{-1} mol^{-1}
プランク定数	h	6.62608×10^{-34} J s
真空中での光速度	c	2.99792×10^8 m s^{-1}
重力加速度	g	9.80665 m s^{-2}
真空での誘電率	ε_0	8.85419×10^{-12} A s V^{-1} m^{-1}

付表 2　変換係数

1 eV = 1.60218×10^{-19} J
1 dyne = 10^{-5} N
1 erg = 10^{-7} J
1 kcal = 4.184 kJ
1 Torr = 133.322 Pa = 1.333 mbar
1 bar = 10^5 Pa
1 poise (P) = 0.1 Pa s
1 Debye (D) = 3.336×10^{-30} C m
1 V = 1 J/(A s)
0℃ = 273.15 K
$k_B T/e = 25.69$ mV at 25℃

文 献

1. Adamson, A.W. and Gast, A.P. (1997) *Physical Chemistry of Surfaces*, 6th edn, JohnWiley & Sons, Inc., New York.
2. Hunter, R.J. (2001) *Foundations of Colloid Science*, 2nd edn, Oxford University Press, Oxford.
3. Evans, D.F. andWennerström, H. (1999) *The Colloidal Domain – Where Physics, Chemistry, Biology, and Technology Meet*, JohnWiley & Sons, Inc., New York.
4. Lyklema, J. (1991) *Fundamentals of Interface and Colloid Science I: Fundamentals*, Academic Press, San Diego.
5. Lyklema, J. (1995) *Fundamentals of Interface and Colloid Science II: Solid-Liquid Interfaces*, Academic Press, San Diego.
6. Lyklema, J. (2000) *Fundamentals of Interface and Colloid Science III: Liquid-Fluid Interfaces*, Academic Press, San Diego.
7. Lyklema, J. (2005) *Fundamentals of Interface and Colloid Science IV: Particulate Colloids*, Academic Press, San Diego.
8. Lyklema, J. (2005) *Fundamentals of Interface and Colloid Science V: Soft Colloids*, Academic Press, San Diego.
9. Panayiotou, C. (2002) *Langmuir*, **18**, 8841.
10. Sedlmeier, F., Horinek, D., and Netz, R.R. (2009) *Phys. Rev. Lett.*, **103**, 136102.
11. Barrow, G.M. (1979) *Physical Chemistry*, McGraw-Hill, Auckland, p. 43.
12. Atkins, P.W. (1990) *Physical Chemistry*, 4th edn, Oxford University Press, Oxford, p. 733.
13. Lide, D.R. (ed.) (1995) *Handbook of Chemistry and Physics*, 76th edn, CRC Press, Boca Raton.
14. Dee, G.T. and Sauer, B.B. (1998) *Adv. Phys.*, **47**, 161.
15. Brillo, J. and Egry, I. (2005) *J. Mater. Sci.*, **40**, 2213.
16. Faetti, S. and Palleschi, V. (1984) *J. Chem. Phys.*, **81**, 6254.
17. Scholten, E., Tuinier, R., Tromp, R.H., and Lekkerkerker, H.N.W. (2002) *Langmuir*, **18**, 2234.
18. de Laplace, P.S. (1806) *Mécanique Céleste*, suppl. au Livre, X., Croucier, Paris (English translation by Bowditch, N. (1966) *Celestial Mechanics*, Chelsea Publ. Comp., Bronx).
19. Dupré, A. (1869) *Théorie mécanique de la chaleur*, Gauthier-Villars, Paris, p. 206.
20. Plateau, J. (1873) *Experimental and Theoretical Statics of Liquids*, Gauthier-Villars, Paris.
21. Princen, H.M. (1969), in *Surface and Colloid Science*, (ed. E. Matijevic),Wiley-Interscience, New York, p. 1.
22. Boucher, E.A. and Evans, M.J.B. (1975) *Proc. R. Soc. A*, **346**, 349.
23. Bashforth, F. and Adams, J.C. (1883) *An Attempt to Test the Theories of Capillary Attraction*, Cambridge University Press.
24. Rotenberg, Y., Boruvka, L., and Neumann, A.W. (1983) *J. Colloid Interface Sci.*, **93**, 169.
25. Andrieu, C., Sykes, C., and Brochard, F. (1994) *Langmuir*, **10**, 2077.
26. Anastasiadis, S.H., Chen, J.K., Koberstein, J.T., Siegel, A.F., Sohn, J.E., and Emerson, J.A. (1987) *J. Colloid Interface Sci.*, **119**, 55.
27. Adam, N.K. and Shute, H.L. (1938) *Trans. Faraday Soc.*, **34**, 758.
28. Sugden, S. (1922) *J. Chem. Soc.*, **121**, 858.
29. Bendure, R.L. (1971) *J. Colloid Interface Sci.*, **35**, 238.
30. Ono, N., Kaneko, T., Nishiguchi, S., and Shoji, M. (2008) *J. Therm. Sci. Technol.*, **4**, 284.
31. Lee, B.B., Ravindra, P., and Chan, E.S. (2008) *Chem. Eng. Commun.*, **195**, 889.
32. Tate, T. (1864) *Philos. Mag.*, **27**, 176.
33. Harkins, W.D. and Brown, F.E. (1919) *J. Am. Chem. Soc.*, **41**, 499.
34. Wilkinson, M.C. (1972) *J. Colloid Interface Sci.*, **40**, 14.
35. du Noüy, L. (1919) *J. Gen. Physiol.*, **1**, 521.
36. Harkins, W.D. and Jordan, H.F. (1930) *J. Am. Chem. Soc.*, **52**, 1751.
37. Huh, C. and Mason, S.G. (1975) *Colloid Polym. Sci.*, **253**, 566.
38. Wilhelmy, L. (1863) *Ann. Phys. Chem.*, **119**, 177.

39 Rayleigh, L. (1879) *Proc.* R. Soc. Lond., **29**, 71.
40 Rayleigh, L. (1890) *Proc.* R. Soc. Lond., **47**, 281.
41 Passerone, A. (2011) *Microgravity Sci. Technol.*, **23**, 101.
42 Egry, I., Lohoefer, G., and Jacobs, G. (1995) *Phys. Rev. Lett.*, **75**, 4043.
43 Reiss, H. and Koper, G.J.M. (1995) *J. Phys. Chem.*, **99**, 7837.
44 Horikawa, T., Do, D.D., and Nicholson, D. (2011) *Adv. Colloid Interface Sci.*, **169**, 40.
45 Evans, R. (1990) *J. Phys.: Condens. Matter*, **2**, 8989.
46 Thomson,W. (1870) *Proc.* R. Soc. Edinb., **7**, 63.
47 La Mer, V.K. and Gruen, R. (1952) *Trans.* Faraday Soc., **48**, 410.
48 Fisher, L.R. and Israelachvili, J.N. (1981) *J.* Colloid Interface Sci., **80**, 528.
49 Fisher, L. R., Gamble, R. A., and Middlehurst, J. (1981) *Nature*, **290**, 575.
50 Christenson, H.K. (1988) *J.* Colloid Interface Sci., **121**, 170.
51 Curry, J.E. and Christenson, H.K. (1996) *Langmuir*, **12**, 5729.
52 Butt, H.-J. and Kappl, M. (2009) *Adv.* Colloid Interface Sci., **146**, 48.
53 Herminghaus, S. (2005) *Adv. Phys.*, **54**, 221.
54 Fisher, R.A. (1926) *J. Agric. Sci.*, **16**, 492.
55 Haines, W.B. (1927) *J. Agric. Sci.*, **17**, 264.
56 Cross, N. L. and Picknett, R. G. (1963) *Trans.* Faraday Soc., **59**, 846.
57 Derjaguin, B.V. (1934) *Kolloid Z.*, **69**, 155.
58 McFarlane, J.S. and Tabor, D. (1950) *Proc.* R. Soc. A, **202**, 224.
59 Pietsch,W. and Rumpf, H. (1967) *Chem.* Ing. Tech., **39**, 885.
60 Lian, G., Thornton, C., and Adams, M.J. (1993) *J.* Colloid Interface Sci., **161**, 138.
61 Halsey, T.C. and Levine, A.J. (1998) *Phys. Rev. Lett.*, **80**, 3141.
62 Butt, H.-J. (2008) *Langmuir*, **24**, 4715.
63 Volmer, M. and Weber, A. (1926) *Z. Phys. Chem.*, **119**, 277.
64 Becker, R. and Döring, W. (1935) *Ann. Phys.*, **24**, 719.
65 Vehkamaeki, H. (2006) *Classical Nucleation Theory in Multicomponent Systems*, Springer, Berlin.
66 Vohra, V. and Heist, R.H. (1996) *J.* Chem. Phys., **104**, 382.
67 Bertelsmann, A. and Heist, R.H. (1998) *Atmos. Res.*, **46**, 195.
68 Wölk, J., Strey, R., Heath, C.H., and Wyslouzil, B.E. (2002) *J.* Chem. Phys. B, **117**, 4954.
69 Heist, R.H. and He, H. (1994) *J.* Phys. Chem. Ref. Data, **23**, 781.
70 Laaksonen, A., Talanquer, V., and Oxtoby, D.W. (1995) *Annu.* Rev. Phys. Chem., **46**, 489.
71 Oxtoby, D.W. (1992) *J. Phys.: Condens. Matter*, **4**, 7627.
72 Oxtoby, D.W. (1998) *Acc.* Chem. Res., **31**, 91.
73 Wölk, J. and Strey, R. (2002) *J.* Chem. Phys. B, **105**, 11683.
74 Jones, S.F., Evans, G.M., and Galvin, K.P. (1999) *Adv. Colloid Interface Sci.*, **80**, 27.
75 Liger-Belair, G., Vignes-Adler, M., Voisin, C., Robillard, B., and Jeandet, P. (2002) *Langmuir*, **18**, 1294.
76 Rusanov, A.I., *Surf.* Sci. Rep. **1996**, *23*, 173.
77 Gibbs, J. W. (1928) *The Collected Works of J.* Willard Gibbs. 1. Thermodynamics, Longmans & Green, New York.
78 Guggenheim, E.A. (1959) *Thermodynamics*, North Holland, Amsterdam, 4th edn, p. 46.
79 Aveyard, R. and Haydon, D. A. (1973) *An In troduction to the Principles of Surface Chemistry*, Cambridge University Press, Cambridge.
80 Defay, R., Prigogine, I., Bellemans, A., and Everett, D. H. (1966) *Surface Tension and Adsorption*, Longmans & Green, London.
81 Andersson,G., Krebs, T., and Morgner, H. (2005) *Phys.* Chem. Chem. Phys., **7**, 136.
82 Kahlweit, M. (1981) *Grundzüge der Physikalischen Chemie VII: Grenzflächenerscheinungen*, Steinkopff, Darmstadt.
83 Everett, D.H. (1972) *Pure Appl.* Chem., **31**, 578.
84 Eötvös, R.V. (1886) *Ann. Phys.*, **27**, 456.
85 Ramsay, W. and Shields, J. (1883) *Philos.* Trans. A, **184**, 647.
86 Linford, R.G. (1978) *Chem. Rev.*, **78**, 81.
87 Nilsson, G. (1957) *J. Phys. Chem.*, **61**, 1135.
88 Cross, A. W. and Jayson, G. G. (1994) *J.* Colloid Interface Sci., **162**, 45.
89 Penfold, J., Thomas, R. K., Lu, J. R., Staples, E., Tucker, I., and Thompson, L. (1994) *Physica B*, **198**, 110.
90 Eastoe, J., Nave, S., Downer, A., Paul, A., Rankin, A., Tribe, K., and Penfold, J. (2000) *Langmuir*, **16**, 4511.
91 Lee, Y.C., Liu, H.S., and Lin, S.Y. (2003) *Colloids Surf.* A, **212**, 123.
92 Miles, G. D. and Shedlovsky, L. (1944) *J.* Phys. Chem., **48**, 57.
93 Mysels, K.J. (1996) *Langmuir*, **12**, 2325.
94 An, S.W., Lu, J.R., Thomas, R.K., and Penfold, J. (1996) *Langmuir*, **12**, 2446.
95 Posner, A.M., Anderson, J.R., and Alexander, A.E. (1952) *J.* Colloid Sci., **7**, 623.

96 Weissenborn, P.K. and Pugh, R.J. (1995) *Langmuir*, **11**, 1422.
97 Thomson, J. (1855) *Philos. Mag.*, **10**, 330.
98 Marangoni, C. (1871) *Ann. Phys. Chem.*, **143**, 337.
99 Pearson, J.R.A. (1958) *J. Fluid Mech.*, **4**, 489.
100 Lüdtke, R. (1869) *Ann. Phys.* (Poggendorff), **94**, 362.
101 Sternling, C.V. and Scriven, L.E. (1959) *AIChE J.*, **5**, 514.
102 Hosoi, A. E. and Bush, J. W. M. (2001) *J. Fluid. Mech.*, **442**, 217.
103 Bénard, H. (1901) *Ann. Chim. Phys.*, **23**, 62.
104 Chai, A. T. and Zhang, N. L. (1998) *Exp. Heat Transf.*, **11**, 187.
105 Hu, H. and Larson, R.G. (2006) *J. Phys. Chem. B*, **110**, 7090.
106 Fell, D., Auernhammer, G., Bonaccurso, E., Liu, C.J., Sokuler, R., and Butt, H.-J. (2011) *Langmuir*, **27**, 2112.
107 Vuilleumier, R., Ego, V., Neltner, L., and Cazabat, A. M. (1995) *Langmuir*, **11**, 4117.
108 Tadmor, R. (2009) *J. Colloid Interface Sci.*, **332**, 451.
109 Good, R.J. (1957) *J. Phys. Chem.*, **61**, 810.
110 Gouy, G. (1910) *J. Phys.*, **9**, 457.
111 Chapman, D.L. (1913) *Philos. Mag.*, **25**, 475.
112 Gouy, G. (1917) *Ann. Phys.*, **7**, 129.
113 Debye, P. and Hückel, E. (1923) *Phys. Z.*, **24**, 185.
114 Raiteri, R., Grattarola, M., and Butt, H.-J. (1996) *J. Phys. Chem.*, **100**, 16700.
115 Gronwall, T. H., La Mer, V. K., and Sandved, K. (1928) *Phys. Z.*, **29**, 358.
116 White, L.R. (1977) *J. Chem. Soc. Faraday Trans. 2*, **73**, 577.
117 Ohshima, H., Healy, T.W., and White, L.R. (1982) *J. Colloid Interface Sci.*, **90**, 17.
118 Grahame, D.C. (1947) *Chem. Rev.*, **41**, 441.
119 Torrie, G. M. and Valleau, J. P. (1982) *J. Phys. Chem.*, **86**, 3251.
120 Carnie, S.L. and Torrie, G.M. (1984) *Adv. Chem. Phys.*, **56**, 141.
121 Guldbrand, L., Jönsson, B., Wennerström, H., and Linse, P. (1984) *J. Phys. Chem.*, **80**, 2221.
122 Cevc, G. (1990) *Biochim. Biophys. Acta*, **1031**, 311.
123 Netz, R.R. and Orland, H. (2000) *Eur. Phys. J. E*, **1**, 203.
124 Grosberg, A.Y., Nguyen, T.T., and Shklovskii, B.I. (2002) *Rev. Mod. Phys.*, **74**, 329.
125 Torrie, G. M. and Valleau, J. P. (1980) *J. Chem. Phys.*, **73**, 5807. **432** *References*
126 Kjellander, R., Åkesson, T., Jönsson, B., and Marčelja, S. (1992) *J. Chem. Phys.*, **97**, 1424.
127 Kjellander, R. and Marčelja, S. (1985) *J. Chem. Phys.*, **82**, 2122.
128 Wernersson, E., Kjellander, R., and Lyklema, J. (2010) *J. Phys. Chem. C*, **114**, 1849.
129 Lozada-Cassou, M., Saavedra-Barrera, R., and Henderson, D. (1982) *J. Chem. Phys.*, **77**, 5150.
130 Outhwaite, C.W. and Bhuiyan, L.B. (1983) *J. Chem. Soc. Faraday Trans. 2*, **79**, 707.
131 Nelson, A.P. and McQuarrie, D.A. (1975) *J. Theor. Biol.*, **55**, 13.
132 van Megen, W. and Snook, I. (1980) *J. Chem. Phys.*, **73**, 4656.
133 Lewith, S. (1888) *Arch. Exp. Pathol. Pharmakol.*, **24**, 1.
134 Hofmeister, F. (1888) *Arch. Exp. Pathol. Pharmakol.*, **24**, 247.
135 Cacace, M. G., Landau, E. M., and Ramsden, J. J. (1997) *Q. Rev. Biophys.*, **30**, 241.
136 Kunz, W., Lo Nostro, P. and Ninham, B.W. (2004) *Curr. Opin. Colloid Interface Sci.*, **9**, 1.
137 Leontidis, E., Aroti, A., and Belloni, L. (2009) *J. Phys. Chem. B*, **113**, 1447.
138 Pyper, N.C., Pike, C.G., and Edwards, P.P. (1992) *Mol. Phys.*, **76**, 353.
139 Blum, L. (1990) *Adv. Chem. Phys.*, **78**, 171.
140 Queseda-Pérez, M., González-Tovar, E., Martin-Molina, A., Lozada-Cassou, M., and Hidalgo-Alvarez, R. (2003) *Chem. Phys. Chem.*, **4**, 235.
141 Jho, Y.S., Brewster, R., Safran, S.A., and Pincus, P.A. (2011) *Langmuir*, **27**, 4439.
142 Stern, O. (1924) *Z. Elektrochem.*, **30**, 508.
143 Guidelli, R. and Schmickler, W. (2000) *Electro chim. Acta*, **45**, 2317.
144 Verwey, E. J. W. and Overbeek, J. T. G. (1948) *Theory of the Stability of Lyophobic Colloids*, Elsevier, New York, p. 51.
145 Chan, D.Y.C. and Mitchell, D.J. (1983) *J. Colloid Interface Sci.*, **95**, 193.
146 Lippmann, M.G. (1875) *Ann. Chim. Phys.*, **5**, 494.
147 Frumkin, A., Petry, O., and Damaskin, B. (1970) *Electroanal. Chem. Interfacial Electrochem.*, **27**, 81.
148 Mohilner, D.M. and Kakiuchi, T. (1981) *J. Electro chem. Soc.*, **128**, 350.
149 Fredlein, R. A. and Bockris, J. O'M., (1974) *Surf. Sci.*, **46**, 641.
150 Raiteri, R. and Butt, H.-J. (1995) *J. Phys. Chem.*, **99**, 15728.
151 Lin, K.F. and Beck, T.R. (1976) *J. Electrochem. Soc.*, **123**, 1145.
152 Morcos, I. and Fischer, H. (1968) *J. Electroanal.*

153 Murphy, O.J. and Wainright, J.S. (1989) *Langmuir*, **5**, 519.
154 Sondag-Huethorst, J. A. M., and Fokkink, L. G. J. (1994) *Langmuir*, **10**, 4380.
155 Mohilner, D. M. and Beck, T. R. (1979) *J.* Phys. Chem., **83**, 1160.
156 Lang, G. and Heusler, K.E. (1994) *J.* Electroanal. Chem., **377**, 1.
157 Schmickler, W. and Leiva, E. (1998) *J.* Electroanal. Chem., **453**, 61.
158 Beattie, J.K., Djerdjev, A.M., and Warr, G.G. (2009) *Faraday Discuss.*, **141**, 31.
159 Paik, W., Genshaw, M. A., and Bockris, J. O'M. (1970), *J.* Phys. Chem, **74**, 4266.
160 Wang, J., Ocko, B.M., Davenport, A.J., and Isaacs, H. S. (1992) *Phys.* Rev. B, **46**, 10321.
161 Perera, L. and Berkowitz, M. L. (1993) *J.* Phys. Chem., **97**, 13803.
162 Bijsterbosch, B. H. and Lyklema, J. (1978) *Adv.* Colloid Interface Sci., **9**, 147.
163 Noh, J. S. and Schwarz, J. A. (1989) *J.* Colloid Interface Sci., **130**, 157.
164 Huang, C. P. and Stumm, W. (1973) *J.* Colloid Interface Sci., **43**, 409.
165 Yates, D.E., Levine, S., and Healy, T.W. (1974) *J.* Chem. Soc. Faraday Trans. I, **70**, 1807.
166 Davies, J. A. and Lecki, J. O. (1980) *J.* Colloid Interface Sci., **74**, 32.
167 Charmas, R., Piasecki, W., and Rudzinski, W. (1995) *Langmuir*, **11**, 3199.
168 Sverjensky, D. A. and Sahai, N. (1996) *Geochim.* Cosmochim. Acta, **60**, 3773.
169 Kosmulski, M. (2002) *J.* Colloid Interface Sci., **253**, 77.
170 Cerovic, L. S., Milonjic, S. K., Bahloul-Houlier, D., and Doucey, B. (2002) *Colloids Surf.* A, **197**, 147.
171 Jasmund, K. and Lagaly, G. (eds) (1993) *Tonminerale und Tone*. Struktur, Eigenschaften, Anwendungen und Einsatz in Industrie und Umwelt, Steinkopff, Darmstadt.
172 Lyons, J.S., Furlong, D.N., and Healy, T.W. (1981) *J.* Aust. Chem., **34**, 1177.
173 Claesson, P.M., Herder, P., Stenius, P., Eriksson, J.C., and Pashley, R.M. (1986) *J.* Colloid Interface Sci., **109**, 31.
174 Nishimura, S., Tateyama, H., Tsunematsu, K., and Jinnai, K. (1992) *J.* Colloid Interface Sci., **152**, 359.
175 Scales, P.J., Healy, T.W., and Evans, D.F. (1988) *J.* Colloid Interface Sci., **124**, 391.
176 Lyklema, J. (1972) *J.* Electroanal. Chem., **37**, 53.
177 Furusawa, K., Norde, W., and Lyklema, J. (1972) *Colloid Z.* Z. Polym., **250**, 908.
178 Southampton Electrochemistry Group (1985) *Instrumental Methods in Electrochemistry*, John Wiley & Sons, Inc., New York.
179 Macdonald, J. R. (1987) *Impedance Spectroscopy*, John Wiley & Sons, Inc., New York.
180 Kissinger, P. T. and Heinemann, W. R. (1996), *Laboratory Techniques in Electroanalytical Chem sitry*, Marcel Dekker, New York, p. 251.
181 Gomes, W. P. and Vanmaekelbergh, D. (1996) *Electrochim.* Acta, **41**, 967.
182 Hunter, R. J. (1981) *Zeta Potential in Colloid Science*, Principles and Applications, Academic Press, London.
183 Smoluchowski, M. (1921) in *Handbuch der Elec trizität und des Magnetismus Vol.* II, S. 366, Barth, Leipzig.
184 Werner, C., Körber, H., Zimmermann, R., Dukhin, S., and Jacobasch, H.J. (1998) *J.* Colloid Interface Sci., **208**, 329.
185 Henry, D.C. (1931) *Proc.* R. Soc. A, **133**, 106.
186 Dukhin, A.S. and van den Ven, T.G.M. (1994) *J.* Colloid Interface Sci., **165**, 9.
187 Ohshima,H. (1995) *Adv.* Colloid Interface Sci., **62**, 189.
188 Wandelt, K. (1997) *Appl.* Surf. Sci., **111**, 1.
189 Cahen, D. and Kahn, A. (2003) *Adv. Mater.*, **15**, 271.
190 Israelachvili, J. N. (2011), *Intermolecular and Surface Forces*, 3rd edn, Academic Press, Am sterdam.
191 Butt, H.-J. and Kappl, M. (2010) *Surface and Interfacial Forces*, Wiley-VCHVerlag GmbH, Weinheim.
192 Parsegian, V. A. (2006) *Van der Waals Forces*, Cambridge University Press, Cambridge.
193 Keesom,W.H. (1921) *Phys.* Z., **22**, 129.
194 Keesom,W.H. (1921) *Phys.* Z., **22**, 364.
195 Debye, P. (1920) *Phys.* Z., **21**, 178.
196 Debye, P. (1921) *Phys.* Z., **22**, 302.
197 London, F. (1930) Z. Phys., **63**, 245.
198 Mahanty, J. and Ninham, B.W. (1976) *Dispersion Forces*, Academic Press, New York.
199 Hamaker, H.C. (1937) *Physica*, **4**, 1058.
200 Henderson, D., Duh, D. M., Chu, X., and Wasan, D. (1997) *J.* Colloid Interface Sci., **185**, 265.
201 Autumn, K. *et al.* (2002) *Proc.* Natl. Acad. Sci. USA, **99**, 12252.
202 Arzt, E., Gorb, S., and Spolenak, R. (2003) *Proc.* Natl. Acad. Sci. USA, **100**, 10603.
203 Lifshitz, E. M. (1956) *Sov.* Phys. JETP (Engl. Transl.), **2**, 73.

204 Dzyaloshinskii, I.E., Lifshitz, E.M., and Pitaevskii, L. P. (1961) *Adv. Phys.*, **10**, 165.
205 Ninham, B.W. and Parsegian, V.A. (1970) *Biophys. J.*, **10**, 646.
206 Israelachvili, J.N. (1974) *Q. Rev. Biophys.*, **6**, 341.
207 Meurk, A., Luckham, P. W., and Bergström, L. (1997) *Langmuir*, **13**, 3896.
208 Boinovich, L.B. (1992) *Adv. Colloid Interface Sci.*, **37**, 177.
209 Nguyen, A.V. and Schulze, H.J. (2003) *Colloidal Science of Flotation*, Marcel Dekker, New York.
210 Parsegian, V.A. and Weiss, G.H. (1981), *J. Colloid Interface Sci.*, **81**,285.
211 Visser, J. (1972) *Adv. Colloid Interface Sci.*, **3**, 331.
212 Ackler, H. D., French, R. H., and Chiang, Y. M. (1996) *J. Colloid Interface Sci.*, **179**, 460.
213 Drummond, C.J., Georgaklis, G., and Chan, D.Y.C. (1996) *Langmuir*, **12**, 2617.
214 Drummond, C. J. and Chan, D. Y. C. (1996) *Langmuir*, **12**, 3356.
215 Bergström, L. (1997) *Adv. Colloid Interface Sci.*, **70**, 125.
216 Roth, C.M., Neal, B.L., and Lenhoff, A.M. (1996) *Biophys. J.*, **70**, 977.
217 Israelachvili, J.N. (1994) *Langmuir*, **10**, 3369.
218 White, L.R. (1983) *J. Colloid Interface Sci.*, **95**, 286.
219 Derjaguin, B.V., Churaev, N.V., and Muller, V.M. (1987) *Surface Forces*, Consultants Bureau, New York.
220 Claesson, P. M., Ederth, T., Bergeron, V., and Rutland, M.W. (1996) *Adv. Colloid Interface Sci.*, **67**, 119.
221 Derjaguin, B.V., Titijevskaia, A.S., Abricossova, I.I., and Malkina, A.D. (1954) *Discuss. Faraday Soc.*, **18**, 24.
222 Rouweler, G.C.J., Oberbeek, J.T.G. (1971) *Trans. Faraday Soc.*, **67**, 2117.
223 Black, W., de Jongh, J.G.V., Overbeek, J.T.G., and Sparnaay, M.J. (1960) *Trans. Faraday Soc.*, **56**, 1597.
224 Derjaguin, B.V., Rabinovich, Y.I., and Churaev, N.V. (1978) *Nature*, **272**, 313.
225 Tabor, D., Winterton, F.R.S., andWinterton, R.H.S. (1969) *Proc. R. Soc. A*, **312**, 435.
226 Israelachvili, J.N. and Tabor, D. (1972) *Proc. R. Soc. A*, **31**, 19.
227 Israelachvili, J.N. and Adams, G.E. (1978) *J. Chem. Soc. Faraday Trans.* I, **74**, 975.
228 Israelachvili, J., Min, Y., Akbulut, M., Alig, A., Carver, G., Greene, W., Kristiansen, K., Meyer, E., Pesika, N., Rosenberg, K., and Zeng, H. (2010) *Rep. Prog. Phys.*, **73**, 036601

229 Schurtenberger, E. and Heuberger, M. (2011) *Rev. Sci. Instrum.*, **82**, 103902.
230 Binnig, G., Quate, C.F., and Gerber, C. (1986) *Phys. Rev. Lett.*, **56**, 930.
231 Butt, H.-J., Cappella, B., and Kappl, M. (2005) *Surf. Sci. Rep.*, **59**, 1.
232 Ducker, W. A., Senden, T. J., and Pashley, R. M. (1991) *Nature*, **353**, 239.
233 Butt, H.-J. (1991) *Biophys. J.*, **60**, 1438.
234 Prieve, D.C., (1999) *Adv. Coll. Interface Sci.*, **82**, 93.
235 Ashkin, A. (1970) *Phys. Rev. Lett.*, **24**, 156.
236 Neuman, K.C. and Block, S.M. (2004) *Rev. Sci. Instrum.*, **75**, 2787.
237 Grier, D.G. (1997) *Curr. Opin. Colloid Interface Sci.*, **2**, 264.
238 LeNeveu, D.M., Rand, R.P., and Parsegian, V.A. (1976) *Nature*, **256**, 601.
239 Parsegian, V.A., Rand, R.P., Fuller, N.L., and Rau, D. C. (1986) *Methods Enzymol.*, **127**, 400.
240 Leikin, S., Parsegian, V.A., Rau, D.C., and Rand, R.P. (1993) *Annu. Rev. Phys. Chem.*, **44**, 369.
241 Hogg, R., Healy, T. W., and Fuerstenau, D. W. (1966) *Trans.* Faraday Soc., **62**, 1638.
242 Parsegian, V.A. and Gingell, D. (1972) *Biophys. J.*, **12**, 1192.
243 Schulze, H. (1882) *J. Prakt. Chemie*, **25**, 431.
244 Schulze, H. (1883) *J. Prakt. Chemie*, **27**, 320.
245 Hardy, W.B. (1899) *Proc. R. Soc. Lond.*, **66**, 110.
246 Hardy, W.B. (1899) *Z. Phys. Chem.*, **33**, 385.
247 Overbeek, J.T.G. (1952) in *Colloid Science*, Vol. 1, (ed. H.R. Kruyt), Elsevier, Amsterdam, p. 278.
248 Derjaguin, B. (1939) *Acta Physicochim.* URSS, **10**, 333.
249 Landau, L.D. (1941) *Acta Physicochim.* URSS, **14**, 633.
250 Langmuir, I. (1938) *J. Chem. Phys.*, **6**, 873.
251 Schofield, R.K. (1946) *Trans.* Faraday Soc., **42**, 219.
252 Hemwall, J.B. and Low, P.F. (1956) *Soil Sci.*, **82**, 135.
253 Rowley, L.A., Nicholson, D., and Parsonage, N.G. (1976) *Mol. Phys.*, **31**, 365.
254 Abraham, F.F. (1978) *J. Chem. Phys.*, **68**, 3713.
255 Chan, D. Y.C., Mitchell, D. J., Ninham, B. W., and Pailthorpe, A. (1978) *Mol. Phys.*, **35**, 1669.
256 Snook, I. K. and Henderson, D. (1978) *J. Chem. Phys.*, **68**, 2134.
257 Doerr, A.K., Tolan, M., Seydel, T., and Press, W. (1998) *Physica B*, **248**, 263.
258 Yu, C.J., Richter, A.G., Kmetko, J., Datta, A., and Dutta, P. (2000) *Europhys. Lett.*, **50**, 487.
259 van Megen, W. and Snook, I. (1979) *J. Chem. Soc.*

Faraday Trans. II, **7**, 1095.
260 Lane, J.E. and Spurling, T.H. (1979) *Chem. Phys. Lett.*, **67**, 107.
261 Tarazona, P. and Vicente, L. (1985) *Mol. Phys.*, **56**, 557.
262 Mitlin, V.S. and Sharma, M.M. (1995) *J. Colloid Interface Sci.*, **170**, 407.
263 Horn, R.G. and Israelachvili, J.N. (1981) *J. Chem. Phys.*, **75**, 1400.
264 Christenson, H.K. (1983) *J. Chem. Phys.*, **78**, 6906.
265 Franz, V. and Butt, H.-J. (2002) *J. Phys. Chem. B*, **106**, 1703.
266 Israelachvili, J. and Wennerström, H. (1996) *Nature*, **379**, 219.
267 Butt, H.-J. and Franz, V. (2001) in *Water in Biomaterials Surface Science*, (ed. M. Morra), John Wiley & Sons, Ltd, Chichester.
268 Israelachvili, J.N. and Pashley, R.M. (1983) *Nature*, **306**, 249.
269 Marcelja, S. and Radic, N. (1976) *Chem. Phys. Lett.*, **42**, 129.
270 Marcelja, S., Israelachvili, J.N., and Wennerström, H. (1997) *Nature*, **385**, 689.
271 Lipowski, R. and Grotehans, S. (1994) *Biophys. Chem.*, **49**, 27.
272 Perera, L., Essmann, U., and Berkowitz, M.L. (1996) *Langmuir*, **12**, 2625.
273 Israelachvili, J.N. and Wennerström, H. (1992) *J. Phys. Chem.*, **96**, 520.
274 Cevc, G., Hauser, M., and Kornyshev, A.A. (1995) *Langmuir*, **11**, 3103.
275 Christenson, H.K. and Claesson, P.M. (2001) *Adv. Colloid Interface Sci.*, **91**, 391.
276 Israelachvili, J.N. and Pashley, R. (1982) *Nature*, **300**, 341.
277 Israelachvili, J.N. and Pashley, R. (1984) *J. Colloid Interface Sci.*, **98**, 500.
278 Claesson, P.M., Blom, C.E., Herder, P.C., and Ninham, B.W. (2002) *J. Colloid Interface Sci.*, **96**, 1.
279 Attard, P. (2003) *Adv. Colloid Interface Sci.*, **104**, 75.
280 Strobl, G. (1996) *The Physics of Polymers*, 2nd edn, Springer, Berlin.
281 Klein, J. and Luckham, P.F. (1984) *Macromolecules*, **17**, 1041.
282 Israelachvili, J.N., Tirrel, M., Klein, J., and Almog, Y. (1984) *Macromolecules*, **17**, 204.
283 Marra, J. and Christenson, H.K. (1989) *J. Phys. Chem.*, **93**, 7180.
284 Horn, R.G., Hirz, S.J., Hadziioannou, G., and Frank, C.W. (1989) *J. Chem. Phys.*, **90**, 6767.
285 O'Shea, S.J., Welland, M.E., and Rayment, T. (1993)

Langmuir, **9**, 1826.
286 Lea, A.S., Andrade, J.D., and Hlady, V. (1994) *Colloids Surf. A*, **93**, 349.
287 Chatellier, X., Senden, T.J., Joanny, J.F., and di Meglio, J.M. (1998) *Europhys. Lett.*, **41**, 303.
288 Bergeron, V. and Claesson, P.M. (2002) *Adv. Colloid Interface Sci.*, **96**, 1.
289 Currie, E.P.K., Norde, W., and Cohen Stuart, M.A. (2003) *Adv. Colloid Interface Sci.*, **100-102**, 205.
290 Alexander, S. (1977) *J. Phys.* (Paris), **38**, 983.
291 Dolan, A.K. and Edwards, S.F. (1974) *Proc. R. Soc. A*, **337**, 509.
292 de Gennes, P.G. (1987) *Adv. Colloid Interface Sci.*, **27**, 189.
293 Milner, S.T., Witten, T.A., and Cates, M.E. (1988) *Europhys. Lett.*, **5**, 413.
294 Milner, S.T., Witten, T.A., Cates, M.E. (1988) *Macromolecules*, **21**, 2610.
295 Butt, H.-J., Kappl, M., Müller, H., Raiteri, R., Meyer, W., and Rühe, J. (1999) *Langmuir*, **15**, 2559.
296 Dickinson, E. and Eriksson, L. (1991) *Adv. Colloid Interface Sci.*, **34**, 1.
297 Asakura, S. and Oosawa, F. (1954) *J. Chem. Phys.*, **22**, 1255.
298 Rudhardt, D., Bechinger, C., and Leiderer, P. (1998) *Phys. Rev. Lett.*, **81**, 1330.
299 Traube, J. (1925) *Gummi Ztg.*, **39**, 1647.
300 Cowell, C., Li-In-On, R., and Vincent, B. (1978) *J. Chem. Soc. Faraday Trans. I*, **74**, 337.
301 Fleer, G.J., Cohen Stuart, M.A., Scheutjens, J.M.H.M., Cosgrove, T., and Vincent, B. (1993) *Polymers at Interfaces*, Chapman & Hall, London.
302 Feigin, R.I. and Napper, D.H. (1980) *J. Colloid Interface Sci.*, **75**, 525.
303 Mao, Y., Cates, M.E., and Lekkerkerker, H.N.W. (1995) *Physica A*, **222**, 10.
304 Lekkerkerker, H.N.W. and Tuinier, R. (2011) *Colloids and the Depletion Interaciton*, Springer, Berlin.
305 Tuinier, R., Rieger, J., and de Kruif, C.G. (2003) *Adv. Colloid Interface Sci.* **103**, 1.
306 Hertz, H. (1882) *J. Reine Angew. Math.*, **92**, 156.
307 Johnson, K.L., Kendall, K., and Roberts, A.D. (1971) *Proc. R. Soc. A*, **324**, 301.
308 Derjaguin, B.V., Muller, V.M., and Toporov, Y.P. (1975) *J. Colloid Interface Sci.*, **53**, 314.
309 Muller, V.M., Yushchenko, V.S., and Derjaguin, B.V. (1983) *J. Colloid Interface Sci.*, **92**, 92.
310 Maugis, D. (1992) *J. Colloid Interface Sci.*, **150**, 243.
311 Pashley, M.D., Pethica, J.B., and Tabor, D. (1984) *Wear*, **100**, 7.
312 Tomas, J. (2003) Detection, adhesion and removal,

    in *Particles on Surfaces*, Chapt. 8, (ed. K.L. Mittal), VSP, Utrecht, p. 183.
313 Krupp, H. (1967) *Adv*. Colloid Interface Sci., **1**, 111.
314 Larsen, R.I. (1958) *Am*. Ind. Hyg. Assoc. J., **19**, 256.
315 Zimon, A.D. (1963) *Kolloidn. Zh.*, **25**, 317.
316 Böhme, G., Kling, W., Krupp, H., Lange, H., and Sandstede, G. (1964) *Z*. Angew. Phys., **16**, 486.
317 Podczeck, F. and Newton, J.M. (1995) *J*. Pharm. Sci., **84**, 1067.
318 Kappl, M. and Butt, H.-J. (2002) *Part*. Part. Syst. Charact., **19**, 129.
319 Israelachvili, J. N., Perez, E., and Tandor, R. K. (1980) *J*. Colloid Interface Sci., **78**, 260.
320 Horn, R.G., Israelachvili, J.N., and Pribac, F. (1987) *J*. Colloid Interface Sci., **115**, 480.
321 Heim, L.O., Blum, J., Preuss, M., and Butt, H.-J. (1999) *Phys*. Rev. Lett., **83**, 3328.
322 Reiter, G. (1992) *Phys*. Rev. Lett., **68**, 75.
323 Seemann, R., Herminghaus, S., and Jacobs, K. (2001) *Phys*. Rev. Lett., **86**, 5534.
324 Neumann, A. W. and Spelt, J. K. (1996) *Applied Surface Thermodynamics*, Surfactant Science Series 63, Marcel Dekker, New York.
325 de Gennes, P.G., Brochard-Wyart, F., and Quéré, D. (2004) *Capillarity and Wetting Phenomena*, Springer,New York.
326 Young, T. (1805) *R*. Philos. Trans. Soc., **95**, 65.
327 Dann, J.R. (1970) *J*. Colloid Interface Sci., **32**, 302.
328 Johnson, R.E. (1959) *J*. Phys. Chem., **63**, 1655.
329 McNutt, J.E. and Andes, G.M. (1959) *J*. Chem. Phys., **30**, 1300.
330 Collins, R. E. and Cooke, C. E. (1959) *Trans*. Faraday Soc., **55**, 1602.
331 Everett, D.H. (1980) *Pure Appl*. Chem., **52**, 1279.
332 Johnson, A.E. (2002) *Colloids Surf*. A, **202**, 33.
333 Pericet-Camara, R., Auernhammer, G.K., Koynov, K., Lorenzoni, S., Raiteri, R., and Bonaccurso, E. (2009) *Soft Matter*, **5**, 3611.
334 Méndez-Vilas, A., Jódar-Reyes, B., and Gonzáles-Martin, M.L. (2009) *Small*, **5**, 1366
335 Scheludko, A., Toshev, B.V., and Bojadjiev, D.T. (1976) *J*. Chem. Soc. Faraday Trans. I, **72**, 2815.
336 Pethica, B.A. (1977) *J*. Colloid Interface Sci., **62**, 567.
337 Pompe, T. and Herminghaus, S. (2000) *Phys*. Rev. Lett., **85**, 1930.
338 Drelich, J. (1996) *Colloids Surf*. A, **116**, 43.
339 Babak, V.G. (1999) *Colloids Surf*. A, **156**, 423.
340 Law, B.M. (2001) *Prog*. Surf. Sci., **66**, 159.
341 Shanahan, M.E.R. (2002) *Langmuir*, **18**, 7763.
342 Butt, H.-J., Golovko, D. M., and Bonaccurso, E. (2007) *J*. Phys. Chem. B, **111**, 5277.
343 Chibowksi, E. and Perea-Carpio, R. (2002) *Adv*. Colloid Interface Sci., **98**, 245.
344 Brochard-Wyart, F., de Meglio, J.M., Quéré, D., and de Gennes, P.G. (1991) *Langmuir*, **7**, 335.
345 Yeh, E. K., Newman, J., and Radke, C. J. (1999) *Colloids Surf*. A, **156**, 525.
346 Good, R.J. and Girifalco, L.A. (1960) *J*. Phys. Chem., **64**, 561.
347 Fowkes, F.M. (1964) *Ind*. Eng. Chem., **56**, 40.
348 Owens, D. K. and Wendt, R. D. (1969) *J*. Appl. Polym. Sci., **13**, 1741.
349 Berg, J. C. (ed.) (1993) in *Wettability*, Marcel Dekker, New York, p. 76.
350 Clint, J.H. (2001) *Curr*. Opin. Colloid Interface Sci., **6**, 28.
351 Neumann, F. (1894) *Vorlesungen über die Theorie der Capillarität*, Teubner, Leipzig.
352 Richards, T.W. and Coombs, L.B. (1915) *J*. Am. Chem. Soc., **37**, 1656.
353 Rayleigh, L. (1916) *Proc*. R. Soc. A, **92**, 184.
354 Sugden, S. (1921) *J*. Chem. Soc., **119**, 1483.
355 Zimmermann, U., Schneider, H., Wegner, L. H., Wagner, H. J., Szimtenings, M., Haase, A., and Bentrup, F.W. (2002) *Physiol*. Plant., **114**, 327.
356 Washburn, E.W. (1921) *Phys*. Rev., **17**, 273.
357 Binks, B. P. and Horozov, T. S. (eds) (2006) *Colloidal Particles at Liquid Interfaces*, Cambridge University Press, Cambridge.
358 Bresme, F. and Oettel,M. (2007) *J*. Phys.: Condens. Matter, **19**, 413101.
359 Cassie, A. B. D. and Baxter, S. (1944) *Trans*. Faraday Soc., **40**, 546.
360 Dimitrov, A.S., Kralchevsky, P.A., Nikolov, A.D., Noshi, H., andMatsumoto, M. (1991) *J*. Colloid Interface Sci., **145**, 279.
361 Bartell, F.E. and Osterhof, H.J. (1927) *Z*. Phys. Chem., **130**, 715.
362 Bruil, H.G. and van Aartsen, J. (1974) *J*. Colloid Polym. Sci., **252**, 32.
363 Lucas, R. (1918) *Kolloid-Z*., **23**, 15.
364 Levine, S., Lowndes, J.,Watson, E.J., and Neale, G. (1980) *J*. Colloid Interface Sci., **73**, 136.
365 Grundke, K. and Augsburg, A. (2000) *J*. Adhes. Sci. Technol., **14**, 765.
366 van Brackel, J. (1975) *Powder Technol*., **11**, 205.
367 Martic, G., Gertner, F., Seveno, D., Coulon, D., De Coninck, J., and Blake, T.D. (2002) *Langmuir*, **18**, 7971.
368 Ecke, S., Preuss, M., and Butt, H.-J. (1999) *J*. Adhes. Sci. Technol., **13**, 1181.
369 Shuttleworth,R. and Bailey, G.L.J. (1948) *Discuss*. Faraday Soc., **3**, 16.

370 Bartell, F.E. and Shepard, J.W. (1953) *J. Phys. Chem.*, **57**, 211.
371 Eick, J.D., Good, R.J., and Neumann, A.W. (1975) *J. Colloid Interface Sci.*, **53**, 235.
372 Huh, C. and Mason, S.G. (1977) *J. Colloid Interface Sci.*, **60**, 11.
373 Dettre, R.H. and Johnson, R.E. (1965) *J. Phys. Chem.*, **69**, 1507.
374 Schwartz, L.W. and Garoff, S. (1985) *Langmuir*, **1**, 219.
375 Drelich, J., Miller, J.D., Kumar, A., and Whitesides, G.M. (1994) *Colloids Surf. A*, **93**, 1.
376 Wiegand, G., Jaworek, T., Wegner, G., and Sackmann, E. (1997) *J. Colloid Interface Sci.*, **196**, 299.
377 Brandon, S. and Marmur, A. (1996) *J. Colloid Interface Sci.*, **183**, 351.
378 Swain, P.S. and Lipowsky, R. (1998) *Langmuir*, **14**, 6772.
379 Neumann, A.W. and Good, R.J. (1972) *J. Colloid Interface Sci.*, **38**, 341.
380 Joanny, J.F. and de Gennes, P.G. (1984) *J. Chem. Phys.*, **81**, 552.
381 Yang, X.W. (1995) *Appl. Phys. Lett.*, **67**, 2249.
382 Extrand, C.W. (1998) *J. Colloid Interface Sci.*, **207**, 11.
383 Shanahan, M.E.R. and Carré, A. (1995) *Langmuir*, **11**, 1396.
384 Kern, R. and Müller, P. (1992) *Surf. Sci.*, **264**, 467.
385 Extrand, C.W. and Kumagai, Y. (1996) *J. Colloid Interface Sci.*, **184**, 191.
386 Carré, A., Gastel, J.C., and Shanahan, M.E.R. (1996) *Nature*, **379**, 432.
387 Quéré, D. (2008) *Annu. Rev. Mater. Res.*, **38**, 71.
388 Smith, T. and Lindberg, G. (1978) *J. Colloid Interface Sci.*, **66**, 363.
389 Mettu, S. and Chaudhury, M.K. (2010) *Langmuir*, **26**, 8131.
390 Ruiz-Cabello, F.J.M., Rodriguez-Valverde, M.A., and Cabrerizo-Vilchez, M.A. (2011) *Langmuir*, **27**, 8748.
391 Wenzel, R.N. (1936) *Ind. Eng. Chem.*, **28**, 988.
392 Cassie, A.B.D. (1948) *Discuss. Faraday Soc.*, **3**, 11.
393 Bico, J., Marzolin, C., and Quéré, D. (1999) *Europhys. Lett.*, **47**, 220.
394 Dorrer, C. and Rühe, J. (2007) *Langmuir*, **23**, 3820.
395 Pease, D.C. (1945) *J. Phys. Chem.*, **49**, 107.
396 Gao, L. and McCarthy, T.J. (2007) *Langmuir*, **23**, 3762.
397 Cassie, A.B.D. and Baxter, S. (1945) *Nature*, **155**, 21.
398 Barthlott, W. and Neinhuis, C. (1997) *Planta*, **202**, 1.
399 Onda, T., Shibuichi, S., Satoh, N., and Tsujii, K. (1996) *Langmuir*, **12**, 2125.
400 Chen, W., Fadeev, A.Y., Hsieh, M.C., Öner, D., Youngblood, J., andMcCarthy, T.J. (1999) *Langmuir*, **15**, 3395.
401 Gu, Z.Z., Uetsuka, H., Takahashi, K., Nakajima, R., Onishi, H., Fujushima, A., and Sato, O. (2003) *Angew. Chem. Int. Ed.*, **42**, 894.
402 Acatay, K., Simsek, E., Ow-Yang, C., and Menceloglu, Y.Z. (2004) *Angew. Chem. Int. Ed.*, **43**, 5210.
403 Deng, X., Mammen, L., Zhao, Y., Lellig, P., Müllen, K., Li, C., Butt, H.-J., and Vollmer, D. (2011) *Adv. Mater.*, **23**, 2962.
404 Shibuichi, S., Yamamoto, T., Onda, T., and Tsujii, K. (1998) *J. Colloid Interface Sci.*, **208**, 287.
405 Chen, W., Fadeev, A.Y., Hsieh, M.C., Öner, D., Youngblood, J., andMcCarthy, T.J. (1999) *Langmuir*, **15**, 3395.
406 Steele, A., Bayer, I., and Loth, E. (2009) *Nano Lett.*, **9**, 501.
407 Tuteja, A., Choi, W., Ma, M.L., Mabry, J.M., Mazzella, S.A., Rutledge, G.C., McKinley, G.H., and Cohen, R.E. (2007) *Science*, **318**, 1618.
408 Starov, V.M., Velarde, M.G., and Radke, C.J. (2007) *Wetting and Spreading Dynamics*, CRC Press, London.
409 Ralston, J., Popescu, M., Sedev, R. (2008) *Annu. Rev. Mater. Res.*, **38**, 23.
410 Bonn, D., Eggers, J., Indekeu, J., Meunier, J., and Rolley, E. (2009) *Rev. Modern Phys.*, **81**, 739.
411 Lelah, M.D. and Marmur, A. (1981) *J. Colloid Interface Sci.*, **82**, 518.
412 Joanny, J.F. (1987) *Physicochem. Hydrodyn.*, **9**, 183.
413 Soboleva, O.A., Raud, E.A., and Summ, B.D. (1991) *Kolloidn. Zh.*, **53**, 1106.
414 Biance, A.L., Clanet, C., and Quéré, D. (2004) *Phys. Rev. E*, **69**, 016301.
415 Voinov, O.V. (1976) *Fluid Dynam.*, **11**, 714.
416 Tanner, L.H. (1979) *J. Phys. D*, **12**, 1473.
417 Cazabat, A.M. and Cohen, M.Stuart, A. (1986) *J. Phys. Chem.*, **90**, 5845.
418 Léger, L., Erman, M., Guinet, A.M.-Picard, Ausserré, D., and Strazielle, C. (1988) *Phys. Rev. Lett.*, **60**, 2390.
419 Radigan,W., Ghiradella, H.,Frisch, H.L., Schonhorn, H., and Kwei, T.K. (1974) *J. Colloid Interface Sci.*, **49**, 241.
420 Churaev, N.V. (1988) *Rev. Phys. Appl.*, **23**, 975.
421 Hardy, W.B. (1919) *Philos. Mag.*, **38**, 49.

422 de Gennes, P.G. and Cazabat, A.M. (1990) *R. C. Acad. Sci.*, **310**, 1601.
423 De, J. Coninck, Hoorelbeke, S., Valignat, M.P., and Cazabat, A.M. (1993) *Phys. Rev. E*, **48**, 4549.
424 Bonaccurso, E. *et al.* (2002) *Langmuir*, **18**, 8056.
425 Steinhart, M., Wendorff, J. H., Greiner, A., Wehrspohn, R.B., Nielsch, K., Schilling, J., Choi, J., and Gösele, U. (2002) *Science*, **296**, 1997.
426 Ananthapadmanabhan, K.P., Goddard, E.D., and Chandar, P. (1990) *Colloids Surf.*, **44**, 281.
427 Venzmer, J. (2011) *Curr. Opinion Colloid Interface Sci.*, **16**, 335.
428 Hoffman, R.L. (1975) *J. Colloid Interface Sci.*, **50**, 228.
429 Friz, G. (1965) *Z. Angew. Phys.*, **19**, 374.
430 Huh, C. and Scriven, L. E. (1971) *J. Colloid Interface Sci.*, **35**, 85.
431 Cox, R.G. (1986) *J. Fluid Mech.*, **168**, 169.
432 Blake, T. D. and Shikhmurzaev, Y. D. (2002) *J. Colloid Interface Sci.*, **253**, 196.
433 Deryagin, B.V. and Levi, S.M. (1964) *Film Coating Theory*, Focal Press, London.
434 Wilkinson, W.L. (1975) *Chem. Eng. Sci.*, **30**, 1227.
435 Burley, R. (1992) *JOCCA*, **75**, 192.
436 Blake, T.D., Dobson, R.A., and Ruschak, K.J. (2004) *J. Colloid Interface Sci.*, **279**, 198.
437 Blake, T.D. (2006) *J. Colloid Interface Sci.*, **299**, 1.
438 Blake, T.D. and De Coninck, J. (2002) *Adv. Colloid Interface Sci.*, **96**, 21.
439 Shikhmurzaev, Y. D. (1997) *J. Fluid Mech.*, **334**, 211.
440 Samsonov, V.M. (2011) *Curr. Opin. Colloid Interface Sci.*, **16**, 303.
441 Wayner, P.C. (1993) *Langmuir*, **9**, 294.
442 Shanahan, M.E.R. (2001) *Langmuir*, **17**, 3997.
443 Kistler, S. F. and Schweizer, P. M. (eds) (1997) *Liquid Film Coating*, Chapman & Hall, London.
444 Oron, A., Davis, S.H., and Bankoff, S.G. (1997) *Rev. Mod. Phys.*, **69**, 931.
445 Lawrence, C.J. (1988) *Phys. Fluids*, **31**, 2786.
446 Bornside, D.E., Macosko, C.W., and Scriven, L.E. (1989) *J. Appl. Phys.*, **66**, 5185.
447 Müller-Buschbaum, P. (2003) *J. Phys.: Condens. Matter*, **15**, R1549.
448 Fuerstenau, M.C., Miller, J.D., and Kuhn, M.C. (1985) *Chemistry of Flotation*, Society of Mining Engineers, New York.
449 Hauthal, H.G. and Wagner, G. (2004) *Household Cleaning*, Care, and Maintenance Products, Verlag für Chemische Industrie, Augsburg.
450 Smulders, E. (2002) *Laundry Detergents*, Wiley-VCH Verlag GmbH, Weinheim.
451 Stone, H.A., Stroock, A.D., and Ajdari, A. (2004) *Annu. Rev. Fluid Mech.*, **36**, 381.
452 Tabeling, P. (2005) *Introduction to Microfluidics*, Oxford University Press.
453 Hardt, S. and Schönfeld, F. (eds) (2007) *Microfluidic Technologies for Miniaturized Analysis Systems*, Springer, New York.
454 Wollmann, M. (1996) Dissertation, University of Siegen.
455 Berge, B. (1993) *C. R. Acad. Sci. Paris*, **317**, 157.
456 Mugele, F., Duits, M., and van den Ende, D. (2010) *Adv. Colloid Interface Sci.*, **161**, 115.
457 Peykov, V., Quinn, A., and Ralston, J. (2000) *Colloid Polym. Sci.*, **278**, 789.
458 Berry, S., Kedzierski, J., and Abedian, B. (2006) *J. Colloid Interface Sci.*, **303**, 517.
459 Prins, M.W.J., Welters, W.J.J., and Weekamp, J.W. (2001) *Science*, **291**, 277.
460 Vonnegut, B. (1942) *Rev. Sci. Instrum.*, **13**, 6.
461 Demond, A.H. and Lindner, A.S. (1993) *Environ. Sci. Technol.*, **27**, 2318.
462 Freitas, A.A., Quina, F.H., and Carroll, F.A. (1997) *J. Phys. Chem. B*, **3**, 7488.
463 Henzler, M. and Göpel, W. (1994) *Oberflächenphysik des Festkörpers*, Teubner Studienbücher, Stuttgart.
464 Christmann, K. (1991) *Surface Physical Chemistry*, VCH Verlag, Weinheim.
465 Lüth, H. (2001) *Solid Surfaces*, Interfaces and Thin Films, 4th edn, Springer, Berlin.
466 Harris, N. (2001) *Modern Vacuum Practice*, 2nd edn, BOC Edwards, West Sussex.
467 Redhead, P.A. (1999) *Vacuum*, **53**, 137.
468 Takayanagi, K., Tanishiro, Y., Takahashi, M., and Takahashi, S. (1985) *J. Vac. Sci. Technol. A*, **3**, 1502.
469 Robinson, A.L. (1986) *Science*, **232**, 451.
470 Lüthi, R., Meyer, E., Bammerlin, M., Baratoff, A., Howald, L., Gerber, C., and Güntherodt, H. -J. (1997) *Surf. Rev. Lett.*, **4**, 1025
471 Ehsasi, M. and Christmann, K. (1988) *Surf. Sci.*, **194**, 172.
472 Camillone III, N., Chidsey, C. E. D., Liu, G., and Scoles, G. (1993) *J. Chem. Phys.*, **98**, 4234.
473 Morrison, J. and Lander, J.J. (1966) *Surf. Sci.*, **5**, 163.
474 Behm, R.J., Christmann, K., Ertl,G., and Van Hove, A.M. (1980) *J. Chem. Phys.*, **73**, 2984.
475 Soriaga, M.P. (1992) *Prog. Surf. Sci.*, **39**, 325.
476 Behrisch, R. and Wittmaack, K. (eds) (1981) *Sputtering by Particle Bombardment*, Vol. I, Springer, Berlin.

477 Behrisch, R. and Wittmaack, K. (eds) (1983) *Sputtering by Particle Bombardment*, Vol. II, Springer, Berlin.
478 Behrisch, R. and Wittmaack, K. (eds) (1991) *Sputtering by Particle Bombardment*, Vol. III, Springer, Berlin.
479 Behrisch, R., and Eckstein, W. (eds) (2007) *Sputtering by Particle Bombardment*, Topics in Applied Physics, Vol. 110, Springer, Berlin.
480 Schütze, A., Jeong, J.Y., Babayan, S.E., Park, J., Selwyn, G.S., and Hicks, R.F. (1998) *IEEE Trans. Plasma Sci.*, **26**, 1685.
481 Yudin, M. and Hughes, B.D. (1994) *Phys. Rev. B*, **49**, 5638.
482 Shuttleworth, R. (1950) *Proc. Phys. Soc. (Lond.)* A, **63** 444.
483 Bottomley, D.J., Makkonen, L., and Kolari, K. (2009) *Surf. Sci.*, **603**, 97.
484 Makkonen, L. (2012) *Scr. Mater.*, **66**, 627.
485 Wulff, G. (1901) *Z. Krist.*, **34**, 449.
486 Tasker, P.W. (1979) *Philos. Mag. A*, **39**, 119.
487 Butt, H.-J. and Raiteri, R. (1999) in *Surface Characterization Methods*, (eds A.J. Milling and A.T. Hubbard), Marcel Dekker, New York, p. 1.
488 Stranski, I. (1928) *Z. Phys. Chem.*, **136**, 259.
489 Gruber, E.E. and Mullins, W.W., *J. Phys. Chem. Solids*, **1967 28**, 875.
490 Nozières, P. (1992) in *Solids Far from Equilibrium*, (ed. C. Godrèche), Cambridge University Press, Cambridge.
491 Burton, W.K., Cabrera, N. and Frank, F.C. (1951) *R. Philos. Trans. Soc. Ser. A*, **243**, 299.
492 Villain, J., Grempel, D.R., and Lapujoulade, J. (1985) *J. Phys. F*, **15**, 809.
493 Hoogeman, M.S., Schlößer, D.C., Sanders, J.B., Kuipers, L., and Frenken, J.W.M. (1996) *Phys. Rev. B*, **53**, R13299.
494 Jeong, H. and Williams, E.D. (1999) *Surf. Sci. Rep.*, **34**, 171.
495 Naumovets, A.G. and Vedula, Y.S. (1985) *Surf. Sci. Rep.*, **4**, 365
496 Ertl, G. (2009) *Reactions at Solid Surfaces*, John Wiley & Sons, Inc., Hoboken.
497 Ala-Nissila, T. and Ying, S.C. (1992) *Prog. Surf. Sci.*, **39**, 227.
498 Fick, A. (1855) *Ann. Phys. (Leipzig)*, **170**, 59.
499 Glasstone, S., Laidler, K.J., and Eyring, H. (1941) *The Theory of Rate Processes*, McGraw-Hill, New York.
500 Zhdanov, V.P. (1991) *Surf. Sci. Rep.*, **12**, 183.
501 Barth, J.V. (2000) *Surf. Sci. Rep.*, **40**, 75.
502 Dürr, H., Wendelken, J.F., and Zuo, J.K. (1995) *Surf. Sci.*, **328**, L527.
503 Knorr, N., Brune, H., Epple, M., Hirstein, A., Schneider, M.A., and Kern, K. (2002) *Phys. Rev. B*, **65**, 115420.
504 DiFoggio, R. and Gomer, R. (1990) *Phys. Rev. B*, **53**, 971.
505 Lauhon, L.J. and Ho, W. (2000) *Phys. Rev. Lett.*, **85**, 4566.
506 Bassett, D.W. and Webber, P.R. (1978) *Surf. Sci.*, **70**, 520.
507 Wrigley, J.D. and Ehrlich, G. (1980) *Phys. Rev. Lett.*, **44**, 661.
508 Kellog, G.L. (1995) *Appl. Surf. Sci.*, **87/88**, 353.
509 Antczak, G. and Ehrlich, G. (2007) *Surf. Sci. Rep.*, **62**, 39.
510 Hamburger, L. (1918) *Kolloid Z.*, **23**, 177.
511 Antczak, G. and Ehrlich, G. (2005) *Surf. Sci.*, **589**, 52.
512 Müller, E.W. (1951) *Z. Phys.*, **131**, 136.
513 Ehrlich, G. (1994) *Surf. Sci.*, **299/300**, 628.
514 Müller, E.W., Panitz, J.A., and McLane, S.B. (1968) *Rev. Sci. Instrum.*, **39**, 83.
515 Miller, M.K., Cerezo, A., Hetherington, M.G., and Smith, G.D.W. (1996) *Atom Probe Field Ion Microscopy*, Clarendon Press, Oxford.
516 Zambelli, T., Trost, J., Wintterlin, J., and Ertl, G. (1996) *Phys. Rev. Lett.*, **76**, 795.
517 Gomer, R. (1990) *Rep. Prog. Phys.*, **53**, 917.
518 Viswanathan, R., Burgess Jr., D.R., Stair, P.C., and Weitz, E. (1982) *J. Vac. Sci. Technol.*, **20**, 605.
519 Medveď, I. and Černý, R. (2011) *Microporous Mesoporous Mater.*, **142**, 405.
520 Read, W.T. (1953) *Dislocations in Crystals*, McGraw-Hill, New York.
521 Read, W.T. and Shockley, W. (1950) *Phys. Rev.*, **78**, 275.
522 Brandon, D.G., Ralph, B., Ranganathan, S., and Wald, M.S. (1964) *Acta Metall.*, **12**, 813.
523 Randle, V. (1996) *The Role of the Coincidence Site Lattice in Grain Boundary Engineering*, Institute of Materials, London.
524 Bollmann, W. (1970) *Crystal Defects and Crystalline Interfaces*, Springer, Berlin.
525 Howe, J.M. (1997) *Interfaces in Materials*, John Wiley & Sons, Inc., New York.
526 Hirth, J.P. and Lothe, J. (1992) *Theory of Dislocations*, 2nd edn, Krieger, Malabar.
527 Brune, D., Hellborg, R., Whitlow, H.J., and Hunderi, O. (1997) *Surface Characterization*, Wiley-VCH Verlag GmbH, Weinheim.
528 Yates, J.T. (1997) *Experimental Innovations in Surface Science*, AIP Press, New York.

529 Amelinckx, S., van Dyck, D., van Landuyt, J., and van Tendeloo, G. (eds) (1997) *Electron Microscopy: Principles and Fundamentals*, Wiley-VCH Verlag GmbH, Weinheim.
530 Danilatos, G. D. and Robinson, V. N. E. (1979) *Scanning*, **2**, 72.
531 Binnig, G., Rohrer, H., Gerber, C., and Weibel, E. (1982) *Phys. Rev. Lett.*, *49*, 57.
532 Eaton, P. and West, P. (2010) *Atomic Force Microscopy*, Oxford University Press, New York.
533 Tersoff, J. and Hamann, D.R. (1985) *Phys. Rev. B*, *31*, 805.
534 Broeckmann, P., Wilms, M., and Wandelt, K. (1999) *Surf. Rev. Lett*, **6**, 907.
535 Magonov, S. N., Elings, V., and Whangbo, M. H. (1997) *Surf. Sci. Lett.* 375, L385.
536 Garcia, R. and Perez, R. (2002) *Surf. Sci. Rep.*, **47**, 197.
537 T. Albrecht, R., Grütter, P., Horne, D., and Rugar, D. (1991) *J. Appl. Phys.*, **69**, 668.
538 Giessibl, F.J. (2003) *Rev. Mod. Phys.*, **75**, 949.
539 Sugimoto, Y., Pou, P., Abe, M., Jelinek, P., Pérez, R., Morita, S., Custance, Ó. (2007) *Nature*, **406**, 64.
540 Custance, Ó., Pérez, R., and Morita, S. (2009) *Nat. Nanotechnol.*, **4**, 803.
541 Gan, Y. (2009) *Surf. Sci. Rep.*, **64**, 99.
542 Bonnell, D. (ed.) (2001) *Scanning Probe Microscopy and Spectroscopy*, 2nd edn, JohnWiley & Sons, Inc., New York.
543 Meyer, E., Hug, H. J., and Bennewitz, R. (2003) *Scanning Probe Microscopy*, Springer, Berlin.
544 Griffiths, P.R. and de Haseth, J.A. (2007) *Fourier Transform Infrared Spectrometry*, JohnWiley & Sons, Inc., Hoboken.
545 Chabal, Y.J. (1988) *Surf. Sci. Rep.*, **8**, 211.
546 Axelrod, D. (1981) *J. Cell Biol.*, **89**, 141.
547 Greenler, R.G. (1966) *J. Chem. Phys.*, **44**, 310.
548 Golden, W.G., Dunn, D.S., and Overend, J. (1981) *J. Catal.*, **71**, 395.
549 Mitchell, M.B. (1993) in *Advances in Chemistry 236*, Structure-Property Relations in Polymers, American Chemical Society 351–375.
550 Meunier, F.C. (2010) *Catal. Today*, **155**, 164.
551 Willey, R.R. (1976) *Appl. Spectrosc.*, **30**, 593.
552 Fuller, M.P. and Griffiths, P.R. (1978) *Anal. Chem.*, **50**, 1906.
553 Kubelka, P. (1948) *J. Opt. Soc. Am.*, **38**, 448.
554 Sirita, J., Phanichphant, S., and Meunier, F. C. (2007) *Anal. Chem.*, **79**, 3912.
555 Bloembergen, N. and Pershan, P.S. (1962) *Phys. Rev.*, **128**, 606.
556 Zhu, X.D., Suhr, H., and Shen, Y.R. (1987) *Phys. Rev. B*, **35**, 3047.
557 Hunt, J. H., Guyot-Sionnest, P., and Shen, Y. R. (1987) *Chem. Phys. Lett*, **133**, 189.
558 Harris, A. L., Chidsey, C. E. D., Levinos, N. J., Loiacono, D.N. (1987) *Chem. Phys. Lett.*, **141**, 350.
559 Shen, Y.R. (1989) *Nature*, **337**, 519.
560 Chen, Z., Shen, Y.R., and Somorjai, G.A. (2002) *Annu. Rev. Phys. Chem.*, **53**, 437.
561 Lambert, A.G., Davies, P.B., and Neivandt, D.J. (2005) *Appl. Spectrosc. Rev.*, **40**, 103.
562 Zhuang, X., Miranda, P.B., Kim, D., Shen, Y.R. (1999) *Phys. Rev. B*, **59** 12632.
563 Sovago, M., Vartiainen, E., and Bonn, M. (2009) *J. Phys. Chem. C*, **113**, 6100.
564 Arnolds, H. and Bonn, M. (2010) *Surf. Sci. Rep.*, **65**, 45.
565 Chen, Z. (2010) *Prog. Polym. Sci.*, **35**, 1376.
566 Rupprechter, G. (2007) *MRS Bull.*, **32**, 1031.
567 Bonn, M. and Campen, R.K. (2009) *Surf. Sci.*, **603**, 1945.
568 Geiger, F.M. (2009) *Annu. Rev. Phys. Chem.*, **60**, 61.
569 Deleu, M., Paquot, M., Jacques, P., Thonart, P., Andriaensen, Y., and Dufrene, Y. F. (1999) *Biophys. J.*, **77**, 2304.
570 Ibach, H. and Mills, D.L. (1982) *Electron Energy Loss Spectroscopy and Surface Vibrations*, Academic Press, New York.
571 Benninghoven, A., Rudenauer, F.G., and Werner, H. W. (1987) *Secondary Ion Mass Spectrometry: Basic Concepts*, Instrumental Aspects, Applications and Trends, John Wiley & Sons, Inc., New York.
572 Dabrowski, A. (2001) *Adv. Colloid Interface Sci.*, **93**, 135.
573 Rouquerol, F., Rouquerol, J., and Sing, K. (1999) *Adsorption by Powders and Porous Solids*, Academic Press, San Diego.
574 Henderson, M.A. (2002) *Surf. Sci. Rep.*, **46**, 1.
575 Sing, K.S.W., Everett, D.H., Haul, R.A.W., Moscou, L., Pierotti, R.A., Rouquerol, J., and Siemieniewska, T. (1985) *Pure Appl. Chem.*, **57**, 603.
576 Bruch, L.W., Diehl, R.D., and Venables, J.A. (2007) *Rev. Mod. Phys.*, **79**, 1381.
577 Grimley, T.B. (1990) in *Interaction of Atoms and Molecules with Solid Surfaces*, (eds V. Bortolani, N. H. March, and M. P. Tosi), Plenum Press, New York, p. 25.
578 Devienne, F.M. (1967) in *The Solid-Gas Interface*, Vol. 2, (ed. E.A. Flood),Marcel Dekker, New York, p. 815.
579 Brunauer, S., Deming, L.S., Deming, W.E., and Teller, E. (1940) *J. Am. Chem. Soc.*, **62**, 1723.

580 Brunauer, S. (1945) *The Adsorption of Gases and Vapors*, Vol. 1, PrincetonUniversity Press, Prince ton.
581 van Bemmelen, J.M. (1897) *Z. Anorg. Chem.*, **13**, 239.
582 Zsigmondy, R., Bachmann, W., and Stevenson, E.F. (1912) *Z. Anorg. Chem.*, **75**, 189.
583 Rouquerol, F., Rouquerol, J., Gatta, G. D., and Letoquart, C. (1980) *Thermochim. Acta*, **39**, 151.
584 Pierotti, R.A. and Thomas, H.E. (1971) in *Surface and Colloid Science*, Vol. 4, (ed. E. Matijevic), Wiley-Interscience, New York, p. 93.
585 Isirikyan, A.A. and Kiselev, A.V. (1961) *J. Phys. Chem.*, **65**, 601.
586 Langmuir, I. (1918) *J. Am. Chem. Soc.*, **40**, 1361.
587 King, D.A. and Wells, M.G. (1972) *Surf. Sci.*, **29**, 454.
588 Brown, D.E. *et al.* (1996) *J. Phys. Chem.*, **100**, 4988.
589 Fowler, R.H. (1935) *Proc. Camb. Philos. Soc.*, *31*, 260.
590 Frumkin, A. (1925) *Z. Phys. Chem.*, **116**, 466.
591 Fowler, R.H. and Guggenheim, E.A. (1965) *Statistical Thermodynamics*, Cambridge University Press, Cambridge, p. 431.
592 Fowler, R.H. (1936) *Proc. Camb. Philos. Soc.*, **32**, 144.
593 Larher, Y. (1974) *J. Chem. Soc.*, Faraday Trans. I, **70**, 320.
594 Brunauer, S., Emmett, P.H., and Teller, E. (1938) *J. Am. Chem. Soc.*, *60*, 309.
595 Naono, H. and Hakuman, M. (1991) *J. Colloid Interface Sci.*, **145**, 405.
596 Jaroniec, M. (1983) *Adv. Colloid Interface Sci.*, **18**, 149.
597 Freundlich, H. (1923) *Kapillarchemie*, Chapt. 3, Akademische Verlagsgesellschaft, Leipzig.
598 Halsey, G. and Taylor, H.S. (1947) *J. Chem. Phys.*, **15**, 624.
599 Rudzinski, W. and Everett, D.H. (1991) *Adsorption of Gases on Heterogeneous Surfaces*, Academic Press, London.
600 Sauerbrey, G. (1959) *Z. Phys.*, **155**, 206.
601 Arnau, A. (ed.) (2004) *Piezoelectric Transducers and Applications*, Springer, Heidelberg.
602 Johannsmann, D. (2008) *Phys. Chem. Chem. Phys.*, **10**, 4516
603 Tompkins, H. G. (1993) *A User's Guide to Ellipsometry*, Academic Press, Boston.
604 Azzam, R.M.A. (ed.) (1991) *Selected Papers on Ellipsometry*, SPIE Optical Engineering Press, Bellingham.
605 Faul, J.W.O., Volkmann, U.G., and Knorr, K. (1990) *Surf. Sci.*, **227**, 390.
606 Young, D.M. and Crowell, A.D. (1962) *Physical Adsorption of Gases*, Butterworths, London.
607 Broekhoff, J.C.P. and de Boer, J.H. (1968) *J. Catalysis*, **10**, 368.
608 Cole, M.W. and Saam, W.F. (1974) *Phys. Rev. Lett.*, **32**, 985.
609 Barrett, E.P., Joyner, L.G., and Halenda, P.P. (1951) *J. Am. Chem. Soc.*, **73**, 373.
610 Dollimore, D. and Heal, G.R. (1964) *J. Appl. Chem.*, **14**, 109.
611 Derjaguin, B.V. (1940) *Acta Physicochim.* URSS, **12**, 181.
612 Tolman, R.C. (1949) *J. Chem. Phys.*, **17**, 333.
613 Liu, H., Zhang, L., and Seaton, N.A. (1993) *J. Colloid Interface Sci.*, **156**, 285.
614 A. de Keizer, Michalski, T., and Findenegg, G.H. (1991) *Pure Appl. Chem.*, **63**, 1495.
615 Cohan, L.H. (1938) *J. Am. Chem. Soc.*, **60**, 433.
616 Zhao, D.Y.,Huo,Q.S., Feng, J.L., Chmelka, B.F., and Stucky, G.D. (1998) *J. Am. Chem. Soc.*, **120**, 6024.
617 Antonietti,M. (2001) *Curr. Opin. Colloid Interface Sci.*, **6**, 244.
618 Davis, M.E. (2002) *Nature*, **417**, 813.
619 Lu, G.Q. and Zhao, X.S. (eds) (2004) *Nanoporous Materials: Science and Engineering*, Imperial College Press, New York.
620 Kresge, C.T., Leonowicz, M.E., Roth, W.J., Vartuli, J.C., and Beck, J.S. (1992) *Nature*, **359**, 710.
621 Chae, H.K., Siberio, D.Y.-Pérez, Kim, J., Go, Y., Eddaoudi, M., Matzger, A.J., O'Keeffe, M., and Yaghi, O.M. (2004) *Nature*, **427**, 523.
622 Kruk, M. and Jaroniec, M. (2000) *Chem. Mater.*, **12**, 222.
623 Ritter, H.L. and Drake, L.C. (1945) *Ind. Eng. Chem. Anal. Ed.*, **17**, 782.
624 Moro, F. and Böhni, H. (2002) *J. Colloid Interface Sci.*, **246**, 135.
625 Kaufmann, J. (2010) *Cement Concr. Compos.*, **32**, 514.
626 Krakowiak, K.J., Lourenco, P.B., and Ulm, F.J. (2011) *J. Am. Ceram. Soc.*, **94**, 3012.
627 Rigby, S.P., Chigada, P.I., Wang, J.W., Wilkinson, S.K., Bateman, H., Al-Duri, B., Wood, J., Bakalis, S., and Miri, T. (2011) *Chem. Eng. Sci.*, **66**, 2328.
628 Diamond, S. (2000) *Cement Concr. Res.*, **30**, 1517.
629 Wardlaw, N.C. and McKellar, M. (1981) *Powder Technol.*, **29**, 127.
630 Mayer, R.P. and Stowe, R.A. (1965) *J. Colloid Sci.*, **20**, 893.
631 Mayer, R.P. and Stowe, R.A. (2006) *J. Colloid Interface Sci.*, **294**, 139.

632 Nuzzo, R.G., Zegarski, B.R., and Dubois, L.H. (1987) *J. Am. Chem. Soc.*, **109**, 733.
633 Parfitt, G.D. and Rochester, C.H. (eds) (1983) *Adsorption from Solution at the Solid/Liquid Interface*, Academic Press, London.
634 Everett, D.H. (1986) *Pure Appl. Chem.*, **58**, 967.
635 Fleer, G.J. and Scheutjens, J.M.H.M. (1993) in *Coagulation and Flocculation*, (ed. B. Dobias), Marcel Dekker, New York, p. 209.
636 Zhang, R. and Somasundaran, P. (2006) *Adv. Colloid Interface Sci.*, **123**, 213.
637 Atkin, R., Craig, V.S.J., Wanless, E.J., and Biggs, S. (2003) *Adv. Colloid Interface Sci.*, **103**, 219.
638 Kern, H.E. and Findenegg, G.H. (1980) *J. Colloid Interface Sci.*, **75**, 346.
639 Rabe, J.P. and Buchholz, S. (1991) *Science*, **253**, 424.
640 Tiberg, F. and Landgren, M. (1993) *Langmuir*, **9**, 927.
641 Dijt, J.C., Cohen Stuart, M.A., and Fleer, G.J. (1994) *Adv. Colloid Interface Sci.*, **50**, 79.
642 Dash, M., Dwari, R.K., Biswal, S.K., Reddy, P.S.R., Chattopadhyay, P., and Mishra, B.K. (2011) *Chem. Eng. J.*, **173**, 318.
643 Glueckauf, E. (1953) *Trans. Faraday Soc.*, **49**, 1066.
644 Decher, G. and Schlenoff, J. (2012) *Multilayer Thin Films: Sequential Assembly of Nanocomposite Materials*, 2nd edn, Wiley-VCH Verlag GmbH, Weinheim.
645 Malhotra, B.D. and Chaubey, A. (2003) *Sens. Actuators B*, **91**, 117.
646 Gerlach, G. and Dötzel, W. (2008) *Introduction to Microsystem Technology – A Guide for Students*, (ed. R. Pethig; D. Müller (transl.)), John Wiley & Sons, Ltd, Chichester.
647 Adler, H.-J.P. and Potje-Kamloth, K. (eds) (2002) in *Macromolecular Symposia* 187, Wiley-VCH Verlag GmbH, Weinheim.
648 Smith, D.L. (1995) *Thin-Film Deposition: Principles and Practice*, McGraw-Hill, New York.
649 Mattox, D.M. (2010) *Handbook of Physical Vapor Deposition (PVD) Processing*, 2nd edn, William Andrew, New York.
650 Manova, D., Gerlach, J.W., and Mändl, S. (2010) *Materials*, **3**, 4109.
651 Thornton, J.A. (1977) *Annu. Rev. Mater. Sci.*, **7**, 239.
652 Thornton, J.A. (1978) *J. Vac. Sci. Technol.*, **15**, 171.
653 Pal Dey, S. and Deevi, S.C. (2003) *Mater. Sci. Eng. A*, **342**, 58.
654 Cho, A.Y. (1971) *J. Vac. Sci. Technol.*, **8**, 31.
655 Herman, M.A. and Sitter, H. (1996) *Molecular Beam Epitaxy*, 2nd edn, Springer Series in Materials Science, Vol. 7, Springer, Berlin.
656 Arthur, J.R. (2002) *Surf. Sci.*, **500**, 189.
657 Bauer, E. (1958) *Z. Kristallogr.*, **110**, 372.
658 Bauer, E. and van der Merwe J.H. (1986) *Phys. Rev. B*, **33**, 3657.
659 Frank, F.C. and van der Merwe, J.H. (1949) *Proc. R. Soc. A*, **198**, 205.
660 Stranski, I.N. and Krastanow, L. (1938) *Sitzungsber. Akad. Wiss. Wien, Kl. Abt. IIb*, **146**, 797. (The commonly found citation "Stranski, I., von Krastanow, L. (1939) *Akad. Wiss. Lit. Mainz*, **146**, 797." for this paper is wrong. The *Akademie der Wissenschaften und Literatur Mainz* was founded in 1949.)
661 Seifert, W., Carlsson, N., Miller, M., Pistol, M.-E., Samuelson, L., and Wallenberg, L.R. (1996) *Prog. Cryst. Growth Charact.*, **33**, 423.
662 Stangl, J., Holý, V., and Bauer, G. (2004) *Rev. Mod. Phys.*, **76**, 725.
663 Choy, K.L. (2003) *Prog. Mater. Sci.*, **48**, 57.
664 Barron, A.R. (1996) *Adv. Mater. Opt. Electron.*, **6**, 101.
665 Ray, S.K., Maiti, C.K., Lahiri, S.K., and Chakrabarti, N.B. (1996) *Adv. Mater. Opt. Electron.*, **6**, 73.
666 Balmer, R.S., Brandon, J.R., Clewes, S.L., Dhillon, H.K., Dodson, J.M., Friel, I., Inglis, P.N., Madgwick, T.D., Markham, M.L., Mollart, T.P., Perkins, N., Scarsbrook, G.A., Twitchen, D.J., Whitehead, A.J., Wilman, J.J., and Woollard, S.M. (2009) *J. Phys.: Condens. Matter*, **21**, 364221.
667 Jiang, X., Schiffmann, K., Klages, C.P., Wittorf, D., Jia, C.L., Urban, K., and Jäger, W. (1998) *J. Appl. Phys.*, **83**, 2511.
668 Ozaydin-Ince, G., Coclite, A.M., and Gleason, K.K. (2012) *Rep. Prog. Phys.*, **75**, 016501.
669 Puurunen, R.L. (2005) *J. Appl. Phys.*, **97**, 121301.
670 Profijt, H.B., Potts, S.E., van de Sanden, M.C.M., and Kessels, W.M.M. (2011) *J. Vac. Sci. Technol. A*, **29** (5), 050801.
671 George, S.M. (2010) *Chem. Rev.*, **110**, 111.
672 Groner, M.D., Elam, J.W., Fabreguette, F.H., and George, S.M. (2002) *Thin Solid Films*, **413**, 186.
673 Ritala, M., Leskelä, M., Dekker, J.-P., Mutsaers, C., Soininen, P.J., and Skarp, J. (1999) *Chem. Vap. Depos.*, **5**, 7.
674 Ulman, A. (1996) *Chem. Rev.*, **96**, 1533.
675 Schreiber, F. (2000) *Prog. Surf. Sci.*, **65**, 151.
676 Love, J.C., Estroff, L.A., Kriebel, J.K., Nuzzo, R.G., and Whitesides, G.M. (2005) *Chem. Rev.*, **105**, 1103.

677 Kind, M. and Wöll, C. (2009) *Prog. Surf. Sci.*, **84**, 230.
678 Nuzzo, R.G. and Allara, D.L. (1983) *J. Am. Chem. Soc.*, **105**, 4481.
679 Xu, J. and Li, H.-L. (1995) *J. Interface Colloid Sci.*, **176**, 138.
680 Bain, C.D., Evall, J., and Whitesides, G.M. (1989) *J. Am. Chem. Soc.*, **111**, 7155.
681 Preuss, M. and Butt, H. -J. (1998) *J. Colloid Interface Sci.*, **208**, 468.
682 Evans, S.D., Sharma, R., and Ulman, A. (1991) *Langmuir*, **7**, 156.
683 Nelles, G., Schönherr, H., Jaschke, M., Wolf, H., Schaub, M., Küther, J., Tremel, W., Bamberg, E., Ringsdorf, H., and Butt, H.-J. (1998) *Langmuir*, **14**, 808.
684 Lee, L.-H. (1968) *J. Colloid Interface Sci.*, **27**, 751.
685 Sagiv, J. (1980) *J. Am. Chem. Soc.*, **102**, 92.
686 Lork, K.D., Unger, K.K., and Kinkel, J.N. (1986) *J. Chromatogr. A*, **352**, 199.
687 LeGrange, J. D. andMarkham, J. L. (1993) *Langmuir*, **9**, 1749.
688 Schwartz, D.K. (2001) *Annu. Rev. Phys. Chem.*, **52**, 107.
689 Haensch, C., Hoeppener, S., and Schubert, U.S. (2010) *Chem. Soc. Rev.*, **39**, 2323.
690 Kern, W. (1970) *RCA Rev.*, **31**, 187.
691 Schönhoff, M. (2003) *Curr. Opin. Colloid Interface Sci.*, **8**, 86.
692 Picart, C. (2008) *Curr. Med. Chem.*, **15**, 685.
693 Decher, G. (1997) *Science*, **277**, 1232.
694 Schlenoff, J.B., Dubas, S.T., and Farhat, T. (2000) *Langmuir*, **16**, 9968.
695 Schaaf, P., Voegel, J.-C., Jierry, L., and Boulmedais, F. (2012) *Adv. Mater.*, **24**, 1001.
696 Lowack, K. and Helm, C.A. (1998) *Macromolecules*, **31**, 823.
697 Schwarz, B. and Schönhoff, M. (2002) *Colloids Surf. A*, **198**, 293.
698 Tang, Z., Wang, Y., Podsiadlo, P., and Kotov, N.A. (2006) *Adv. Mater.*, **18**, 3203.
699 Kerdjoudj, J., Berthelemy, N., Boulmedais, F., Stoltz, J.-F.,Menua, P., and Voegel, J.C. (2010) *Soft Matter*, **6**, 3722.
700 Donath, E., Sukhorukov, G.B., Caruso, F., Davis, S.A., and Möhwald, H. (1998) *Angew. Chem. Int. Ed.*, **37**, 2202.
701 Ibarz, G., Dähne, L., Donath, E., and Möhwald, H. (2001) *Adv. Mater.*, **13**, 1324.
702 Shi, X. and Caruso, F. (2001) *Langmuir*, **17**, 2036.
703 DeGeest, B.G., Sukhorukov, G.B., and Möhwald, H. (2009) *Exp. Opin. Drug Deliv.*, **6**, 613.

704 Jordan, R. (2003) in *Polymeric Materials in Organic Chemistry and Catalysis*, (ed. M. Buchmeiser),Wiley-VCH Verlag GmbH, Weinheim, p. 371.
705 Olivier, A., Meyera, F., Raqueza, J.-M., Damman, P., and Dubois, P. (2012) *Prog. Polym. Sci*, **37**, 151.
706 Cohen, M. Stuart, A., Huck, W.T.S., Genzer, J., Müller, M., Ober, C., Stamm, M., Sukhorukov, G.B., Szleifer, I., Tsukruk, V.V., Urban, M., Winnik, F., Zauscher, S., Luzinov, I., and Minko, S. (2010) *Nat. Mater.*, **9**, 101.
707 Prucker, O. and Rühe, J. (1998) *Macromolecules*, **31**, 592 and 602.
708 Yamada, N., Okano, T., Sakai, H., Karikusa, F., Sawasaki, Y., and Sakurai, Y. (1990) *Makromol. Chem. Rapid Commun.*, **11**, 571.
709 Tsuda, Y., Kikuchi, A., Yamato, M., and Okano, T. (2006) *Biochem. Biophys. Res. Commun.*, **348**, 937.
710 Hawker, C.J. (1997) *Acc. Chem. Res.*, **30**, 373.
711 Otsu, T. and Yoshida, M. (1982) *Makromol. Chem., Rapid Commun.*, **3**, 127.
712 Kato, M., Kamigaito, M., Sawamoto, M., and Higashimura, T. (1995) *Macromolecules*, **28**, 1721.
713 Percec, V. and Barboiu, B. (1995) *Macromolecules*, **28**, 7970.
714 Wang, J.-S. and Matyjaszewski, K. (1995) *Macromolecules*, **28**, 7901.
715 Biederman, H. (ed.) (2004) *Plasma Polymer Films*, Imperial College Press, London.
716 Friedrich, J. (2012) *The Plasma Chemistry of Polymer Surfaces: Advanced Techniques for Surface Design*, Wiley-VCH Verlag GmbH, Weinheim, pp. 337–350.
717 vonWilde, M.P. (1874) *Ber. Dtsch. Chem. Ges.*, **7**, 352.
718 Thenard, A. (1874) *C. R. Hebd, Seances Acad. Sci.*, **78**, 219.
719 Favia, P. and d'Agostino, R. (1998) *Surf. Coat. Technol.*, **98**, 1102.
720 Chu, L., Knoll, W., and Förch, R. (2006) *Plasma Process. Polym.*, **3**, 498.
721 Yasuda, H. (2003) *Nucl. Instrum.Methods Phys. Res. A*, **515**, 15.
722 Yasuda, H., Yu, Q.S., Reddy, C.M., and Moffitt, C.E. (2001) *J. Vac. Sci. Technol. A*, **19**, 2074.
723 Timmons, R.B. and Griggs, A.J. (2004) in *Plasma Polymer Films*, (ed. H. Biederman), Imperial College Press, London.
724 Förch, R., Zhang, Z., and Knoll, W. (2005) *Plasma Process. Polym.*, **2**, 351.
725 Yameen, B., Khan, H.U., Knoll, W., Förch, R., and Jonas, U. (2011) *Macromol. Rapid Commun.*, **32**, 1735.

726 Lii, Y.J.T. (1996) in *ULSI Technology*, (eds C.Y. Chang and S.M. Sze), McGraw-Hill.
727 Abe, H., Yoneda, M., and Fujiwara, N. (2008) *J. Jpn. Appl. Phys.*, **47**, 1435.
728 Cardinaud, C., Peignon, M.C., and Tessier, P.Y. (2000) *Appl. Surf. Sci.*, **164**, 72.
729 Morton, K.J., Nieberg, G., Bai, S., and Chou, S.Y. (2008) *Nanotechnology*, **19**, 345301.
730 Clement, F., Held, B., Soulem, N., and Martinez, H. (2003) *Eur. Phys. J. AP*, **21**, 59.
731 Sheats, J.R. and Smith, B.W. (eds) (1998) *Micro lithography: Science and Technology*, Marcel Dekker, New York.
732 Levinson, H.J. (2011) *Principles of Lithography*, 3rd edn, SPIE Press, Bellingham.
733 Wong, A.K.-K. (2001) *Resolution Enhancement Techniques in Optical Lithography*, SPIE Press, Bellingham.
734 Fu, C.-C., Yang, T., and Stone, D.R. (1991) *IEEE Trans.* Electron Devices, **38**, 2599.
735 Levenson, M.D., Viswanathan, N.S., and Simpson, R.A. (1982) *IEEE Trans.* Electron Devices, **29**, 1828.
736 Utke, I, Moshkalev, S., and Russell, P. (eds) (2012) *Nanofabrication using Focused Ion and Electron Beams: Principles and Applications*, Oxford Series on Nanomanufacturing, (ed. M.J. Jackson), Oxford University Press, Oxford.
737 Tseng, A.A., Jou, S., Notargiacomo, A., and Chen, T.P. (2008) *J.* Nanosci. Nanotechnol., **8**, 2167.
738 Tseng, A.A. (2011) *Small*, **7**, 3409.
739 Simeone, F.C., Albonetti, C., and Cavallini, M. (2009) *J.* Phys. Chem. C, **113**, 18987.
740 Salaita, K., Wang, Y., Fragala, J., R. Vega, A., Liu, C., and Mirkin, C.A. (2006) *Angew.* Chem. Int. Ed., **45**, 7220.
741 Lee, K.-B., Kim, E.-Y., Mirkin, C.A., and Wolinsky, S.M. (2004) *Nanoletters*, **4**, 1869.
742 Kang, S.-W., Banerjee, D., Kaul, A.B., and Megerian, K.G. (2010) *Scanning*, **32**, 42.
743 Becker, E.W., Ehrfeld, W., Münchmeyer, D., Betz, H., Heuberger, A., Pongratz, S., Glashauser, W., Michel, H.J., and von Siemens, R. (1982) *Natur wissenschaften*, **69**, 520.
744 Saile, V., Wallrabe, U., Tabata, O., and Korvink, J.G. (eds) (2008) *LIGA and its applications*, in *Advanced Micro- & Nanosystems*, Vol. 7, Wiley-VCH Verlag GmbH, Weinheim.
745 Ludema, K.C. (1996) *Friction*, Wear, Lubrication: A Textbook in Tribology, CRC Press, Boca Raton.
746 Bhushan, B. (2002) *Introduction to Tribology*, John Wiley & Sons, Inc., New York.
747 Krim, J. (1996) *Sci. Am.*, **275**, 74.
748 Persson, B.N.J. (2000) *Sliding Friction: Physical Principles and Applications*, 2nd edn, Springer, Berlin.
749 Popov, V.L. (2010) *Contact Mechanics and Friction: Physical Principles and Applications*, Springer, Berlin.
750 Bowden, F.P. and Tabor, D. (1954) *Friction and Lubrication*, Methuen, London.
751 Greenwood, J.A. and Williamson, J.B.P. (1966) *Proc. R. Soc. A*, **295**, 300
752 Tomlinson, G.A. (1929) *Philos. Mag.*, **7**, 905.
753 Bowden, F.P. and Tabor, D. (1950) *The Friction and Lubrication of Solids*, Part 1, Clarendon, Oxford.
754 Bowden, F.P. and Tabor, D. (1964) *The Friction and Lubrication of Solids*, Part 2, Clarendon, Oxford.
755 Czichos, H. (1978) *Tribology*, Elsevier, Amsterdam.
756 Scholz, C.H. (1998) *Nature*, **391**, 37.
757 Reynolds, O. (1876) *R. Philos. Trans. Soc. Lond.*, **116**, 155.
758 Heathcote, H.L. (1921) *Proc. Inst. Automot. Eng.*, **15**, 1569.
759 Brilliantov, N.V. and Pöschel, T. (1998) *Europhys. Lett.*, **42**, 511.
760 Flom, D.G. and Beuche, A.M. (1959) *J. Appl. Phys.*, **30**, 1725.
761 Pöschel, T., Schwager, T., and Brilliantov, N.V. (1999) *Eur. Phys. J. B*, 10, 169
762 Ecke, S. and Butt, H.-J. (2001) *J.* Colloid Interface Sci., **244**, 432.
763 Mate, C.M., McClelland, G.M., Erlandsson, R., and Chiang, S. (1987) *Phys.* Rev. Lett., **59**, 1942.
764 Carpick, R.W. and Salmeron, M. (1997) *Chem. Rev.*, **97**, 1163.
765 Israelachvili, J.N., McGuiggan, P.M., and Homola, A.M. (1988) *Science*, **240**, 189.
766 Van Alsten, J. and Granick, S. (1988) *Phys.* Rev. Lett., **61**, 2570.
767 Dayo, A., Alnasrallah, W., and Krim, J. (1998) *Phys.* Rev. Lett., **80**, 1690.
768 Johannsmann, D. (1999) *Macromol.* Chem. Phys., **200**, 501.
769 Kietzig, A.M., Hatzikiriakos, S.G., and Englezos, P. (2010) *J.* Appl. Phys., **107**, 081101.
770 Wettlaufer, J.S. and Dash, J.G. (2000) *Sci. Am.*, **282**, 50.
771 Gnecco, E. and Meyer, E. (2007) *Fundamentals of Friction and Wear on the Nanoscale*, Springer, Berlin.

772 Bhushan, B. (2008) *Nanotribology and Nano mechanics: An Introduction*, Springer, Berlin.
773 Szlufarska, I., Chandross, M., and Carpick, R. W. (2008) *J. Phys. D: Appl. Phys.*, **41**, 123001.
774 Braun, O.M. and Naumovets, A.G. (2006) *Surf. Sci. Rep.*, **60** 79.
775 Howald, L., Lüthi, R., Meyer, E., Gerth, G., Haefke, H., Overney, R., and Güntherodt, H.-J. (1994) *J. Vac. Sci. Technol.* B, **12**, 2227.
776 Fujisawa, S., Kishi, E., Sugawara, Y., and Morita, S. (1995) *Phys. Rev.* B, **51**, 7849.
777 Takano, H. and Fujihira, M. (1996) *J. Vac. Sci. Technol.* B, **14**, 1272.
778 Lüthi, R., Meyer, E., Bammerlin, M., Howald, L., Haefke, H., Lehmann, T., Loppacher, C., Güntherodt, H.-J., Gyalog, T., and Thomas, H. (1996) *J. Vac. Sci. Technol.* B, **14**, 1280.
779 Müller, T., Kässer, T., Labardi, M., Lux-Steiner, M., Marti, O., Mlynek, J., and Krausch, G. (1996) *J. Vac. Sci. Technol.* B, **14**, 1296.
780 Hölscher, H., Schwarz, U. D., Zwörner, O., and Wiesendanger, R. (1998) *Phys. Rev.* B, **57**, 2477.
781 Nakayama, K., Bou-Said, B., and Ikeda, H. (1997) *J. Trans. ASME Tribol.*, **119**, 764.
782 Giessibl, F. J., Herz, M., and Mannhart, J. (2002) *Proc. Natl. Acad. Sci. USA*, **99**, 12006.
783 Zwörner, O., Hölscher, H., Schwarz, U. D., and Wiesendanger, R. (1998) *Appl. Phys.* A, **66**, 263.
784 Gnecco, E., Bennewitz, R., Gyalog, T., Loppacher, C., Bammerlin, M., Meyer, E., and Güntherodt, H.-J. (2000) *Phys. Rev. Lett.*, **84**, 1172.
785 Bennewitz, R., Gyalog, T., Guggisberg, M., Bammerlin, M., Meyer, E., and Güntherodt, H.-J. (1999) *Phys. Rev.* B, **60**, R11302.
786 Sang, Y., Dubé, M., and Grant, M. (2001) *Phys. Rev. Lett.*, **87**, 174301.
787 Carpick, R. W., Agrait, N., Ogletree, D. F., and Salmeron, M. (1996) *J. Vac. Sci. Technol.* B, **14**, 1289.
788 Lantz, M. A., O'Shea, S. J., Welland, M. E., and Johnson, K.L. (1997) *Phys. Rev.* B, **55**, 10776.
789 Enachescu, M., van den Oetelaar, R.J.A., Carpick, R. W., Ogletree, D.F., Flipse, C.F.J., and Salmeron, M. (1998) *Phys. Rev. Lett.*, **81**, 1877.
790 Schwarz, U. D., Zwörner, O., Köster, P., and Wiesendanger, R. (1997) *Phys. Rev.* B, **56**, 6987 and 6997.
791 McGuiggan, P.M., Zhang, J., and Hsu, S.M. (2001) *Tribol. Lett.*, **10**, 217.
792 Dowson, D. (1979) *History of Tribology*, Longman, New York.
793 Reynolds, O. (1886) *R. Philos. Trans. Soc. Lond.*, **177**, 157.
794 Gohar, R. (2002) *Elastohydrodynamics*, 2nd edn, World Scientific, Singapore.
795 Lugt, P. M. and Morales-Espejel, G. E. (2011) *Tribol. Trans.*, **54**, 470.
796 Barus, C. (1893) *J. Am. Sci.*, **45**, 87.
797 Bhushan, B., Israelachvili, J.N., and Landman, U. (1995) *Nature*, **374**, 607.
798 Hu, Y. and Granick, S. (1998) *Tribol. Lett.*, **5**, 81.
799 Chan, D.Y.C. and Horn, R.G. (1985) *J. Chem. Phys.*, **83**, 5311.
800 Granick, S. (1991) *Science*, **253**, 1374.
801 Klein, J. and Kumacheva, E. (1998) *J. Chem. Phys.*, **108**, 6996.
802 Klein, J. and Kumacheva, E. (1998) *J. Chem. Phys.*, **108**, 7010.
803 Sun, M. and Ebner, C. (1992) *Phys. Rev. Lett.*, **69**, 3491.
804 Thompson, P. A. and Troian, S.M. (1997) *Nature*, **389**, 360.
805 Stevens, M.J., Mondello, M., Grest, G.S., Cui, S.T., Cochran, H. D., and Cummings, P. T. (1997) *J. Chem. Phys.*, **106**, 7303.
806 Vinogradova, O.I. (1999) *J. Int. Miner. Process.*, **56**, 31.
807 Baudry, J., Charlaix, E., Tonck, A., and Mazuyer, D. (2001) *Langmuir*, **17**, 5232.
808 Horn, R.G., Vinogradova, O.I., Mackay, M.E., and Phan-Thien, N. (2000) *J. Chem. Phys.*, **112**, 6424.
809 Zhu, X. and Granick, S. (2001) *Phys. Rev. Lett.*, **87**, 096105.
810 Craig, V.S.J., Neto, C., and Williams, D.R.M. (2001) *Phys. Rev. Lett.*, **87**, 054504.
811 Sun, G., Bonaccurso, E., Franz, V., and Butt, H.-J. (2002) *J. Chem. Phys.*, **117**, 10311.
812 Bhushan, B. (1998) *Tribology Issues and Opportunities in MEMS*, Kluwer Academic Publishers, Dordrecht.
813 van Spengen, W.M. (2003) *Microelectron. Reliab.*, **43**, 1049.
814 Hirano, M. and Shinjo, K. (1990) *Phys. Rev.* B, **41**, 11837.
815 Hirano, M., Shinjo, K., Kaneko, R., and Murata, Y. (1991) *Phys. Rev. Lett.*, **67**, 2642.
816 Müser, M.H. (2004) *Europhys. Lett.*, **66**, 97.
817 Gnecco, E., Maier, S., and Meyer, E. (2008) *J. Phys. -Condens. Matter*, **20**, 354004.
818 Erdemir, E. and Martin, J.M. (2007) *Superlubricity*, Elsevier, Amsterdam.
819 Martin, J.M., Donnet, C., Lemogne, T., and Epicier, T. (1993) *Phys. Rev.* B, **48**, 10583.
820 Hirano, K., Shinjo, K., Kaneko, R., and Murata, Y.

(1997) *Phys. Rev. Lett.*, **78**, 1448.
821 Dienwiebel, M., Verhoeven, G. S., Pradeep, N., Frenken, J.W.M., Heimberg, J.A., and Zandbergen, H.W., *Phys. Rev. Lett.*, **92**, 126101.
822 Verhoeven, G.S., Dienwiebel, M., and Frenken, J.W. M. (2004) *Phys. Rev. B*, **70**, 165418.
823 Filippov, A.E., Dienwiebel, M., Frenken, J.W.M., Klafter, J., and Urbakh, M. (2008) *Phys. Rev. Lett.*, **100**, 046102.
824 He, G., Muser, M.H., and Robbins, M.O. (1999) *Science*, **284**, 1650.
825 Socoliuc, A., Bennewitz, R., Gnecco, E., and Meyer, E. (2004) *Phys. Rev. Lett.*, **92**, 134301.
826 Feiler, A. A., Bergstrom, L., and Rutland, M. W. (2008) *Langmuir*, **24**, 2274.
827 Heuberger, M., Drummond, C., and Israelachvili, J. (1998) *J. Phys. Chem. B*, **102**, 5038.
828 Jeon, S., Thundat, T., and Braiman, Y. (2006) *Appl. Phys. Lett.*, **88**, 214102.
829 Socoliuc, A., Gnecco, E., Maier, S., Pfeiffer, O., Baratoff, A., Bennewitz, R., and Meyer, E. (2006) *Science*, **313**, 207.
830 Gnecco, E., Socoliuc, A., Maier, S., Gessler, J., Glatzel, T., Baratoff, A., and Meyer, E. (2009) *Nanotechnology*, **20**, 025501.
831 Krylov, S.Y., Jinesh, K.B., Valk, H., Dienwiebel, M., and Frenken, J. W. M. (2005) *Phys. Rev. E*, **71**, 065101.
832 Jinesh, K.B., Krylov, S.Y., Valk, H., Dienwiebel, M., and Frenken, J. W. M. (2008) *Phys. Rev. B*, **78**, 155440.
833 Mang, T. and Dresel, W. (eds) (2001) *Lubricants and Lubrication*, Wiley-VCH Verlag GmbH, Weinheim.
834 Rasberger, M. (1992) in *Chemistry and Technology of Lubricants*, (eds R. M. Mortimer and S. T. Orszulik), Blackie Academic and Professional, p. 83.
835 Archard, J.F. (1953) *J. Appl. Phys.*, **24**, 981.
836 Meng, S. H. (1994) Ph. D. research, Mechanical Engineering Department, University of Michigan, Ann Arbor.
837 Shipway, P.H. and Hutchings, I.M. (1996) *Wear*, **193**, 105.
838 Levy, A. V. (1995) *Solid Particle Erosion and Erosion-Corrosion of Materials*, ASM International.
839 Kajdas, C. (1985) *Wear*, **101**, 1.
840 Laughlin, R.G. (1996) *The Aqueous Phase Behavior of Surfactants*, Academic Press, London.
841 Rosen, M. J. (2004) *Surfactants and Interfacial Phenomena*, Wiley-Interscience, Hoboken.

842 von Rybinski, W. and Hill, K. (1998) *Angew. Chem. Int. Ed.*, **37**, 1328.
843 Huibers, P. D. T., Lobanov, V. S., Katritzky, A. R., Shah, D. O., and Karelson, M. (1997) *J. Colloid Interface Sci.*, **187**, 113.
844 Huibers, P. D. T., Lobanov, V. S., Katritzky, A. R., Shah, D.O., and Karelson, M. (1996) *Langmuir*, **12**, 1462.
845 Zana, R. (2002) *Adv. Colloid Interface Sci.*, **97**, 205.
846 Hadjichristidis, N., Pispas, S., and Floudas, G. A. (2003) *Block Copolymers*, Wiley-Interscience, Hoboken.
847 Riess, G. (2003) *Prog. Polym. Sci.*, **28**, 1107.
848 Wennerström, H. and Lindman, B. (1979) *Phys. Rep.*, **52**, 1.
849 Gelbart, W.M., Ben-Shaul, A., and Roux, D. (1994) *Micelles, Membranes, Microemulsions and Monolayers*, Springer, New York.
850 Stilbs, P., Walderhaug, H., and Lindman, B. (1983) *J. Phys. Chem.*, **87**, 4762.
851 Aniansson, E. A. G., Wall, S. N., Almgren, M., Hoffmann, H., Kielmann, I., Ulbricht, W., Zana, R., Lang, J., and Tondre, C. (1976) *J. Phys. Chem.*, **80**, 905.
852 Krafft, F. and Wiglow, H. (1895) *Ber. Dtsch. Chem. Ges.*, **28**, 2573.
853 Herrmann, U. and Kahlweit, M. (1973) *Ber. Bunsenges. Phys. Chem.*, **77**, 1119.
854 Mukerjee, P. (1967) *Adv. Colloid Interface Sci.*, **1**, 241.
855 Zana, R. (1996) *Langmuir*, **12**, 1208.
856 Evans, D.F. (1988) *Langmuir*, **4**, 3.
857 Tanford, C. (1980) *The Hydrophobic Effect*, John Wiley & Sons, Inc., New York.
858 Jeong, J. B., Yang, S. R., and Kim, J. D. (2002) *Langmuir*, **18**, 8749.
859 Israelachvili, J.N., Mitchell, D.J., and Ninham, B.W. (1976) *J. Chem. Soc. Faraday Trans. II*, **72**, 1525.
860 Eicke, H.-F. (1980) *Topics in Current Chemistry*, **87**, 85.
861 Born, M. (1920) *Z. Phys.*, **1**, 45.
862 Friberg, S. (1976) *Food Emulsions*, Marcel Dekker, New York.
863 Barham, P. (2001) *The Science of Cooking*, Springer, Berlin.
864 Landfester, K. (2006) *Annu. Rev. Mater. Res.*, **36**, 231.
865 Becher, P. (1965) *Emulsions: Theory and Practice*, Reinhold, New York.
866 Gompper, G. and Schick, M. (1994) *Self-assembling Amphiphilic Systems*, Academic Press, London.

867 Einstein, A. (1906) *Ann. Phys.*, **19**, 289.
868 Einstein, A. (1911) *Ann. Phys.*, **34**, 591.
869 Meredith, R.E. and Tobias, C.W. (1961) *J. Electrochem. Soc.*, **108**, 286.
870 Ramsden, W. (1903) *Proc. R. Soc. A*, **72**, 156.
871 Pickering, S.U. (1907) *J. Chem. Soc.*, **91**, 2001.
872 Aveyard, R., Binks, B.P., and Clint, J.H. (2003) *Adv. Colloid Interface Sci.*, **100-102**, 503.
873 Kruglyakov, P.M. and Nushtayeva, A.V. (2004) *Adv. Colloid Interface Sci.*, **108-109**, 151.
874 Aussillous, P. and Quéré, D. (2006) *Proc. R. Soc. A*, **462**, 973.
875 Bormashenko, E. (2011) *Curr. Opin. Colloid Interface Sci.*, **16**, 266.
876 Harkins, W.D. (1957) *The Physical Chemistry of Surface Films*, Reinhold, New York, p. 90.
877 Bancroft, W.D. (1913) *J. Phys. Chem.*, **17**, 501.
878 Bancroft, W.D. (1915) *J. Phys. Chem.*, **19**, 275.
879 Clowes, G.H.A. (1916) *J. Phys. Chem.*, **20**, 407.
880 Griffin, W.C. (1949) *J. Soc. Cosmet. Chem.*, **1**, 311.
881 Griffin, W.C. (1954) *J. Soc. Cosmet. Chem.*, **5**, 249.
882 Shinoda, K. and Friberg, S. (1986) *Emulsions and Solubilization*, Wiley-Interscience, New York.
883 Davis, H.T. (1994) *Colloids Surf. A*, **91**, 9.
884 Capek, I. (2004) *Adv. Colloid Interface Sci.*, **107**, 125.
885 von Smoluchowski, M. (1916) *Phys. Z.*, **17**, 557 and 585.
886 Kabalnov, A. and Wennerström, H. (1996) *Langmuir*, **12**, 276.
887 Hoar, T.P. and Schulman, J.H. (1943) *Nature*, **152**, 102.
888 Winsor, P.A. (1948) *Trans. Faraday Soc.*, **44**, 376.
889 Bowcott, J.E. and Schulman, J.H. (1955) *Z. Elektrochem.*, **59**, 283.
890 Schulman, J.H., Stoeckenius, W., and Prince, L.M. (1959) *J. Phys. Chem.*, **63**, 1677.
891 Sjöblom, J., Lindberg, R., and Friberg, S.E. (1996) *Adv. Colloid Interface Sci.*, **95**, 125.
892 Helfrich, W. (1973) *Z. Naturforsch.*, **28c**, 693.
893 Lipowsky, R. (1998) *Encycl. Appl. Phys.*, **23**, 199.
894 Kabalov, A. and Wennerström, H. (1996) *Langmuir*, **12**, 276.
895 Shinoda, K. and Sagitani, H. (1978) *J. Colloid Interface Sci.*, **64**, 68.
896 Vollmer, D., Vollmer, J., and Strey, R. (1996) *Phys. Rev. E*, **54**, 3028.
897 Kahlweit, M. and Strey, R. (1985) *Angew. Chem.*, **97**, 655.
898 Strey, R. (1993) *Ber. Bunsenges. Phys. Chem.*, **97**, 742.
899 Pugh, R.J. (1996) *Adv. Colloid Interface Sci.*, **64**, 67.

900 Isenberg, C. (1992) *The Science of Soap Films and Soap Bubbles*, Dover Publications, New York.
901 Weaire, D. and Hutzler, S. (1999) *The Physics of Foams*, Clarendon Press, Oxford.
902 Banhart, J. (2001) *Prog. Mater. Sci.*, **46**, 559.
903 Cochran, J.K. (1998) *Curr. Opin. Solid State Mater. Sci.*, **3**, 474.
904 Manegold, E. (1953) *Schaum*, Chemie und Technik Verlagsgesellschaft, Heidelberg.
905 Bergeron, V. (1999) *J. Phys. Condens. Matter*, **11**, R215.
906 Mysels, K.J. and Jones, M.N. (1966) *Discuss. Faraday Soc.*, **42**, 42.
907 Exerova, D. and Scheludko, A. (1971) *Chim. Phys.*, **24**, 47.
908 Bergeron, V. and Radke, C.J. (1992) *Langmuir*, **8**, 3020.
909 Langevin, D. and Sonin, A.A. (1994) *Adv. Colloid Interface Sci.*, **51**, 1.
910 Denkov, N.D. (2004) *Langmuir*, **20**, 9463.
911 Pockels, A. (1891) *Nature*, **43**, 437.
912 Langmuir, I. (1917) *J. Am. Chem. Soc.*, **39**, 1848.
913 Mc, J.Bain, W., Ford, T.F., and Wilson, D.A. (1937) *Kolloid-Z.*, **78**, 1.
914 McBain, J.W., Vinograd, J.R., and Wilson, D.A. (1940) *J. Am. Chem. Soc.*, **62**, 244.
915 Möhwald, H., Böhm, C., Dietrich, A., and Kirstein, S. (1993) *Liquid Crystals*, **14**, 265.
916 McConnell, H.M. (1991) *Annu. Rev. Phys. Chem.*, **42**, 171.
917 Knobler, C.M. and Desai, R.C. (1992) *Annu. Rev. Phys. Chem.*, **43**, 207.
918 Harkins, W.D., Young, T.F., and Boyd, E. (1940) *J. Chem. Phys.*, **8**, 954.
919 Harkins, W.D. and Copeland, L.E. (1942) *J. Chem. Phys.*, **10**, 272.
920 Möhwald, H. (1990) *Annu. Rev. Phys. Chem.*, **41**, 441.
921 Helm, C.A., Tippmann-Krayer, P., Möhwald, H., Als-Nielsen, J., and Kjaer, K. (1991) *Biophys. J.*, **60**, 1457.
922 Graf, K. (1997) Dissertation, Mainz in German.
923 Möhwald, H. (1993) in *Phospholipid Handbook*, (ed.G. Cevc), MarcelDekker, New York, p. 579.
924 Möbius, D. and Miller, R. (eds) (2002) *Organized Monolayers and Assemblies: Structure*, Processes and Function, Elsevier Science & Technology, Amsterdam.
925 Imae, T. (2007) *Advanced Chemistry of Monolayers at Interfaces: Trends in Methodology and Technology*, Academic Press.
926 Lösche, M. and Möhwald, H. (1984) *Rev. Sci.*

文献

927 Lösche, M., Sackmann, E., and Möhwald, H. (1983) *Ber. Bunsenges. Phys. Chem.*, **87**, 848.
928 Weis, R.M. and McConnell, H.M. (1984) *Nature*, **310**, 47.
929 Hönig, D. and Möbius, D. (1991) *J. Phys. Chem.*, **95**, 4590.
930 Hénon, S. and Meunier, J. (1991) *Rev. Sci. Instrum.*, **62**, 936.
931 Harke, M., Teppner, R., Schulz, O., Motschmann, H., and Orendi, H. (1997) *Rev. Sci. Instrum.*, **68**, 3130.
932 Vollhardt, D. (1996) *Adv. Colloid Interface Sci.*, **64**, 143.
933 Rivière, S., Hénon, S., Meunier, J., Schwartz, D.K., Tsao, M.W., and Knobler, C.M. (1994) *J. Chem. Phys.*, **101**, 10045.
934 Harrick, N.J. (1960) *J. Phys. Chem.*, **64**, 1110.
935 Fahrenfort, J. (1961) *Spectrochim.* Acta, **17**, 698.
936 Allara, D.L. and Swalen, J.D. (1982) *J. Phys. Chem.*, **86**, 2700.
937 Smits, M., Ghosh, A., Bredenbeck, J., Yamamoto, S., Müller, M., and Bonn, M. (2007) *J. New Phys.*, **9**, 390.
938 Meister, A., Kerth, A., and Blume, A. (2004) *J. Phys. Chem. B*, **108**, 8371.
939 Viswanath, P., Aroti, A., Motschmann, H., and Leontidis, E. (2009) *J. Phys. Chem. B*, **113**, 14816.
940 Kjaer, K. (1994) *Physica B*, **198**, 100.
941 Braslau, A., Pershan, P.S., Swislow, G., Ocko, B.M., and Als-Nielsen, J. (1988) *Phys. Rev. A*, **38**, 2457.
942 Schwartz, D.K., Schlossmann, M.L., Kawamoto, E.H., Kellog, G.J., Pershan, P.S., Ocko, B.M. (1990) *Phys. Rev. A*, **41**, 5687.
943 von Smoluchowski, M. (1908) *Ann.* Phys., **25**, 205.
944 Buff, F.P., Lovett, R.A., and Stillinger, F.H. (1965) *Phys. Rev. Lett.*, **15**, 621.
945 Madsen, A., Seydel, T., Sprung, M., Gutt, C., Tolan, M., and Grubel, G. (2004) *Phys. Rev. Lett.*, **92**, 096104.
946 Langevin, D. (1992) *Light Scattering by Liquid Surfaces and Complementary Techniques*, Marcel Dekker, New York.
947 Behroozi, F., Smith, J., and Even, W. (2011) *Wave Motion*, **48**, 176.
948 Graf, K., Baltes, H., Ahrens, H., Helm, C.A., and Husted, C.A. (2002) *Biophys. J.*, **82**, 896.
949 Helm, C.A., Möhwald, H., Kjaer, K., and Als-Nielsen, J. (1987) *Biophys. J.*, **52**, 381.
950 Li, Z., Zhao, M.W., Quinn, J., Rafailovich, M.H., Sokolov, J., Lennox, R.B., Eisenberg, A., Wu, X.Z., Kim, M.W., Sinha, S.K., and Tolan, M. (1995) *Langmuir*, **11**, 4785.

951 Barton, S.W., Thomas, B.N., Flom, E.B., Rice, S.A., Lin, B., Peng, J.B., Ketterson, J.B., and Dutta, P. (1988) *J. Chem. Phys.*, **89**, 2257.
952 Kenn, R.M., Böhm, C., Bibo, A.M., Peterson, I.R., Möhwald, H., Als-Nielsen, J., and Kjaer, K. (1991) *J. Phys. Chem.*, **95**, 2092.
953 Paltauf, F., Hauser, H., and Phillips, M.C. (1971) *Biochim.* Biophys. Acta, **249**, 539.
954 Vogel, V. and Möbius, D. (1988) *Thin Solid Films*, **159**, 73.
955 Oliveira, O.N. and Bonardi, C. (1997) *Langmuir*, **13**, 5920.
956 Demchak, R.J. and Fort, T. (1974) *J. Colloid Interface Sci.*, **46**, 191.
957 Yamins, H.G. and Zisman, W.A. (1933) *J. Chem. Phys.*, **1**, 656.
958 Porter, E.F. (1937) *J. Am. Chem. Soc.*, **59**, 1883.
959 Derkach, S.R., Krägel, J., and Miller, R. (2009) *Colloid J.*, **71**, 1.
960 Miller, R. and Luggieri, L. (eds) (2009) *Progress in Colloid and Interface Science*, Vol. 1: Interfacial Rheology, Brill, London.
961 Mezger, T.G. (2011) *The Rheology Handbook*, 3rd edn, Vincentz Network, Hanover.
962 Tschoegl, N.W. (1962) *Kolloid Z. Z. Polym.*, **181**, 19.
963 Harkins, W.D. and Kirkwood, J.G. (1938) *J. Chem. Phys.*, **6**, 53.
964 Schwartz, D.K. and Knobler, C.M. (1994) *Phys. Rev. Lett.*, **73**, 2841.
965 Stone, H.A. (1995) *Phys. Fluids*, **7**, 2931.
966 Brooks, C.F., Fuller, G.G., Frank, C.W., and Robertson, C.R. (1999) *Langmuir*, **15**, 2459.
967 Ding, J., Warriner, H.E., Zasadzinski, J.A., and Schwartz, D.K. (2002) *Langmuir*, **18**, 2800.
968 Ortega, F., Ritacco, H., and Rubio, R.G. (2010) *Curr.* Opin. Colloid Interface Sci., **15**, 237.
969 Ravera, F., Ferrari, M., Santini, E., and Liggieri, L. (2005) *Adv.* Colloid Interface Sci., **117**, 75.
970 Lucassen, J. and van den Tempel, M. (1972) *Chem. Eng. Sci.*, **27**, 1283.
971 Lucassen-Reynders, E.H. and Lucassen, J. (1970) *Adv.* Colloid Interface Sci., **2**, 347.
972 Langmuir, I. (1920) *Trans.* Faraday Soc., **15**, 62.
973 Blodgett, K.B. (1934) *J. Am. Chem. Soc.*, **56**, 495.
974 Roberts, G. (1990) *Langmuir-Blodgett- Films*, PlenumPress, New York.
975 Ulman, A. (1991) *An Introduction to Ultrathin Organic Films from Langmuir-Blodgett to Self-Assembly*, Academic Press, San Diego.
976 Petty, M.C. (1996) *Langmuir-Blodgett- Films: An Introduction*, Cambridge University Press, Cam

bridge.
977 Schwartz, D.K. (1997) *Surf.* Sci. Rep., **27**, 241.
978 Sherwin, J. A. (2011) *Langmuir Monolayers in Thin Film Technology*, Nova Science Publishers, Hauppauge.
979 Petrov, J.G., Kuhn, H., and Möbius, D. (1980) *J.* Colloid Interface Sci., **73**, 66.
980 Spratte, K., and Riegler, H. (1991) *Makromol.* Chem. Macromol. Symp., **46**, 113.
981 Riegler, H. and Spratte, K. (1992) *Thin Solid Films, 210/211*, 9.
982 Graf, K. and Riegler, H. (1998) *Coll.* Surf. A, **131**, 215.
983 Kurz, W. and Fisher, D.J. (2001) *Fundamentals of Solidification*, 4th edn, Trans Tech Publications.
984 Swalen, J.D., Allara, D.L., Andrade, J.D., Chandross, E. A., Garoff, S., Israelachvili, J., McCarthy, T.J., Murray, R., Pease, R.F., Rabolt, J.F., Wynne, K.J., and Yu, H. (1987) *Langmuir*, **3**, 932.
985 Peterson, I. R. (1996) in *Molecular Electronics: Properties*, Dynamics, and Applications, (eds G. Mahler, V. May, and M. Schreiber),Marcel Dekker, New York.
986 Smith, W.O. (1933) *Physics*, **4**, 184.

訳者あとがき

　本書は，ドイツのマインツにあるマックス・プランク研究所高分子部門の表面物理研究室のButt教授を中心にして，グループリーダーのGraf博士（当時）およびKappl博士を加えて執筆された"Physics and Chemistry of Interfaces (Third, Revised and Enlarged Edition)"の全訳である．本書の特色は，主に高分子，水，生体膜など，ソフトマターといわれる物質の表面現象に重点を置いている点である．対応するトピックの歴史から始まり，基礎方程式の導出もしっかりとなされている．

　幸運にも訳者の一人である鈴木は，博士課程の研究をButt研究室で行い，マインツ大学からの博士号を得ることができた．スタッフも含めて常に約70人近くが所属する巨大ラボにあって，新人研究者のガイドの役割をしていたのが本書である．学部後期生向けの教科書として執筆されているものの，歴史的な事項から最新のトピックスまでカバーされているため，研究の準備段階でも非常に有用であった．

　本書の翻訳の企画は，ドイツで開かれた研究会にて，鈴木が深尾と話したことに始まる．深尾はドイツのStrobl教授の研究室に滞在し，『高分子の物理』（改訂新版，丸善出版，2012．初版は1998年刊）などを翻訳した経験をもつ．ちなみに，Strobl教授は博士課程をマインツ大学で行い，そのときの指導教官がマックス・プランク研究所高分子部門の設立者でもあるFischer教授である．また，Butt教授はFischer教授の後任にあたる．本書が優れた教科書であることに加え，このような縁もあり，翻訳を始めた．

　翻訳は，鈴木の作成した訳を深尾が加筆修正し，さらに互いに検討を行った．原著の中の誤りやあいまいな部分に関しては，原著者に確認を行った．一部のわかりにくい点に関しては，原著者に新たなテキストを書いてもらい，その訳を収

録した．

　本書は教科書であるものの，ユニークな点として，豊富な参考文献リストをもつことが挙げられる．これは，原著者が先駆者達の仕事に敬意を払っていたことによる．実際，原著者が過去の論文を大切に扱い，几帳面に整理していたことが印象に残っている．この分野の研究者には重要文献を探すのに役立つと思う．一方で，教科書として使用する場合には，発表年を眺めることで歴史を感じることもできるだろう．

　本書が，この分野に興味のある多くの方の助けになることを願っている．最後に，本書の出版にあたって多大なサポートをしてくださった丸善出版のスタッフの方々に感謝を申し上げる．

2016 年 8 月

鈴木　祥仁
深尾　浩次

索 引

あ 行

アインシュタイン・スモルコフスキー方程式　190
アニオン界面活性剤　311
アモントン法則　286
アルキルエチレングリコール　47, 314
アルキルカルボン酸ナトリウム塩　311
アルキルグリコシド　314
アルキルベンゼンスルホン酸ナトリウム　312
アルキル硫酸界面活性剤　320
アルキル硫酸ナトリウム　311
アルコール　50
アルミナ　74, 75, 103, 121, 156
泡止め剤　348
アンジュロイド　13

イオン液体　139
イオンエッチング　275
イオン化電極法　364
イオンビームエッチング　275
イオンプレーティング　255
インク抜き　3, 162
インクボトル孔　241
インピーダンススペクトロスコピー法　82

ウィルヘルミー板　369, 370
ウィルヘルミープレート法　19
ウッド記法　176

ウルフ作図　183

エアロゾル　2
液晶　10
液浸法　250
液体体積張力計　167
液滴形状　17
液滴重量法　17, 18
液滴体積法　168
エネルギー分散X線分光分析　212
エバルト作図　381
エマルション　2, 146, 168
エリプソメータ　155
エリプソメトリー　237, 238, 239
　消光型——　238
円形張力計　19
遠心分離　131
エンタルピー　33, 41
エントロピー　34

オイラーの定理　42
オージェ電子　212
オージェ電子分光法　212
オストワルト熟成　22, 327
オーバーハング構造　154
オリゴマー界面活性剤　315

か 行

会合コロイド　316
会合数　317

索引

解乳化　326
解乳化剤　307
外部相　326
外部ヘルムホルツ面　64
界面エンタルピー　43
界面活性剤　46, 156, 163, 164, 311
界面活性剤パラメータ　321, 322
界面張力　10
界面内部エネルギー　41
界面ヘルムホルツ自由エネルギー　41
界面余剰　35, 41, 48
ガウス曲率の弾性率　339
化学気相成長　257
化学吸着　189, 218
化学蒸着　180
可逆的付加開裂連鎖移動重合　271
可逆電極　81
拡散係数　189
拡散層　53, 64, 66
拡散反射赤外フーリエ変換分光法　209
拡張X線吸収微細構造　211
核となる領域　142
重ね合わせの原理　94
カチオン界面活性剤　314
ガラクトセレブロシド　362
ガルバニ電位　68, 89, 91
環境SEM　200
干渉顕微鏡法　198
乾燥摩擦　286, 288

幾何構造因子　384
キーソンエネルギー　95
揮発度　306
基板構造　176
ギブズ　34
ギブズ吸着等温線　46, 48, 49
ギブズ自由エネルギー　33, 38
　ミセル化の――　319
ギブズ単分子層　352
ギブズ分離面　34
気泡　18

起泡剤　162
逆ガスクロマトグラフィー　186
逆格子　379
逆ミセル　307, 317
キャビテーション　309
球状ミセル　316
吸着エネルギー　191, 218, 223, 225, 234, 247, 266
吸着エンタルピー　223
吸着時間　219, 228
吸着質　217
吸着等温線　234, 236, 239
吸着熱　219, 223, 225
吸着媒　217
吸着物質　217
境界潤滑　298
凝結　23, 24
凝集係数　228
共焦点顕微鏡　198
強制的濡れ　154
強制濡れ実験　157
曲率　15
曲率半径　11, 12, 14
均一核生成　27
均一相界面　196
キンク　187
金属有機構造体　245

グイ・チャップマン層　64, 65, 66
グイ・チャップマンモデル　54, 62
グイ・チャップマン理論　60, 81
空孔率　247
グッゲンハイムモデル　34
曇り点　318
グラハム方程式　60, 61, 73, 88
グラフト　124
クラフト温度，クラフト点　318
クリーミング　336
クロノアンペロメトリー　80, 81
グロー放電クリーニング　178
クロロシラン　257

索　引　415

クーロン法則　288
クーロン摩擦　286
クーロン力　93, 113

蛍光顕微鏡　357
傾斜境界　196
形状因子　385
血漿　57
結晶粒界　195
ケルビン長　21
ケルビンプローブ　364
ケルビン方程式　23, 29, 32, 142, 243
ゲルマニウム　77
原子移動ラジカル重合　271, 273
原子間力顕微鏡　111, 112, 124, 126, 201, 202, 292, 323
原子層堆積　282
原子ビーム回折　207
減衰全反射　208
懸濁液　2
懸濁力　164

高エネルギー電子回折　206
孔径分布　243
構造因子　384
構造超潤滑　303
高内相エマルション　328
降伏応力　287
高分子　103, 112, 120, 122
高分子界面活性剤　315
高分子電解質　266, 267
枯渇力　127
固体の表面張力　186
孤立系　38
コロイド　2, 3
コロイドプローブ法　131, 297
コロイド分散系　1
転がり摩擦　289
混合潤滑　298
コンタクトモード　203

さ 行

最近接結合切断モデル　183
サイクリックボルタンメトリー　81
細孔　23, 153, 156
細孔材料　222
再構築　176
最大泡圧法　17
サドル・スプレイ弾性率　339
酸化物　74, 75
酸化防止剤　307
3相接触線　16, 167
散乱ベクトル　379
三量体界面活性剤　315

ジアルキルジメチルアンモニウムブロミド　313
紫外光子放出　213
紫外光電子分光法　90
自己組織化単分子膜　261, 265
仕事関数　90
脂質二重膜　105, 112, 324
自然曲率　339
シータ温度　124
Θ溶媒　124
自発的濡れ　154
ジブロックコポリマー　316
脂肪酸　351
斜入射X線回折　206
斜入射X線回折法　360
斜面摩擦計　292
周波数変調原子間力顕微鏡　203
シュテルン層　64
潤滑油　136, 301, 307
昇温脱離　248
小角X線散乱　316
小角中性子散乱　316
蒸気圧　27, 29, 122
消泡剤　307, 348
シラン　257, 263

シラン化　263, 292
シリコン　75, 76
シリンダー　316
浸食　308
親水性表面　121
伸長弾性率　366
浸透ストレス法　112
振動電極法　364

水銀　68, 72
水銀電極　74, 92
水銀ポロシメータ　246
水銀ポロシメトリー　247
水晶振動子マイクロバランス(法)　237, 285, 293
水平力顕微鏡法　292
水和力　112, 121
スティックスリップ運動　289
スティックスリップ摩擦　288
ストークス則　87, 88
スパッタ　275
スパッタクリーニング　178
スパッタ蒸着　255
スピニング液滴法　167
スピンコーティング　160
スプレーコーティング　161
ずり薄化　299
磨り減り　308

生体膜　324
静摩擦　288
静摩擦係数　288
赤外反射吸収分光法　209, 359
赤外分光　359
セグメント間力　126
セシル・バブル法　17
ゼータ電位　64, 82
セチルトリメチルアンモニウムブロミド　122, 314
接触角　16, 18, 19, 24, 135, 136, 142, 144, 146, 148

接触角履歴　150, 152
接着　160
接着力　32, 135, 153
接点　287
前駆体　155
洗剤　311
前進接触角　136, 142, 150, 169
せん断速度　369
せん断粘度　369
線張力　139, 140
全電気容量　65
全反射蛍光分光法　209
全反射減衰赤外分光法　359
全反射顕微鏡法　111

双極子相互作用　97
双極子モーメント　94, 95, 96, 97
走査オージェ電子顕微鏡法　194
走査型顕微鏡　111
走査電子顕微鏡　199
走査トンネル顕微鏡　193, 201
走査フォース顕微鏡　201
走査プローブ顕微鏡　200
束縛液体　119, 302
疎水効果　349
疎水性相互作用　122
疎水性表面　122

た 行

対応格子理論　197
第二高調波発生　209
脱濡れ(性)　18, 144, 154
タッピングモード　203
脱離エネルギー　247, 248
ダングリングボンド　309
タンパク質　87

チオール　152, 248, 261
窒化ホウ素フィルム　259
超拡散　156

索引

超高圧添加剤　307
超格子　176
超潤滑　303
超疎水　153
超疎油性　154
超撥水　153
超撥水・超撥油性　154
沈殿電位　82

低速電子線回折　205
ディップコーティング　160
ディップペンリソグラフィー　281
デオキシリボ核酸　266
適応係数　220
デバイ　94
デバイ相互作用　96
デバイ長　86, 87
デバイ・ヒュッケル近似　56
デバイ力　97
デュ・ニュイ円形張力計　19
テラス　187
テラス-レッジ-キンクモデル　187
デルヤキン近似　107, 108
電位決定イオン　73, 74, 78, 79
電位差滴定　78, 79
電界イオン顕微鏡　193
電気泳動　82, 87
電気化学電池　90
電気化学ポテンシャル　68
電気浸透　82, 85, 165
電気中性則　69
電気伝導率　327
電気二重層　53, 54, 60, 63, 64, 332
電気二重層力　113, 114, 118
電気濡れ　165
電気めっき　281
電気毛管曲線　72
電気毛管現象　68, 69
電気容量　53, 60, 62, 65, 79, 80
電子顕微鏡　199
電子ビーム蒸着　254

転相温度　333

透過電子顕微鏡　199
動水半径　241
動的粘度　306
等電点　82
動粘性率，動粘度　82
動摩擦　288
動摩擦係数　288
ドデシルトリメチルアンモニウムブロミド　314
ドデシル硫酸ナトリウム　48, 49, 165, 311, 312
トライボメータ　292
トライボロジー　285
トリブロックコポリマー　316

な　行

内相体積分率　328
内部エネルギー　33, 35
内部相　326
内部ヘルムホルツ面　65
ナノトライボロジー　295
ナビエ・ストークス方程式　82, 83, 85
軟凝集　334

二次イオン質量分析　213
二重くさび技術　179
乳化　326
乳化剤　330
ニュートン流体　83
二量体界面活性剤　315

濡れ温度　141
濡れ線　150, 151
濡れ転移　141

ねじれ粒界　197
熱応答性高分子　270
熱分解　306

ネルンスト方程式　73
粘着　291
粘着接触　308
粘土　119
粘度　82, 298
粘度調節剤　307

ノドイト　13

は　行

ハイドロプレーニング効果　298
バーガースベクトル　187
薄膜　160
薄膜潤滑　302
薄膜バランス　346
波数ベクトル　378
蓮の葉効果　153
パッキング比　321
ハマカー定数　99, 102, 106
バルク液体　302
パルスレーザー誘起熱脱離　248
バレルエッチング　275
バンクロフト則　333
反応性イオンエッチング　275
反応性イオンビームエッチング　275

非イオン界面活性剤　314
光ピンセット　112
微視的接触点　287
微視的流体　86, 92
微斜面表面　186
微小球体表張力計　150
微小電気機械システム　302
ピッカリングエマルション　331
表面エネルギー　106, 180
表面エンタルピー　8
表面エントロピー　42
表面応力　180
表面開始重合　269
表面回転式レオメーター　369

表面拡散　188, 189
表面緩和　174
表面再構築　174
表面示強性パラメータ　180
表面伸長粘度　366, 367
表面ステップ　186
表面せん断粘度　366
表面弾性率　366, 369
表面張力　6, 7, 8, 40, 180
　固体の──　186
表面電位　114, 116
表面電荷　53, 55, 72, 75, 78
表面電荷密度　78
表面粘度　369
表面ひずみ　367
表面疲労　308
表面融解　177
表面余剰　43, 46, 47
表面力装置　292
表面力測定装置　111
広がり係数　163, 166
ピンオンディスク(型)トライボメータ　292
ピン止め　139

ファンデルワールス係数　97
ファンデルワールス状態方程式　231
ファンデルワールス相互作用　97
ファンデルワールス半径　321
ファンデルワールス力　9, 62, 72, 73, 93, 97, 98, 217
　遅延した──　105
フィック第一法則　189
フィック第二法則　189
フィルム　157
フェルミエネルギー　213
フォトリソグラフィー　279
フォトレジスト　277
深掘り RIE　275, 277
不均一核形成　27
不均一相界面　196

索　引

複合材料　4, 132
ブシネスク数　370
腐食抑制剤　307
物理気相成長　254
物理蒸着　180
部分的濡れ　141
浮遊選鉱　104, 161, 162
ブラシ　124
プラズマ　178, 275, 276
プラズマアッシング　178
プラズマエッチング　178, 275
プラズマ重合　271
プラズマ蒸着　274
プラズマスパッタリング　178
ブラッグ条件　377
ブラッグの法則　361
ブリュースター角顕微鏡　358
フレッティング摩耗　308
プロパノール　45
分極　74
分極率　96
分散系　1, 2
分散剤　307, 326, 333
分散相　326
分散相互作用　97
分子線エピタキシー　180, 256
分子ビームエピタキシー　196
粉体　3, 4
分離圧　110, 113, 115, 125, 142, 155

平均曲率　11, 12
平均自由行程　253
閉鎖系　38
ヘキサデシルトリメチルアンモニウムブロミド　314
ヘテロエピタキシー　256
ベナール・マランゴニ対流　51
ヘリウム　107
ヘルツモデル　287
ヘルツ理論　128
ヘルムホルツ自由エネルギー　33, 38, 39

ヘルムホルツ層　53
ベンゼン　225
ペンダント・ドロップ法　17
ペンダント・バブル法　17
ヘンリー則　227

ポアソン方程式　55
ポアソン・ボルツマン方程式　56, 59
ポアソン・ボルツマン理論　54, 63
ホフマイスター　63
ホモエピタキシー　256
ボラ型界面活性剤　315
ポリアリルアミン塩酸塩　266
ポリウレタン　342
ポリエチレンイミン　266
ポリスチレン　277
ポリスチレンスルホン酸　266
ポリメタクリル酸メチル　281
ポリリシン　266
ボルタ電位　89
ボルツマン方程式　58

ま　行

マイカ　75, 77, 104, 111
マイクロ孔　241
マイクロ（ナノ）リソグラフィー　279
膜圧　360, 362, 364, 371
マクスウェル関係式　43
膜タンパク質　325
マクロエマルション　325, 330
マクロポア　241
曲げ剛性率　339
曲げ弾性率　339
摩擦化学反応　308
摩擦係数　286
摩擦調整剤　307
摩擦力　131
摩擦力顕微鏡法　292
磨耗　307
磨耗係数　292

索引

磨耗防止(AW)添加剤　307
マランゴニ効果　50, 333

ミクロエマルション　337
ミセル　122, 164
ミセル化のギブズ自由エネルギー　319
ミラー指数　380

メゾ相　354
メゾ孔　241
メニスカス力　24, 122

毛管凝縮　23, 24, 26, 32, 221, 241, 242
毛管上昇　51
毛管上昇法　18, 149
毛管浸入法　149
毛管数　157, 158
毛管波　362, 370
毛管力　25, 26, 146

や 行

ヤモリ　100
ヤング方程式　135, 136, 137, 138
ヤング・ラプラス方程式　11, 15, 17

溶媒和力　119
抑制剤　162

ら 行

ラウエ条件　378
ラプラス圧　14, 17, 20
ラプラス方程式　147, 148, 167
ラメラ相　324, 341
ラングミュア吸着等温線　226, 227
ラングミュア定数　227, 228
ラングミュア等温式　249
ラングミュアトラフ　352, 369
ラングミュア・ブロジェット転写　211
ラングミュア・ブロジェット膜　371

ラングミュア方程式　230, 234
リキッドマーブル　331
理想界面　34, 35, 48
理想自由連結鎖セグメント　123
リソグラフィー　277, 279
立体力　122, 124
リップマン方程式　72
リフシッツ理論　101
硫化物　259
流体潤滑　298
流動電位　82
流動点降下剤　307
両親媒性分子　311, 353
両性界面活性剤　315
臨界温度　218
臨界半径　29, 100
臨界ミセル濃度　48, 316
リン化物　259
リン脂質　351, 352

冷間圧接　308
レイノルズ数　164, 299
レーザー走査共焦点顕微鏡法　139
レーザー誘起熱脱離　194
レッジ　187
連続相　326
連続層　328
連続の式　84, 85

ロンドン力　96

わ 行

ワインの涙　51
和周波発生　209
和周波発生分光　359

英・数

AES　212

索引 421

AFM → 原子間力顕微鏡をみよ
AgCl　73
AgI　73
Al_2O_3 → アルミナをみよ
Archard 法則　307
ATR　209

BET 気体吸着法　239
BET 吸着等温線　231, 232, 233, 245

Cassie-Baxter 状態　153
Cassie 状態　154
Cassie 方程式　152
$C_{10}E_4$　48
CTAB　122
CVD　257
CVD ダイヤモンド膜　258

DLVO 力　118
DLVO 理論　118, 119
DMT 理論　129, 130
DPPC　212, 352, 356, 358

EDX　212
eloxal プロセス　219
ESCA　211
ESEM　199
EXAFS　211

Fe_3O_4　75
FFM　292
Frank-van der Merwe 成長　256
Freundlich 等温式　249
Frumkin-Fowler-Guggenheim (FFG) 等温線　230
FT-IR　207

JKR モデル　129, 130, 291, 292

LEED　205, 206
LFM　292

MCM　245
MEMS　282, 302
MnO_2　75
MOF　245

NMP　271

O/W エマルション　327

PDMS　155
PIT　333
PLAWM トラフ　352
PLID　248
PMMA　281
PNIPAM　270
Polanyi のポテンシャル理論　234
Prandtl-Tomlinson モデル　304
PVD　254

QCM　237, 285, 293

RAFT　271
RCA 法　265

SAM　261, 265
SANS　316
SAXS　316
SDS → ドデシル硫酸ナトリウムをみよ
SFA　292
SFG　209
SHG　209
SiO_2　74, 75
Stranski-Krastanov 成長　257
Stranski-Krastanov 転移　256
Stribeck ダイアグラム　302
SU-8　281

TEMPO　271
TiO_2　75
TOF-SIMS　215
TPD　248

UHV 172, 218
UPS 213

Volmer-Weber 成長モード 257

Washburn の式 145
Wenzel 状態 154
W/O エマルション 327

XPS 211
X 線光電子分光 211

8CB 10

原著者について

ハンズ-ユルゲン ブット(Hans-Jürgen Butt)

マックス・プランク研究所高分子部門(ドイツ,マインツ)にてディレクターを務める.ハンブルグとゲッティンゲンで物理を学んだ後,フランクフルトにあるマックス・プランク研究所生物物理部門にて学位研究を行った.Ph.D.を取得後,1989年にカリフォルニア大学サンタバーバラ校で,当時開発されたばかりの原子間力顕微鏡(AFM)を使用した研究を行った.その後,ドイツに戻り1990-1995年までマックス・プランク研究所生物物理部門にて研究を行った.1996年にマインツ大学の物理化学分野の准教授となり,2000年にはジーゲン大学の教授となる.2002年より,マックス・プランク研究所高分子部門ディレクターとなり,実験物理の研究室を主宰している.

カールハインツ グラフ(Karlheinz Graf)

クレーフェルトの工科大学(Hochschule Niederrhei)にて物理化学の教授を務める.エアランゲン大学で化学を学び,マインツ大学で物理化学の博士号を取得した.学位取得後,カリフォルニア大学サンタバーバラ校にて研究員として1年間を過ごした.その後,マックス・プランク研究所高分子部門のブット研究室のグループリーダーを務め,液滴の蒸発,高分子表面の構造形成,自家製AFMを用いたコロイド粒子とラングミュア単分子膜の間にはたらく力についての研究を行った.その後,ジーゲン大学の物理化学および分析化学の教授を務める.一方で,デュースブルク=エッセン大学のグートマン研究室にて客員研究員も務める.

ミハエル カペル(Michael Kappl)

ミュンヘン工科大学で物理を学んだ後,フランクフルトのマックス・プランク研究所生物物理部門にてPh.D.の学位研究を行った.マインツ大学とジーゲン大学ではたらいた後,2002年よりマックス・プランク研究所高分子部門ブット研究室のグループリーダーを務める.研究分野は,表面力,ミクロスケールの濡れ,ミクロまたはナノ材料の力学物性の測定である.2007年よりマックス・プランク研究所高分子部門の集束イオンビーム室の責任者も務めている.

鈴木祥仁（すずき　やすひと）
コロラド鉱山大学 研究員
理学博士

深尾浩次（ふかお　こうじ）
立命館大学 理工学部 物理科学科 教授
理学博士

ブット・グラフ・カペル
界面の物理と化学

平成 28 年 10 月 25 日　　発　　　行
令和 4 年 5 月 20 日　第 5 刷発行

訳　者　　鈴　木　祥　仁
　　　　　深　尾　浩　次

発行者　　池　田　和　博

発行所　　丸善出版株式会社
　　　　　〒101-0051　東京都千代田区神田神保町二丁目17番
　　　　　編集・電話 (03) 3512-3261／FAX (03) 3512-3272
　　　　　営業・電話 (03) 3512-3256／FAX (03) 3512-3270
　　　　　https://www.maruzen-publishing.co.jp

© Yasuhito Suzuki, Koji Fukao, 2016

組版印刷・中央印刷株式会社／製本・株式会社 松岳社

ISBN 978-4-621-30079-4 C 3043　　　　Printed in Japan

本書の無断複写は著作権法上での例外を除き禁じられています.